自動控制

姚賀騰　編著

全華圖書股份有限公司

序言
preface

　　自動控制技術已經廣泛應用於自駕車、機器人、能源科技、智慧機械與智慧製造、交通、農業、化工、航太與航空等眾多領域，充分提升各領域效率，有效改善人類生活環境，提升人類生活品質與安全性。在現今人類的生活周遭，自動控制的應用更是無所不在，小到像是家裡的"馬桶系統"與"冷氣機系統"，大到像是馬斯克 (Elon Musk) 的星鏈計畫"低軌衛星系統"或"導彈系統"，自動控制都扮演著非常重要的角色。近年來，人類為了永續生存，在"淨零排碳"的議題上，自動控制也佔有其一定的份量，如何透過自動控制的技術降低製造系統碳排放，如何透過自動控制系統進行碳捕捉，如何透過自動控制進行碳排放監控與預測，這些都是政府 2050 淨零排碳政策的重要關鍵技術。

　　在全球控制領域專家學者的努力下，控制理論至目前為止已經是蓬勃發展。從線性控制系統的完整發展，再到透過操作點線性化技術已經成功推展到解決非線性系統的控制問題。另外，隨著數位化潮流與半導體晶片的蓬勃發展，數位控制的概念已經大量運用到各種工業系統與 3C 產品，但是其基本理論仍然是既有的控制架構。而更加深入的控制理論包含非線性控制、最佳化控制、隨機控制、強健控制、適應性控制等也被應用到更為複雜的控制系統，解決更困難的系統控制問題。近年來，隨著 AI 人工智慧的蓬勃發展，控制系統的概念亦大量出現在 AI 的演算法中，同時也結合系統識別 (System identification) 的概念，大量使用到高度非線性系統的估測與建模，對於現代高科技系統進步與發展做出相當大的貢獻。

　　筆者有鑑於近年來自動控制理論與技術對於未來我們的生活會有重大影響，如何具備"將自動控制觀念成功應用到各個不同領域的能力"將是工程與電資領域大學生做研究與就業的重要指標。另外，在大學部課程中很多的專業科目中的基本觀念也會常常看到自動控制概念的身影，所以學好「自動控制」這一學科，可讓您提升了解與分析最新科技的能力，同時也是電機、機械、自動化等工程與電資相關領域學生繼續深造就讀碩博士班做好論文研究的基石，所以**如何學好「自動控制」**就變成是一個非常重要的課題，也是您日後是否可以成為一位頂尖工程師的關鍵。因此，筆者以在一般國立大學與科技大學自動控制領域研究與教學多年經驗，充分瞭解該領域相關專業學科所需具備之自動控制基礎及學生可以接受容納之課程份量與難易度，將累積多年的自動控制教學經驗與心得，以「老師易教（Easy-to-teach）」、「學生易學（Easy-to-study）」、「未來易用（Easy-to-use）」等三易原則，將自動控制內容化繁為簡彙整集結成冊，藉此翻轉自動控制學習方式，提升大家學習自動控制的興趣，讓您可在最短的時間內對自動控制的內容做出全盤性理解，藉由自動控制的基礎知識建立完整的系統建模、化簡、分析與求解能力。

本教材內容相當豐富，在建立為自動控制領域所用之基礎的前提下分成「自動控制導論」、「古典控制學的數學建模」、「古典控制學的系統描述」、「控制系統的時域響應分析」、「控制系統的穩定性與穩態誤差分析」、「根軌跡分析」、「線性系統的頻域響應」、「頻域響應的穩定性分析」、「控制系統的補償設計」、「現代控制學與狀態空間設計」等十大部分，適合四年制大學部學生一學期三學分或是一學年六學分之自動控制課程。本書的內容除了理論觀念外，亦搭配目前學術界與業界在自動控制最常用之電腦軟體 MATLAB 進行分析與設計。本人將 MATLAB 求解自動控制的各種程式融入到本書各章節中，相信學完本書就可以完全掌握透過 MATLAB 求解與設計自動控制系統的基本概念，相信對於讀者在未來做研究與解決實際工程自動控制問題會有很大幫助。另外，本書已經於本人所開設過之大學部「自動控制」課程中用過試行版，打字錯誤部分已經盡力修正，然雖經多次校訂，筆者仍擔心才疏學淺，疏漏難免，祈求各位先進與讀者可以給予指正，本人深表感激。

本書的編寫內容非常感謝台灣智慧自動化與機器人協會 TAIROA 同意本書參考並改編"自動化工程師題庫 Level 2"的考題納入本書各章習題。同時也非常感謝 TAIROA 對於提升國內學生自動化能力教育推廣所做的努力，相信只要詳讀本書，對於讀者參加台灣智慧自動化與機器人協會所辦理之自動化工程師 Level 2 考試，在"控制系統"的部分應該可以完全掌握，也希望藉由本書的推廣，鼓勵更多學生參加自動化工程師 Level 2 考試，順利取得證照，不僅可以提升自己的自動化能力，也可以在未來職場上加薪，可謂一舉數得。

　　本書於編著期間感謝台灣智慧自動化與機器人協會 主任委員 黃漢邦教授、副主任委員 林明堯總經理 與證照組同仁的協助，國立台南大學　喻永淡教授賢伉儷的鼓勵與支持，也感謝國立勤益科技大學電機工程系　陳瑞和教授賢伉儷多年來的情義相挺與照顧，亦感謝本人的所有研究生與助理幫忙校稿與製作簡報，尤其是中正大學林浩揚同學的協助校稿與透過 MATLAB 進行習題校閱，對於本書的正確性助益良多。最後感謝全華圖書所有同仁協助出版本書以及上過我自動控制的學生提供寶貴意見，在此一併謝過！

姚賀騰於國立中正大學

編輯部序

「系統編輯」是我們的編輯方針，我們所提供給您的，絕不只是一本書，而是關於這門學問的所有知識，它們由淺入深，循序漸進。

本書共分為十章，第一章講述控制系統的起源與基本回授觀念；第二章說明控制系統的數學工具，學習如何透過微分方程式進行控制系統建模，利用拉式轉換進行建模後系統求解；第三章則是介紹古典控制學的系統描述與化簡；第四章開始講解控制系統的時域響應，了解控制系統時域響應中的暫態響應及其性能指標；第五章研究控制系統的穩定性與穩態響應，探討控制系統穩定的條件，並介紹穩定性的判斷法則，並分析穩定系統在各種不同外部輸入訊號下的穩態誤差；第六章說明時域響應非常重要的根軌跡，了解如何繪製控制系統的根軌跡，並說明如何透過根軌跡了解系統穩定性；第七章與第八章則是介紹控制系統的頻域響應分析，了解如何透過波德圖畫出頻域響應的大小圖與相位圖，如何由系統輸出頻域響應圖來進行系統建模，該兩章節也會教導讀者如何應用 MATLAB 軟體進行頻域響應分析；第九章講述控制系統的設計與補償；第十章說明現代控制學狀態空間設計，介紹如何將線性控制系統描述成狀態空間，該章節會用到大量矩陣運算，所以如何透過MATLAB 軟體進行設計也是本章節重點。

同時，為了使您能有系統且循序漸進研習相關方面的叢書，我們以流程圖方式，列出各有關圖書的閱讀順序，以減少您研習此門學問的摸索時間，並能對這門學問有完整的知識。若您在這方面有任何問題，歡迎來函連繫，我們將竭誠為您服務。

◆ 控制系統分析與設計觀念循序漸進，內容精要易懂。

1-2 自動控制的基本原理

了解了整個自動控制的發展歷史後，接著將介紹自動控制中常用到的概念「回授」及其相關的觀念。

1-2-1 回授控制概念

回授 (feedback) 是控制理論的基本概念，其是指將系統的輸出透過量測的方式返回到輸入端並透過比較器後以某種方式改變輸入。控制系統可依其是否具有回授的行為，亦即系統之輸出是否對受控系統有直接影響，予以區分為兩大類：開迴路控制系統 (open loop control system) 與閉迴路控制系統 (closed loop control system)。在自動控制系統 (automatic control system) 中，受控系統 (controlled system) 或受控廠 (plant) 或是受控程序 (process) 的輸出量 (output) 一般會被要求必須符合某些限制之物理量，

5-1-5 羅斯穩定準則的應用

在線性控制系統中，羅斯穩定準則主要用來判斷系統的穩定性。我們亦可以利用羅斯穩定準則來決定加入控制器之參數穩定範圍。以下以一個例子說明。

例題 5-5

考慮如下具有 PI 控制器的控制系統，試決定系統穩定之控制器增益 (K, K_I) 範圍。

◆ 重要觀念結合例題解說，易於閱讀及自行進修。

若 $\omega_n = 2.5$，$\zeta = 0.3$，可以透過 MATLAB 的指令 tf() 來表示

輸入程式	輸出結果
num=[6.25]; % 分子多項式之係數 den=[1 1.5 6.25]; % 分母多項式之係數 sys=tf(num,den)	sys = 6.25 -------------------- s^2 + 1.5 s + 6.25 Continuous-time transfer function.

◆ 搭配 MATLAB 程式軟體，易於銜接研究所與業界所需程式能力。

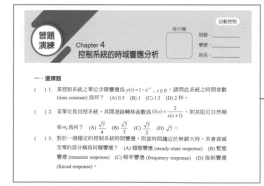

◆ 習題演練結合自動化工程師考題，詳細練習可以輕鬆應付各類考試。

目錄
contents

目録 contents

相關叢書介紹

書號：06472007
書名：MATLAB 程式設計入門
　　　 (附範例光碟)
編著：余建政.林水春
16K/456 頁/450 元

書號：05870047
書名：MATLAB 程式設計－基礎篇
　　　 (第五版)(附範例、程式光碟)
編著：葉倍宏
16K/456 頁/450 元

書號：059240C7
書名：PLC 原理與應用實務(第十二版)
　　　 (附範例光碟)
編著：宓哲民.王文義.陳文耀.陳文軒
16K/664 頁/660 元

書號：0600071
書名：線性控制系統(第二版)(精裝本)
編著：楊善國
20K/264 頁/280 元

書號：06085037
書名：可程式控制器 PLC(含機電整合
　　　 實務)(第四版)(附範例光碟)
編著：石文傑.林家名.江宗霖
16K/312 頁/400 元

書號：06466007
書名：可程式控制快速進階篇
　　　 (含乙級機電整合術科解析)
　　　 (附範例光碟)
編著：林懌
16K/360 頁/390 元

◎上列書價若有變動，請以
　最新定價為準。

流程圖

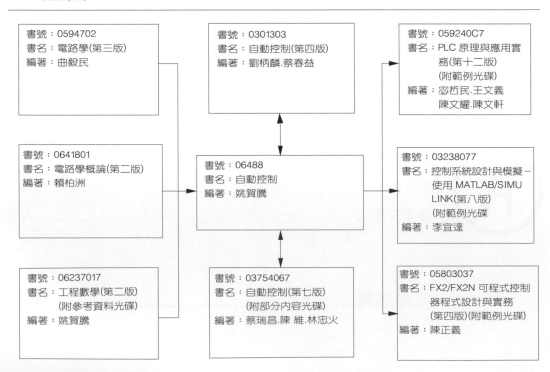

書號：0594702
書名：電路學(第三版)
編著：曲毅民

書號：0641801
書名：電路學概論(第二版)
編著：賴柏洲

書號：06237017
書名：工程數學(第二版)
　　　 (附參考資料光碟)
編著：姚賀騰

書號：0301303
書名：自動控制(第四版)
編著：劉柄麟.蔡春益

書號：06488
書名：自動控制
編著：姚賀騰

書號：03754067
書名：自動控制(第七版)
　　　 (附部分內容光碟)
編著：蔡瑞昌.陳 維.林忠火

書號：059240C7
書名：PLC 原理與應用實
　　　 務(第十二版)
　　　 (附範例光碟)
編著：宓哲民.王文義
　　　 陳文耀.陳文軒

書號：03238077
書名：控制系統設計與模擬－
　　　 使用 MATLAB/SIMU
　　　 LINK(第八版)
　　　 (附範例光碟)
編著：李宜達

書號：05803037
書名：FX2/FX2N 可程式控制
　　　 器程式設計與實務
　　　 (第四版)(附範例光碟)
編著：陳正義

自動控制導論

1-1 前言

　　近年來工業 4.0 與人工智慧的蓬勃發展，使得全世界在工程與電資相關技術的眾多領域中，自動控制技術成為不可或缺的一環。所謂自動控制，是指在不需要人直接介入參與的情況下，利用外加的設備或裝置，一般是指控制裝置或控制器，使設備、機器或生產過程 (統稱受控系統) 的某個動作、狀態或參數 (控制量) 自動按照預定的規劃來運行。例如：Google 無人駕駛汽車按照預定路徑自動駕駛；美國的 MQ9 收割者偵察無人機 (死神) 在伊拉克自由行動中進行敵情監偵任務或是執行攻擊任務；人造衛星準確地進入預定軌道運行或回收；數控工具機按照預定程式碼自動切削工件；化學反應爐內的溫度與壓力能自動維持定值；新冠肺炎疫苗冷鏈系統可以保持一定低溫來保存疫苗不被破壞；雷達和電腦組成的導彈發射系統，自動導引飛彈擊中敵方目標物等，這一切都是應用自動控制的技術。

　　這幾十年來，隨著半導體晶片製程與電腦技術的蓬勃發展與應用，在機器人控制、電動車、智慧工廠、再生能源系統、無人載具以及通訊系統等尖端新技術領域中，自動控制技術更具有其特別的關鍵角色。不僅如此，自動控制技術的應用範圍也已延伸到生物科技、醫學領域、環境科學、經濟學、管理學和其他許多社會科學與生活領域中，自動控制已成為現代人類生活運作中不可缺少的重要組成元素，隨處可見。

🔵 1-1-1　自動控制的發展歷史

　　自動控制這一門學問最早可以追溯到西元前中國古代的指南車，當時黃帝曾憑著它在伸手不見五指大霧瀰漫的戰場上自動指示方向，戰勝蚩尤。而自動控制技術的廣泛應用則可以說是開始於歐洲工業革命時期，英國著名學者瓦特於 1788 年在改良蒸汽機的同時，應用回授 (Feedback) 原理發明離心式調速器，其含有兩顆重球錐擺，具有與蒸汽機相同旋轉速度，當蒸汽機的速度加快時，重球因離心力移到調速器的外側，因此會帶動機構來關閉蒸汽機的進氣閥門，會使得蒸汽機旋轉速度降低，當蒸汽機速度過低時，重球會移到調速器的內側，再次開啓蒸汽機進氣閥門，在此原理來回作用下即可將蒸汽機的速度控制在一定範圍內。1868 年，以離心式調速器爲背景，物理學家馬克斯威爾 (James Clerk Maxwell，1831 － 1879) 研究回授系統的穩定性問題，發表論文「論調速器」，文中指出：「一部帶調速器的機器通常在有擾動的情況下仍然能以均勻的方式運動」。隨後，源於物理學和數學的自動控制原理開始逐步形成。1892 年，俄國學者李雅普諾夫 (Aleksandr Mikhailovich Lyapunov，1857 年 6 月 6 日－ 1918 年 11 月 3 日) 發表博士論文「運動穩定性的一般問題」，提出李雅普諾夫穩定性理論 (Lyapunov stability)。一直到 20 世紀 PID 控制器出現，PID 控制器是在船舶自動操作系統中漸漸發展並獲得廣泛應用。1927 年，爲了使廣泛應用的眞空管 (Vacuum Tube, 最早期的訊號放大器) 在其性能發生較大變化的情況下仍能正常工作，回授放大器 (feedback amplifier) 正式誕生，其是一種將輸出訊號按比例回授回輸入訊號端，從而達到控制的放大器，自此確立“回授”在自動控制技術中的核心地位，並且有關系統穩定性和性能分析的大量研究論文與成果也應運而生。20 世紀中期是自動控制概念空前活躍的年代，1945 年貝塔朗菲 (Karl Ludwig von Bertalanffy，1901 年 9 月 19 日－ 1972 年 6 月 12 日) 提出了《一般系統論》，1948 年維納 (Norbert Wiener，1894 年 11 月 26 日－ 1964 年 3 月 18 日) 提出了著名的《控制論》，至此形成完整的控制理論—以轉移函數爲基礎的古典控制學 (Classical control)，其主要探討單輸入單輸出 (SISO, single input single output) 與常係數線性系統的問題分析與設計。

　　1968 年美國阿波羅號太空梭成功登陸月球，在這個舉世矚目的創舉中，自動控制技術扮演著非常重要的角色，這也因此催生之後的第二代控制理論—現代控制理論 (Modern control)。在現代控制理論中，對控制系統的分析和設計主要是通過對系統的狀態變數 (state variable) 的描述來進行，其是立基於時域的分析方法。現代控制理論比古典控制理論所能處理的控制問題更加廣泛，包括線性系統與非線性系統，常係數系統與時變系統，單變數系統與多變數系統等。現代控制學所採用的理論和計算方法也更適合於電腦上進行計算。現代控制理論所包含的內容十分廣泛，主要的內容有：線性系統理論 (Linear system theory)、非線性系統理論 (Nonlinear system theory)、最佳控制理論 (Optimal control theory)、隨機控制理論 (Stochastic control theory) 和適應控制理論 (Adaptive control theory)。

　　一直到 1980 年代，隨著電腦技術的不斷進步，出現許多以電腦控制為主的自動化技術，例如可程式化邏輯控制器 (PLC)，PLC 的出現讓工廠的大量自動化生產發生巨大的變化。而後到 1990 年代自動控制科學研究出現許多分支，如強健控制 (Robust control)、複雜系統控制 (Complex system control)、模糊控制 (Fuzzy control) 以及類神經網路控制 (Neural network control) 等。此外，控制理論的概念、原理和方法也被用來解決社會、經濟、人口和環境等複雜系統的分析與控制，形成經濟控制和人口控制等理論分支。目前，控制理論還在繼續發展，正朝向以人工智慧的智慧控制理論方向深入，也在我們日常生活的手機、電器產品中出現，已經由工業應用擴展到生活應用。然而縱觀這一百多年來自動控制這門學問的發展，回授控制的概念與技術佔據其最重要的地位，也是控制系統理論最精髓的內涵。

1-2　自動控制的基本原理

　　了解了整個自動控制的發展歷史後，接著將介紹自動控制中常用到的概念「回授」及其相關的觀念。

1-2-1　回授控制概念

　　回授 (feedback) 是控制理論的基本概念，其是指將系統的輸出透過量測的方式返回到輸入端並透過比較器後以某種方式改變輸入。控制系統可依其是否具有回授的行為，亦即系統之輸出是否對受控系統有直接影響，予以區分為兩大類：開迴路控制系統 (open loop control system) 與閉迴路控制系統 (closed loop control system)。在自動控制系統 (automatic control system) 中，受控系統 (controlled system) 或受控廠 (plant) 或是受控程序 (process) 的輸出量 (output) 一般會被要求必須符合某些限制之物理量，一般稱為參考輸入 (reference input) 或是命令 (commend)，例如，它可以要求保持為某一固定值，如冷氣溫度、反應爐壓力、反應槽液位等，也可以要求按照某個參考命令 (reference commend) 運行，如飛彈軌跡、機器手臂路徑與工具機加工路徑等。而控制元件，亦稱為控制器 (controller) 或是補償器 (compensator) 則是對受控系統施加控制作用的元件，它可以採用不同的原理和方式對受控系統進行控制。

在開迴路系統中，其輸入直接加入控制單元內，不受系統輸出之影響，亦即無回授之存在，此時系統輸入與輸出之關係完全由控制單位與設備之特性所決定，如圖 1-1 所示即為一個簡單開迴路系統架構，其原理是給定一個參考輸入或是命令 r 後，透過控制器產生控制輸入訊號 u 來控制受控系統 (受控廠)，希望受控系統的輸出 y 或 c 可以自動達到或是追隨此一命令，由於動作過程並不對於輸出訊號進行回授，所以稱為開迴路，一般是應用在結構簡單且精度要求較低的系統中。如圖 1-2 所示之熱交換器控制系統，即為一個典型開迴路控制系統，其輸出液體溫度可藉由蒸汽閥門調整蒸汽流量來控制，但當外界環境溫度改變時，輸出液體溫度將受影響而不再保持原先給定之溫度，此時必須經由人工調整，於一定時間間隔量取輸出液體溫度，若溫度過低，則必須增加蒸汽流量，以使輸出液體溫度保持在原先之給定溫度值。此系統本身無法自動量測輸出溫度的偏差量，也不能自行進行變動調整，所以是開迴路控制系統。

其中，r：參考輸入 (reference input) 或命令 (command)
　　　u：致動訊號 (actuating signal)
　　　y 或 c：系統輸出 (system output)

▲ 圖 1-1　一般開迴路系統方塊圖架構

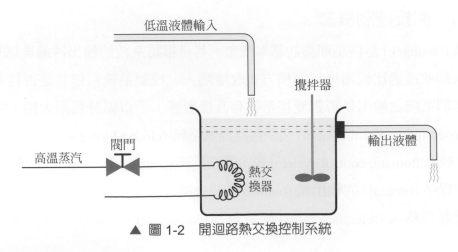

▲ 圖 1-2　開迴路熱交換控制系統

在閉迴路控制系統中，回授是其與開迴路系統的最大差異，如圖 1-3 所示，其爲基本的回授控制系統 (feedback control system)。在回授控制系統中，控制器對受控系統施加的控制作用，是取自受控系統的回授訊號，用來不斷修正受控系統輸出與輸入量之間的誤差，從而達到對受控系統進行控制的任務，這就是回授控制的原理。

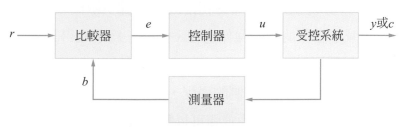

其中，r：參考輸入 (reference input) 或命令 (command)
u：致動訊號 (actuating signal)
y 或 c：系統輸出 (system output)
b：回授訊號 (feedback signal)
e：誤差訊號 (error signal)

▲ 圖 1-3　一般回授控制系統方塊圖架構

閉迴路控制系統的動作原理，是給定一個參考輸入或命令後，將系統的輸出訊號經由測量器 (sensor) 回授，命令值 r 與回授訊號 b 在比較器中比較之後，產生誤差訊號 e，控制器接受誤差訊號後合成致動訊號 u 到受控系統以減少誤差，並降低外來的雜訊及干擾，使輸出漸近達到預定之值。閉迴路控制系統由於回授的存在使得結構較爲複雜，但系統的精密度卻較高。另外，閉迴路控制系統中，若誤差訊號爲參考命令與回授訊號的差，亦即 $e = r - b$，則稱爲負回授 (negative feedback) 控制系統，否則若 $e = r + b$，則稱爲正回授 (positive feedback) 控制系統。

其實在我們的生活周遭就有很多的動作行爲都存在回授控制的原理，例如人體本身就是一個具有高度複雜控制能力的回授控制系統：我們用手拿取桌上的自動控制課本、學生用手觸控面板操作 ipad 或是 iphone 打電動遊戲、司機操縱方向盤駕駛汽車沿公路平穩行駛等，這些生活中習以爲常的動作都隱含著回授控制的原理。如圖 1-4 中，小朋友透過電腦螢幕操作搖桿打電動遊戲，利用飛機發射飛彈攻擊敵機的動作過程，了解一下它所包含的回授控制原理。在此例的電腦遊戲中，飛彈要攻擊敵人飛機的軌跡是我們希望的參考命令，一般稱爲輸入訊號。要攻擊敵人飛機時，首先人要用眼睛看著螢幕中敵人飛機的位置，然後由大腦判斷飛彈與敵機之間的距離，產生誤差訊號，並將這個信息送入大腦，根據其誤差大小發出控制手臂操作搖桿的命令，此時螢幕上的飛機飛彈會逐漸朝向敵機飛去，其與敵機之間的距離誤差 (偏差) 減小。顯然，只要這個偏差存在，上述過程就要反覆進行，直到偏差減小爲零，飛彈便會擊中敵機。可以看出，由眼睛回授訊號，經大腦驅動手遙控搖桿控制飛彈位置去擊落敵機的遊戲過程，是一個利用誤差 (飛彈與敵機之間距離) 產生控制作用，並不斷使誤差減小直至消除的操作過程。同時，爲了取得誤差訊號，必須要由眼睛回授敵機目標位置的訊息，兩者結合起來就構成回授控制。由此可知，回授控制實質上是一個按誤差 (偏差) 進行控制的過程，而回授控制原理就是按誤差控制的原理。在此系統中，小朋友希望發射的飛彈可以擊中敵機，這就是想要的目標 (desired game objective)，也就是參考命令 (commend)，而電腦螢幕上的飛機發射飛彈的遊戲 (video game) 是受控系統 (plant)，小朋友透過搖桿調整自己飛機位置與發射飛彈是致動器 (actuator)，飛機位置是被控制量 (即系統的輸出量)，而如何調整飛機軌跡是透過眼睛回授，所以眼睛是測量器 (Measurment)，而大腦就是控制器 (controller)，其會判斷誤差後透過驅動手操作搖桿，使得自己的飛機可以發射飛彈成功擊中敵機。

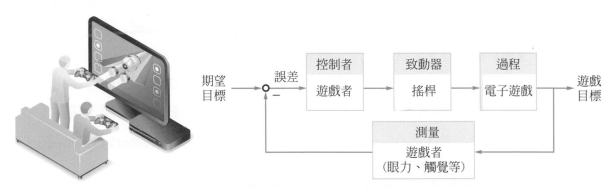

▲ 圖 1-4　小朋友看螢幕玩電腦遊戲的回授控制系統方塊圖

　　通常把取出輸出量送回到輸入端，並與輸入訊號相比較產生誤差訊號的過程稱爲回授。若回授的訊號與輸入訊號相減，使產生的誤差越來越小，則稱爲負回授；反之，則稱爲正回授。負回授控制就是採用負回授並利用誤差進行控制的過程，而由於引入受控系統輸出量的回授，整個控制過程成爲閉合過程，因此回授控制也稱爲閉迴路控制。在工程與物理系統應用中，爲了實現對受控系統的回授控制，系統中必須配置具有類似人的眼睛、大腦和手臂功能的設備，以便對受控系統進行連續地測量、回授和比較，並按誤差進行控制，這些設備依其功能分別稱爲測量器、比較器和致動器，並統稱爲控制裝置。

1-2-2 系統的干擾 (disturbances)

在物理或工程系統中，不論是開迴路或是閉迴路系統，均會存在干擾問題。干擾是指對系統在正常運作時產生內部或外部的不良影響因素。一般常見的機電系統干擾因素包括電磁干擾、溫度干擾和振動干擾等，在眾多干擾中電磁干擾最為普遍，尤其現在是無線通訊 (如手機) 這麼發達的時代，電磁干擾影響力甚大，其它干擾因素往往可以通過一些物理的方法較容易地解決，然而電磁干擾是相當不容易處理的，其對控制系統影響很大，例如感測器的線路受空氣中可能存在磁場影響產生的感應電動勢會大於測量的感測器輸出訊號，使系統判斷失靈。在控制系統中，除了輸入的命令以外，引起被控制量變化的各種因素均可稱為干擾。有的干擾是環境所造成，例如影響自行車行駛速度的自然風速變化就是一個干擾。有的干擾是人為因素所造成，例如影響飛機導航訊號的手機訊號。

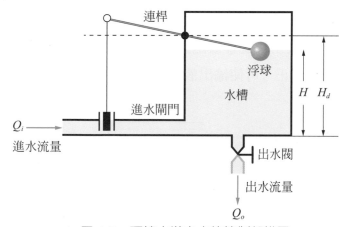

▲ 圖 1-5 頂樓水塔之水位控制架構圖

其實干擾在控制系統中是非常常見的，以透天厝的頂樓水塔水位控制為例，其一般構造如圖 1-5 所示，圖中浮球為感測元件，用以感測水面之高度 H。當水面高度 H 達到希望之高度 H_d 時，浮球將維持在固定位置，此時會完全關閉進水閘門，而水塔內水面實際高度將維持希望之高度。但因為使用上之需求，出水閥有時會打開，因此水面實際高度 H 將會小於希望之水面高度 H_d，此時浮球將下降並帶動連桿機構，使得進水閘門打開，以提供進水流量，使水面實際高度能維持在希望之水面高度。在進水的過程中，又因為有人會短暫使用水，所以出水閥會在某一個短時間內打開，其亦會影響水面實際高度，故出水流量可視為對系統的一種干擾，依以上之工作原理，可畫出具有出水量干擾之系統方塊圖如圖 1-6 所示。

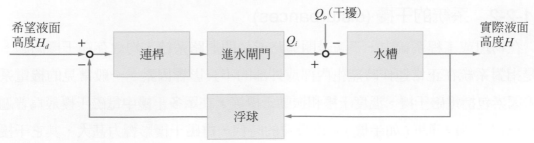

▲ 圖 1-6　頂樓水塔之水位控制系統方塊圖

🔵 1-2-3　開迴路系統與閉迴路系統優缺點

以圖 1-2 的熱交換器來看，若系統爲了獲得更準確的控制，將輸出訊號藉由量測元件檢測出，並回授至輸入端以修正輸入訊號，使系統達到原先設計之要求，即形成閉迴路控制系統或稱爲回授控制系統 (feedback control system)。如圖 1-7 所示之熱交換器控制系統，此系統會安裝溫度感測器 (例如熱電耦) 來量測輸出液體之溫度，並將此溫度轉換成回授訊號 (例如電位)，此訊號被送入誤差檢測器與設定溫度相比較後產生誤差訊號，該誤差訊號會被送到控制器以改變蒸汽閥門的角度，進而調整蒸汽流量，透過不斷的修正，可使輸出液體溫度保持在設定的期望值。

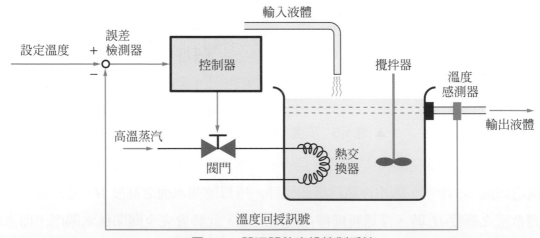

▲ 圖 1-7　閉迴路熱交換控制系統

比較圖 1-7 的閉迴路系統與圖 1-2 的開迴路系統，可以發現閉迴路系統比開迴路系統複雜很多，多了很多其他的設備元件，當然也就相對增加不少成本，然而其卻可以得到較爲準確的控制目標。所以，一般相對於閉迴路控制系統而言，開迴路系統具有以下之優缺點：

優點：①結構較簡單，易於保養；②價格較閉迴路便宜；③不需要考慮穩定性 (stability)；④若輸出不易量測時，會比閉迴路方便使用。

缺點：①會因外在之干擾而使輸出偏離原先的設定值；②輸出結果不能自行調整，亦不能自行修正補償；③欲維持輸出之準確性，必須經常進行儀器校準。

同樣的，相對於開迴路系統，閉迴路系統具有以下之優缺點：

優點：①降低干擾對系統之影響，精確度可提高；②對於原本不穩定系統，能改善系統之穩定性；③可以降低受控系統及控制器對於參數變動的靈敏度；④改善系統之穩態響應、暫態響應、頻率響應；⑤降低非線性元件之不良效應。

缺點：①價格較為昂貴；②結構較為複雜，不易保養；③必須考慮穩定性問題。

在上述閉迴路與開迴路系統的比較中，有一些名詞跟概念，例如為什麼閉迴路系統可以降低干擾對系統之影響？為何可以降低對受控系統及控制器之參數變動的靈敏度？如何改善系統之穩定性？這些觀念將在後面章節一一介紹。

1-3 工業系統的自動控制

回授控制具有相當多優點，因此已被廣泛應用於日常生活產品與工業設備，本節中將再介紹幾種常見之回授控制系統，分別說明每一種系統之組成元件與特性，以及其工作原理，並告訴讀者如何繪製系統的方塊圖。

1-3-1 傳動系統的自動控制

近年來電動車蓬勃發展，尤其是特斯拉的電動車更是引領風騷，在電動車中都存在傳動系統，該系統的簡單架構如圖 1-8 所示，其為描述控制負載端 (車子的輪子) 轉動角位移 θ_ℓ 之回授控制系統，圖中誤差檢測器 (error detector) 是由兩個電位計 (potentiometer) 所組成，其可將角位移轉換為電壓訊號。由圖中可看出設定的角位移 θ_d 與負載輸出角位移 θ_ℓ 之角度差可經由誤差檢測器量出，並將其轉換為電壓差 e，此電壓差經由放大器放大 K_p 倍後驅動馬達帶動負載旋轉。而馬達之旋轉角度為 θ_m，經齒輪系變換後即為負載之角位移 θ_ℓ。當電壓差 e 為零時，馬達將不會轉動，此時負載端角位移 θ_ℓ 會等於給定的角位移 θ_d，代表控制目的已達成，但若電壓差 e 不為零時，

表示負載端角位移 θ_ℓ 不等於給定的角位移 θ_d，則回授控制行為將會持續進行，以使電壓差 e 值趨於零，此系統之方塊圖可畫出如圖 1-9 所示。

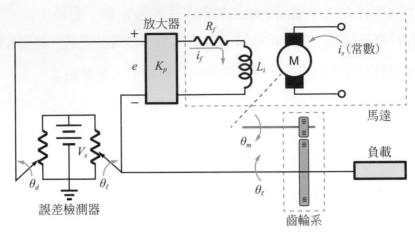

▲ 圖 1-8　傳動系統的位置控制架構圖

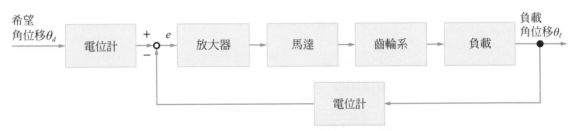

▲ 圖 1-9　傳動系統的位置控制方塊圖

1-3-2　函數記錄儀的自動控制

　　函數記錄儀是一種自動平衡式儀表，它能高精度地自動顯示和記錄已轉化成電壓的訊號，主要功能是在直角坐標上自動描繪出兩個電量的函數關係，同時驅動送紙機構用以描繪一個電量對時間的函數關係，它能將函數可視化以利於人們參考。其主要由衰減器、測量元件、放大元件、伺服馬達、測速發電機 (又稱測速機)、齒輪系和繩輪等組成。最為常見的是 X-Y 函數記錄儀，其架構如圖 1-10 所示。系統的輸入是待記錄電壓，受控對象是記錄筆，其位移即為受控量。系統的任務是控制記錄筆位移，在記錄紙上描繪出待記錄的電壓曲線。

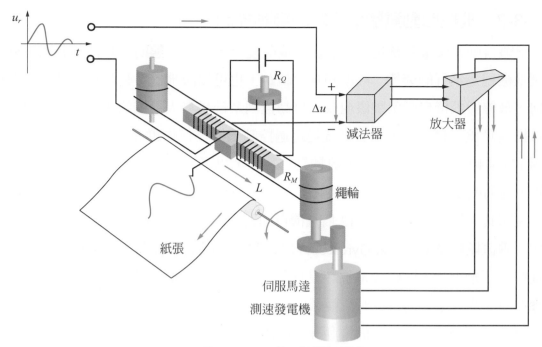

▲ 圖 1-10　函數記錄儀架構圖

　　在圖 1-10 中，測量元件是由電位計 R_Q 和 R_M 組成的橋式測量電路，記錄筆就固定在電位計 R_M 的滑臂上，因此，測量電路的輸出電壓 u_p 與記錄筆位移成正比。當有慢變的輸入電壓 u_r 時，在放大元件輸入口得到誤差電壓 $\Delta u = u_r - u_p$，經放大後驅動伺服馬達，並通過齒輪傳動及繩輪帶動記錄筆移動，同時使誤差電壓減小。當誤差電壓 $\Delta u = 0$ 時，馬達停止轉動，記錄筆也靜止不動。此時，$u_p = u_r$，表示記錄筆位移與輸入電壓一致。如果輸入電壓隨時間連續變化，記錄筆便會連續描繪出隨時間變化的相應曲線。函數記錄儀方塊圖如圖 1-11 所示，圖中測速發電機 (tachogenerator) 回授與馬達速度成正比的電壓，用以增加阻尼，改善系統性能。

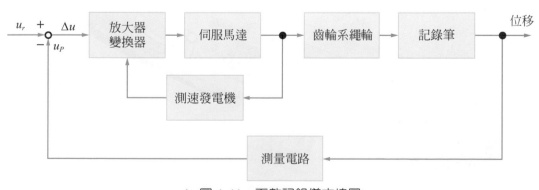

▲ 圖 1-11　函數記錄儀方塊圖

1-3-3 飛機自動駕駛儀系統的自動控制

飛機自動駕駛儀系統是一種能保持或改變飛機飛行狀態的自動控制裝置。它可以讓飛機穩定飛行的姿態、高度和飛行軌跡,也可以讓飛機自動操縱爬升、下滑和轉向。飛機與飛機自動駕駛儀組成的自動控制系統是無人飛機的主要核心。如同飛行員操縱飛機一樣,自動駕駛系統是透過控制飛機三個操縱面(升降舵、方向舵、副翼)的偏轉,改變舵面的空氣流體動力特性,以形成不同的圍繞飛機質心之旋轉轉矩,從而改變飛機的飛行姿態和軌跡。現以飛機上重要的自動駕駛儀 (autopilot) 為例,說明其工作原理。如圖 1-12 為飛機自動駕駛儀系統穩定俯仰角的原理示意圖。圖中,垂直陀螺儀 (Vertical Gyroscope) 用以測量飛機的俯仰角,當飛機以給定俯仰角進行水平飛行時,陀螺儀電位計沒有電壓輸出。如果飛機受到干擾,將使俯仰角變動偏離原先期望軌跡,此時陀螺儀電位計輸出與俯仰角偏差成正比的訊號,經放大器放大後驅動舵機,一方面推動升降舵面向上偏轉,產生使飛機抬頭的轉矩,以減小俯仰角偏差;同時還帶動回授電位計調節器 (可變電阻),輸出與舵偏角 (angle of rudder reflection) 成正比的電壓並回授到輸入端。隨著俯仰角 (pitch angle) 偏差的減小,陀螺儀電位計輸出訊號越來越小,舵偏角也隨之減小,直到俯仰角回到期望值,此時舵面也恢復到原來狀態。

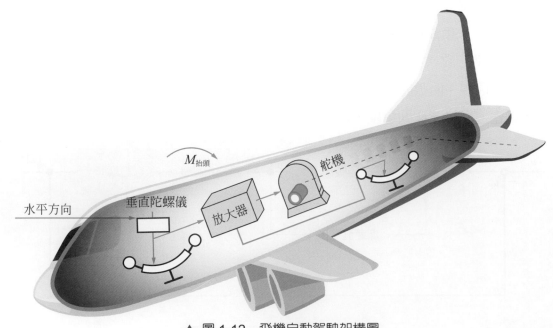

▲ 圖 1-12 飛機自動駕駛架構圖

圖 1-13 是飛機自動駕駛儀系統穩定俯仰角的系統方塊圖。圖中飛機是受控系統，俯仰角是控制量，放大器、舵機、垂直陀螺儀、回授電位計等是控制裝置，上述整體即構成自動駕駛儀。參考輸入量是給定某一個定值的俯仰角，整體控制系統的任務就是在任何外在干擾 (如陣風或氣流沖擊) 作用下，始終保持飛機以固定的俯仰角飛行。

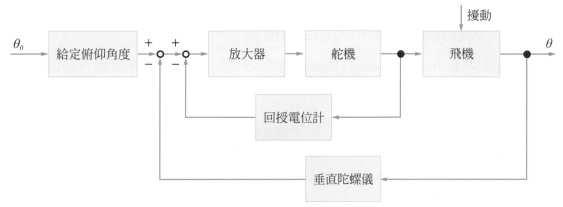

▲ 圖 1-13　飛機自動駕駛系統方塊圖

1-3-4　硬碟驅動讀取系統的自動控制

　　硬碟是電腦主機中主要的（通常是最大的）資料儲存設備，如圖 1-14 所示為硬碟驅動器的結構示意圖，硬碟驅動讀取系統 (hard drive reading system) 讀取裝置的目標是將讀寫頭準確定位，以便正確讀取硬碟上磁軌的資料，因此需要進行精確控制的變量是安裝在滑動彈簧片上的讀寫磁頭位置。一般硬碟轉速為 1800 ～ 7200 RPM(rev/min)，讀寫頭位置精度要求為 1μm，且讀寫頭由磁軌 a 移動到磁軌 b 的時間小於 50ms。此系統的方塊圖可以簡化成圖 1-15 所示。

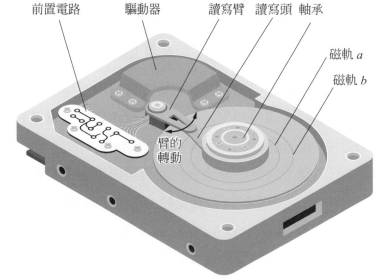

▲ 圖 1-14　硬碟驅動讀取自動控制系統架構圖

▲ 圖 1-15　硬碟驅動讀取自動控制系統方塊圖

1-3-5　天線伺服驅動系統的自動控制

天線伺服系統 (antenna servo system) 是用來控制天線,使其準確地自動追蹤空中目標的方向,其常見形式如圖 1-16 所示。

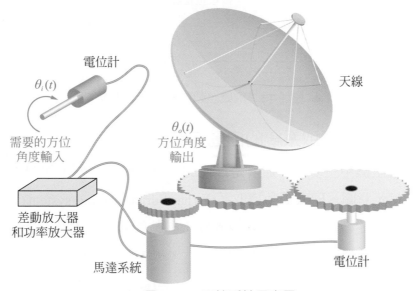

▲ 圖 1-16　天線系統示意圖

其主要就是要使欲對準的目標可以一直處於天線軸線的方向上,用來精確跟隨或精準定位之回授控制系統,主要解決位置追蹤系統的控制問題。在天線自動控制系統中,我們會給定一個需要的旋轉角度,該訊號會經由電位計 (potentiometer) 轉換為電壓訊號,同時系統也會針對天線機構回授目前角度,其亦由電位計轉成電壓訊號後與輸入之電壓進行差動比較,產生誤差值,此誤差值會由控制器 (一般可以是微電腦) 進行控制律計算產生控制訊號經致動器後驅動伺服馬達系統,經由齒輪機構帶動天線系統旋轉對位到想要的角度,其自動控制架構如圖 1-17 所示,該系統之方塊圖如圖 1-18 所示。

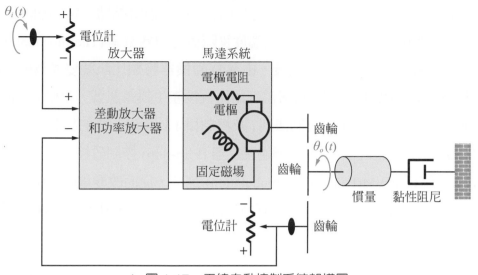

▲ 圖 1-17　天線自動控制系統架構圖

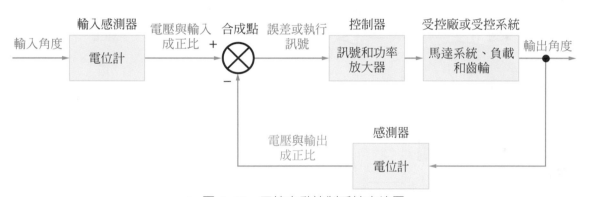

▲ 圖 1-18　天線自動控制系統方塊圖

　　其作用是使輸出的機械位移 (或轉角) 準確地追蹤輸入位移 (或轉角)。伺服馬達系統的結構組成和其他形式回授控制系統大同小異。由於通信衛星位於對地靜止同步軌道上，距赤道上空約 40000km，空間的傳輸路徑損耗非常大，爲了接收衛星傳送到地面微弱的訊號，控制的效果會決定訊號接收的品質。

1-3-6　電熱器 (電阻加熱爐) 溫度系統的自動控制

　　電熱器 (heater-type thermistor) 就是一種把電能轉化爲熱能的用電設備，是一種常見於工業生產中爐溫控制的微型控制系統，具有精度高、功能強、價格便宜、無噪音、容易顯示、可視化直觀、列印存檔方便、操作容易、彈性大和適應性好等優點。用微電腦控制系統進行該裝置控制已經是目前工業應用的主流。圖 1-19 爲某工廠電阻加熱爐微電腦控制系統原理示意圖。圖中電阻絲經過電晶體主電路加熱，爐內溫度期望值可以透過電腦預先設定，爐內溫度實際值可由熱電偶 (Thermocouple) 檢測，並轉換成電壓訊號，經放大、濾波後，由 A/D 轉換器將類比訊號變換爲數位訊號後送入電腦，在電腦中與所設定的參考溫度值比較後產生誤差訊號，電腦 (微控制器，micro-controller) 便根據內定的控制法則 (及控制律) 計算出相應的控制量，其數位控制量經由 D/A 轉換器變換成電流，通過正反器 (Flip-flop) 控制矽控整流器 (晶體閘流管 ,Thyristor) 進行 PWM(Pulse-width modulation) 控制，從而改變電阻絲中電流大小，達到控制爐內溫度的目的，該系統具有精確溫度控制功能，其系統方塊圖如圖 1-20 所示。

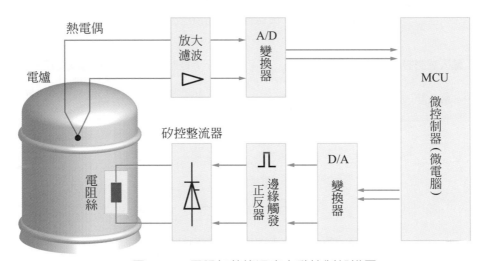

▲ 圖 1-19　電阻加熱爐溫度自動控制架構圖

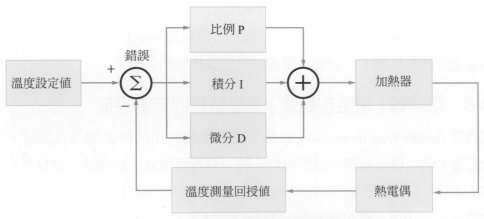

▲ 圖 1-20　電阻加熱爐溫度自動控制方塊圖

1-4　控制系統的分類

　　控制系統有多種分類方法。例如可以依照有沒有回授進行為開迴路控制系統與閉迴路控制系統等；按設備裝置類型可分為機械系統、電機系統、電子系統、機電系統、液壓系統、氣壓系統、生醫系統等；按控制系統功用可分為溫度控制系統、壓力控制系統、位置控制系統等；按系統特性可分為線性系統和非線性系統、連續系統與離散系統、時變系統與非時變系統、確定性系統與不確定性系統等；按控制參考輸入不同又可分為調節 (定位) 控制 (regulation control)、追蹤控制 (tracking control)、隨機控制 (stochastic control) 和程序控制 (process control) 等。為了全面反映自動控制系統的特點，常常將上述各種分類方法組合應用。

1-4-1　連續線性控制系統 (continuous time linear control system)

　　首先介紹連續線性控制系統，這類系統可以用線性常微分方程式描述，其一般形式為

$$a_0 \frac{d^n}{dt^n} y(t) + a_1 \frac{d^{n-1}}{dt^{n-1}} y(t) + \ldots + a_{n-1} \frac{d}{dt} y(t) + a_n y(t)$$

$$= b_0 \frac{d^m}{dt^m} r(t) + b_1 \frac{d^{m-1}}{dt^{m-1}} r(t) + \ldots + b_{m-1} \frac{d}{dt} r(t) + b_m r(t) \tag{1-1}$$

　　式中 $y(t)$ 是控制系統輸出 (output)；$r(t)$ 是系統參考輸入 (reference input)。係數 $a_0, a_1, \ldots, a_n, b_0, b_1, \ldots, b_m$ 是常數時，稱為常係數系統；係數 $a_0, a_1, \ldots, a_n, b_0, b_1, \ldots, b_m$ 隨時間變化時，稱為變係數系統或時變系統。線性常係數連續系統按其參考輸入不同又可分為調節控制、追蹤控制、隨機控制和程序控制。

1.　定位 (調節) 控制系統

　　這類控制系統的參考輸入是一個定值，其要求控制系統輸出達到一個定值，故又稱為調節器。但由於干擾的影響，系統輸出是會偏離參考輸入量而出現誤差，此時控制系統便根據誤差產生控制律作用，以克服干擾的影響，使受控系統輸出恢復到給定的定值。因此調節控制系統分析與設計的重點是研究各種擾動對受控系統的影響，以及如何讓控制器可以抵抗干擾。在調節控制系統中，輸入可以隨生產條件的變化而改變，但是經調整後受控系統的輸出就應與參考輸入

保持一致。如圖 1-8 傳動控制系統就是一種調節控制系統,其參考輸入角位移 θ_d 是定值。此外在工業界常見的溫度控制系統、壓力控制系統、水位高度控制系統等都是屬於調節控制系統。在工業控制中,如果受控系統的輸出訊號為化學性 (環境類) 之訊號,例如溫度、流量、壓力、水位高度等化學生產過程的參數時,這種控制系統則稱為程序控制系統,這類工業控制系統大多數都屬於調節控制系統。

2. 追蹤控制系統

有一些控制系統的參考輸入是會隨時間變化的函數,我們一般會要求受控系統以盡可能小的誤差跟隨參考輸入,在追蹤控制中的參考訊號可以是已知的時間函數,也可以是未知的時間函數。在追蹤控制系統中,控制系統分析與設計的重點是研究受控系統輸出跟隨參考輸入的快速性和準確性。在圖 1-10 函數記錄儀自動控制系統便是一個非常典型的追蹤控制系統。在機械加工系統中經常使用的數控工具機 CNC 也是典型的例子,工具機 (machine tool) 系統中常常想要加工某一種曲面,這時候會希望藉由驅動馬達控制工具機各軸進行規劃路徑加工,此規劃的路徑為參考輸入,其會隨時間而改變,這就是一種追蹤控制。此外,例如在自動銲接系統中,機器手臂依循某特定路徑作銲接動作,如圖 1-21 所示,此亦為追蹤控制。在追蹤控制系統中,如果受控系統的輸出訊號是機械系統 (如馬達) 的位置或其導數時,這類的系統稱之為伺服控制系統。另外,調節控制系統也可視為追蹤控制系統的特例。

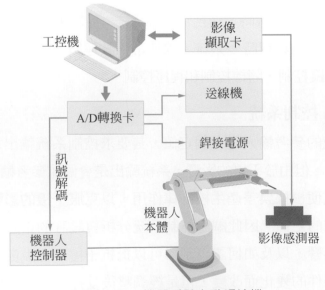

▲ 圖 1-21　機器手臂自動銲接機

1-4-2 離散線性控制系統 (discrete time linear control system)

離散系統是指系統的的訊號為脈衝序列或數位訊號形式，因而訊號在時間上 是離散的。由於微控制器與電腦在工業上大量使用，所以一般連續訊號經過取樣器開關 (ADC) 的取樣就可以轉換成離散訊號。一般離散系統要用差分方程式描述，線性常係數差分方程式的一般形式為

$$a_0 y(k+n) + a_1 y(k+n-1) + \ldots + a_{n-1} y(k+1) + a_n y(k)$$
$$= b_0 r(k+m) + b_1 r(k+m-1) + \ldots + b_{m-1} r(k+1) + b_m r(k) \tag{1-2}$$

式中，$m \leq n$, n 為差分方程式的次數；$a_0, a_1, \ldots, a_n, b_0, b_1, \ldots, b_m$ 為常係數；$r(k)$、$y(k)$ 分別為輸入和輸出取樣後的序列，例如圖 1-19 中的爐溫微電腦控制系統即為一個離散控制系統。另外，在離散控制系統中如果取樣的時間間隔非常小，則其行為會跟連續系統一致，如圖 1-22 為一連續類比訊號經取樣為離散訊號的示意圖，由圖中可以看出取樣時間 T 如果越小，取樣後訊號離散訊號 $f*(t)$ 將會與原始的類比訊號 $f(t)$ 一致。

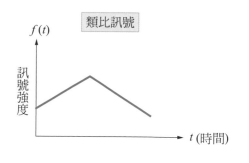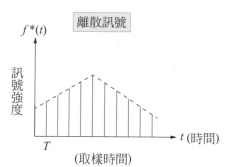

▲ 圖 1-22 類比訊號 $f(t)$ 經取樣為離散訊號 $f*(t)$ 的示意圖

1-4-3 非線性控制系統 (nonlinear control system)

系統中只要有一個元件的輸入 - 輸出特性是非線性的，這類系統就稱為非線性控制系統。這時用來描述系統的方程式就會存在非線性項，一般常用非線性常微分或差分方程式描述其特性。非線性方程式的特點是係數與未知函數變量有關，或者方程式中含有未知函數變量及其導數的高次項或乘積項，例如

$$\ddot{y}(t) + 2y(t)\dot{y}(t) + y^3(t) = r(t) \tag{1-3}$$

一般而言，實際物理系統中都含有不同程
度的非線性元件，例如放大器和電磁元件的飽
和特性，運動元件 (如齒輪) 的死區、背隙和摩
擦力 (如圖 1-23) 等。由於非線性方程式在數學
處理上較困難，目前對不同類型的非線性控制
系統的研究還沒有一個通用的處理方法。但對

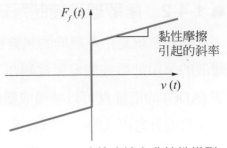

▲ 圖 1-23　庫倫摩擦力非線性模型

於非線性程度不太嚴重的元件，可採用在一定小範圍內進行線性化的方法，將原本
非線性控制系統近似成線性控制系統，則其可以利用大量的線性控制理論進行控制，
這是目前工業界常採用的方法。

🔵 1-4-4　線性非時變系統 (Linear time invariant system)

在控制系統中有一種系統最常被討論，那就是線性非時變系統，其同時包含兩
個特性，一個是線性 (Linear)，另一個是非時變 (Time invariant)。兩者分別介紹如下：

1. 線性 (Linear)：對於一個系統或是函數，如果同時給兩個輸入，它們輸出的和就
   是其總輸出。以數學來說的話，如果給一個輸入 r_1 會產生輸出 y_1，給另一個輸
   入 r_2 會產生輸出 y_2。若給一個輸入 $\alpha r_1 + \beta r_2$ 則會產生輸出 $\alpha y_1 + \beta y_2$，其中 α、β
   是純量。以一個常見的二階常係數常微分方程系統 $a_0 \ddot{y}(t) + a_1 \dot{y}(t) + a_2 y(t) = r(t)$ 爲
   例，其中 $r(t)$ 爲控制輸入，而 $y(t)$ 爲輸出響應，若輸入 r_1 會產生輸出 y_1，輸入 r_2
   會輸出 y_2，則可以得到如下關係式

$$
\begin{cases}
a_0 \ddot{y}_1(t) + a_1 \dot{y}_1(t) + a_2 y_1(t) = r_1(t) \\
a_0 \ddot{y}_2(t) + a_1 \dot{y}_2(t) + a_2 y_2(t) = r_2(t)
\end{cases}
\tag{1-4}
$$

若是輸入爲 $\alpha r_1(t) + \beta r_2(t)$，則

$$
\begin{aligned}
\alpha r_1(t) + \beta r_2(t) &= \alpha \left[a_0 \ddot{y}_1(t) + a_1 \dot{y}_1(t) + a_2 y_1(t) \right] + \beta \left[a_0 \ddot{y}_2(t) + a_1 \dot{y}_2(t) + a_2 y_2(t) \right] \\
&= a_0 \left[\frac{d^2}{dt^2} (\alpha y_1(t) + \beta y_2(t)) \right] + a_1 \left[\frac{d}{dt} (\alpha y_1(t) + \beta y_2(t)) \right] + a_2 \left[\alpha y_1(t) + \beta y_2(t) \right]
\end{aligned}
$$

$$
\tag{1-5}
$$

即輸出為 $\alpha y_1(t) + \beta y_2(t)$，所以該二階常係數常微分方程系統 $a_0\ddot{y}(t) + a_1\dot{y}(t)$ $+ a_2 y(t) = r(t)$為線性。此概念即是所謂的重疊原理 (Superposition theorem)。

2. 非時變 (Time invariance)：系統的影響不會隨時間
變化，或說不會依系統的狀態有變化。所以，如
果輸入 x_1 與 x_2 只有時間上的差異，其他條件完全
相同，則其對應的輸出 y_1 與 y_2 也只有時間上的差
異，其他完全相同。系統對於輸入訊號的影響或

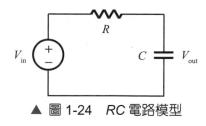

▲ 圖 1-24　RC 電路模型

表現，跟什麼時候輸入此訊號的時間點無關，僅僅跟此輸入訊號作用此系統的時
間長短有關。例如對於一個 RC 電路如圖 1-24 所示，在此時輸入一個三角波訊
號電壓所產生出來的輸出，跟一個小時後輸入同樣的三角波訊號所產生的輸出，
如果是一模一樣的話則稱為非時變的系統。

　　經由前面對於線性與非時變的基本概念，可以了解何謂線性非時變系統，線性
非時變理論善於描述許多重要的系統，任何可以被模擬為常係數線性齊次微分方程
的系統是都是線性非時變系統。這類系統的實例是由電阻器 R、電感 L 和電容器 C
所形成 RLC 電路，以及理想的彈簧 K、質量 m、與阻尼 c 所形成之 mcK 彈簧振動系
統都是線性非時變系統。線性非時變系統簡稱為 LTI 系統，其除了大量出現在控制系
統中，也經常出現在核磁共振頻譜學、地震學、電子電路學、訊號處理等技術領域
中被運用。

1-5　控制系統的性能要求

　　自動控制理論是研究自動控制系統特性的一門學科。儘管控制系統有不同的類
型，而且每個系統也都有不同的特殊要求或規格，但對於各類系統來說，在已知系
統的動態方程式與參數下，我們最感興趣的是系統在各種常見輸入訊號下，其受控
系統輸出變化的過程。例如，對定值控制系統是研究干擾作用引起受控系統輸出量
變化的過程；對追蹤控制系統是研究受控系統控制輸出如何克服擾動影響跟隨參考
輸入量的變化過程。但是，對每一類控制系統的受控系統輸出量變化過程，其性能

規格的基本要求都可以用一些性能指標予以一致化，其可以歸納為穩定性、快速性和準確性，即穩、快、準的性能要求。

1. 穩定性 (stability)

穩定性是保證控制系統可以正常工作的先決條件。一個穩定的控制系統，其受控系統輸出量偏離參考輸入的誤差值應隨時間的增長逐漸減小並趨於零。具體來說，對於穩定的定值控制系統，受控系統輸出量因干擾而偏離參考輸入值後，經過一個過渡時間受控系統輸出量應該恢復到原來的參考輸入值狀態；對於穩定的追蹤控制系統，受控系統輸出量應能始終追蹤參考輸入量的變化。反之，不穩定的控制系統，其受控系統輸出量偏離參考輸入值的初始誤差，將隨時間的增加而越差越大終至發散，如圖 1-25 所示。因此，不穩定的控制系統無法完成預定的控制目標。

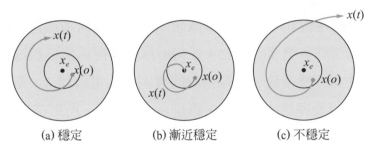

(a) 穩定　　　　(b) 漸近穩定　　　　(c) 不穩定

▲ 圖 1-25　穩定與不穩定之示意圖

我們可以用一個生活常識來了解系統穩定性，以筆尖擺在桌面為例。筆尖向下的鉛筆之所以不可能直立在桌面上，是因為外部的干擾源一直存在，例如鉛筆周圍空氣的擾動、桌面的輕微振動等，直立的位置在受到擾動便會產生偏離；一旦偏離，重力作用線的力矩線不再通過支撐點，重力對支撐點的力矩將使鉛筆失去平衡而倒下，這種現象會導致平衡狀態遭到破壞；因此這種平衡是不穩定的。而末端用細線吊著的的鉛筆，雖然也受空氣流動、細線抖動等干擾動而導致偏離平衡位置，但在重力作用線偏離了線與鉛筆的捆綁點後，重力對細線捆綁點的力矩將使得鉛筆回到直立的位置，這種偏離不會擴大，因此能保持平衡狀態，這種平衡稱為穩定平衡。

2. 快速性

為了良好完成控制任務，控制系統僅僅滿足穩定性要求是不夠的，還必須針對其在過渡過程的形式和快慢符合一些要求，一般稱為性能規格。例如：對於穩定的高射砲射角追蹤系統，砲身一定要能追蹤目標是基本要求，如果目標變動太快，而砲身追蹤目標物所需時間過長，就不可能擊中目標；另外在穩定的飛機自動駕駛系統，如圖 1-12 所示，當飛機受陣風干擾而偏離預定航線時，自動駕駛儀具有自動使飛機恢復預定航線的能力，但在恢復過程中，如果機身搖晃幅度過大，或是擺正速度過快，導致飛機駕駛員感到不適，這都是應該盡量降低的。在圖 1-10 的函數記錄儀記錄輸入電壓時，如果記錄筆移動很慢或擺動幅度過大，不僅使記錄曲線失真，而且還會損壞記錄筆，使電子元件承受過高電壓，導致電子元件損壞。因此對控制系統達到要求參考輸入所需的時間 (即上升時間) 和最大振盪幅度 (即最大超越量) 一般都有具體要求，這些將在後面章節一一介紹。

3. 準確性

理想情況下，當控制系統達到要求參考輸入所需的時間後，受控系統的輸出值應該達到的穩態值 (即平衡狀態) 應與參考輸入一致。但實際上，由於系統結構、外在干擾作用，或是摩擦、間隙等非線性因素的影響，受控系統輸出的穩態值與參考輸入值之間會有誤差存在，稱為穩態誤差 (steady-state error)。穩態誤差是衡量控制系統控制精度的重要指標，在控制器設計中一般都有具體要求。

1-6 控制系統的常見的外加作用訊號

在實際物理系統中，控制系統承受的外加作用訊號形式很多，可能是確定性的外加作用訊號，也可能是隨機性的外加作用訊號。對不同形式的外加作用訊號，控制系統中受控系統的輸出量之變化情況 (即響應) 各有不相同。為了便於進行統一的研究與比較控制系統的性能，通常選用幾種常見的函數作為外加作用輸入訊號。目前在控制系統設計中常用的外加作用函數有步階函數 (step function)、斜坡函數 (ramp function)、脈衝函數 (impulse function)，以及正弦函數等確定性函數，其介紹如下：

1. 步階函數

步階函數的數學表達式為

$$f(t) = \begin{cases} 0, & t < 0 \\ R, & t \geq 0 \end{cases} \tag{1-6}$$

式 (1-6) 表示一個在 $t = 0$ 以前函數值為 0，而 $t = 0$ 之後出現的函數值大小為 R 的階梯變化函數，如圖 1-26 所示。

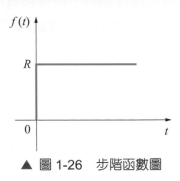

▲ 圖 1-26　步階函數圖

在實際物理系統中，這意味著在時間 $t = 0$ 時突然加到系統上一個大小不變的外加作用。對於大小值 $R = 1$ 的階梯函數稱單位階梯函數 (unit step function)，一般用 $u(t)$ 表示，大小為 R 的步階函數便可表示為 $f(t) = R \cdot u(t)$，而在任意時刻 t_0 出現的階梯函數則可以表示為 $f(t - t_0) = R \cdot u(t - t_0)$。

階梯函數在實際控制系統中是經常遇到的一種外加作用形式。例如家裡的電源開關突然啟動，或是負載突然增大或減小，飛機飛行中遇到的固定大小陣風擾動等都可以視為是階梯函數形式的作用。在控制系統的分析設計中，一般會將階梯函數作用下系統的輸出響應特性作為評量系統動態性能指標好壞的依據。

2. 斜坡函數

斜坡函數的數學表示式為

$$f(t) = \begin{cases} 0, & t < 0 \\ Rt, & t \geq 0 \end{cases} \tag{1-7}$$

式 (1-7) 表示在 $t = 0$ 時刻開始，以固定常數斜率值 R 隨時間產生變化的函數，如圖 1-27 所示。在實際物理系統應用上，某些追蹤控制系統常常會出現這種外加作用訊號，如雷達 - 高射砲防空系統，當雷達追蹤的目標以固定速率飛行時，便可以將此飛行目標物的軌跡訊號視為是一種斜坡函數訊號。

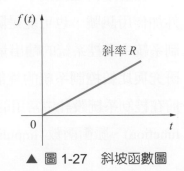

▲ 圖 1-27　斜坡函數圖

3. 脈衝函數

脈衝函數定義為

$$f(t) = \lim_{t_0 \to 0} \frac{A}{t_0}\left[u(t) - u(t-t_0)\right] \tag{1-8}$$

式中，$\frac{A}{t_0}\left[u(t)-u(t-t_0)\right]$ 是由兩個階梯函數組合而成，其面積大小為 $\frac{A}{t_0}t_0 = A$，如圖 1-28(a) 所示。當橫座標寬度趨於零時，此函數的極限便是脈衝函數，它會呈現出一個寬度為零且大小值為無窮大，但面積為 A 的極限脈衝，如圖 1-28(b) 所示，該脈衝值會出現在 0 的無窮小附近。脈衝函數的強度通常可以用其面積來表示。面積 $A=1$ 的脈衝函數稱為單位脈衝函數或 δ 函數，大小強度為 A 的脈衝函數可表示為 $f(t) = A\delta(t)$。在 t_0 時刻出現的單位脈衝函數則表示為 $\delta(t-t_0)$。

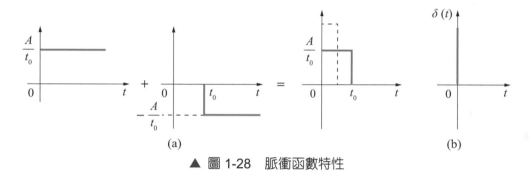

▲ 圖 1-28　脈衝函數特性

在這裡必須特別指出脈衝函數在現實中是不存在的，它只有數學上的定義，但卻是一個重要的分析工具。在物理系統上可以用一顆球壓在桌面上，則球與桌面之接觸點的壓力就會呈現脈衝函數的形式，當然這是假設球與桌面的接觸是一個點，其接觸面積為 0，所以壓力會呈現脈衝函數形式，然而在實際物理系統上接觸面積不會為 0，所以會接近脈衝函數。雖然在物理系統上要找到該函數並不容易，但它卻是有用的數學分析工具，尤其在自動控制理論研究中具有非常重要的作用。例如一個任意形式的外加作用訊號，可以將其分解成不同時刻的一系列脈衝函數之和，這樣通過研究控制系統在脈衝函數作用下的響應特性，便可以了解在任意形式外加作用訊號下的響應特性。

4. 正弦函數

正弦函數的數學表達式為

$$f(t) = A\sin(\omega t \pm \varphi) \tag{1-9}$$

式中，A 為正弦函數的振幅；$\omega = 2\pi f$ 為正弦函數角頻率；φ 為初始相角。

正弦函數是控制系統常用的一種外加訊號源。在實際物理系統中，很多實際的追蹤系統就是經常在這種正弦函數外加作用下運作。例如船艦的消擺系統、穩定平台的追蹤系統等，就是處於這種弦波函數的波浪下運作。更為重要的是系統在正弦函數作用下的響應，稱為頻率響應，其是古典控制理論研究控制系統性能的一個重要理論，本書在後面章節會介紹到。

1-7 控制系統的設計

控制系統的設計必須滿足實際上的性能需求。但控制系統設計的穩定性是首要條件，因為不穩定的系統是絕對不會被接受。在控制系統的許多性能規格要求上往往是相互矛盾衝突。例如既要系統的輸出訊號振幅不要過大，又要系統的反應速率夠快。故在設計時需做整體的考量，取得各項性能要求的平衡點。整體而言一般控制系統的設計步驟可以分為下列幾點：

1. 確定控制目標

控制目標的決定是控制系統設計的第一步。因此，了解設計的性能規格為何？所要考慮的系統為何？有什麼特徵？這些都有助於後續的系統建模、分析與設計。

2. 受控系統建模

建模就是將實際的系統，透過物理的基本理論，例如牛頓運動定律、克希荷夫定律等等理論，以微分方程式、積分方程式或是差分方程式等數學工具進行系統建模。例如設計人造衛星控制器，我們不可能把一台人造衛星直接搬到實驗桌上設計控制器，亦不可能每設計一控制器就直接施加於人造衛星上作測試，因此進行事先的建模是非常重要的。

3. 電腦軟體模型分析

　　建立模型後須透過軟體模擬，以比較模型是否與實際系統相符合，若差距超出容許範圍，則須修正模型，常見的模擬軟體是 MATLAB 等。

4. 系統性能分析

　　數學模型確定後，須對模型行為加以分析以了解系統的特性，如系統的可控性、可觀性、極零點位置等，以增進對系統的了解，因為有些特性決定系統在閉迴路控制下的性能極限。對系統做定性的穩定性分析、定量的系統響應分析，以了解系統的行為，可做為設計時的依據。若是系統的 特性無法滿足需求，則需加入適當的控制器與性能測試或做其他的補償設計，以改善系統的性能，達到我們預期的目標。

5. 控制律設計與性能測試

　　完成系統的分析後即可依要求的性能規格及對系統的了解，依據控制理論進行控制律設計，其包含時域、頻域與狀態空間設計法則。控制律設計完成後，同樣的須以相關軟體先加以模擬，若不符合則要求，則須重新設計控制器，如此反覆設計與模擬，直到模擬結果符合規格之要求。

6. 實機驗証與微調

　　將控制器實現於實際系統中。評估控制後的系統性能是否符合給定的規格。若符合則設計完成；若不符合則必須回到建模或設計的步驟，修改模型或重新設計控制器。

1-8　MATLAB 分析工具

　　在控制系統的模擬、分析與設計中，最常用的軟體為 MATLAB。MATLAB (Matrix Laboratory，矩陣實驗室) 是由美國 The MathWorks 公司出品的商業數學軟體。MATLAB 是一種用於演算法開發、資料視覺化、資料分析以及數值計算的一個套裝軟體。除了有矩陣運算與繪圖等常用功能外，MATLAB 還可用來建立使用者介面，以及呼叫其它語言 (包括 C、C++、Java、Python、FORTRAN) 所編寫的程式。

現今的 MATLAB 擁有更豐富的數據類型、更友善的用戶介面、更加快速精美的可視化圖形、更廣泛的數學和數據分析資源，以及更多的應用開發工具。這裡主要介紹 MATLAB 在控制器設計、模擬和分析方面的功能，即 MATLAB 的控制系統工具箱。在 MATLAB 工具箱中，常用的有如下兩個控制類工具箱。

1-8-1 控制系統工具箱 (control system toolbox)

該工具箱主要處理以轉移函數為主的古典控制和以狀態空間描述為主的現代控制問題。對於控制系統，尤其是線性非時變系統 LTI 的建模、分析和設計提供一個完整的解決方案。其主要功能如下：

- 系統建模。建立連續或離散系統的傳遞函數、狀態空間表達式、零極點增益模型，並可以輕易完成任意兩者間的轉換。通過串聯、並聯、回授連接等方塊圖連接，建立複雜系統的模型。
- 系統分析。在時域分析方面，對系統進行單位脈衝響應、單位步階響應和任意輸入響應模擬時域響應輸出；在頻域方面，對系統的波德 (Bode) 圖、奈氏 (Nyquist) 圖以及尼可士圖等進行計算和繪製。
- 系統設計。計算系統的各種特性，如零點、極點、穩定裕度、根軌跡的增益選擇等，對系統進行零、極點的配置，觀測器的設計等。

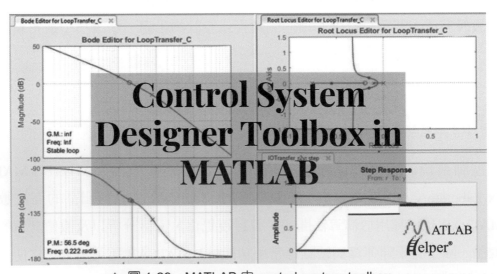

▲ 圖 1-29　MATLAB 中 control system toolbox

1-8-2　系統識別工具箱 (system identification toolbox)

該工具箱提供進行系統模型識別的工具，其主要功能包括：

- 參數化模型辨識；
- 非參數化模型辨識；
- 模型驗證，即對辨識模型進行仿真，並將真實輸出數據與模型預測數據進行比較，計算偏差；
- 參數估計，利用遞推估計方法獲得模型參數；
- 模型的建立和轉換；
- 集成多種功能的圖形用戶介面，以圖形交互的方式實現模型的選擇和建立，輸入輸出數據的加載和預處理，以及模型估計。

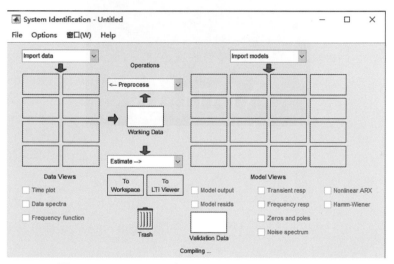

▲ 圖 1-30　MATLAB 中 System identification toolbox

1-8-3　Simulink

除了 MATLAB 外，另一個在控制系統中常用的工具是 Simulink。Simulink 為建構在 MATLAB 環境下的模擬工具，是一種用來分析與模擬系統動態特性的軟體。Simulink 為採用視窗的方式配合滑鼠的運用，建立及模擬動態系統模型。我們可以藉由 Simulink 建立系統的模擬方塊圖，其設計上非常直覺，跟自動控制中的方塊圖觀念一致，非常容易操作。對於很多控制設計者，都會同時結合 MATLAB 的程式與 Simulink 進行控制器設計與系統模擬，其可以有效提升設計效率。

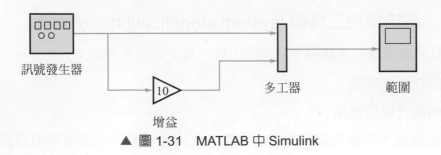

訊號發生器　　　　　　　　　　　多工器　　　　範圍

增益

▲ 圖 1-31　MATLAB 中 Simulink

　　有關 MATLAB 跟 Simulink 的詳細介紹可以參閱相關網站 https://www.mathworks.com/products/matlab.html。在後面章節中，將會使用相關的 MATLAB 工具箱進行模擬，請讀者可以自行上網預先了解一下如何使用該軟體。

古典控制學的
數學建模

2-1 前言

在古典控制學的分析和設計中，為了確實掌握系統的行為，首先要建立系統的數學模型。控制系統的數學模型是描述系統內的物理量 (或變數) 之間關係的數學表示式。在鬆弛系統 (relaxed system) 條件下 (即變數各階導數初始值為零)，描述變數之間關係的方程式稱為鬆弛系統數學模型，描述變數各階導數與自變數之間的微分方程式稱為動態數學模型或動態方程式 (Dynamic equation)。如果已知輸入量及變數的初始條件，對微分方程式求解 (一般可使用拉氏轉換求解)，就能得到系統輸出行為的表示式，並用以對系統進行性能分析。因此，建立控制系統的數學模型是分析與設計控制系統的首要任務。

建立控制系統數學模型的方法有解析法 (analytic method) 和實驗法 (Experimental method) 兩種。解析法是對系統各部分的運動進行分析，然後依據物理定理或化學定理列出相應的方程式。例如：在電學中常會利用到克希荷夫定律 (Kirchhoff Circuit Laws)，力學系統則常用到牛頓運動定律 (Newton's Laws of Motion)，熱力學中有熱力學定律 (law of thermodynamics) 等。實驗法則是透過人為給系統外加一些訊號進行測試，記錄其輸出響應，並用適當的數學模型與學習演算法去近似與學習，這一類方法稱為系統鑑別 (system identification，簡稱 system ID)。系統鑑別已經發展成為一門獨立的學科，MATLAB 軟體中也針對系統鑑別發展完整的工具箱 (toolbox) 來解決該類問題，近年來透過人工智慧與大數據分析進行系統鑑別的研究更是如雨後春筍般的多。在本章節中主要是研究用解析法建立系統數學模型。

在自動控制理論中，物理系統的數學模型有非常多種形式。時域 (time domain) 中常用的數學建模方法有微分方程式、差分方程式和狀態方程式；除此之外，也可以透過轉移函數 (transfer function)、方塊圖 (block diagram) 與訊號流程圖 (signal flow chart) 等進行建模。本章主要以常微分方程式 (ordinary differential equation) 與轉移函數等工具進行建模。

2-2 控制系統的時域建模

本節主要著重於研究常係數、線性、非時變之常微分方程式所對應之控制系統的建模與求解，該類物理系統是控制系統中最常見，也是最好用的建模方式。此類問題建模後的求解會大量使用到拉氏轉換 (Laplace transform) 的理論求解，雖然本書也會介紹拉氏轉換，但是詳細的理論介紹，讀者可以自行參閱本人在全華圖書所出版的 iEM 工程數學，裡面會有非常詳細的介紹。

2-2-1 常見線性元件的常微分方程式系統

現舉例說明控制系統中常用的機械系統、電子電路系統、馬達機電系統之常微分方程式建模。

1. 電子電路系統

電路系統 (electric circuit system) 上的基本元件有電阻 resistor(電阻值以 R 代表，單位：Ω)、電感 inductor(電感值以 L 代表，單位：H) 與電容 capacitor(電容值以 C 代表，單位：F)。根據基本電路理論，電阻、電感與電容元件在時域 (time-domain) 上該元件兩端電壓 $v(t)$ 與電流 $i(t)$ 的關係分別 ：

電阻： $\xrightarrow{i(t)}\ \overset{R}{\wedge\wedge\wedge}$ $\qquad v(t) = Ri(t)$ $\hfill (2\text{-}1)$

電感： $\xrightarrow{i(t)}\ \overset{L}{\text{mmm}}$ $\qquad v(t) = L\dfrac{d}{dt}i(t)$ $\hfill (2\text{-}2)$

電容： $\xrightarrow{i(t)}\ \overset{C}{=}$ $\qquad v(t) = \dfrac{1}{C}\displaystyle\int_0^t i(\tau)d(\tau)$ $\hfill (2\text{-}3)$

在電子電路系統中最常用到的定理就是克希荷夫定律 (Kirchhoff Circuit Laws)，其描述如下：

(1) 克希荷夫電壓定律 (KVL)：沿著任意閉合迴路所有元件兩端電位差 (電壓) 的代數和等於零。

(2) 克希荷夫電流定律 (KCL)：所有進入某節點的電流總和等於所有離開這節點的電流總和。

以下用 RLC 電路來說明如何利用克希荷夫定律建立電路系統動態方程式。如下圖 2-1 所示為一個由電阻 R、電感 L 與電容 C 所組成之 RLC 電路，其中輸入 $u_i(t)$ 與輸出 $u_0(t)$ 為變數。假設迴路電流為 $i(t)$，則由克希荷夫電壓定律可以得到迴路之常微分方程式為

$$L\frac{di(t)}{dt} + \frac{1}{C}\int_0^t i(\tau)d\tau + Ri(t) = u_i(t) \tag{2-4}$$

$$u_o(t) = \frac{1}{C}\int_0^t i(t)dt \tag{2-5}$$

消去中間變數電流項 $i(t)$，可以得到電路之輸出輸入常微分方程式為

$$LC\frac{d^2u_o(t)}{dt^2} + RC\frac{du_o(t)}{dt} + u_o(t) = u_i(t) \tag{2-6}$$

顯然，這是一個二階線性常微分方程式，其就是如圖 2-1 電路的時域數學模型。

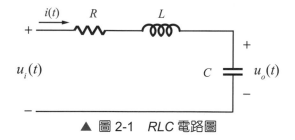

▲ 圖 2-1　RLC 電路圖

2. 機械系統

　　機械系統中最常看到的基本元件包含平移系統元件與旋轉系統元件，其經常用到牛頓第二運動定律，平移系統元件的牛頓第二定律可以表示為：物體所受到的外力總和 F 等於質量 m 與加速度 a 的乘積，且加速度與外力同方向。以方程式表示為

$$\sum F = ma \tag{2-7}$$

　　而旋轉系統元件的牛頓第二定律可以表示為：物體所受到的轉矩總和 T 等於轉動慣量 J 與角加速度 α 的乘積，且角加速度與轉矩的方向相同。以方程式表示為

$$\sum T = J\alpha \tag{2-8}$$

　　以下用圖 2-2 與圖 2-3 描述常見平移系統元件之力與旋轉系統元件之力矩。

(1)　機械平移系統 (translational system) 的基本元件

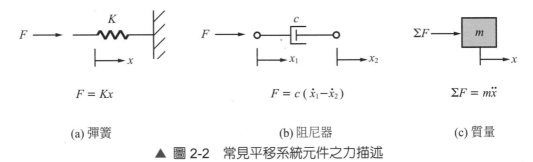

$F = Kx$	$F = c\,(\dot{x}_1 - \dot{x}_2)$	$\sum F = m\ddot{x}$
(a) 彈簧	(b) 阻尼器	(c) 質量

▲ 圖 2-2　常見平移系統元件之力描述

其中　K = 彈簧係數 (spring constant)。

　　　　c = 阻尼器的黏滯摩擦係數或阻尼係數

　　　　m = 質量 (mass)

　　　　F = 力 (force)

　　　　x = 位移 (displacement)

(2) 機械旋轉系統 (rotational system) 的基本元件

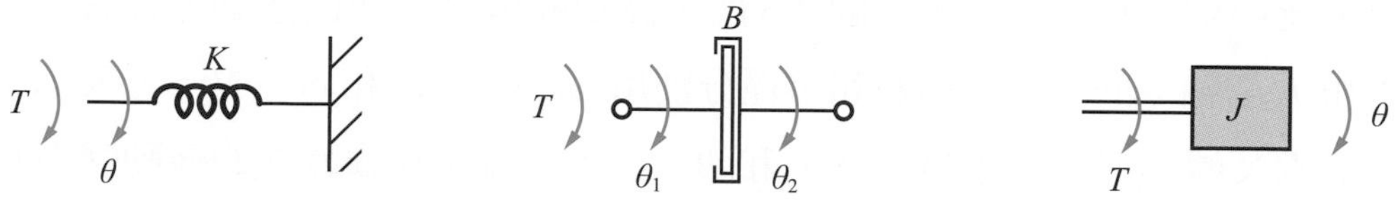

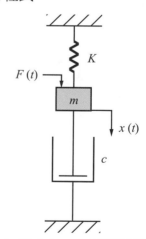

$$T = K\theta$$

(a) 彈簧

$$T = B\,(\dot{\theta}_1 - \dot{\theta}_2)$$

(b) 阻尼器

$$T = J\ddot{\theta}$$

(c) 慣量

▲ 圖 2-3　常見旋轉系統元件之轉矩描述

其中　B = 緩衝筒的黏滯摩擦係數 (viscous-friction coefficient) 或阻尼係數

(damping coefficient)

J = 慣量 (inertia)

T = 力矩 (torque)

θ = 角位移 (angular displacement)

以下說明如何利用牛頓運動定律建立機械系統動態方程式。

如圖 2-4 表示質量 - 阻尼 - 彈簧之機械系統 (簡稱 mcK 系統)。其質量 m 在外力 $F(t)$ 作用下 (重力忽略不計)，產生位移 $x(t)$。若質量 m 相對於初始狀態的位移、速度、加速度分別為 $x(t)$、$\dfrac{dx(t)}{dt}$、$\dfrac{d^2x(t)}{dt^2}$。由牛頓第二運動定律可知

$$m\frac{d^2x(t)}{dt^2} = F(t) - F_1(t) - F_2(t)$$

▲ 圖 2-4　mcK 振動系統

式中 $F_1(t) = c\dfrac{dx(t)}{dt}$ 是阻尼器的阻尼力，其方向與運動方向相反，大小與運動速度成比例，c 是阻尼係數；$F_2(t) = Kx(t)$ 是彈簧力，其方向與運動方向相反，其大小與位移成比例，K 是彈性係數。將 $F_1(t)$ 和 $F_2(t)$ 帶入上式中，經整理後即得該系統的動態方程式為

$$m\frac{d^2x(t)}{dt^2} + c\frac{dx(t)}{dt} + Kx(t) = F(t) \tag{2-9}$$

接著看一下旋轉機械系統的建模,此種系統最典型就是齒輪傳動系統,尤其是電動車系統中均會存在該系統。圖 2-5 所示為齒輪傳動系統的運動方程式。圖中 J_1 齒輪 1 和 J_2 齒輪 2 的轉速、齒數和半徑分別用 ω_1、N_1、r_1 和 ω_2、N_2、r_2 表示;其傳動摩擦係數及轉動慣量分別是 B_1、J_1 和 B_2、J_2;齒輪 1 和齒輪 2 的傳動轉矩及負載轉矩分別是 M_m、M_1、M_2、M_c。

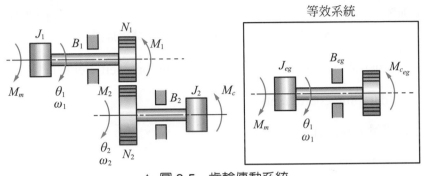

▲ 圖 2-5　齒輪傳動系統

工業界在傳動機構與負載之間往往通過齒輪系進行動力傳輸,可以達到減速和增大力矩的目的。在齒輪傳動中,兩個咬合齒輪的切線速度相同,傳動的功率亦相同,因此可以得到

$$M_1 \omega_1 = M_2 \omega_2 \ \ 與 \ \ \omega_1 r_1 = \omega_2 r_2$$

又因為齒數與半徑成正比,即

$$\frac{r_1}{r_2} = \frac{N_1}{N_2} \ \ ,其 \ N_1 \ 與 \ N_2 \ 分別為齒輪 1 與 2 的齒數$$

於是可推得

$$\omega_2 = \frac{N_1}{N_2} \omega_1 \ \ 與 \ \ M_1 = \frac{N_1}{N_2} M_2$$

根據旋轉系統元件牛頓第二定律,可以分別寫出齒輪 1 與齒輪 2 的運動方程式,如下:

$$J_1 \frac{d\omega_1}{dt} + B_1 \omega_1 + M_1 = M_m \tag{2-10}$$

$$J_2 \frac{d\omega_2}{dt} + B_2\,\omega_2 + M_c = M_2 \tag{2-11}$$

若齒輪 1 的轉角角度為 θ_1，而齒輪 2 的轉角角度為 θ_2，則其動態方程式可以改寫成

$$\begin{cases} J_1\ddot{\theta}_1 + B_1\dot{\theta}_1 = M_m - M_1 \\ J_2\ddot{\theta}_2 + B_2\dot{\theta}_2 = M_2 - M_c \end{cases}$$

由上述方程式 (2-10) 與 (2-11) 中消去變數 ω_2、M_1、M_2，可得

$$M_m = \left[J_1 + \left(\frac{N_1}{N_2}\right)^2 J_2 \right] \frac{d\omega_1}{dt} + \left[B_1 + \left(\frac{N_1}{N_2}\right)^2 B_2 \right] \omega_1 + M_c \left(\frac{N_1}{N_2}\right)$$

令

$$J_{eq} = J_1 + \left(\frac{N_1}{N_2}\right)^2 J_2 \tag{2-12}$$

$$B_{eq} = B_1 + \left(\frac{N_1}{N_2}\right)^2 B_2 \tag{2-13}$$

$$M_{c_{eq}} = \left(\frac{N_1}{N_2}\right) M_c \tag{2-14}$$

則可得齒輪傳動系統之常微分方程式為

$$J_{eq}\frac{d\omega_1}{dt} + B_{eq}\,\omega_1 + M_{c_{eq}} = M_m \tag{2-15}$$

式中，J_{eq}、B_{eq}、$M_{c_{eq}}$ 分別是對應到齒輪 1 的等效轉動慣量、等效摩擦係數及等效負載轉矩。而相對 θ_1 之動態方程式可由圖 2-5 中等效系統得知如下：

$$J_{eq}\ddot{\theta}_1 + B_{eq}\dot{\theta}_1 = M_m - M_{c_{eq}} \tag{2-16}$$

顯然，對應的等效值與齒輪系的減速比有關，減速比 $N = \dfrac{N_2}{N_1}$ 越大，則 $\dfrac{N_1}{N_2}$ 值越小，即對應的等效值越小。如果齒輪系減速比足夠大，則後級齒輪及負載的影響便可以不考慮。

3. 馬達機電系統

馬達系統一般分為步進馬達，直流馬達 (DC Motor) 與交流馬達 (AC Motor) 等，而直流馬達又分為有刷與無刷兩大類，如圖 2-6 為直流馬達之結構圖。由於有刷直流馬達簡單又便宜，在一般使用上，大都考慮此種馬達，在這裡我們考慮有刷馬達，而其中又以電樞控制直流馬達 (Armature-controlled DC motor) 最常見。馬達通入電流，在磁場中產生之作用力可依圖 2-6 中的佛萊明 (Fleming) 左手定則來決定，此力會造成馬達旋轉運動。

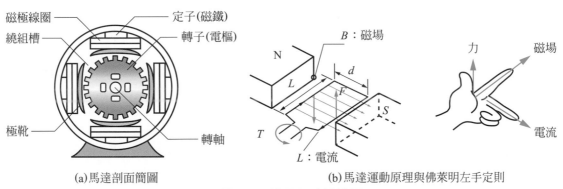

(a)馬達剖面簡圖　　　　　　　　　(b)馬達運動原理與佛萊明左手定則

▲ 圖 2-6　常見馬達結構圖

圖 2-7 為電樞控制直流馬達的架構圖，其中電樞電壓 (armature voltage) $u_a(t)$ 為輸入，馬達轉速 $\omega_m(t)$ 為輸出。圖中 R_a、L_a 分別是電樞電路的電阻與電感；M_c 是對應到馬達軸上的總負載力矩。而電樞控制直流馬達的特點之一是磁通 (flux) 固定，也就是場電流 (field current) i_f 固定。電樞控制直流馬達是將輸入的電能轉換為機械能，也就是由輸

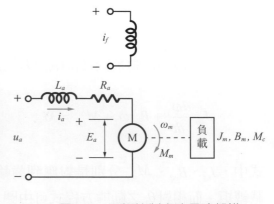

▲ 圖 2-7　電樞控制直流馬達架構

入電壓 $u_a(t)$ 在電樞迴路中產生電樞電流 (armature current) $i_a(t)$，再由電流 $i_a(t)$ 與磁通量相互作用產生力矩 $M_m(t)$，從而帶動負載旋轉運動。因此，直流馬達的運動方程式可以分成以下三部分：

(1)　電樞電路的電路方程式

$$u_a(t) = L_a \frac{di_a(t)}{dt} + R_a \, i_a(t) + E_a \tag{2-17}$$

式中，E_a 是電樞旋轉時產生的反電動勢，其大小與空氣間隙磁通量 (air gap flux) 及轉速成正比，方向與電樞電壓 $u_a(t)$ 相反，即 $E_a = C_e \, \omega_m(t)$，其中 C_e 是反電動勢常數。

(2)　馬達力矩正比於電樞電流

$$M_m(t) = C_m \, i_a(t) \tag{2-18}$$

其中 C_m 是馬達轉矩常數，$M_m(t)$ 是電樞電流產生的力矩。

(3)　負載力矩方程式

$$J_m \frac{d\omega_m(t)}{dt} + B_m \, \omega_m(t) = M_m(t) - M_c(t) \tag{2-19}$$

式中，B_m 是馬達和負載對應到馬達旋轉軸上的摩擦係數；J_m 是馬達和負載對應到馬達旋轉軸上的轉動慣量。

由上式中消去中間變數 $i_a(t)$、E_a 及 $M_m(t)$，便可以得到以 $\omega_m(t)$ 為輸出、$u_a(t)$ 為輸入的直流馬達微分方程式。

$$L_a J_m \frac{d^2\omega_m(t)}{dt^2} + (L_a B_m + R_a J_m)\frac{d\omega_m(t)}{dt} + (R_a B_m + C_m C_e)\omega_m(t)$$

$$= C_m u_a(t) - L_a \frac{dM_c(t)}{dt} - R_a M_c(t) \tag{2-20}$$

在一般實際工程應用中，由於電樞電路電感 L_a 較小，通常可以忽略不計，因而上式可以簡化為

$$T_m \frac{d\omega_m(t)}{dt} + \omega_m(t) = K_m u_a(t) - K_c M_c(t) \tag{2-21}$$

式中，$T_m = \dfrac{R_a J_m}{(R_a B_m + C_m C_e)}$ 是馬達系統的時間常數；

$$K_m = \frac{C_m}{(R_a B_m + C_m C_e)} \ \text{、} \ K_c = \frac{R_a}{(R_a B_m + C_m C_e)} \ \text{是馬達傳動係數。}$$

如果電樞電阻 R_a 和電動機的轉動慣量 J_m 都很小可以不計時，上式還可以進一步簡化為

$$C_e \omega_m(t) = u_a(t) \tag{2-22}$$

此時，馬達的轉速 $\omega_m(t)$ 與電樞電壓 $u_a(t)$ 成正比，可以將此馬達做為測速發電機 (spead-voltage generator) 使用。

綜上所述，將物理系統之動態方程式建模為微分方程式的步驟可歸納如下：

1. 根據元件的工作原理及其在控制系統中的作用，確定其輸入變數與輸出變數。
2. 分析元件在工作中所符合的物理定律，列出相對應的微分方程式。
3. 消去中間變數，得到輸出與輸入之間關係的微分方程式，便是系統時域的數學模型。

一般情況下，應將微分方程式寫成標準形式，即與輸入變數有關的項寫在方程式右端，與輸出變數有關的項寫在方程式的左端，方程式兩端變數的導數項均依降冪排列。

2-2-2 線性系統的基本特性

用線性微分方程式描述的元件或系統，稱為線性元件或線性系統。本書在第 1 章已經有先介紹過何謂線性，其中最重要的概念就是線性系統可以滿足重疊原理。重疊原理可以深入解釋為系統具有可疊加性與均勻性 (或齊次性)。

舉例說明：設有線性微分方程式

$$\frac{d^2 y(t)}{dt^2} + \frac{dy(t)}{dt} + y(t) = f(t) \tag{2-23}$$

其中 $f(t)$ 可以視為系統輸入，而 $y(t)$ 可以視為系統的輸出。當 $f(t) = f_1(t)$ 時，上述方程式的解 (輸出) 為 $y_1(t)$；當 $f(t) = f_2(t)$ 時，其解 (輸出) 為 $y_2(t)$。如果 $f(t) = f_1(t) + f_2(t)$，經由第 1 章 1-3 節可以得知方程式的解 (輸出) 必為 $y(t) = y_1(t) + y_2(t)$，這就是可疊加性。而當 $f(t) = A f_1(t)$ 時，式中 A 為常數，則方程式的解必為 $y(t) = A y_1(t)$，這就是均勻性。

線性系統的重疊原理表示兩個外力作用同時加於系統時所產生的總輸出，等於各個外力作用單獨輸入時分別產生的輸出之和，且外力作用的數值增大若干倍時，其輸出亦相對應增大同樣的倍數。因此，對線性系統進行分析和設計時，如果有幾個外力作用同時加於該系統，則可以將它們分別處理，依次求出各個外力作用單獨加入時系統的輸出，然後將它們疊加即可得到系統總輸出。如此可以大大簡化線性系統的研究。

在線性系統的研究上有分為常係數與變係數，其中又以常係數線性微分方程式所對應的系統是最常用的，在前面所提到的電子電路系統、機械系統與馬達系統都是線性常係數微分方程式，所以本章節接下來將針對此類系統進行求解與分析。

2-3　拉氏轉換 (Laplace transform)

建立控制系統數學模型的目的之一是為了用數學方法定量研究控制系統的特性。當系統微分方程式完整建立後，只要給定輸人值和初始條件，便可對微分方程式求解，並由此瞭解系統輸出隨時間變化的響應。線性常係數微分方程式的求解方法一般有求解齊性解與特解的傳統方法及拉氏轉換法兩種，也可借助電腦數值法求解，由於拉氏轉換具有同時解出齊性解與特解，且可以將線性常係數微分方程式化成代數方程式以方便後續分析與求解之優勢，所以拉氏轉換是分析控制系統非常重要的利器。本小節先針對拉氏轉換進行介紹，作為後續利用轉移函數分析控制系統的概念奠定基礎。

2-3-1　定義與性質

首先定義拉氏轉換與反轉換，拉氏轉換主要是將一個時域空間的函數或是訊號，經由特定積分運算變換到 s 空間的一種過程，而反轉換則是相反動作，其相關之數學定義如下：

函數 $f(t)$ 之拉氏轉換 (Laplace transform) 與反轉換 (Laplace inverse transform) 為

$$\mathscr{L}\{f(t)\} = \int_0^\infty f(t)e^{-st}dt = F(s) \Rightarrow f(t) \text{ 的拉氏轉換} \qquad (2\text{-}24)$$

$$\mathscr{L}^{-1}\{F(s)\} = \frac{1}{2\pi j}\int_{a-i\infty}^{a+i\infty} F(s)e^{st}ds = f(t) \Rightarrow F(s) \text{ 的拉氏反轉換} \qquad (2\text{-}25)$$

經由上面的數學定義，我們可以將常見函數之拉氏轉換與反轉換整理如表 2-1 所示。

▼ 表 2-1　常見函數拉氏轉換與反轉換

函數	拉氏轉換	拉氏反轉換
$u(t)$	$\mathscr{L}\{u(t)\} = \dfrac{1}{s}$	$\mathscr{L}^{-1}\left\{\dfrac{1}{s}\right\} = 1,\ u(t)\text{ 或 }u_s(t)$
e^{at}	$\mathscr{L}\{e^{at}\} = \dfrac{1}{s-a}$	$\mathscr{L}^{-1}\left\{\dfrac{1}{s-a}\right\} = e^{at}$
$\sin\omega t$	$\mathscr{L}\{\sin\omega t\} = \dfrac{\omega}{s^2+\omega^2}$	$\mathscr{L}^{-1}\left\{\dfrac{1}{s^2+\omega^2}\right\} = \dfrac{1}{\omega}\sin\omega t$
$\cos\omega t$	$\mathscr{L}\{\cos\omega t\} = \dfrac{s}{s^2+\omega^2}$	$\mathscr{L}^{-1}\left\{\dfrac{s}{s^2+\omega^2}\right\} = \cos\omega t$
$\sinh\omega t$	$\mathscr{L}\{\sinh\omega t\} = \dfrac{\omega}{s^2-\omega^2}$	$\mathscr{L}^{-1}\left\{\dfrac{1}{s^2-\omega^2}\right\} = \dfrac{1}{\omega}\sinh\omega t$
$\cosh\omega t$	$\mathscr{L}\{\cosh\omega t\} = \dfrac{s}{s^2-\omega^2}$	$\mathscr{L}^{-1}\left\{\dfrac{s}{s^2-\omega^2}\right\} = \cosh\omega t$
t^n	$\mathscr{L}\{t^n\} = \dfrac{n!}{s^{n+1}}$	$\mathscr{L}^{-1}\left\{\dfrac{1}{s^{n+1}}\right\} = \dfrac{t^n}{n!}$ ；n 為正整數
$\delta(t)$	$\mathscr{L}\{\delta(t)\} = 1$	$\mathscr{L}^{-1}\{1\} = \delta(t)$

然而並不是所有的函數都是上述表格中的基本函數,很多函數的拉氏轉換需要透過一些運算技巧,才能得到所需要函數之拉氏轉換或是反轉換,由於其相關定理證明並不是本書重點,在此只將常見拉氏轉換定理之結果列出如表 2-2。

▼ 表 2-2　常見拉氏轉換定理

線性定理	$\mathscr{L}\{c_1 f(t) \pm c_2 g(t)\} = \mathscr{L}\{c_1 f(t)\} \pm \mathscr{L}\{c_2 g(t)\} = c_1 \mathscr{L}\{f(t)\} \pm c_2 \mathscr{L}\{g(t)\}$
微分定理	$\mathscr{L}\left\{\dfrac{df(t)}{dt}\right\} = sF(s) - f(0)$ $\mathscr{L}\left\{\dfrac{d^n f(t)}{dt^n}\right\} = s^n F(s) - s^{n-1} f(0) - s^{n-2} f^{(1)}(0) - \cdots\cdots - s f^{(n-2)}(0) - f^{(n-1)}(0)$ 式中　$f^{(k)}(0) = \dfrac{d^k f(t)}{dt^k}\bigg|_{t=0}$
積分定理	$\mathscr{L}\left\{\displaystyle\int_0^t f(\tau)d\tau\right\} = \dfrac{F(s)}{s}$ $\mathscr{L}\left\{\displaystyle\int_0^t \int_0^t \cdots\cdots \int_0^t f(\tau)d\tau d\tau \cdots\cdots d\tau\right\} = \dfrac{F(s)}{s^n}$
S 平移定理	$\mathscr{L}\{e^{at} f(t)\} = F(s-a)$
時間平移定理	$\mathscr{L}\{f(t-a)u(t-a)\} = e^{-as} F(s) = e^{-as} \mathscr{L}\{f(t)\}$
初值定理	$\displaystyle\lim_{t \to 0} f(t) = \lim_{s \to \infty} sF(s)$
終值定理	若 $sF(s)$ 無極點在虛軸或右平面上,則 $\displaystyle\lim_{t \to \infty} f(t) = \lim_{s \to 0} sF(s)$
摺積定理	$\mathscr{L}\{f(t) * g(t)\} = F(s) \cdot G(s)$

表 2-2 中兩函數之摺積定義如下:

$f(t)$ 與 $g(t)$ 之摺積 (Convolution) 定義為

$$f(t) * g(t) \triangleq \int_0^t f(\tau)g(t-\tau)d\tau = \int_0^t g(\tau)f(t-\tau)d\tau \tag{2-26}$$

而常見拉氏反轉換定理之結果列出如表 2-3。

▼ 表 2-3 常見拉氏反轉換定理

線性定理	$\mathscr{L}^{-1}\{c_1F(s)\pm c_2G(s)\}=c_1\mathscr{L}^{-1}\{F(s)\}\pm c_2\mathscr{L}^{-1}\{G(s)\}$
微分定理	若 $f(0)=f'(0)=\cdots\cdots=f^{(n-1)}(0)=0$ $\Rightarrow \mathscr{L}\{f^{(n)}(t)\}=s^nF(s)$ ，則 $\mathscr{L}^{-1}\{s^nF(s)\}=f^{(n)}(t)$
積分定理	$\mathscr{L}^{-1}\left\{\dfrac{F(s)}{s^n}\right\}=\int_0^t\int_0^t\cdots\cdots\int_0^t f(t)(dt)^n$
S 平移定理	$\mathscr{L}^{-1}\{F(s-a)\}=e^{at}f(t)=e^{at}\mathscr{L}^{-1}\{F(s)\}$
時間平移定理	$\mathscr{L}^{-1}\{e^{-as}F(s)\}=\mathscr{L}^{-1}\{F(s)\}_{t\to t-a}\cdot u(t-a)$
摺積定理	$\mathscr{L}^{-1}\{F(s)\cdot G(s)\}=f(t)*g(t)\triangleq\int_0^t f(\tau)g(t-\tau)d\tau$

　　有了上述的一些基本函數拉氏轉換與定理後，接著試做以下幾個練習題，讓大家熟悉一下拉氏轉換與反轉換。

例題 2-1

試求下列函數拉氏轉換。

$3t-5\sin 2t$

解 本題利用拉氏轉換線性定理求解如下：

$$\mathscr{L}\{3t-5\sin 2t\}=3\mathscr{L}\{t\}-5\mathscr{L}\{\sin 2t\}=\frac{3}{s^2}-5\cdot\frac{2}{s^2+2^2}$$

例題 2-2

試求下列函數之拉氏反轉換。

(1) $F(s)=\dfrac{1}{s}+\dfrac{5}{s^2}-\dfrac{3}{s^4}$ ；(2) $F(s)=\dfrac{1}{s+3}+\dfrac{s+1}{s^2+9}$

解 本題利用拉氏反轉換線性定理求解如下：

(1) $\mathscr{L}^{-1}\left\{\dfrac{1}{s}+\dfrac{5}{s^2}-\dfrac{3}{s^4}\right\}=\mathscr{L}^{-1}\left\{\dfrac{1}{s}\right\}+\mathscr{L}^{-1}\left\{\dfrac{5}{s^2}\right\}+\mathscr{L}^{-1}\left\{\dfrac{-3}{s^4}\right\}=1+5\dfrac{t}{1!}-3\dfrac{t^3}{3!}=1+5t-\dfrac{1}{2}t^3$

(2) $\mathscr{L}^{-1}\left\{\dfrac{1}{s+3}+\dfrac{s}{s^2+9}+\dfrac{1}{s^2+9}\right\}$

$=\mathscr{L}^{-1}\left\{\dfrac{1}{s+3}\right\}+\mathscr{L}^{-1}\left\{\dfrac{s}{s^2+3^2}\right\}+\mathscr{L}^{-1}\left\{\dfrac{1}{s^2+3^2}\right\}=e^{-3t}+\cos 3t+\dfrac{1}{3}\sin 3t$ 。

例題 2-3

試求下列拉氏反轉換。

$$\mathscr{L}^{-1}\left\{\frac{1}{s(s^2+1)}\right\} = ?$$

解 本題利用拉氏反轉換積分定理求解如下：

$$\mathscr{L}^{-1}\left\{\frac{1}{s(s^2+1)}\right\} = \mathscr{L}^{-1}\left\{\frac{\frac{1}{s^2+1}}{s}\right\} = \int_0^t \mathscr{L}^{-1}\left\{\frac{1}{s^2+1}\right\} dt = \int_0^t \sin t\, dt = -\cos t\Big|_0^t = 1-\cos t$$

例題 2-4

若 $\hat{y}(s) = \dfrac{s+2}{s\cdot(s^2+9s+14)}$ ，且 $\mathscr{L}\{y(t)\} = \hat{y}(s)$ ，試求：

(1) $y(0) = ?$

(2) $\lim\limits_{t\to\infty} y(t) = ?$

解 本題利用拉氏轉換初值與終值定理求解如下：

(1) 由初值定理 (initial value theorem) 可知：$\lim\limits_{s\to\infty} s\cdot\hat{y}(s) = y(0)$

$$\therefore y(0) = \lim_{s\to\infty} s\cdot\frac{s+2}{s\cdot(s^2+9s+14)} = 0$$

(2) 由終值定理 (final value theorem) 可知：$\lim\limits_{s\to 0} s\cdot\hat{y}(s) = \lim\limits_{t\to\infty} y(t)$

$$\therefore \lim_{t\to\infty} y(t) = \lim_{s\to 0} s\cdot\frac{s+2}{s\cdot(s^2+9s+14)} = \frac{1}{7}$$

註 要確認終值定理是否可用，只要檢查 $s\cdot F(s)$ 所有分母的根，實部是否均為負即可，

以本題為例 → $s\cdot\hat{y}(s) = \dfrac{s+2}{(s+2)(s+7)}$ ，分母根為 −2 與 −7，實部均為負，

所以終值定理可用。

例題 2-5

試求下列函數之拉氏轉換 $\mathscr{L}\{f(t)\} = ?$

(1) $f(t) = e^{-2t}\cos 6t$　　(2) $f(t) = t^3 e^{4t}$

解　本題利用拉氏轉換 s 平移定理求解如下:

(1) $\mathscr{L}\{e^{-2t}\cos 6t\} = \mathscr{L}\{\cos 6t\}_{s \to s+2} = \dfrac{s+2}{(s+2)^2 + 6^2}$

(2) $\mathscr{L}\{t^3 e^{4t}\} = \mathscr{L}\{t^3\}_{s \to s-4} = \dfrac{3!}{(s-4)^4} = \dfrac{6}{(s-4)^4}$

例題 2-6

試求下列拉氏反轉換。

$\mathscr{L}^{-1}\left\{\dfrac{1}{s^2 + 2s + 5}\right\} = ?$

解　本題利用拉氏反轉換 s 平移定理求解如下:

$\mathscr{L}^{-1}\left\{\dfrac{1}{s^2 + 2s + 5}\right\} = \mathscr{L}^{-1}\left\{\dfrac{1}{(s+1)^2 + 2^2}\right\} = e^{-t}\mathscr{L}^{-1}\left\{\dfrac{1}{(s)^2 + 2^2}\right\} = \dfrac{1}{2}e^{-t}\sin(2t)$

例題 2-7

試求下列拉氏反轉換。

$\mathscr{L}^{-1}\left\{\dfrac{2}{s} - \dfrac{3e^{-s}}{s^2} + \dfrac{5e^{-2s}}{s^2}\right\} = ?$

解　本題利用拉氏反轉換時間平移定理求解如下:

$\mathscr{L}^{-1}\left\{\dfrac{2}{s} - \dfrac{3e^{-s}}{s^2} + \dfrac{5e^{-2s}}{s^2}\right\} = \mathscr{L}^{-1}\left\{\dfrac{2}{s}\right\} - \mathscr{L}^{-1}\left\{\dfrac{3e^{-s}}{s^2}\right\} + \mathscr{L}^{-1}\left\{\dfrac{5e^{-2s}}{s^2}\right\}$

$= 2 - 3(t-1)\cdot u(t-1) + 5(t-2)\cdot u(t-2)$

例題 **2-8**

試求下列拉氏反轉換。

$$\mathscr{L}^{-1}\left\{\frac{1}{s(s^2+1)}\right\} = ?$$

解　本題利用拉氏反轉換摺積定理求解如下：

$$\mathscr{L}^{-1}\left\{\frac{1}{s(s^2+1)}\right\} = \mathscr{L}^{-1}\left\{\frac{1}{s}\cdot\frac{1}{s^2+1}\right\} = 1*\sin t = \int_0^t \sin\tau d\tau = 1-\cos t$$

2-3-2　利用 MATLAB 計算拉氏轉換與反轉換

其實 MATLAB 中的符號運算工具箱 (toolbox) 也可以很方便的做拉氏轉換，在 MATLAB 的命令視窗中可以透過 syms 指令宣告符號變數，然後再利用 laplace(f(t)) 指令對函數 $f(t)$ 進行拉氏轉換，例如要計算 $f(t)$ = 常數 a、t^2、t^9、e^{-bt}、$\sin(wt)$、$\cos(wt)$ 之拉氏轉換，在命令列或是 m 檔案中輸入：

輸入程式 (在命令列或是 m 檔案中輸入)	輸出結果
`syms s t a b w`	`ans =`
`laplace(t)`	`1/s^2`
`laplace(t^2)`	`ans =`
`laplace(t^9)`	`2/s^3`
`laplace(exp(-b*t))`	`ans =`
`laplace(sin(w*t))`	`362880/s^10`
`laplace(cos(w*t))`	`ans =`
	`1/(b + s)`
	`ans =`
	`w/(s^2 + w^2)`
	`ans =`
	`s/(s^2 + w^2)`

如果要求拉氏反轉換，則可以利用 ilaplace 指令計算，例如要求 $\mathcal{L}^{-1}\left\{\dfrac{1}{s^3}\right\}$，在 MATLAB 命令列輸入 ilaplace(1/s^3)，其輸出結果為 ans = t^2/2

如果要計算 $\mathcal{L}^{-1}\left\{\dfrac{1}{s^7}\right\}$、、$\mathcal{L}^{-1}\left\{\dfrac{s}{s^2+4}\right\}$、$\mathcal{L}^{-1}\left\{\dfrac{\omega}{s^2+\omega^2}\right\}$、$\mathcal{L}^{-1}\left\{\dfrac{\omega}{s^2+\omega^2}\right\}$、$\mathcal{L}^{-1}\left\{\dfrac{s}{s^2+\omega^2}\right\}$，則在命令列或是 m 檔案中輸入：

輸入程式 (在命令列或是 m 檔案中輸入)	輸出結果
| ```
syms s t a b w
ilaplace(1/s^7)
ilaplace(1/(w+s))
ilaplace(s/(s^2+4))
ilaplace(w/(s^2 + w))
ilaplace(w/(s^2 + w^2))
ilaplace(s/(s^2 + w^2))
``` | ```
ans =
t^6/720
 ans =
exp(-t*w)
ans =
cos(2*t)
ans =
w^(1/2)*sin(t*w^(1/2))
ans =
sin(t*w)
ans =
cos(t*w)
``` |

● 2-3-3　利用部分分式 (Partial fractions) 計算拉氏反轉換

分式函數 $F(s)$ 要做拉氏反轉換時，若 $F(s)$ 較為複雜，無法直接套基本公式，所以須透過部分分式的技巧，將其化成基本公式型態之函數，再各別做反轉換，以下將用幾個例子說明。

型 1：真分式函數分母含有一次不重複因子

$$F(s) = \frac{h(s)}{(s-a)(s-b)(s-c)(s-d)} = \frac{A_1}{s-a} + \frac{A_2}{s-b} + \frac{A_3}{s-c} + \frac{A_4}{s-d} \tag{2-27}$$

左右同乘 $(s-a)$，然後 s 用 a 代入，可得 A_1，而左右同乘 $(s-b)$，然後 s 用 b 代入可得 A_2，依此類推可得 A_1、A_2、A_3、A_4 如下：

$$A_1 = \left.\frac{h(s)}{(s-b)(s-c)(s-d)}\right|_{s\to a} \quad,\quad A_2 = \left.\frac{h(s)}{(s-a)(s-c)(s-d)}\right|_{s\to b}$$

$$A_3 = \left.\frac{h(s)}{(s-a)(s-b)(s-d)}\right|_{s\to c} \quad,\quad A_4 = \left.\frac{h(s)}{(s-a)(s-b)(s-c)}\right|_{s\to d} \tag{2-28}$$

例題 2-9

試求 $\mathscr{L}^{-1}\left\{\dfrac{1}{s^2+3s+2}\right\} = ?$

解　分母 s^2+3s+2 可以因式分解為 $(s+1)(s+2)$，

所以 $\mathscr{L}^{-1}\left\{\dfrac{1}{s^2+3s+2}\right\} = \mathscr{L}^{-1}\left\{\dfrac{1}{(s+1)(s+2)}\right\} = \mathscr{L}^{-1}\left\{\dfrac{1}{s+1}+\dfrac{-1}{s+2}\right\}$

$\qquad\qquad = e^{-t} - e^{-2t}$

型 2：真分式函數分母含有一次重複因子

$$F(s) = \frac{h(s)}{(s-a)^n Q(s)} = \frac{A_1}{s-a} + \frac{A_2}{(s-a)^2} + \cdots\cdots + \frac{A_n}{(s-a)^n} + R(s) \tag{2-29}$$

左右同乘 $(s-a)^n$ 後進行微分，可得 A_k，其公式如下：

$$A_{n-k} = \lim_{s\to a}\frac{1}{k!}\frac{d^k}{ds^k}\left\{\frac{h(s)}{Q(s)}\right\} \quad k = 0, 1, 2, \cdots\cdots, n-1 \tag{2-30}$$

其中 $A_n = \lim_{s\to a}\left\{\dfrac{h(s)}{Q(s)}\right\}$

例題 2-10

試求 $\mathscr{L}^{-1}\left\{\dfrac{2s+1}{(s+1)(s-2)^2}\right\} = ?$

解 $\mathscr{L}^{-1}\left\{\dfrac{2s+1}{(s+1)(s-2)^2}\right\} = \mathscr{L}^{-1}\left\{\dfrac{B}{(s+1)} + \dfrac{A_1}{s-2} + \dfrac{A_2}{(s-2)^2}\right\}$

$B = \dfrac{2s+1}{(s-2)^2}\bigg|_{s\to-1} = -\dfrac{1}{9}$ ， $A_2 = \dfrac{2s+1}{(s+1)}\bigg|_{s\to2} = \dfrac{5}{3}$ ， $A_1 = \dfrac{d}{ds}\left[\dfrac{2s+1}{(s+1)}\right]\bigg|_{s\to2} = \dfrac{1}{9}$

所以 $\mathscr{L}^{-1}\left\{\dfrac{2s+1}{(s+1)(s-2)^2}\right\} = \mathscr{L}^{-1}\left\{\dfrac{-\dfrac{1}{9}}{(s+1)} + \dfrac{\dfrac{1}{9}}{s-2} + \dfrac{\dfrac{5}{3}}{(s-2)^2}\right\} = -\dfrac{1}{9}e^{-t} + \dfrac{1}{9}e^{2t} + \dfrac{5}{3}te^{2t}$

註 其實 A_1 亦可利用取極限求解如下：

$\dfrac{2s+1}{(s+1)(s-2)^2} = \dfrac{B}{(s+1)} + \dfrac{A_1}{s-2} + \dfrac{A_2}{(s-2)^2}$ ，

左右同乘以 s 後，取 s 趨近於無窮大可得

$\lim\limits_{s\to\infty} s\cdot\dfrac{2s+1}{(s+1)(s-2)^2} = \lim\limits_{s\to\infty} s\cdot\dfrac{B}{(s+1)} + \lim\limits_{s\to\infty} s\cdot\dfrac{A_1}{s-2} + \lim\limits_{s\to\infty} s\cdot\dfrac{A_2}{(s-2)^2}$

則 $0 = B + A_1 \Rightarrow A_1 = -B = \dfrac{1}{9}$

型 3：真分式函數分母含有二次不重複因子

$$F(s) = \dfrac{h(x)}{[(s+a)^2+b^2]Q(s)} = \dfrac{As+B}{(s+a)^2+b^2} + R(x) \tag{2-31}$$

　　左右同乘以 s 後，取 s 趨近於無窮大可得 A，其中 $[(s+a)^2+b^2]$ 項表示二次不重複因子。左右用 $s=0$ 代入，可以求出 B，或用比較簡單的 s 值代入，亦可求出 B。

例題 **2-11**

試求 $\mathscr{L}^{-1}\left\{\dfrac{1}{s(s^2+2s+3)}\right\}=$?

解 分母中 s^2+2s+3 無法因式分解為一次因式，所以為二次不重複因子，故依前面理論可得

$$\mathscr{L}^{-1}\left\{\frac{1}{s(s^2+2s+3)}\right\}=\mathscr{L}^{-1}\left\{\frac{A}{s}+\frac{Bs+C}{s^2+2s+3}\right\}$$

A 可由型 1 做法求得 $A=\dfrac{1}{3}$，B 與 C 可由型 3 做法求得，可先左右同乘 s，再取

$s\to\infty$，可得 $A+B=0$，所以 $B=-\dfrac{1}{3}$

$s=1$ 左右代入可得 $\dfrac{1}{6}=\dfrac{1}{3}+\dfrac{-\dfrac{1}{3}+C}{6}$，$C=-\dfrac{2}{3}$

$$\therefore \mathscr{L}^{-1}\left\{\frac{1}{s(s^2+2s+3)}\right\}=\mathscr{L}^{-1}\left\{\frac{\dfrac{1}{3}}{s}+\frac{-\dfrac{1}{3}s-\dfrac{2}{3}}{s^2+2s+3}\right\}$$

$$=\mathscr{L}^{-1}\left\{\frac{\dfrac{1}{3}}{s}+\frac{-\dfrac{1}{3}(s+1)-\dfrac{1}{3}}{(s+1)^2+(\sqrt{2})^2}\right\}$$

$$=\frac{1}{3}-\frac{1}{3}e^{-t}\left\{\cos\sqrt{2}t+\frac{1}{\sqrt{2}}\sin\sqrt{2}t\right\}$$

2-3-4 利用 MATLAB 做部分分式

其實 MATLAB 中也可以利用 residue() 指令來進行部分分式計算，指令 residue 可用於計算分式的部分分式展開。$A(s)$ 和 $B(s)$ 為多項式，且 $B(s)$ 無重根，則分式 $\dfrac{B(s)}{A(s)}$ 可以表示為

$$\frac{B(s)}{A(s)} = \frac{r_1}{s-p_1} + \frac{r_2}{s-p_2} + \cdots\cdots + \frac{r_n}{s-p_n} + C(s) \qquad (2\text{-}32)$$

其中 p_1、p_2、……、p_n 為 $A(s)$ 的根 (或是 $\dfrac{B(s)}{A(s)}$ 的極點)，r_1、r_2、……、r_n 為常數，$C(s)$ 為一多項式。例如：欲求 $\dfrac{3s+8}{s^2+5s+6}$ 的部分分式展開：

輸入程式	輸出結果

``
b = [3 8];
a = [1 5 6];
[r, p, k] = residue(b, a)
``
	``
	r =
	
	    1.0000
	    2.0000
	
	p =
	
	   -3.0000
	   -2.0000
	
	k =
	
	    [ ]
	``

由以上結果得知：

$$\frac{3s+8}{s^2+5s+6} = \frac{1}{s+3} + \frac{2}{s+2}$$

又例如要計算 $\dfrac{1}{s(s+2)^2(s+5)}$ 的拉氏反轉換，其中分母部分多項式為 $s^4 + 9s^3 + 24s^2 + 20s$，則可以先進行部分分式指令：

輸入程式	輸出結果
```num=[1];``` ```den=[1 9 24 20 0];``` ```[r,p,k]=residue(num,den)```	```r =``` ```-0.0222``` ```-0.0278``` ```-0.1667``` ```0.0500``` ```p =``` ```-5.0000``` ```-2.0000``` ```-2.0000``` ```0``` ```k =``` ```[ ]```

將 r 以分式表示之指令如下：

輸入程式	輸出結果
```format rat``` ```r```	```r =``` ```-1/45``` ```-1/36``` ```-1/6``` ```1/20```

可知對應的結果為

$$F(s) = \frac{1}{s(s+2)^2(s+5)} = \frac{-1/6}{(s+2)^2} + \frac{-1/36}{s+2} + \frac{-1/45}{(s+5)} + \frac{1/20}{s}$$

由上述所得的部分分式可以透過前面的公式與定理求得 $F(s)$ 的拉氏反轉換為

$$f(t) = -\frac{1}{6}te^{-2t} - \frac{1}{36}e^{-2t} - \frac{1}{45}e^{-5t} + \frac{1}{20}$$

除了先利用部分分式再做拉氏反轉換外，也可以直接用 MATLAB 做拉氏反轉換，例如要求 $F(s) = \dfrac{1}{(s+7)^2}$ 的拉式反轉換，其 MATLAB 命令列程式如下：

輸入程式	輸出結果
```syms s;``` ```F = 1/(s+7).^2;``` ```f = ilaplace(F)```	```f =``` ```t*exp(-7*t)```

舉另一個更複雜的例子，求 $F(s) = \dfrac{2s+3}{(s+1)^2(s+3)^2}$ 拉式反轉換，其 MATLAB 命令列程式如下：

輸入程式	輸出結果
```syms s;``` ```F = (2*s+3)/``` ```(((s+1).^2)*((s+3).^2));``` ```f = ilaplace(F)```	```f =``` ```exp(-t)/4 - exp(-3*t)/4 +``` ```(t*exp(-t))/4 - (3*t*exp(-``` ```3*t))/4```

2-3-5 常見函數拉氏反轉換

除了前面列表的拉氏反轉換外，表 2-4 為控制系統中常見複數函數之拉式反轉換表，讀者可以利用前面介紹的內容，自己練習，其中式 (8) 會大量用在後面章節，讀者要確實了解。

▼ 表 2-4　拉氏反轉換表

	$F(s)$ $\xrightarrow{\mathscr{L}^{-1}}$	$f(t)$
(1)	$\dfrac{1}{(s+a)(s+b)}$	$\dfrac{1}{b-a}(e^{-at}-e^{-bt})$ $\qquad a \neq b$
(2)	$\dfrac{s}{(s+a)(s+b)}$	$\dfrac{1}{b-a}(be^{-bt}-ae^{-at})$ $\qquad a \neq b$
(3)	$\dfrac{1}{s(s+a)(s+b)}$	$\dfrac{1}{ab}[1+\dfrac{1}{a-b}(be^{-at}-ae^{-bt})]$
(4)	$\dfrac{\omega}{(s+a)^2+\omega^2}$	$e^{-at}\sin\omega t$
(5)	$\dfrac{s+a}{(s+a)^2+\omega^2}$	$e^{-at}\cos\omega t$
(6)	$\dfrac{\omega_n^2}{s^2+2\zeta\omega_n s+\omega_n^2}$	$\dfrac{\omega_n}{\sqrt{1-\zeta^2}}e^{-\zeta\omega_n t}\sin\omega_n\sqrt{1-\zeta^2}\,t$
(7)	$\dfrac{s}{s^2+2\zeta\omega_n s+\omega_n^2}$	$\dfrac{1}{\sqrt{1-\zeta^2}}e^{-\zeta\omega_n t}\sin\left(\omega_n\sqrt{1-\zeta^2}\,t-\theta\right)$ ，$\theta=\tan^{-1}\dfrac{\sqrt{1-\zeta^2}}{\zeta}$
(8)	$\dfrac{\omega_n^2}{s(s^2+2\zeta\omega_n s+\omega_n^2)}$	$1-\dfrac{1}{\sqrt{1-\zeta^2}}e^{-\zeta\omega_n t}\sin(\omega_n\sqrt{1-\zeta^2}\,t+\theta)$ ，$\theta=\tan^{-1}\dfrac{\sqrt{1-\zeta^2}}{\zeta}=\cos^{-1}\zeta$

2-4　控制系統之微分方程式求解

　　本節主要介紹如何透過拉氏轉換求解控制系統的微分方程式，並討論當系統存在非線性元件時如何在平衡點做線性化。

2-4-1　線性常係數微分方程式的求解

　　常見控制系統的數學模型會用線性常係數微分方程式來進行建模，建模後再利用拉式轉換求解，拉氏轉換求解微分方程式的概念可以用圖 2-8 來說明。

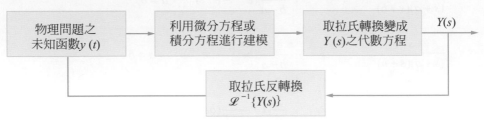

▲ 圖 2-8　拉氏轉換求解物理問題觀念圖

　　可以針對物理問題透過本章 2-2 節的觀念，利用微分方程式或是積分方程式建立系統模型，然後針對該方程式取拉氏轉換，其主要原因是透過拉氏轉換可以將線性常係數微分方程式化成代數方程式，計算會比傳統求齊性解與特解的方法更方便，最後再利用反轉換的方式，轉回原物理系統的時域空間物理量。以下先以一個簡單的微分方程式為例子，如圖 2-9 說明如何利用拉氏轉換的概念來求解線性常係數微分方程式，接著再用實際求解物理問題微分方程式的例子，來說明如何以拉氏轉換求解所對應之控制系統。

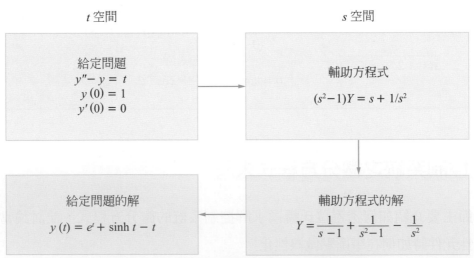

▲ 圖 2-9　拉氏轉換求解微分方程式流程圖

在 2-1 節中 *RLC* 電路的方程式 (2-6) 中，若已知 $L = 1\text{H}$，$C = 1\text{F}$，$R = 1\Omega$，而且電容的電壓初始值 $u_0(0) = 0.1\text{V}$，初始電流 $i_0(0) = 0.1\text{A}$，輸入之電源電壓 $u_i(t) = 1\text{V}$。試求電路突然接通電源時，電容電壓 $u_0(t)$ 的輸出響應。

解　在方程式 (2-6) 中已求得 *RLC* 電路微分方程式為

$$LC\frac{d^2u_0(t)}{dt^2} + RC\frac{du_0(t)}{dt} + u_0(t) = u_i(t) \rightarrow \frac{d^2u_0(t)}{dt^2} + \frac{du_0(t)}{dt} + u_0(t) = u_i(t) \quad (*)$$

令 $U_i(s) = \mathscr{L}\{u_i(t)\}$、$U_0(s) = \mathscr{L}\{u_0(t)\}$，且

$$\mathscr{L}\left\{\frac{du_0(t)}{dt}\right\} = sU_0(s) - u_0(0)，\quad \mathscr{L}\left\{\frac{d^2u_0(t)}{dt^2}\right\} = s^2U_0(s) - su_0(0) - u_0'(0)$$

式中，$u_0'(0)$ 是 $\dfrac{du_0(t)}{dt}$ 在 $t = 0$ 時的值，即

$$u_0'(0) = \frac{du_0(t)}{dt}\bigg|_{t=0} = \frac{1}{C}i(t)\bigg|_{t=0} = \frac{1}{C}i(0) = 0.1$$

再對式 (*) 中各項分別求拉式轉換並代入初始條件，經整理後可得

$$U_0(s) = \frac{U_i(s)}{s^2 + s + 1} + \frac{0.1s + 0.2}{s^2 + s + 1} \quad (**)$$

由於電路是突然接通電源，故 $u_i(t)$ 為單位步階輸入，即 $u_i(t) = 1 = u(t)$ 為單位步階函數，或 $U_i(s) = \mathscr{L}\{u_i(t)\} = 1/s$。對式 (**) 的 $U_0(s)$ 求拉式反轉換，便得到式 (*) *RLC* 電路微分方程式的解 $u_0(t)$，即

$$u_0(t) = \mathscr{L}^{-1}\{U_0(s)\} = \mathscr{L}^{-1}\left\{\frac{1}{s(s^2 + s + 1)} + \frac{0.1s + 0.2}{s^2 + s + 1}\right\}$$

$$= 1 + 1.15e^{-0.5t}\sin(0.866t - 120°) + 0.2e^{-0.5t}\sin(0.866t + 30°) \quad (***)$$

在上式中，前兩項是由 *RLC* 電路輸入電壓產生的輸出分量，其與初始條件無關，故稱為零狀態響應 (Zero state response)；後一項是由初始條件產生的輸出分量，與輸入電壓無關，故稱為零輸入響應 (Zero input response)，他們統稱為系統的單位步階響應 (Unit step response)。如果輸入電壓是單位脈衝量 $\delta(t)$，相當於電路突然接通電源又立即斷開的情況，此時 $U_i(s) = \mathscr{L}\{\delta(t)\} = 1$，*RLC* 電路的輸出則稱端為脈衝響應，即為

$$u_0(t) = \mathcal{L}^{-1}\left\{ \frac{1}{s^2+s+1} + \frac{0.1s+0.2}{s^2+s+1} \right\}$$

$$= 1.15e^{-0.5t}\sin 0.866t + 0.2e^{-0.5t}\sin(0.866t+30°)$$

利用拉式轉換的初值定理和終值定理，可以直接從式 (**) 中了解 RLC 電路中電壓 $u_0(t)$ 的初始值與終值。當 $u_i(t) = u(t)$ 時，$u_0(t)$ 的初始值為

$$u_0(0) = \lim_{t \to 0} u_0(t) = \lim_{s \to \infty} s \cdot U_0(s) = \lim_{s \to \infty} s\left[\frac{1}{s(s^2+s+1)} + \frac{0.1s+0.2}{s^2+s+1} \right] = 0.1\text{V}$$

其結果與從式 (***) 中求得的數值一致。

經由以上例子，可以得出利用拉氏轉換法求解線性常係數微分方程式的過程，可歸結如下：

1. 考慮初始條件，對微分方程式中的每一項分別進行拉氏轉換，將微分方程式轉換為變數的代數方程式。
2. 由代數方程式求輸出狀態之拉氏轉換函數的表示式。
3. 對輸出狀態之拉氏轉換函數求反轉換，得到輸出狀態的時域表示式，即為所求微分方程式的解。

2-4-2　非線性微分方程式的線性化 (linearization)

嚴格來說，實際物理元件或系統皆是非線性。例如，彈簧的剛性系數 K 與其變形量有關係，因此 mcK 之振動系統中彈簧係數 K 實際上是位移 x 的函數，而非定值；而在 RLC 電路中，電阻、電容、電感等參數值與周圍環境溫度、濕度、壓力及流經它們的電流有關，通常也不是定值；另外在馬達系統中，由於馬達本身的摩擦、死區等非線性因素會使其運動方程式複雜化而成為非線性方程式。當然，在一定條件下為了簡化數學模型，可以忽略它們的影響將這些元件視為線性元件，這就是常用的一種線性化方法。此外還有一種線性化方法稱為切線法或小偏差法，這種線性化方法特別適合具有連續變化的非線性函數，其原理是在一個很小的範圍內將非線性特性用一段直線來代替，具體方法如下圖 2-10 所描述。

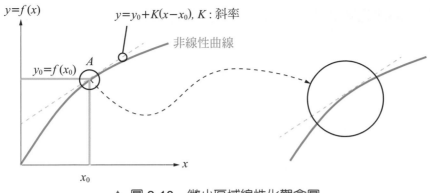

▲ 圖 2-10　微小區域線性化觀念圖

　　首先設連續變化的非線性函數 $y = f(x)$，如圖 2-4 所示。取某平衡狀態 A 為工作點。當 $x = x_0 + \Delta x$ 時，有 $y = y_0 + \Delta y$。設函數 $y = f(x)$ 在 (x_0, y_0) 點連續可微，則將它在該點附近用泰勒級數展開為

$$y = f(x) = f(x_0) + \left(\frac{df(x)}{dx}\right)_{x_0} (x - x_0) + \frac{1}{2!}\left(\frac{d^2 f(x)}{dx^2}\right)_{x_0} (x - x_0)^2 + \cdots\cdots \quad (2\text{-}33)$$

當增量 $x - x_0$ 很小時，略去其高次冪項，則有

$$y - y_0 = f(x) - f(x_0) \approx \left(\frac{df(x)}{dx}\right)_{x_0} (x - x_0) \quad\quad\quad (2\text{-}34)$$

　　令 $\Delta y = y - y_0 = f(x) - f(x_0)$、$\Delta x = x - x_0$、$K = (df(x)/dx)$，則線性化方程式可簡記為 $\Delta y = K\Delta x$。略去增量符號 Δ，便得函數 $y = f(x)$ 在工作點 A 附近的線性化方程式為 $y = Kx$。式中，$K = (df(x)/dx)_{x_0}$ 是比例係數，它是函數 $f(x)$ 在 A 點的切線斜率。

　　這種在微小區間線性化方法對於大多數的控制系統是可行的。一般而言，控制系統在正常情況下都處於一個穩定的工作狀態，即平衡狀態，這時控制輸出與參考輸入為一致，此時控制系統不作動。一旦控制輸出偏離參考輸入產生誤差時，控制系統便開始控制動作，以便減小或消除這個偏差。因此，控制系統中控制輸出的誤差一般不會很大，只是"小誤差"。在建立控制系統的數學模型時，通常是將系統的穩定工作狀態作為起始狀態，僅僅研究小誤差的運動情況，也就是只研究相對於平衡狀態下，系統輸入和輸出的響應關係，這正是利用增量線性化描述非線性系統之線性化特性。以下以一鐵心線圈電路說明線性化過程。

假設鐵心線圈電路如圖 2-11(a) 所示，其磁通量 ϕ 與線圈中電流 i 之間的關係圖如圖 2-11(b) 所示。

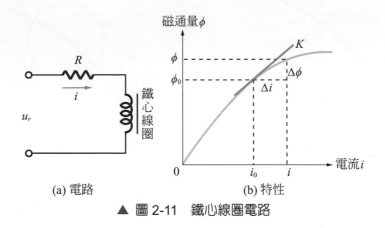

(a) 電路　　　　　　　　(b) 特性

▲ 圖 2-11　鐵心線圈電路

假設鐵心線圈磁通量變化時所產生的感應電動勢為 $u_\phi = K_1 \dfrac{d\phi(i)}{dt}$

根據克希荷夫電壓定律可知該電路之微分方程式為

$$u_r = K_1 \frac{d\phi(i)}{dt} + Ri = K_1 \frac{d\phi(i)}{di}\frac{di}{dt} + Ri \tag{2-35}$$

其中 $d\phi(i)/di$ 是磁通量相對線圈中電流 i 的變化量，由圖形可知其為非線性函數，所以該方程式為非線性微分方程式。若讓電壓與電流只操作在某個平衡點 (u_0 , i_o) 附近作微小變化，則可以假設 u_r 相對 u_0 的增量是 Δu_r，i 相對 i_0 的增量為 Δi，由圖中可以看出 $\phi(i)$ 在 i_0 的鄰近區域是連續可微，其泰勒及數展開為

$$\phi(i) = \phi(i_0) + \left(\frac{d\phi(i)}{di}\right)_{i_0} \Delta i + \frac{1}{2!}\left(\frac{d^2\phi(i)}{di^2}\right)(\Delta i)^2 + \cdots\cdots$$

當 Δi 足夠小時，可以忽略高次項，則可得

$$\phi(i) - \phi(i_0) = \left(\frac{d\phi(i)}{di}\right)_{i_0} \Delta i = K\Delta i$$

其中 $K = \left(\dfrac{d\phi(i)}{di}\right)_{i_0}$，令 $\Delta\phi = \phi(i) - \phi(i_0)$，省略增量符號 Δ，則可得磁通量相對電流之線性化方程式為 $\phi(i) = Ki$。則 $\dfrac{d\phi(i)}{di} = K$，所以可以得到線性化之方程式為

$$K_1 K \frac{di}{dt} + Ri = u_r \tag{2-36}$$

此方程式即為鐵心線圈在平衡點(u_0, i_o)附近做微小變化之線性化微分方程式，若平衡點改變，其 K 值會隨之變化，而線性化方程式也會改變，此現象可在下面例題中完整呈現。

例題 2-13

考慮一個非線性函數如下：$y = x + 0.4x^3$，試計算該函數在 $x = 0, 1, 2$ 等三點附近微小區域之線性化模型。

解　本例題中 $f(x) = x + 0.4x^3$ 且 $f'(x) = 1 + 1.2x^2$，則

對 $x_0 = 0 \rightarrow y = x$

對 $x_0 = 1 \rightarrow y = (x_0 + 0.4x_0^3) + (1 + 1.2x_0^2)(x - x_0) = 1.4 + (2.2)(x-1) = 2.2x - 0.8$

對 $x_0 = 2 \rightarrow y = (x_0 + 0.4x_0^3) + (1 + 1.2x_0^2)(x - x_0) = 5.2 + (5.8)(x-2) = 5.8x - 6.4$

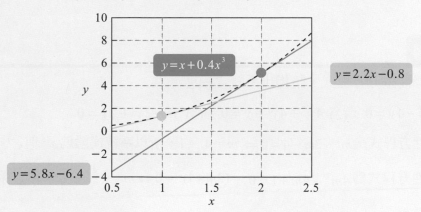

2-4-3 系統的模態 (system mode)

在數學上，線性常係數微分方程式的通解是由輸入作用下的特解和齊次微分方程式的齊性解組成。齊性解由微分方程特性方程式的根所決定，它代表自由運動。如果 n 階常係數常微分方程式為

$$a_n y^{(n)} + a_{n-1} y^{(n-1)} + \cdots\cdots + a_1 y' + a_0 y = r(t) \tag{2-37}$$

令 $y = e^{mt} \Rightarrow y' = me^{mt}$，$y'' = m^2 e^{mt}$，……, $y^{(n)} = m^n e^{mt}$ 代入 ODE 中

$$\Rightarrow (a_n m^n + a_{n-1} m^{n-1} + \cdots\cdots + a_1 m + a_0) e^{mt} = 0 \tag{2-38}$$

由於 $e^{mt} \neq 0$ 所以 $(a_n m^n + a_{n-1} m^{n-1} + \cdots + a_1 m + a_0) = 0$ 為特性方程式（一元 n 次方程式），若特性方程式的根是 λ_1、λ_2、…、λ_n 並且無重根，則把函數 $e^{\lambda_1 t}$、$e^{\lambda_2 t}$、……、$e^{\lambda_n t}$ 稱為該微分方程式所描述系統運動的模態。每一種模態代表一種類型的運動形態，齊性常微分方程式的通解則是它們的線性組合，即

$$y(t) = c_1 e^{\lambda_1 t} + c_2 e^{\lambda_2 t} + \cdots\cdots + c_n e^{\lambda_n t} \tag{2-39}$$

式中，係數 c_1、c_2、…、c_n 是由初始條件決定的常數。如果特性方程式的根中有多重根，則模態會具有如 $te^{\lambda t}$、$t^2 e^{\lambda t}$、…的函數；如果特性方程式根中有共軛複根 $\lambda = \sigma \pm j\omega$，則其共軛複模態 $e^{(\sigma + j\omega)t}$ 與 $e^{(\sigma - j\omega)t}$ 可寫成實函數模態 $e^{\sigma t} \sin \omega t$ 與 $e^{\sigma t} \cos \omega t$。舉例說明如下例題。

例題 2-14

針對下列齊性微分方程式，請指出系統之模態。

(1) $y'' - 3y' - 4y = 0$；(2) $4y'' + 4y' + y = 0$；(3) $y'' - 2y' + 2y = 0$

解　(1)特性方程式為 $m^2 - 3m - 4 = 0 \Rightarrow m - 4, -1$，所以系統模態為 e^{4t} 與 e^{-t}

(2)特性方程式為 $4m^2 + 4m + 1 = 0$，$(2m+1)^2 = 0 \Rightarrow m = -\dfrac{1}{2}, -\dfrac{1}{2}$，所以系統模態為 $e^{-\frac{1}{2}t}$ 與 $te^{-\frac{1}{2}t}$

(3)特性方程式為 $m^2 - 2m + 2 = 0$，$m = \dfrac{2 \pm \sqrt{4-8}}{2} = 1 \pm i$，所以系統模態為 $e^t \cos t$ 與 $e^t \sin t$

2-5 控制系統的轉移函數

控制系統的微分方程式是描述時域空間 (*t* domain) 系統動態性能的數學模型，在給定外加作用及初始條件下，求解微分方程式可以得到系統的輸出響應。這種方法比較直觀，尤其是藉由電腦軟體 MATLAB 可以迅速而準確地求得結果。但是如果系統的結構改變或某個參數變化時，就要重新列出並求解微分方程式，不便於對控制系統進行分析和設計。而利用拉氏轉換法求解線性常係數系統的微分方程式時，可以得到控制系統在複數域 (*s* domain) 中的數學模型—轉移函數 (transfer function)。轉移函數不僅可以表示系統的動態性能，而且可以用來研究系統的結構或參數變化對系統性能的影響。古典控制理論中最常使用的根軌跡法與頻域響應分析法，就是以轉移函數為基礎建立而來，轉移函數是古典控制理論中最基本和最重要的概念，也是本節所要介紹的最重要觀念。

● 2-5-1 轉移函數的定義和性質

1. 轉移函數的定義

線性常係數微分方程式系統的轉移函數，定義為零初始條件 (鬆弛系統) 下，系統輸出變數的拉氏轉換與輸入變數的拉氏轉換之比。

設 *n* 階線性常係數微分方程式系統描述如下：

$$a_0 \frac{d^n}{dt^n} y(t) + a_1 \frac{d^{n-1}}{dt^{n-1}} y(t) + \cdots\cdots + a_{n-1} \frac{d}{dt} y(t) + a_n y(t)$$
$$= b_0 \frac{d^m}{dt^m} r(t) + b_1 \frac{d^{m-1}}{dt^{m-1}} r(t) + \cdots\cdots + b_{m-1} \frac{d}{dt} r(t) + b_m r(t) \tag{2-40}$$

式中，$y(t)$ 是系統輸出變數；$r(t)$ 是系統輸入變數；$a_i (i = 1 \cdot 2 \cdot \cdots\cdots \cdot n)$ 和 $b_j (j = 1 \cdot 2 \cdot \cdots\cdots \cdot m)$ 是常微分方程系統係數，在此為常係數。$y(t)$ 和 $r(t)$ 及其各階導數在 $t = 0$ 時的值均為零，即零初始條件 (鬆弛系統)，則對上式中各項分別求拉氏轉換，並令 $Y(s) = \mathscr{L}[y(t)]$、$R(s) = \mathscr{L}[r(t)]$，可得 s 的代數方程式為

$$\left[a_0 s^n + a_1 s^{n-1} + \cdots\cdots + a_{n-1} s + a_n \right] Y(s)$$
$$= \left[b_0 s^m + b_1 s^{m-1} + \cdots\cdots + b_{m-1} s + b_m \right] R(s) \tag{2-41}$$

於是，由定義可知系統轉移函數如下：

$$\frac{Y(s)}{R(s)} = G(s) = \frac{b_0 s^m + b_1 s^{m-1} + \cdots\cdots + b_{m-1}s + b_m}{a_0 s^n + a_1 s^{n-1} + \cdots\cdots + a_{n-1}s + a_n} = \frac{M(s)}{N(s)} \tag{2-42}$$

式中

$$M(s) = b_0 s^m + b_1 s^{m-1} + \cdots\cdots + b_{m-1}s + b_m \tag{2-43}$$

$$N(s) = a_0 s^n + a_1 s^{n-1} + \cdots\cdots + a_{n-1}s + a_n \tag{2-44}$$

例題 2-15

試求 2-2 節中方程式 (2-6) 中 *RLC* 電路的轉移函數 $\dfrac{U_0(s)}{U_i(s)}$，其中 $R = 1\,\Omega$，$L = 1\ \mathrm{H}$，$C = 1\ \mathrm{F}$。

 解

RLC 電路的微分方程式用下式表示

$$LC\frac{d^2 u_0(t)}{dt^2} + RC\frac{du_0(t)}{dt} + u_0(t) = u_i(t)$$

在零初始條件下，對上述方程式中各項做拉氏轉換，並令 $U_0(s) = \mathcal{L}[u_0(t)]$、$U_i(s) = \mathcal{L}\{u_i(t)\}$，可得 s 的代數方程式為 $(LCs^2 + RCs + 1)U_0(s) = U_i(s)$，由轉移函數定義可得該 *RLC* 電路之轉移函數為

$$G(s) = \frac{U_0(s)}{U_i(s)} = \frac{1}{(LCs^2 + RCs + 1)}$$

且 $L = 1\mathrm{H}$、$R = 1\Omega$、$C = 1\mathrm{F}$，則 $G(s) = \dfrac{U_0(s)}{U_i(s)} = \dfrac{1}{s^2 + s + 1}$

例題 **2-16**

在圖 2-5 中的齒輪傳動系統，若 $J_1 = 1\text{kg-m}^2$、$B_1 = 1\text{N-m-s/rad}$、$N_1 = 25$、$N_2 = 50$、$J_2 = 4\text{kg-m}^2$、$B_2 = 4\text{N-m-s/rad}$、$M_c = 0$，試求轉移函數 $\dfrac{\Theta(s)}{M_m(s)} = ?$

解　$J_{eg} = 1 + (\dfrac{25}{50})^2 \times 4 = 2$、$B_{eg} = 1 + (\dfrac{25}{50})^2 \times 4 = 2$、$M_{c_{eg}} = 0$，所以方程式 (2-16) 可以化

為 $2\ddot{\theta}_1 + 2\dot{\theta}_1 = M_m(t)$，令初始條件為 0，且 $\mathscr{L}\{\theta_1(t)\} = \Theta_1(s)$，$\mathscr{L}\{M_m(t)\} = M_m(s)$ 又

$\Theta_2(s) = \dfrac{25}{50}\Theta_1(s)$，即 $\Theta_1(s) = 2\Theta_2(s)$，則取拉氏轉換可得 $(4s^2 + 4s)\Theta_2(s) = M_m(s)$

，即 $\dfrac{\Theta_2(s)}{M_m(s)} = \dfrac{1}{4s^2 + 4s}$

2. 轉移函數性質

(1) 轉移函數是複數 $s = \sigma + j\omega$（σ 為實部，ω 為虛部，$j = \sqrt{-1}$）的有理眞分式函數（$m < n$）；$G(s) = G_r(s) + jG_i(s)$，其中 $G_r(s)$ 為 $G(s)$ 的實部函數 $R_e[G(s)]$，而 $G_i(s)$ 為 $G(s)$ 的虛部函數 $I_m[G(s)]$，且 $G(s)$ 的大小（絕對值）為 $|G(s)| = \sqrt{(G_r(s))^2 + (G_i(s))^2}$。

例如轉移函數 $G(s) = \dfrac{1}{s+1}$，則 $G(\sigma + j\omega) = \dfrac{1}{\sigma + j\omega + 1} = \dfrac{1}{(\sigma + 1) + j\omega}$，

則 $|G(s)| = \dfrac{1}{\sqrt{(\sigma + 1)^2 + \omega^2}}$，為轉移函數 $G(s)$ 之大小。

(2) 轉移函數是系統輸出與輸入之間關係的表示式，其只取決於系統或元件的結構與參數，和輸入的形式無關，也不會反映系統內部的任何訊息。因此，可以用圖 2-12 的方塊圖來表示一個具有轉移函數 $G(s)$ 的線性系統。圖中表示系統輸入量與輸出量的因果關係可以用轉移函數聯繫起來。

▲ 圖 2-12　轉移函數的表示圖

(3) 轉移函數與微分方程式有對應關係。轉移函數分子多項式係數及分母多項式係數，分別對應其微分方程式的右側及左側微分運算子多項式的係數。故在零初始條件下，將微分方程式的運算子 d/dt 用複數 s 代換便得到轉移函數；反之，將轉移函數多項式中的變數 s 用微分運算子 d/dt 代換便得到微分方程式。例如，由轉移函數

$$G(s) = \frac{Y(s)}{R(s)} = \frac{b_1 s + b_2}{a_0 s^2 + a_1 s + a_2} \tag{2-45}$$

可得 s 的代數方程式 $(a_0 s^2 + a_1 s + a_2)Y(s) = (b_1 s + b_2)R(s)$，在零初始條件下，用微分運算子 d/dt 置換 s，便得到相應的微分方程式

$$a_0 \frac{d^2 y(t)}{dt^2} + a_1 \frac{dy(t)}{dt} + a_2 y(t) = b_1 \frac{dr(t)}{dt} + b_2 r(t) \tag{2-46}$$

(4) 轉移函數 $G(s)$ 的拉氏反轉換是脈衝響應 (impulse response) $g(t)$。脈衝響應 $g(t)$ 是系統在單位脈衝 $\delta(t)$ 輸入時的輸出響應，此時 $R(s) = \mathscr{L}\{\delta(t)\} = 1$，故有

$$g(t) = \mathscr{L}^{-1}\{Y(s)\} = \mathscr{L}^{-1}\{G(s)R(s)\} = \mathscr{L}^{-1}\{G(s)\} \tag{2-47}$$

轉移函數是在零初始條件下定義的，其中控制系統的零初始條件有兩種含義：一是指輸入量是在 $t \geq 0$ 時才作用於系統，因此在 $t = 0^-$ 時輸入量及其各階導數均為零；二是指輸入量加於系統之前，系統處於穩定的運作狀態，即輸出量及其各階導數在 $t = 0^-$ 時的值也為零，在實際的工程控制系統多屬此類情況。因此，轉移函數可表示控制系統的動態特性，並用以求出在給定輸入時系統的零初始條件響應。亦可用拉氏轉換的摺積定理來看其特性，有

$$y(t) = \mathscr{L}^{-1}\{Y(s)\} = \mathscr{L}^{-1}\{G(s)R(s)\} = \int_0^t r(\tau)g(t-\tau)d\tau = \int_0^t r(t-\tau)g(\tau)d\tau \tag{2-48}$$

式中，$g(t) = \mathscr{L}^{-1}\{G(s)\}$ 是系統的脈衝響應。所以系統的輸入 $r(t)$ 與單位脈衝輸出響應的摺積會是系統的真正輸出響應。

例題 **2-17**

試求 2-2 節中方程式 (2-21) 電樞控制直流馬達的轉移函數 $\Omega_m(s)/U_a(s)$。

解 在方程式 (2-21) 中已求得電樞控制直流馬達簡化後的微分方程式為

$$T_m\frac{d\omega_m(t)}{dt} + \omega_m(t) = K_m u_a(t) - K_c M_c(t)$$

式中，$M_c(t)$ 可視為負載干擾力矩。根據線性系統的重疊原理，可分別求 $u_a(t)$ 到 $\omega_m(t)$ 和 $M_c(t)$ 到 $\omega_m(t)$ 的轉移函數，以便於研究在 $u_a(t)$ 和 $M_c(t)$ 分別作用下馬達轉速 $\omega_m(t)$ 的響應，將它們疊加後便是馬達轉速的響應特性。為求 $\Omega_m(s)/U_a(s)$，令 $M_c(t)=0$，則有

$$T_m\frac{d\omega_m(t)}{dt} + \omega_m(t) = K_m u_a(t)$$

在初始條件為 0 狀況下，即 $\omega_m(0)=0$，對上式各項分別取拉氏轉換，並令 $\Omega_m(s)=\mathscr{L}\{\omega_m(t)\}$、$U_a(s)=\mathscr{L}\{u_a(t)\}$，則得 s 的代數方程式為 $(T_m s+1)\Omega_m(s)=K_m U_a(s)$，由轉移函數定義可知

$$G(s) = \frac{\Omega_m(s)}{U_a(s)} = \frac{K_m}{T_m s + 1} \tag{*}$$

此時的 $G(s)$ 便是電樞電壓 $u_a(t)$ 到轉速 $\omega_m(t)$ 的轉移函數，這也說明馬達的輸入電壓相對輸出轉速為一階系統。令 $u_a(t)=0$ 時，用同樣方法可求得負載干擾力矩 $M_c(t)$ 到轉速的轉移函數為

$$G(s) = \frac{\Omega_m(s)}{M_c(s)} = \frac{-K_c}{T_m s + 1} \tag{**}$$

由式 (*) 和式 (**)，可求得馬達轉速 $\omega_m(t)$ 在電樞電壓 $u_a(t)$ 和負載轉矩 $M_c(t)$ 同時作用下的輸出轉速響應為

$$\omega_m(t) = \mathscr{L}^{-1}\left\{\frac{K_m}{T_m s+1}U_a(s) - \frac{K_c}{T_m s+1}M_c(s)\right\}$$

$$= \mathscr{L}^{-1}\left\{\frac{K_m}{T_m s+1}U_a(s)\right\} + \mathscr{L}^{-1}\left\{\frac{-K_c}{T_m s+1}M_c(s)\right\} = \omega_1(t) + \omega_2(t)$$

式中，$\omega_1(t)$ 是 $u_a(t)$ 作用下的轉速響應；$\omega_2(t)$ 是 $M_c(t)$ 作用下的轉速響應。

電樞控制的直流伺服馬達在控制系統中是非常常用的元件，用來對受控系統的機械運動進行速度或位置控制。根據方程式 (2-21) 與上面例題 2-17 可用圖 2-13 的方塊圖表示三種情況下的電樞控制直流伺服馬達模型。

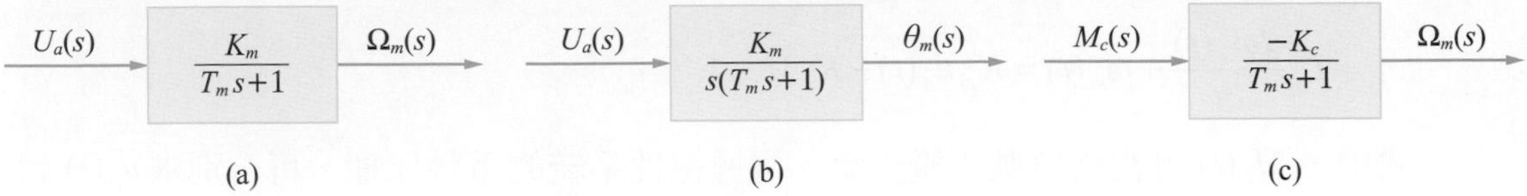

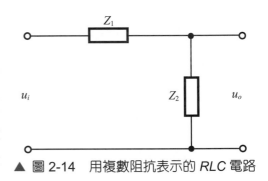

$$U_a(s) \rightarrow \boxed{\frac{K_m}{T_m s + 1}} \rightarrow \Omega_m(s) \qquad U_a(s) \rightarrow \boxed{\frac{K_m}{s(T_m s + 1)}} \rightarrow \theta_m(s) \qquad M_c(s) \rightarrow \boxed{\frac{-K_c}{T_m s + 1}} \rightarrow \Omega_m(s)$$

(a)   (b)   (c)

▲ 圖 2-13　直流伺服馬達方塊圖

🔵 2-5-2　阻抗分析電路轉移函數

為了改善控制系統的性能，常在系統中引入無源電路 (passive circuit) 作為校正元件。無源電路通常由電阻、電容和電感組成，即為一般 RLC 電路。其可以使用兩種方法求取無源電路的轉移函數。一種方法是先列出電路的微分方程式，然後在零初始條件下進行拉氏轉換，可以得到輸出變數與輸入變數之間的轉移

▲ 圖 2-14　用複數阻抗表示的 RLC 電路

函數，如例題 2-15 所用方法；另一種方法是引用複數阻抗直接列寫電路的代數方程式，然後求其轉移函數。在例題 2-15 中，用複數阻抗表示電阻時仍為 R，電容 C 的複數阻抗為 $1/(Cs)$，電感 L 的複數阻抗為 Ls。因此，圖 2-1 的 RLC 無源電路用複數阻抗表示後的電路如圖 2-14 所示。圖中，$Z_1 = R + Ls$、$Z_2 = 1/(Cs)$。由電路圖可直接寫出電路的轉移函數

$$\frac{U_o(s)}{U_i(s)} = \frac{Z_2}{Z_1 + Z_2} = \frac{1}{LCs^2 + RCs + 1} \qquad (2\text{-}49)$$

以下用一個例子來說明如何利用阻抗分析雙迴路電路轉移函數。

例題 2-18

利用阻抗分析試求下列電路的轉移函數 $G(s) = \dfrac{I_2(s)}{V(s)}$ 。

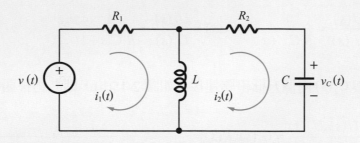

其中 $\mathscr{L}\{i_1(t)\} = I_1(s)$ 、 $\mathscr{L}\{i_2(t)\} = I_2(s)$ 、 $\mathscr{L}\{v(t)\} = V(s)$ 、 $\mathscr{L}\{v_C(t)\} = V_C(s)$ 。

解 題目中各元件之阻抗如圖所示，利用 KVL 分析 $I_1(s)$ 與 $I_2(s)$ 所對應的迴路，可得

$$\begin{cases} R_1 I_1(s) + Ls I_1(s) - Ls I_2(s) = V(s) \\ Ls I_2(s) + R_2 I_2(s) + \dfrac{1}{Cs} I_2(s) - Ls I_1(s) = 0 \end{cases}$$

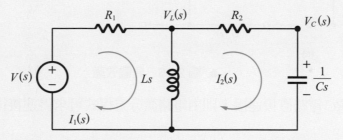

整理可得 $\begin{cases} (R_1 + Ls) I_1(s) - Ls I_2(s) = V(s) \\ -Ls I_1(s) + (Ls + R_2 + \dfrac{1}{Cs}) I_2(s) = 0 \end{cases}$

由克萊瑪法則可得

$$I_2(s) = \frac{\Delta_1}{\Delta} \text{ , } \Delta_1 = \begin{vmatrix} (R + Ls) & V(s) \\ -Ls & 0 \end{vmatrix} \text{ 、 } \Delta = \begin{vmatrix} (R_1 + Ls) & -Ls \\ -Ls & (Ls + R_2 + \dfrac{1}{Cs}) \end{vmatrix} \text{ , }$$

則 $I_2(s) = \dfrac{LsV(s)}{\Delta}$ ，所以 $G(s) = \dfrac{I_2(s)}{V(s)} = \dfrac{Ls}{\Delta}$ ，

則 $G(s) = \dfrac{LCs^2}{(R_1 + R_2)LCs^2 + (R_1 R_2 C + L)s + R_1}$ 。

另外在求取無源電路轉移函數時，一般假設電路輸出端接有無窮大負載阻抗，輸入內阻為零，否則應考慮負載效應。例如，在圖 2-15 中，兩個 RC 電路不相連接時，可視為空載，其轉移函數分別是

$$G_1(s) = \frac{U(s)}{U_i(s)} = \frac{1}{R_1 C_1 s + 1} \quad , \quad G_2(s) = \frac{U_0(s)}{U_i(s)} = \frac{1}{R_2 C_2 s + 1} \qquad (2\text{-}50)$$

若將 $G_1(s)$ 與 $G_2(s)$ 兩個方框串聯連接，如圖 2-15(b)，則其轉移函數

$$\frac{U_o(s)}{U_i(s)} = \frac{U(s)}{U_i(s)} \frac{U_o(s)}{U(s)} = G_1(s) G_2(s) = \frac{1}{R_1 R_2 C_1 C_2 s^2 + (R_1 C_1 + R_2 C_2) s + 1} \qquad (2\text{-}51)$$

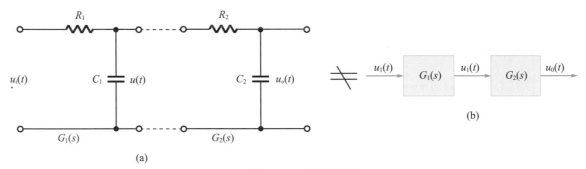

▲ 圖 2-15 負載效應

若將兩個 RC 電路直接連接，則由電路微分方程式可求得連接後電路的轉移函數為

$$G(s) = \frac{U_o(s)}{U_i(s)} = \frac{1}{R_1 R_2 C_1 C_2 s^2 + (R_1 C_1 + R_2 C_2 + R_1 C_2) s + 1} \qquad (2\text{-}52)$$

顯然，$G(s) \neq G_1(s) G_2(s)$ ，$G(s)$ 中增加的項 $R_1 C_2$ 是由負載效應產生的。如果 $R_1 C_2$ 與其餘項相比數值很小，則可忽略不計時，有 $G(s) \approx G_1(s) G_2(s)$ 。這時，要求後級電路的輸出阻抗要足夠大，或要求前級電路的輸入阻抗趨於零，或在兩級電路之間有接隔離放大器。

🔵 2-5-3　轉移函數的極點與零點

轉移函數的分子多項式和分母多項式經過因式分解後可寫成如下形式：

$$G(s) = \frac{b_0 (s - z_1)(s - z_2) \cdots\cdots (s - z_m)}{a_0 (s - p_1)(s - p_2) \cdots\cdots (s - p_n)} = K^* \frac{\prod_{i=1}^{m} (s - z_i)}{\prod_{j=1}^{n} (s - p_j)} \qquad (2\text{-}53)$$

上式稱為轉移函數的極零點表示式，$z_i(i = 1、2、\cdots\cdots、m)$是分子多項式的根，稱為轉移函數的零點 (zero)；$p_j(j = 1、2、\cdots\cdots、n)$是分母多項式的根，稱為轉移函數的極點 (pole)。轉移函數的零點和極點可以是實數或複數；係數 $K^* = \dfrac{b_0}{a_0}$ 稱為轉移函數係數或增益。這種用零點和極點表示轉移函數的方法在根軌跡法中使用很多。

在複數平面上表示轉移函數極點和零點的圖形，稱為轉移函數的極零點分佈圖。在圖中一般用 "o" 表示零點，用 "x" 表示極點。另外，轉移函數的分子多項式和分母多項式經因式分解後也可寫為如下因子連乘的形式：

$$G(s) = \frac{b_m(\tau_1 s + 1)(\tau_2^2 s^2 + 2\xi\tau_2 s + 1)\cdots(\tau_i s + 1)}{a_n(T_1 s + 1)(T_2^2 s^2 + 2\xi T_2 s + 1)\cdots(T_j s + 1)} \tag{2-54}$$

上式稱為轉移函數的時間常數表示式，其中一次因子對應於實數極零點，二次因子對應於共軛複數極零點，τ_i 和 T_j 稱為時間常數，$K = \dfrac{b_m}{a_n} = K^* \dfrac{\prod_{i=1}^{m}(-z_i)}{\prod_{j=1}^{n}(-p_j)}$ 稱轉移函數係數或增益。這種表示式經常出現在頻域響應分析中。

例題 2-19

對於下列轉移函數，分別求其極零點表示式與時間常數表示式，並指出系統的極點與零點。

$$G(s) = \frac{5s + 1}{2s^2 + 5s + 3}$$

解 $G(s)$ 極零點表示式為 $G(s) = \dfrac{5(s + \dfrac{1}{5})}{2(s + \dfrac{3}{2})(s + 1)}$

$G(s)$ 時間常數表示式為 $G(s) = \dfrac{(1 + 5s)}{3(1 + \dfrac{2}{3}s)(1 + s)}$

系統極點為 $-\dfrac{3}{2}, -1$

系統零點為 $-\dfrac{1}{5}$

2-5-4 轉移函數的極點和零點對系統輸出的影響

由於轉移函數的極點就是微分方程特性方程式的根,因此決定所描述系統自由運動的模態 (即零輸入響應),即是微分方程式的齊性解;而且在受外力運動中 (即零初始條件響應) 也會包含這些自由運動的模態。現舉例說明如下:

設某系統轉移函數為

$$G(s) = \frac{Y(s)}{R(s)} = \frac{6(s+3)}{(s+1)(s+2)}$$

由極零點定義可知,其極點 $p_1 = -1$、$p_2 = -2$,零點 $z_1 = -3$,自由運動的模態是 e^{-t} 和 e^{-2t}。當 $r(t) = R_1 + R_2 e^{-5t}$

即 $R(s) = \left[\dfrac{R_1}{s} \right] + \left[\dfrac{R_2}{s+5} \right]$ 時,可求得系統的零初始條件響應為

$$y(t) = \mathscr{L}^{-1}\{Y(s)\} = \mathscr{L}^{-1}\left\{ \frac{6(s+3)}{(s+1)(s+2)} \left(\frac{R_1}{s} + \frac{R_2}{s+5} \right) \right\}$$

$$= 9R_1 - R_2 e^{-5t} + (3R_2 - 12R_1)e^{-t} + (3R_1 - 2R_2)e^{-2t}$$

式中,前兩項具有與輸入函數 $r(t)$ 相同的模態 (常微分方程式特解),後兩項中包含由極點 -1 和 -2 形成的自由運動模態 (常微分方程式齊性解)。後兩項是系統 " 原有 " 的成分,但其係數卻與輸入函數有關,因此可以說明這兩項是輸入函數所造成的輸出響應。這意味著轉移函數的極點會受到輸入函數的影響,在輸出響應中形成自由運動的狀態。而轉移函數的零點並不形成自由運動的模態,但卻影響各模態在響應中所佔的比重,因而也影響輸出響應曲線的形狀。設具有相同極點但零點不同的轉移函數分別為

$$G_1(s) = \frac{4s+2}{(s+1)(s+2)} \ , \ G_2(s) = \frac{1.5s+2}{(s+1)(s+2)}$$

其極點都是 -1 和 -2，$G_1(s)$ 的零點 $z_1 = -0.5$，$G_2(s)$ 的零點 $z_2 = -1.33$，它們的極零點分布圖如圖 2-16(a) 所示。在零初始條件下，它們的單位步階響應分別是

$$y_1(t) = \mathscr{L}^{-1}\left\{\frac{4s+2}{s(s+1)(s+2)}\right\} = 1 + 2e^{-t} - 3e^{-2t}$$

$$y_2(t) = \mathscr{L}^{-1}\left\{\frac{1.5s+2}{s(s+1)(s+2)}\right\} = 1 - 0.5e^{-t} - 0.5e^{-2t}$$

上述結果顯示模態 e^{-t} 和 e^{-2t} 在兩個系統的單位步階響應中所佔的比重是不同的，它取決於極點之間的距離和極點與零點之間的距離，以及零點與原點之間的距離。在極點相同的情況下，$G_1(s)$ 的零點 z_1 比較靠近原點，距兩個極點的距離都比較遠，因此兩個模態所占比重大且零點 z_1 的作用也較明顯；而 $G_2(s)$ 的零點 z_2 距原點比較遠，因此兩個模態所占比重較小。這樣，儘管兩個系統的模態相同，但由於零點的位置不同，其單位步階響應 $y_1(t)$ 和 $y_2(t)$ 具有不同的形狀，如圖 2-16(b) 所示。

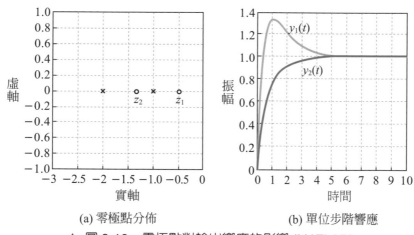

(a) 零極點分佈　　　　　(b) 單位步階響應

▲ 圖 2-16　零極點對輸出響應的影響 (MATLAB)

2-5-5　MATLAB 建立轉移函數

轉移函數可以利用 MATLAB 來表示，例如對微分方程式 $\ddot{y} + 2\zeta\omega_n\dot{y} + \omega_n^2 y = \omega_n^2 u$ 取 Laplace 轉換可得

$$H(s) = \frac{Y(s)}{U(s)} = \frac{\omega_n^2}{s^2 + 2\zeta\omega_n s + \omega_n^2} \tag{2-55}$$

若 $\omega_n = 2.5$，$\zeta = 0.3$，可以透過 MATLAB 的指令 tf() 來表示

輸入程式	輸出結果
num=[6.25];　%分子多項式之係數 den=[1 1.5 6.25];　%分母多項式之係數 sys=tf(num,den)	sys = 　　　6.25 　----------------- s^2 + 1.5 s + 6.25 Continuous-time transfer function.

此外亦可以利用極、零點和增益表示法將轉移函數之分子與分母表示成一次式的乘積如下：

$$H(s) = \frac{Z(s)}{P(s)} = k\frac{(s-z_1)(s-z_2)\ldots\ldots(s-z_n)}{(s-p_1)(s-p_2)\ldots\ldots(s-p_m)}$$，其中 Z 為零點、P 為極點、K 為系

統增益。例如 $H(s) = \dfrac{4(s+1)}{(s+2)(s+3)}$，以 MATLAB 表示

輸入程式	輸出結果

k=4;
z=[-1];
p=[-2;-3];
sys2=zpk(z,p,k)
	sys2 =
	
	　　4 (s+1)
	　----------- 	
	　(s+2) (s+3)
	Continuous-time zero/pole/gain model.

2-6　常見元件或系統的轉移函數 (選讀)

　　自動控制系統是由各種元件相互連接組成的，它們可以是機械、電子、化工、光學或其他類型的裝置。為建立控制系統的數學模型，本節將介紹工業界幾種常見元件與系統的數學模型及其特性。讀者可以依專業領域選擇相關重點研讀。

1.　電位計 (器)(Potentiometer)

電位計是一種把直線位移或角位移變換為電壓值的裝置。在控制系統中，單個電位計的架構如圖 2-17(a) 所示；一對電位計可組成誤差檢測器，如圖 2-17(b) 所示。在沒有負載的情況下，單個電位計的電刷角位移 $\theta(t)$ 與輸出電壓 $u(t)$ 的關係如圖 2-17(c) 所示。圖中階梯形狀是由繞線線徑產生的誤差，在進行理論分析時可用直線近似。由圖可得輸出電壓為

$$u(t) = K_1\theta(t) \tag{2-56}$$

式中，$K_1 = \dfrac{E}{\theta_{\max}}$，是電刷單位角位移對應的輸出電壓，稱電位計轉換係數，其中 E 是電位計電源電壓，$\theta_{\max}$ 是電位計最大可旋轉角。對式 (2-37) 求拉式轉換，並令 $U(s) = \mathscr{L}\{u(t)\}$，$\Theta(s) = \mathscr{L}\{\theta(t)\}$，可求得電位計轉移函數為

$$G(s) = \frac{U(s)}{\Theta(s)} = K_1 \tag{2-57}$$

式 (2-57) 表示電位計的轉移函數是一固定值，其取決於電源電壓 E 和電位計最大可旋轉角度 $\theta_{\max}$。電位計可用圖 2-17(d) 的方塊圖表示。

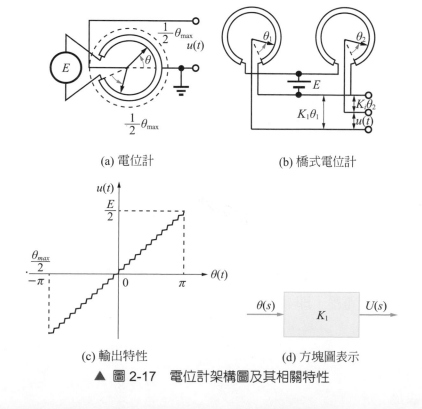

(a) 電位計　　　　　　　　　　(b) 橋式電位計

(c) 輸出特性　　　　　　　　　(d) 方塊圖表示

▲ 圖 2-17　電位計架構圖及其相關特性

用一對相同的電位計組成誤差檢測器時，其輸出電壓為

$$u(t) = u_1(t) - u_2(t) = K_1[\theta_1(t) - \theta_2(t)] = K_1\Delta\theta(t) \tag{2-58}$$

式中，K_1 是單個電位計的轉換係數；$\Delta\theta(t) = \theta_1(t) - \theta_2(t)$ 是兩個電位計電刷角位移之差，稱為誤差角。因此，以誤差角為輸入量時，誤差檢測器的轉移函數與單個電位計轉移函數相同，即為

$$G(s) = \frac{U(s)}{\Delta\Theta} = K_1 \tag{2-59}$$

在使用電位計時要注意負載效應。所謂負載效應是指在電位計輸出端接有負載時所產生的影響。圖 2-18 表示電位計輸出端接有負載電阻 R_l 時的電路圖，設電位計電阻是 R_p，可求得電位計輸出電壓為

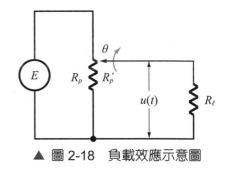

▲ 圖 2-18 負載效應示意圖

$$u(t) = \frac{E}{\dfrac{R_p}{R_p'} + \dfrac{R_p}{R_l}(1 - \dfrac{R_p'}{R_p})} = \frac{E\theta(t)}{\theta_{max}[1 + \dfrac{R_p}{R_l}\dfrac{\theta(t)}{\theta_{max}}(1 - \dfrac{\theta(t)}{\theta_{max}})]} \tag{2-60}$$

由上式中可以發現，由於負載電阻 R_l 的影響，輸出電壓 $u(t)$ 與電刷角位移 $\theta(t)$ 不再保持線性關係，因而也求不出電位計的轉移函數。但是，如果負載電阻 R_l 很大，如 $R_l \geq 10R_p$ 時，可以近似得到 $u(t) \approx E\theta(t)/\theta_{max} = K_1\theta(t)$。因此，當電位計接負載時，只有在負載阻抗足夠大時，才能將電位計視為線性元件，其輸出電壓與電刷角位移之間有線性關係。

2. 測速發電機 (tachogenerator)

測速發電機 (TG) 是用於測量角速度並將它轉換成電壓值的裝置。在控制系統中常用的有直流和交流測速發電機，如圖 2-19 所示。圖 2-19(a) 是永磁式直流測速發電機的原理架構圖。測速發電機的轉子與待測量的軸相連接，在電樞兩端輸出與轉子角速度成正比的直流電壓，即

$$u(t) = K_t \omega(t) = K_t \frac{d\theta(t)}{dt} \tag{2-61}$$

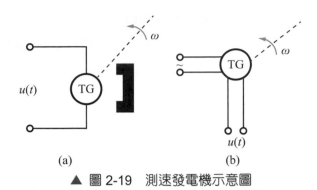

(a)   (b)

▲ 圖 2-19　測速發電機示意圖

式 (2-61) 中，$\theta(t)$ 是轉子角位移；$\omega(t) = d\theta(t)/dt$ 是轉子角速度；K_t 是測速發電機輸出斜率，表示單位角速度的輸出電壓。在零初始條件下，對式 (2-61) 取拉氏轉換可得直流測速發電機的轉移函數為

$$G(s) = \frac{U(s)}{\Omega(s)} = K_t \tag{2-62}$$

或

$$G(s) = \frac{U(s)}{\Theta(s)} = K_t s \tag{2-63}$$

其中，$U(s) = \mathscr{L}\{u(t)\}$；$\Theta(s) = \mathscr{L}\{\theta(t)\}$；$\Omega(s) = \mathscr{L}\{\omega(t)\}$。式 (2-62) 和式 (2-63) 可分別用圖 2-20 中的兩個方塊圖表示。

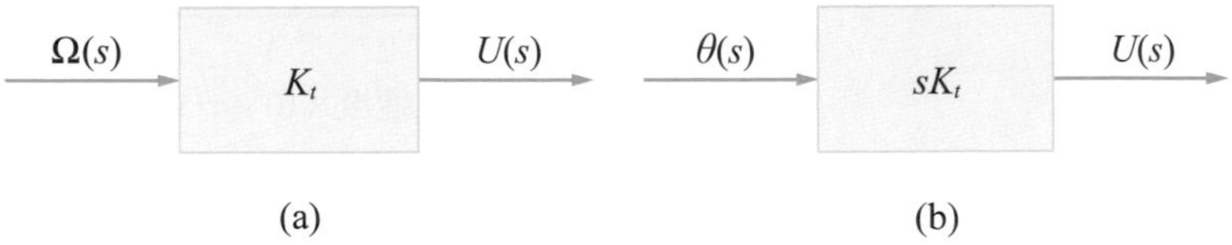

$\Omega(s) \longrightarrow \boxed{K_t} \longrightarrow U(s)$ $\theta(s) \longrightarrow \boxed{sK_t} \longrightarrow U(s)$

(a)   (b)

▲ 圖 2-20　測速發電機方塊圖

圖 2-19(b) 是交流測速發電機的示意圖。其包含兩個互相垂直放置的線圈，其中一個是激磁線圈，輸入一定頻率的正弦額定電壓，另一個是輸出繞組。當轉子旋轉時，輸出繞組產生與轉子角速度成比例的交流電壓 $u(t)$，其頻率與激磁電壓頻率相

同，其性質也可以用式 (2-61) 來表示，因此其轉移函數及方塊圖亦等同於直流測速發電機。

3. 雙相伺服馬達 (Two-phase servomotor)

雙相伺服馬達 (SM) 具有重量輕、慣性小、加速特性好的優點，是工業界控制系統中常用的一種小功率交流驅動機構。雙相伺服馬達由互相垂直配置的兩相定子線圈和一個高電阻值的轉子組成，如圖 2-21(a)。定子線圈的一相是激磁繞組，另一相是控制繞組，通常接在功率放大器的輸出端，提供大小與極性可變的交流控制電壓。

雙相伺服馬達的轉矩 - 速度特性曲線呈現非線性，可以近似為負的斜率。圖 2-21(b) 是在不同控制電壓 u_a 時，經實驗所得的一組特性曲線。考慮到在控制系統中，伺服馬達一般工作在零轉速附近，以此作為線性化，通常會把低轉速部分的線性段延伸到高轉速範圍，用低轉速直線近似代替其非線性特性曲線，如圖 2-21(b) 中虛線所示。

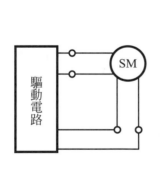

(a) 雙相伺服馬達

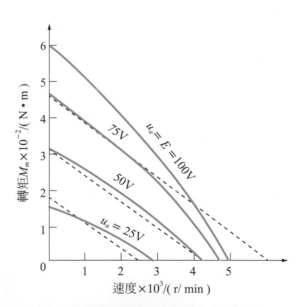

(b) 雙相伺服馬達的轉矩 − 速度特性

▲ 圖 2-21　雙相伺服馬達及特性曲線

此外，也可用在工作點微小範圍操作之線性化方法。一般，雙相伺服馬達特性曲線的線性化方程式可表示為

$$M_m = -C_\omega \omega_m + M_s \tag{2-64}$$

其中，M_m 是馬達輸出力矩；ω_m 是馬達輸出角速度；$C_\omega = dM_m / d\omega_m$ 是阻尼係數，即機械特性線性化的直線斜率；M_s 是停止轉矩，由圖 2-21(b) 可求得 $M_s = C_m u_a$，其中 C_m 可用額定電壓 $u_a = E$ 時的停止轉矩來決定，即 $C_m = M_s / E$。

　　若暫不考慮負載轉矩，則馬達輸出轉矩 M_m 用來驅動負載並克服摩擦，故得力矩平衡方程式

$$M_m = J_m \frac{d^2\theta_m}{dt^2} + B_m \frac{d\theta_m}{dt} \tag{2-65}$$

其中 θ_m 是馬達轉子角位移；J_m 和 B_m 分別是對應到馬達旋轉軸上的總轉動慣量和總摩擦係數。

　　由式 (2-64) 和式 (2-65) 消去中間變量 M_s 和 M_m，並在初始條件為零下取拉氏轉換，令 $U_a(s) = L\{u_a(t)\}$，$\Theta_m(s) = L\{\theta_m(t)\}$，可求得雙相伺服馬達的轉移函數為

$$G(s) = \frac{\Theta_m(s)}{U_a(s)} = \frac{C_m}{s(J_m s + f_m + C_\omega)} = \frac{K_m}{s(T_m s + 1)} \tag{2-66}$$

其中 $K_m = C_m / (B_m + C_\omega)$ 是馬達轉移係數；$T_m = J_m / (B_m + C_\omega)$ 是馬達時間常數。由於 $\Omega_m(s) = s\Theta(s)$，故式 (2-66) 也可寫為

$$G(s) = \frac{\Omega_m(s)}{U_a(s)} = \frac{K_m}{T_m s + 1} \tag{2-67}$$

　　式 (2-66) 和式 (2-67) 是雙相伺服馬達轉移函數的兩種不同形式，它們與直流馬達的轉移函數在形式上完全相同。

4. 單一水槽水位控制

水槽是常見的水位控制系統。設單一水槽如圖 2-22 所示，水流通過控制閥門不斷地流入水槽，同時也有水通過負載閥不斷流出儲水槽。水流入量 Q_i 由調節閥開口大小 u 加以控制，流出量 Q_o 則由用戶根據需要通過負載閥來調整。此系統之控制變數為水位 h，其表示流入與流出之間的水量平衡關係。

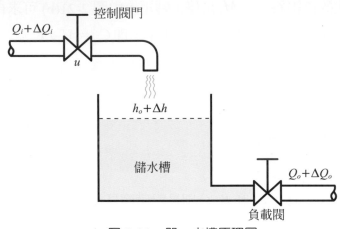

▲ 圖 2-22　單一水槽原理圖

令 Q_i 表示輸入水流量的穩態值，ΔQ_i 表示輸入水流量的增量，Q_o 表示輸出水流量的穩態值，ΔQ_o 表示輸出水流量的增量，h 表示水位高度，h_0 表示水位的穩態值，Δh 表示水位的增量，u 表示調節閥的開口大小。設 A 為水槽橫截面積，R 為流出端負載閥門的阻力。根據水流平衡關係，在正常工作狀態下，初始時的狀態為 $Q_o = Q_i$、$h = h_0$，當調節閥開口大小發生變化 Δu 時，水位隨之發生變化。在流出端負載閥開口大小不變的情況下，水位的變化將使流出水量改變。流入水量與流出水量之差為

$$\Delta Q_i - \Delta Q_o = \frac{dV}{dt} = A\frac{d\Delta h}{dt} \qquad (2\text{-}68)$$

其中 V 為水槽液體儲存量；ΔQ_i 由調節閥開口大小變化 Δu 引起，當閥前後壓差不變時，可得

$$\Delta Q_i = K_u \Delta u \qquad (2\text{-}69)$$

其中 K_u 為閥門流量係數。而流出水量與水位高度的關係為 $Q_o = A_o\sqrt{2gh}$，此為一個非線性關係式，可在平衡點 (h_o, Q_o) 附近進行線性化，得到流出端負載閥門的阻力表示式

$$R_0 = \frac{\Delta h}{\Delta Q_o} \tag{2-70}$$

將式 (2-69) 和式 (2-70) 代入式 (2-68)，可得

$$T\frac{d\Delta h}{dt} + \Delta h = K\Delta u \tag{2-71}$$

式中，$T = R_0 A$、$K = K_u R_0$ 在初始條件為零時，對式 (2-60) 兩端進行拉氏轉換，可得到單一水槽的轉移函數為

$$G(s) = \frac{\Delta H(s)}{\Delta U(s)} = \frac{K}{Ts+1} \tag{2-72}$$

5. 電熱爐

　　在工業生產中，電熱爐是常見的加熱設備，其架構如圖 2-23 所示。圖中，u 為電熱絲兩端電壓，T_1 為爐內溫度。設電熱絲質量為 M，比熱為 C，熱傳導係數為 H，傳熱面積為 A，未加熱前爐內溫度為 T_0，加熱後的溫度為 T_1，單位時間內電熱絲產生的熱量為 q_i，則根據熱力學可知

$$MC\frac{d(T_1 - T_0)}{dt} + HA(T_1 - T_0) = q_i \tag{2-73}$$

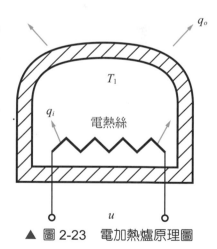

▲ 圖 2-23　電加熱爐原理圖

由於 q_i 與外加電壓 u 的平方成比例，故 q_i 與 u 成非線性關係，可在平衡點 (q_0, u_0) 附近進行線性化，得 $K_u = \dfrac{\Delta q_i}{\Delta u}$ ，於是可得電熱爐的微分方程式

$$T \frac{d\Delta T}{dt} + \Delta T = K\Delta u \tag{2-74}$$

其中，$\Delta T = T_1 - T_0$ 為溫度差；$T = \dfrac{MC}{(HA)}$ 為電熱爐時間常數；$K = \dfrac{K_u}{HA}$ 為電熱爐轉移係數。在初始條件為零下，對式 (2-74) 兩端進行拉氏轉換，可得爐內溫度變化量對控制電壓變化量之間的電熱爐轉移函數為

$$G(s) = \frac{\Delta T(s)}{\Delta U(s)} = \frac{K}{Ts+1} \tag{2-75}$$

6. 雙水槽

圖 2-24 是兩個串聯單一水槽構成的雙水槽。其輸入量為調節閥 1 產生的閥門開口大小變化 Δu，而輸出量為第二個水槽的水位增量 Δh_2。

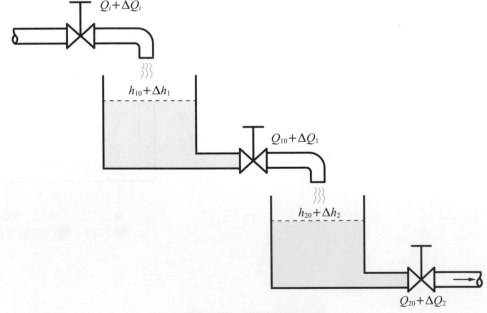

▲ 圖 2-24　雙水槽原理圖

與前面單水槽相同原理，在水流量增量，水槽水位增量及流出端負載閥門的阻力之間，經平衡點線性化後，可以導出以下關係式：

$$\Delta Q_1 - \Delta Q_2 = C_2 \frac{d\Delta h_2}{dt} \tag{2-76}$$

$$\Delta Q_1 = \frac{\Delta h_1}{R_1} \; , \; \Delta Q_2 = \frac{\Delta h_2}{R_2} \tag{2-77}$$

$$\Delta Q_i - \Delta Q_1 = C_1 \frac{d\Delta h_1}{dt} \tag{2-78}$$

$$\Delta Q_i = K_u \Delta u \tag{2-79}$$

上式中 C_1 和 C_2 為兩水槽的容量係數；R_1 和 R_2 為兩水槽的流出端負載閥門的阻力。將式 (2-77) 代入式 (2-76)，得

$$\frac{\Delta h_1}{R_1} - \frac{\Delta h_2}{R_2} = C_2 \frac{d\Delta h_2}{dt} \tag{2-80}$$

故有

$$\Delta h_1 = R_1 \left(C_2 \frac{d\Delta h_2}{dt} + \frac{\Delta h_2}{R_2} \right) \tag{2-81}$$

$$\frac{d\Delta h_1}{dt} = R_1 C_2 \frac{d^2\Delta h_2}{dt^2} + \frac{R_1}{R_2} \frac{d\Delta h_2}{dt} \tag{2-82}$$

將式 (2-79) 及式 (2-77) 代入式 (2-78)，得

$$C_1 \frac{d\Delta h_1}{dt} + \frac{\Delta h_1}{R_1} = K_u \Delta u \tag{2-83}$$

分別將式 (2-81) 和式 (2-82) 代入上式，整理後可得雙水槽的微分方程式如下

$$T_1 T_2 \frac{d^2 \Delta h_2}{dt} + (T_1 + T_2)\frac{d\Delta h_2}{dt} + \Delta h_2 = K \Delta u \tag{2-84}$$

其中 $T_1 = R_1 C_1$ 為第一個水槽的時間常數；$T_2 = R_2 C_2$ 為第二個水槽的時間常數；$K = R_2 K_u$ 為雙水槽的轉移係數。

在初始條件為零下，對式 (2-84) 進行拉氏轉換，得雙水槽的轉移函數

$$G(s) = \frac{\Delta H_2}{\Delta U(s)} = \frac{K}{T_1 T_2 s^2 + (T_1 + T_2)s + 1} \tag{2-85}$$

若雙水槽調節閥 1 開口大小變化所引起的流水量變化存在延遲，則其轉移函數可以推導出為

$$G(s) = \frac{K}{T_1 T_2 s^2 + (T_1 + T_2)s + 1} e^{-st} \tag{2-86}$$

7. 加速度計 (accelerator)

加速度計是一種能將加速度轉換為電位的一種裝置，所產生之電位正比於加速度之大小，亦即 $v(t) = K_a \ddot{x}(t)$，式中 K_a 為加速度計之增益常數。將上式取拉氏轉換可得轉移函數為 $\frac{V(s)}{X(s)} = K_a s^2$，而方塊圖如圖 2-25 所示。

$X(s) \longrightarrow \boxed{K_a s^2} \longrightarrow V(s)$

▲ 圖 2-25 加速度計之方塊圖

8. 運算放大器

運算放大器 (operational amplifier，簡稱為 OPA) 是一個常用的電子元件，其結合其他電路元件會組成各種不同的控制電路。運算放大器如圖 2-26 所示，其特性為輸入端之阻抗為無窮大，因此電流 i 應等於零且電壓 v_1 應等於 v_2。

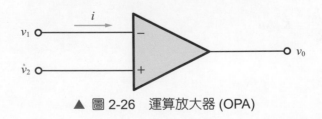

▲ 圖 2-26 運算放大器 (OPA)

以下介紹如何利用 OPA 組成常見的比例、微分、積分等控制電路。

(1) 比例控制電路

比例控制之電路如圖 2-27 所示，應用克希荷夫電流定律於節點 a，可得

$$\frac{V_i(s) - V_a}{Z_i} + \frac{V_o(s) - V_a}{Z_o} = 0 \tag{2-87}$$

式中 Z_i 為輸入端阻抗，而 Z_o 為輸出端阻抗，又因為正輸入端接地，因此 $V_a \cong 0$，故可得

$$\frac{V_o(s)}{V_i(s)} = -\frac{Z_o}{Z_i} = -\frac{R_o}{R_i} = K_P \tag{2-88}$$

由式 (2-73) 知此電路為比例增益器，其中 K_P 為增益常數，由 $-\dfrac{R_o}{R_i}$ 所決定。當電阻值選擇 $R_i = R_0$ 時，$K_P = -1$，此時其功能相當於反向器。

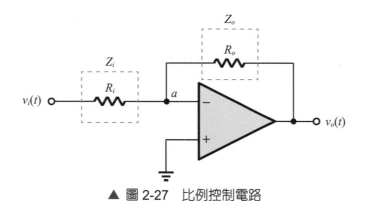

▲ 圖 2-27　比例控制電路

(2) 微分控制電路

微分控制之電路如圖 2-28，應用克希荷夫電流定律於節點 a 可得

$$\frac{V_i(s) - V_a}{Z_i} + \frac{V_o(s) - V_a}{Z_o} = 0 \tag{2-89}$$

又因 $Z_i = Z_C = 1/Cs$，而 $Z_o = Z_R = R$，且 $V_a \cong 0$，故由式 (2-87) 可得

$$\frac{V_o(s)}{V_i(s)} = -\frac{Z_o}{Z_i} = -\frac{R}{1/Cs} = -RCs = K_D s \tag{2-90}$$

由上式知此電路為微分控制器，其中 K_D 為增益常數，由 $-RC$ 所決定。

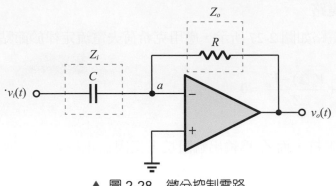

▲ 圖 2-28 微分控制電路

(3) 積分控制電路

積分控制之電路如圖 2-29 所示，類似於比例控制電路之分析，此時 $Z_i = R$，$Z_o = 1/Cs$，故可得

$$\frac{V_o(s)}{V_i(s)} = -\frac{Z_o}{Z_i} = -\frac{\frac{1}{Cs}}{R} = -\frac{1}{RCs} = \frac{K_I}{s} \qquad (2\text{-}91)$$

由式 (2-87) 知此電路為積分控制器 (Integral Control)，其中 K_I 為增益常數，由 $-\frac{1}{RC}$ 所決定。

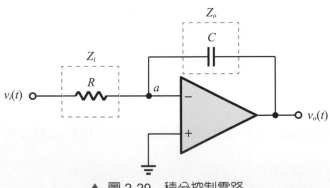

▲ 圖 2-29 積分控制電路

古典控制學的系統描述

在古典控制學的系統中，一般的輸出與輸入呈現線性關係式，例如：$y(t) = au(t) + b$，其輸出訊號 $y(t)$ 與輸入訊號 $u(t)$ 之間所呈現的是一種簡單的靜態行為，我們稱之為靜態系統 (static system)，這類系統的方程式在數學上通常以代數方程式呈現，並依此產生轉移函數的概念，亦可將此類系統用方塊圖 (block diagram) 來描述。然而大部分常見的控制系統，不論是機械、電機、電子、化工或熱流系統，其輸出訊號與輸入訊號之間所呈現的是較複雜的動態行為，稱為動態系統 (dynamic system)，這類系統的方程式在數學上則會以微分方程式 (differential equation) 來呈現。在前面章節中已有簡單介紹此兩種表示法，其中對於動態系統的時域響應數學建模中，說明了如何利用拉式轉換進行該系統之複數域 s 空間轉換，將系統模型由時域 t 轉到複數域 s 空間，如此可以把微分方程式化為代數方程式、動態系統化成靜態系統，此時較複雜的動態系統亦能使用轉移函數與方塊圖來描述。然而控制系統常常內含好幾個靜態或是動態線性元件，整體由數個方塊圖組成，此時如何透過化簡的原則將其方塊圖透過等效化簡的技術化為直觀的形式，以便後續求整體系統的轉移函數是本章節的重點。透過本章節學習可以讓讀者學會整個複雜系統的訊號簡化過程，對於未來大系統的分析研究有很大助益。

3-1 系統方塊圖與方塊圖化簡

本節將介紹控制系統的方塊圖和訊號流程圖，這兩種工具都是描述系統各元件之間訊號傳遞關係的重要方法，它們表示系統中各變數之間的因果關係，以及運算關係，是控制理論中描述各類複雜系統的一種簡便又重要的方法。與方塊圖相比，訊號流程圖符號更簡單，更便於繪圖與應用，特別在透過電腦模擬系統的動態響應

與狀態空間分析設計中，訊號流程圖可以直接由電腦模擬 (如 Matlab 中的 Simulink)
其輸出響應，更凸顯該工具的優勢。但是，訊號流程圖只適用於線性系統，而方塊
圖除了適用於線性系統外，亦可以用於非線性系統。

3-1-1　系統方塊圖的組成

　　控制系統的方塊圖是由許多對訊號進行單向運算的方塊和一些訊號流向線所組
成，它包含以下四種基本元件：

1. **訊號線 (signal line)**：訊號線是帶有箭頭的直線，箭頭方向表示訊號的流向，一
   般會在直線旁標記訊號所對應的函數或變數，如圖 3-1(a) 所示。

2. **分支點 (branch point)**：分支點表示訊號分離或量測的位置，從同一位置分離出
   的訊號是相同訊號，如圖 3-1(b) 所示。

3. **合成點 (summing point)**：合成點表示對兩個以上的訊號進行加減運算，「＋」
   號表示訊號相加、「－」號表示訊號相減，如圖 3-1(c) 所示。

4. **方塊 (block)**：方塊表示對訊號進行的數學轉換或計算，方塊中會填入該元件或
   系統的轉移函數，如圖 3-1(d) 所示。由圖中可以看出，方塊的輸出變數等於方
   塊的輸入變數與轉移函數的乘積，即

$$C(s) = G(s)U(s) \tag{3-1}$$

因此，方塊可視為一個運算子，其將 $U(s)$ 轉成 $C(s)$。

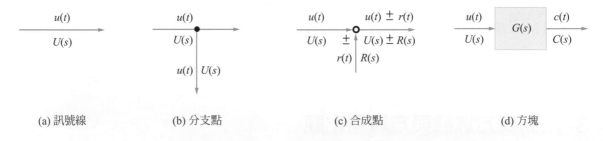

(a) 訊號線　　　　　(b) 分支點　　　　　(c) 合成點　　　　　(d) 方塊

▲ 圖 3-1　方塊圖基本組成元件

　　在繪製系統方塊圖時，首先要列出系統各元件的微分方程式或轉移函數，並將它
們用方塊表示，然後根據各元件的訊號流向，用訊號線依次將各方塊連接便能得到
系統的方塊圖。因此，系統方塊圖實際上就是系統原理圖與數學方程式兩者的結合。

從方塊圖上可以用方塊進行數學運算，也可以很直接得到並了解各元件的相互關係及其在系統中的作用。對我們而言，最重要是可以從系統方塊圖很方便求得系統的轉移函數。所以，系統方塊圖也是控制系統的一種數學模型。此外，雖然系統方塊圖是從系統元件的數學模型得到，但方塊圖中的方塊和實際系統的元件並非是一一對應。一個實際元件可以用一個方塊或數個方塊表示；而一個方塊也可以拆解成幾個元件或子系統。

例題 3-1

下圖是一個電壓量測裝置，也是一個回授系統。e_1 是待測電壓，e_2 是電壓的量測值。如果 e_2 不等於 e_1，就產生一個誤差電壓 $e = e_1 - e_2$，經放大器放大後，驅動雙相伺服馬達運轉，並帶動測量指針移動，直至 $e_2 = e_1$。這時指針指示的電壓值即是待測量的電壓值，該系統的架構圖如下所示，請畫出該系統方塊圖。

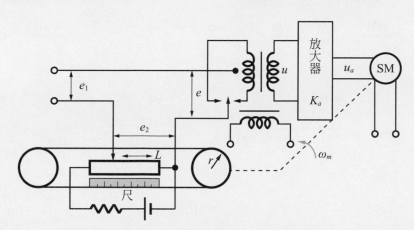

解　該系統是由比較器、調變器 (modulator)、放大器、雙相伺服馬達及指針機構組成。首先列出各元件的方程式，並在初始條件為零下取拉氏轉換，可得

1. 比較器：$E(s) = E_1(s) - E_2(s)$
2. 調變器：$U(s) = E(s)$
3. 放大器：$U_a(s) = K_a E(s)$
4. 雙相伺服馬達：$M_m = -C_\omega s \Theta_m(s) + M_s$，$M_s = C_m U_a(s)$
   $$M_m = J_m s^2 \Theta_m(s) + B_m s \Theta_m(s)$$

其中，M_m 是馬達力矩；M_s 是馬達轉速為 0 時的力矩；$C_\omega = dM_m / d\omega_m$ 是阻尼係數；$U_a(s)$ 是控制電壓；C_m 可用額定電壓 $u_a = E$ 時的停止轉矩來決定，即 $C_m = M_s / E$；$\Theta_m(s)$ 是馬達角位移；J_m 和 B_m 分別是對應到馬達上的總轉動慣量及總黏性摩擦係數。

5. 皮帶傳動機構：$L(s) = r\Theta_m(s)$
   其中，r 是皮帶輪半徑；L 是指針位移。

6. 測量電位計：$E_2(s) = K_1L(s)$
   其中，K_1 是電位計轉換係數。根據各元件在系統中的作用關係，確定其輸入量和輸出量，並按照各自的方程式分別畫出每個元件的方塊圖，如圖 (a) ～ (g) 所示。最後，用訊號線按訊號流向依次將各元件的方塊連接起來，便得到系統方塊圖，如圖 (h) 所示。如果雙相伺服馬達直接用第 2 章方程式 (2-64) 與 (2-65) 表示，則系統方塊圖可簡化為圖 (i).

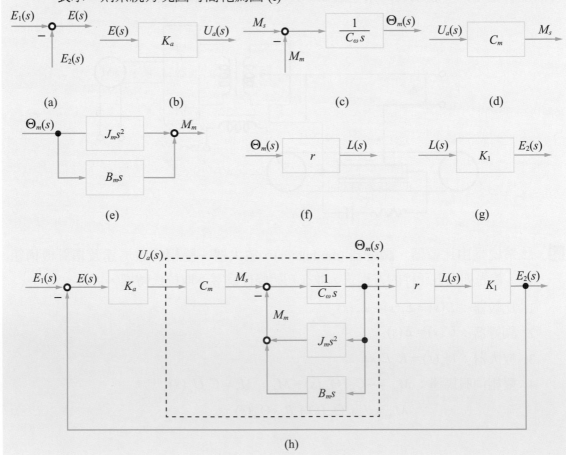

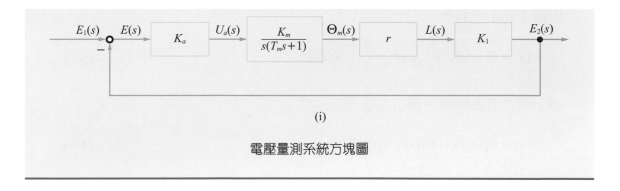

(i)

電壓量測系統方塊圖

3-1-2 方塊圖的等效與化簡

由控制系統的方塊圖經過等效轉換 (或化簡)，可以很容易求得閉迴路系統的轉移函數或系統輸出量的響應，通常由元件方程式中消去中間變數，以求得系統轉移函數。例如在例題 3-1 中，由雙相伺服馬達的三個方程式中消去中間變數 M_m 及 M_s 得到轉移函數 $\theta_m(s)/U_a(s)$ 的過程，其對應將圖 (h) 虛線內的四個方塊簡化為圖 (i) 中一個方塊的化簡過程。

一個複雜的系統方塊圖，其方塊間的連接必然是錯綜複雜的，但基本連接方式通常只包含串聯、並聯和回授連接三種。因此，方塊圖化簡的一般方法是移動分支點或合成點、交換合成點，透過運算將串聯、並聯和回授連接的方塊合併。在簡化過程中必須遵循變換前後變數關係保持等效的原則，也就是變換前後的前進路徑 (forward path) 中轉移函數的乘積應保持不變，迴路中轉移函數的乘積也應保持不變。

1. 串聯方塊的化簡 (等效)

轉移函數分別為 $G_1(s)$ 與 $G_2(s)$ 的兩個方塊，若 $G_1(s)$ 的輸出為 $G_2(s)$ 的輸入，則 $G_1(s)$ 與 $G_2(s)$ 稱為串聯連接，如圖 3-2(a) 所示。

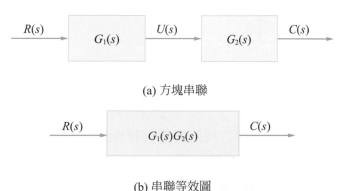

(a) 方塊串聯

(b) 串聯等效圖

▲ 圖 3-2 方塊串聯連接及其簡化

由圖 3-2(a)，可得

$$U(s) = G_1(s)R(s) \ , \ C(s) = G_2(s)U(s) \tag{3-2}$$

由上兩式消去 $U(s)$，得

$$C(s) = G_1(s)G_2(s)R(s) = G(s)R(s) \tag{3-3}$$

式中，$G(s) = G_1(s)G_2(s)$，是串聯方塊的等效轉移函數，可用圖 3-2(b) 的等效方塊圖表示。由此可知，兩個方塊串聯連接的等效方塊圖，等於各個方塊轉移函數之乘積。這個結論可以推廣到 n 個串聯方塊的情況。

2. 並聯方塊的化簡 (等效)

轉移函數分別為 $G_1(s)$ 和 $G_2(s)$ 的兩個方塊，如果它們有相同的輸入變數，而輸出等於兩個方塊輸出量的代數和，則 $G_1(s)$ 與 $G_2(s)$ 稱為並聯連接，如圖 3-3(a) 所示。

由圖 3-3(a)，可知

$$C_1(s) = G_1(s)R(s) \ , \ C_2(s) = G_2(s)R(s) \ , \ C(s) = C_1(s) \pm C_2(s) \tag{3-4}$$

由上述三式消去 $G_1(s)$ 和 $G_2(s)$，可得

$$C(s) = [G_1(s) \pm G_2(s)]R(s) = G(s)R(s) \tag{3-5}$$

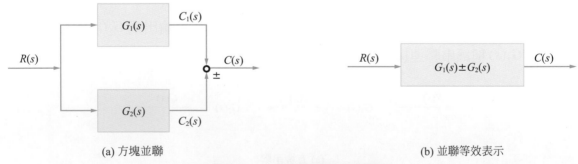

(a) 方塊並聯　　　　　　　　　　　(b) 並聯等效表示

▲ 圖 3-3　方塊並聯連接及其簡化

式中，$G(s) = G_1(s) \pm G_2(s)$ 是並聯方塊的等效轉移函數，可用圖 3-3(b) 的等效方塊圖表示。由此可知，兩個方塊並聯連接的等效方塊圖，等於各個方塊轉移函數的代數和。這個結論可推廣到 n 個並聯方塊的情況。

3. 回授 (feedback) 連接方塊的化簡 (等效)

若轉移函數分別為 $G(s)$ 和 $H(s)$ 的兩個方塊，如圖 3-4(a) 形式連接，則稱為回授連接。「＋」號為正回授，表示輸入訊號與回授訊號相加；「－」號則是負回授，表示輸入訊號與回授訊號相減。

由圖 3-4(a)，可知

$$C(s) = G(s)E(s)，B(s) = H(s)C(s)，E(s) = R(s) \pm B(s) \tag{3-6}$$

於是有

$$C(s) = \frac{G(s)}{1 \mp G(s)H(s)} R(s) = T(s)R(s) \tag{3-7}$$

式中

$$T(s) = \frac{G(s)}{1 \mp G(s)H(s)} \tag{3-8}$$

稱為閉迴路轉移函數，是方塊回授連接的等效轉移函數，式中負號對應正回授連接，正號對應負回授連接，式 (3-7) 可用圖 3-4(b) 的方塊表示。

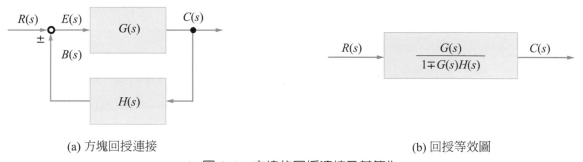

(a) 方塊回授連接   (b) 回授等效圖

▲ 圖 3-4　方塊的回授連接及其簡化

4. 合成點和分支點的移動

在系統方塊圖簡化過程中，有時為了便於進行方塊的串聯、並聯或回授連接的化簡運算，需要移動合成點或分支點的位置。這時應注意在移動前後必須保持訊號的等效性，而且合成點和分支點之間一般不可以交換其位置。此外，「－」號可以在訊號線上越過方塊移動，但不能越過合成點和分支點。

表 3-1 整理方塊圖化簡 (等效變換) 的基本規則。

▼ 表 3-1　方塊圖化簡 (等效變換) 的基本規則

原方塊圖	等效方塊圖	等效運算關係
$R \rightarrow \boxed{G_1(s)} \rightarrow \boxed{G_2(s)} \rightarrow C$	$R \rightarrow \boxed{G_1(s)G_2(s)} \rightarrow C$	規則 (1)　串聯等效 $C(s) = G_1(s)G_2(s)R(s)$
$R \rightarrow \boxed{G_1(s)}, \boxed{G_2(s)} \xrightarrow{\pm} C$	$R \rightarrow \boxed{G_1(s) \pm G_2(s)} \rightarrow C$	規則 (2)　並聯等效 $C(s) = [G_1(s) \pm G_2(s)]R(s)$
$R \xrightarrow{\pm} \boxed{G_1(s)} \rightarrow C$, $\boxed{G_2(s)}$	$R \rightarrow \boxed{\dfrac{G_1(s)}{1 \mp G_1(s)G_2(s)}} \rightarrow C$	規則 (3)　回授等效 $C(s) = \dfrac{G_1(s)R(s)}{1 \mp G_1(s)G_2(s)}$
$R \xrightarrow{-} \boxed{G_1(s)} \rightarrow C$, $\boxed{G_2(s)}$	$R \rightarrow \boxed{\dfrac{1}{G_2(s)}} \xrightarrow{-} \boxed{G_2(s)} \rightarrow \boxed{G_1(s)} \rightarrow C$	規則 (4)　等效單位回授 $\dfrac{C(s)}{R(s)} = \dfrac{1}{G_2(s)} \cdot \dfrac{G_1(s)G_2(s)}{1 + G_1(s)G_2(s)}$
$R \rightarrow \boxed{G(s)} \xrightarrow{\pm} C$, Q	$R \xrightarrow{\pm} \boxed{G(s)} \rightarrow C$, $\boxed{\dfrac{1}{G(s)}} \xleftarrow{Q}$	規則 (5)　合成點前移 $C(s) = G(s)R(s) \pm Q(s)$ $\quad = [R(s) \pm \dfrac{Q(s)}{G(s)}]G(s)$
$R \xrightarrow{\pm} \boxed{G(s)} \rightarrow C$, Q	$R \rightarrow \boxed{G(s)} \xrightarrow{\pm} C$, $Q \rightarrow \boxed{G(s)}$	規則 (6)　合成點後移 $C(s) = \big[R(s) \pm Q(s)\big]G(s)$ $\quad = R(s)G(s) \pm Q(s)G(s)$
$R \rightarrow \boxed{G(s)} \rightarrow C$, $\downarrow C$	$R \rightarrow \boxed{G(s)} \rightarrow C$, $R \rightarrow \boxed{G(s)} \rightarrow C$	規則 (7)　分支點前移 $C(s) = R(s)G(s)$
$R \rightarrow \boxed{G(s)} \rightarrow C$, R	$R \rightarrow \boxed{G(s)} \rightarrow C$, $\boxed{\dfrac{1}{G(s)}} \rightarrow R$	規則 (8)　分支點後移 $R(s) = R(s)G(s)\dfrac{1}{G(s)}$ $C(s) = R(s)G(s)$

例題 **3-2**

試化簡如圖系統方塊圖，並求轉移函數 $\dfrac{C(s)}{R(s)}$。

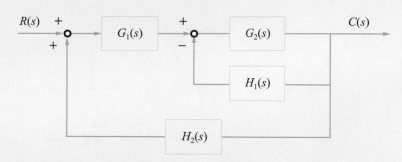

解　首先針對內迴路部分，透過規則 (3) 之回授等效可以化簡為下圖 (a)。

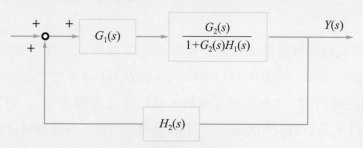

(a) 回授等效內迴路

上面的串聯方塊可以透過串聯化簡如下 (規則 (1))

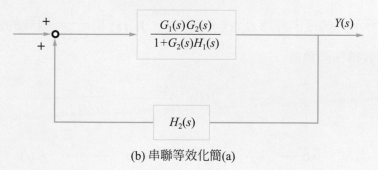

(b) 串聯等效化簡(a)

對於圖 (b) 再利用規則 (3) 之回授等效可得下列轉移函數

$$\frac{C(s)}{R(s)} = \frac{\dfrac{G_1(s)G_2(s)}{1+G_2(s)H_1(s)}}{1-\dfrac{G_1(s)G_2(s)H_2(s)}{1+G_2(s)H_1(s)}} = \frac{G_1(s)G_2(s)}{1+G_2(s)H_1(s)-G_1(s)G_2(s)H_2(s)}$$

例題 3-3

請化簡如圖系統方塊圖，並求系統轉移函數 $\dfrac{C(s)}{R(s)}$。

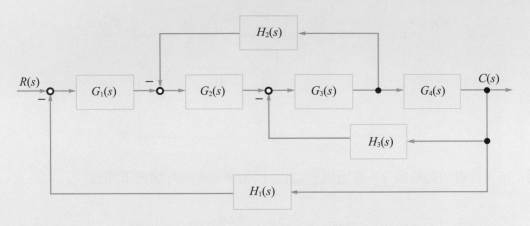

解　在題目圖中，若不移動合成點或分支點的位置就無法進行方塊的等效運算。因此，首先應用表 3-1 的規則 (8)，將 $G_3(s)$ 與 $G_4(s)$ 兩方塊之間的分支點後移到 $G_4(s)$ 方框的輸出端 (注意，不宜前移，前移後比較難計算)，如下圖 (a) 所示。其次將 $G_3(s)$、$G_4(s)$ 和 $H_3(s)$ 組成的內回授迴路簡化，其等效轉移函數為

$$G_{34}(s) = \frac{G_3(s)G_4(s)}{1 + G_3(s)G_4(s)H_3(s)}$$

如圖 (b) 所示。然後，再將 $G_2(s)$、$G_{34}(s)$、$H_2(s)$ 和 $\dfrac{1}{G_4(s)}$ 組成的內回授迴路簡化，其等效轉移函數為

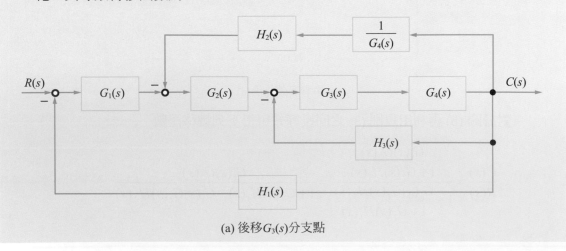

(a) 後移 $G_3(s)$ 分支點

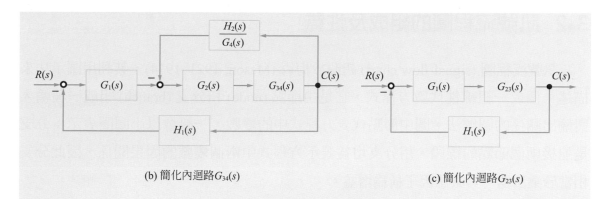

(b) 簡化內迴路 $G_{34}(s)$ (c) 簡化內迴路 $G_{23}(s)$

(b) 簡化內迴路 $G_{34}(s)$ (c) 簡化內迴路 $G_{23}(s)$

$$G_{23}(s) = \frac{G_2(s)G_3(s)G_4(s)}{1 + G_3(s)G_4(s)H_3(s) + G_2(s)G_3(s)H_2(s)}$$

如圖 (c) 所示。最後，將 $G_1(s)$、$G_{23}(s)$ 和 $H_1(s)$ 組成的回授迴路簡化便可得系統的轉移函數

$$T(s) = \frac{C(s)}{R(s)}$$

$$= \frac{G_1(s)G_2(s)G_3(s)G_4(s)}{1 + G_2(s)G_3(s)H_2(s) + G_3(s)G_4(s)H_3(s) + G_1(s)G_2(s)G_3(s)G_4(s)H_1(s)}$$

本例題中還可以用到其他的化簡方式。例如，可以先將 $G_4(s)$ 後的分支點前移到 $G_4(s)$ 方塊圖的輸入端，或者將合成點移動到同一點再加以合併等，讀者不妨可以自己試一試。另外，在進行方塊圖等效化簡時，化簡前後應注意保持訊號的等效性。例如，題目圖中 $H_2(s)$ 的輸入訊號是 $G_3(s)$ 的輸出，當將該分支點後移時，$H_2(s)$ 的輸入訊號變為 $G_4(s)$ 的輸出訊號。為保持 $H_2(s)$ 的輸入訊號不變，應將 $G_4(s)$ 的輸出訊號乘以 $\dfrac{1}{G_4(s)}$，便可還原為 $G_3(s)$ 的輸出訊號，其觀念如圖 (a) 的系統方塊圖可知。又例如，若將 $G_2(s)$ 輸入端的合成點按規則 (6) 後移到 $G_2(s)$ 的輸出端，雖然 $G_2(s)$ 的輸入訊號減少了一項 (來自 $H_2(s)$ 的輸出訊號)，但因為在 $G_2(s)$ 的輸出訊號中補入了來自 $H_2(s)G_2(s)$ 的輸出訊號，故保持 $G_2(s)$ 的輸出訊號在化簡前後的等效性，而且迴路 $G_2(s)G_3(s)H_2(s)$ 的乘積保持不變。

3-2　訊號流程圖的組成及性質

訊號流程圖 (signal flow chart) 起源於梅森 (Mason, 1921–1974)，其利用圖示法來描述一個或一組線性代數方程式，它是由節點 (node) 和分支 (branch) 組成一種輸入與輸出關係的圖解法。圖中節點代表方程式中的變數，一般會以小圈圈表示；分支是連接兩個節點的線段，用分支增益表示方程式中兩個變數的因果關係，因此分支相當於乘法器，其乘法因子稱爲增益。

圖 3-5(a) 是有兩個節點和一條分支的訊號流程圖，其中兩個節點分別代表電流 I 和電壓 U，分支增益是電阻 R。該圖表示電流 I 沿分支轉移並放大 R 倍而得到電壓 U，即 $U = IR$，這正是大家所熟知的歐姆定律，它表示電路上電阻 R 的通過電流與電壓間的定量關係，如圖 3-5(b) 所示。圖 3-6 是由六個節點和九條分支組成的訊號流程圖，圖中每個節點分別代表 x_1、x_2、x_3、x_4 和 x_5 五個變數，每條分支增益分別是 a、b、c、d、e、f、g 和 1。由圖中可以寫出描述五個變量因果關係的一組代數方程式：

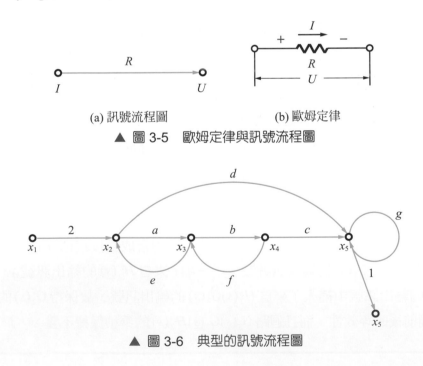

(a) 訊號流程圖　　　　　(b) 歐姆定律

▲ 圖 3-5　歐姆定律與訊號流程圖

▲ 圖 3-6　典型的訊號流程圖

$$x_1 = x_1$$

$$x_2 = 2x_1 + ex_3$$

$$x_3 = ax_2 + fx_4$$

$$x_4 = bx_3$$

$$x_5 = dx_2 + cx_4 + gx_5$$

　　上述每個方程式左邊的變數取決於右邊相關變數的線性組合。一般而言，方程式右邊的變數為原因，左邊的變數為右邊變數產生的結果，這樣訊號流程圖就可以將各個變數之間的因果關係連接起來。

　　最後可以歸納出訊號流程圖的基本性質如下：

1. 節點表示系統的變數。一般而言，節點自左而右順序排列，每個節點表示的變數是所有流入該節點之訊號的代數和，而從同一節點流向各分支的訊號均用該節點的變數表示。例如在圖 3-6 中，節點 x_3 表示的變數是來自節點 x_2 與節點 x_4 的訊號和，它同時又流向節點 x_2 和節點 x_4。

2. 分支相當於乘法器，訊號流經分支時，被乘以分支上增益而變成另一訊號。例如，圖 3-6 中，來自節點 x_2 的變數被乘上分支增益 a，來自節點 x_4 的變數被乘以分支增益 f 和 c，自節點 x_3 流向節點 x_4 的變數被乘上分支增益 b。

3. 訊號在分支上只能沿箭頭單向傳送，即其有前因後果的因果關係。

4. 對於給定的系統，節點變數的設置可以任意調整，因此訊號流程圖是不唯一的。
   在訊號流程圖中，常使用以下名詞：

   (1) 輸入節點 (input node)：在輸入節點上，只有訊號輸出的分支 (即輸出分支)，而沒有訊號輸入的分支 (即輸入分支)，它一般代表系統的輸入變數。圖 3-6 中的節點 x_1 就是輸入節點。

   (2) 輸出節點 (output node)：在輸出節點上，只有輸入的分支訊號而沒有輸出的分支訊號，它一般代表系統的輸出變數。圖 3-6 中的節點 x_5 就是輸出節點。

(3) 混合節點 (mixed node)：所謂混合節點是指同時具有輸入分支又有輸出分支。圖 3-6 中的節點 x_2、x_3、x_4 和 x_5 均是混合節點。若從混合節點引出一條具有單位增益的分支，可將混合節點變爲輸出節點，成爲系統的輸出變數，如圖 3-6 中用單位增益分支引出的節點 x_5。

(4) 前進路徑 (forward path)：訊號從輸入節點到輸出節點轉移時，每個節點只通過一次的路徑，稱爲前進路徑。在前進路徑上所有分支增益之乘積，稱前進路徑增益 (forward path gain)，一般用 p_k 表示。在圖 3-6 中，從輸入節點 x_1 到輸出節點 x_5，共有兩條前進路徑：第一條是 $x_1 \rightarrow x_2 \rightarrow x_3 \rightarrow x_4 \rightarrow x_5$，其前進路徑增益 $p_1 = 2abc$；第二條是 $x_1 \rightarrow x_2 \rightarrow x_5$，其前進路徑增益 $p_2 = 2d$。

(5) 迴路 (loop)：一段路徑之起點與終點爲同一節點，而且訊號通過每一節點不超過一次的封閉路徑稱爲迴路。迴路中所有分支增益之乘積稱迴路增益 (loop gain)，用 L_a 表示。在圖 3-6 中共有三個迴路：第一個迴路是起於節點 x_2，經過節點 x_3 最後回到節點 x_2，其迴路增益 $L_1 = ae$；第二個迴路是起於節點 x_3，經過節點 x_4 最後回到節點 x_3，其迴路增益 $L_2 = bf$；第三個迴路是起於節點 x_5 並回到節點 x_5 的自迴路，其迴路增益是 g。

(6) 未接觸迴路 (non-touching loop)：迴路之間沒有共同節點時，這種迴路稱爲未接觸迴路。在訊號流程圖中，可以有兩個或兩個以上未接觸的迴路。在圖 3-6 中，有兩對未接觸的迴路：第一對是 $x_2 \rightarrow x_3 \rightarrow x_2$ 與 $x_5 \rightarrow x_5$；第二對是 $x_3 \rightarrow x_4 \rightarrow x_3$ 與 $x_5 \rightarrow x_5$。

訊號流程圖可以根據微分方程式來畫圖，也可以從系統方塊圖按照對應關係求得。

1. 由系統微分方程式繪製訊號流程圖

任何線性方程式都可以用訊號流程圖表示，但含有微分和積分的線性方程式，需要經過拉氏轉換，將微分方程式或積分方程式轉變爲 s 域的代數方程式後再繪製訊號流程圖。繪製訊號流程圖時，首先要對系統的每個變數指定一個節點，並按照系統中變數的因果關係，從左向右順序排列；然後，用標明分支增益的分支根據數學方程式將各節點變數正確連接，便可得到系統的訊號流程圖，如圖 3-6 所示。

2. 由系統方塊圖繪製訊號流程圖

在方塊圖中，由於傳送的訊號表示在訊號線上，方塊則是對變數進行變換或運算的算子。因此，從系統方塊圖繪製訊號流程圖時，只需在方塊圖的訊號線上用小圓圈標示出傳送的訊號，便可得到節點；用標有轉移函數的線段代替方塊圖中的方塊，便可得到分支，因此方塊圖也就轉換為相對應的訊號流程圖。例如，由例題 3-1 中 (h) 的方塊圖繪製訊號流程圖的過程如圖 3-7(a)、(b) 所示。

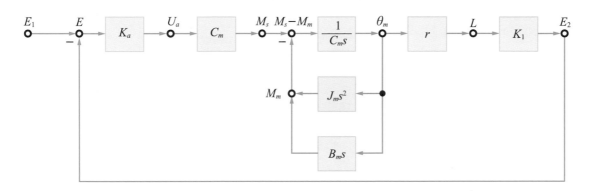

(a) 方塊圖

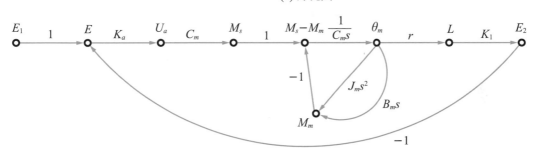

(b) 訊號流程圖

▲ 圖 3-7　由系統方塊圖繪製系統訊號流程圖的過程

從系統方塊圖繪製訊號流程圖時應盡量精簡節點的數目。例如，分支增益為 1 的相鄰兩個節點，一般可以合併為一個節點，但對於輸入節點或輸出節點卻不能合併掉。例如，圖 3-7(b) 中的節點 M_s 和節點 M_m 可以合併為一個節點，其變數是 $M_s - M_m$；但輸入節點 E_1 和節點 E 卻不能夠合併。又例如，在方塊圖合成點之前沒有分支點 (但在合成點之後可以有分支點) 時，只需在合成點後設置一個節點即可，如圖 3-8(a) 所示；但若在合成點之前有分支點時，就需在分支點和合成點各假設一個節點，分別標註兩個變數，他們之間的分支路徑增益是 1，如圖 3-8(b) 所示。

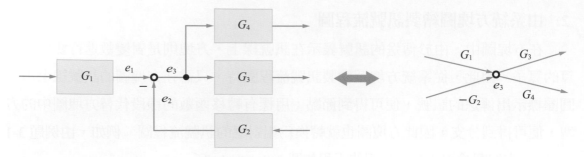

(a) 比較點前無引出點時的節點設置

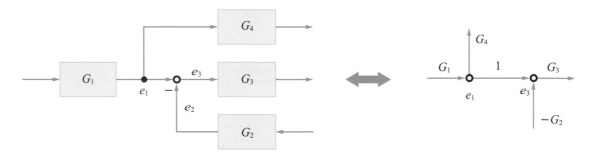

(b) 比較點前有引出點時的節點設置

▲ 圖 3-8 合成點與節點對應關係

例題 3-4

請繪製出如圖所表示之系統方塊圖的訊號流程圖。

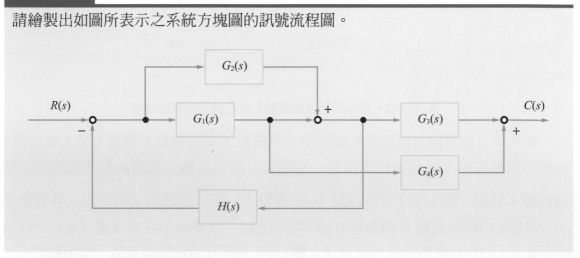

解 經由前面觀念說明，可以找出各變數所對應的節點 $R(s)$、e、e_1、e_2、$C(s)$，如圖所示，連接各節點將轉移函數的增益表示在分支路徑上，並利用對應之關係化簡可得系統訊號流程圖如下。

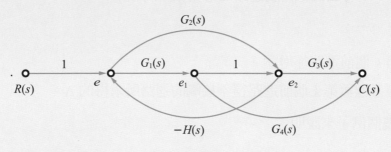

3-3 梅森增益公式

從一個複雜的系統訊號流程圖上，經過簡化可以求出系統的轉移函數，而且方塊圖的等效規則亦適用於訊號流程圖的化簡，然而這個過程通常蠻複雜的。一般直接使用梅森增益公式 (Mason's gain formula) 來求解訊號流程圖中輸出節點與輸入節點之間的轉移函數，其可由克拉瑪法則 (Cramer's rule) 求解線性聯立方程式組時，將解的分子多項式及分母多項式與訊號流程圖化簡而得的結果，由於該過程證明相當複雜，在此只討論如何使用，就不詳加證明了。透過梅森增益公式可得到輸出與輸入之增益關係表示式為

$$M = \frac{y_{out}}{y_{in}} = \sum_{k=1}^{N} \frac{M_k \Delta_k}{\Delta} \tag{3-9}$$

其中，

M ：y_{in} 與 y_{out} 之間的增益。

y_{in}：輸入節點。

y_{out}：輸出節點。

N ：前進路徑總數。

Δ ：$1-$（所有迴路增益的和）

　　　　$+$（所有兩個未接觸迴路之增益相乘的和）

　　　　$-$（所有三個未接觸迴路之增益相乘的和）

　　　　$+$ ……

M_k ：第 k 個前進路徑增益。

Δ_k ：僅考慮與第 k 個前進路徑不接觸的迴路所求得的 Δ。

以下以幾個例子來說明。

例題 3-5

試求下列系統的閉迴路增益 $\dfrac{C}{R}$ 之關係式。

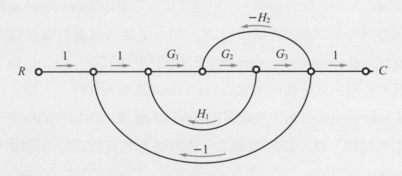

解 由前面的觀念可知，在上面訊號流程圖中，

所有迴路增益：$G_1G_2H_1$、$-G_1G_2G_3$、$-G_2G_3H_2$

所有迴路均互相接觸，因此沒有兩個以上未接觸的迴路增益乘積。

前進路徑只有一個為 $M_1 = G_1G_2G_3$，所對應的 Δ 為 $\Delta_1 = 1$。

根據梅森增益公式可得

$$\frac{C}{R} = \frac{G_1G_2G_3}{1 - G_1G_2H_1 + G_1G_2G_3 + G_2G_3H_2}$$

例題 3-6

試求下列系統的閉迴路增益 $\dfrac{C}{R}$ 之關係式。

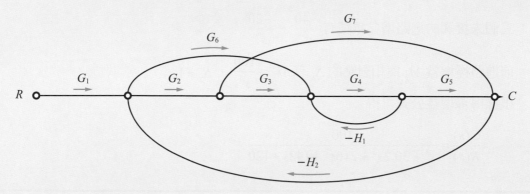

解 由題目中的訊號流程圖可以看出，

迴路增益包括 $-G_4H_1$、$-G_2G_7H_2$、$-G_4G_5G_6H_2$、$-G_2G_3G_4G_5H_2$

兩個未接觸的迴路增益乘積只有 $G_4H_1G_2G_7H_2$

前進路徑增益 M_k 與相對應的 Δ_k 如下：

$M_1 = G_1G_2G_3G_4G_5$，$\Delta_1 = 1$。

$M_2 = G_1G_6G_4G_5$，$\Delta_2 = 1$。

$M_3 = G_1G_2G_7$，$\Delta_3 = 1 + G_4H_1$。

最後根據梅森增益公式，可知

$$\frac{C}{R} = \frac{G_1G_2G_3G_4G_5 + G_1G_6G_4G_5 + G_1G_2G_7(1 + G_4H_1)}{1 + G_4H_1 + G_2G_7H_2 + G_6G_4G_5H_2 + G_2G_3G_4G_5H_2 + G_4H_1G_2G_7H_2}$$

例題 3-7

控制系統之訊號流程圖如下圖所示，試求 $\dfrac{C(s)}{R(s)}$。

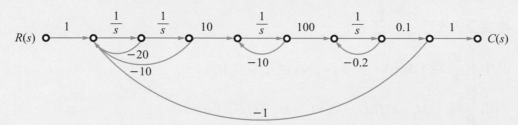

解 迴路增益包含有 $\dfrac{-20}{s}$、$\dfrac{-10}{s^2}$、$\dfrac{-10}{s}$、$\dfrac{-0.2}{s}$、$\dfrac{-100}{s^4}$

兩個未接觸的迴路增益乘積有 $\dfrac{200}{s^2}$、$\dfrac{2}{s^2}$、$\dfrac{4}{s^2}$、$\dfrac{100}{s^3}$、$\dfrac{2}{s^3}$

三個未接觸的迴路增益乘積有 $\dfrac{-40}{s^3}$、$\dfrac{-20}{s^4}$

前進路徑增益 M_k 與相對應的 Δ_k 有 $M_1 = \dfrac{100}{s^4}$，$\Delta_1 = 1$。

根據梅森增益公式可得

$$\frac{C(s)}{R(s)} = \frac{100}{s^4 + 30.2s^3 + 216s^2 + 142s + 120}$$

接下來介紹一個例子，是由方塊圖求系統轉移函數，可以先將方塊圖化成訊號流程圖，再利用梅森增益公式求解。

例題 3-8

試將下列方塊圖轉換成訊號流程圖，並求出 $\dfrac{C}{R}$、$\dfrac{Y_3}{R}$。

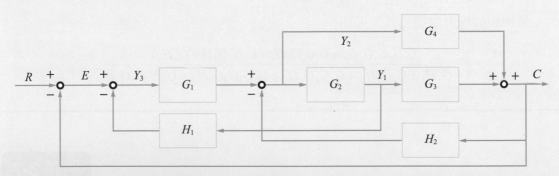

解 方塊圖中，輸入訊號為 R，輸出訊號為 C，合成訊號為 E、Y_3、Y_2，回授訊號為 C、Y_1。根據前面原理可依訊號之間的關係畫出如下的訊號流程圖，並利用梅森增益公式求得 $\dfrac{C}{R}$、$\dfrac{Y_3}{R}$。

其中求 $\dfrac{Y_3}{R}$ 時，$M_1 = 1$，$\Delta_1 = 1 - (-G_2G_3H_2 - G_4H_2)$

而求 $\dfrac{C}{R}$ 時，$M_1 = G_1G_2G_3$，$\Delta_1 = 1$；$M_2 = G_1G_4$，$\Delta_2 = 1$

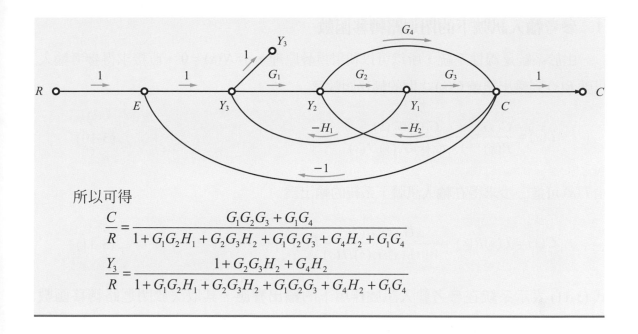

所以可得

$$\frac{C}{R} = \frac{G_1 G_2 G_3 + G_1 G_4}{1 + G_1 G_2 H_1 + G_2 G_3 H_2 + G_1 G_2 G_3 + G_4 H_2 + G_1 G_4}$$

$$\frac{Y_3}{R} = \frac{1 + G_2 G_3 H_2 + G_4 H_2}{1 + G_1 G_2 H_1 + G_2 G_3 H_2 + G_1 G_2 G_3 + G_4 H_2 + G_1 G_4}$$

3-3-1　具外擾之閉迴路系統的轉移函數

閉迴路控制系統的轉移函數，一般可以由組成系統的元件方程式求得，但更方便的是由系統方塊圖或訊號流程圖求得。一個常見的閉迴路控制系統方塊圖和訊號流程圖如圖 3-9 所示。圖中，$R(s)$ 和 $N(s)$ 都是施加於系統的外部輸入，其中 $R(s)$ 是參考輸入訊號，$N(s)$ 是外部干擾 (external disturbance) 輸入，$C(s)$ 是系統的輸出訊號。為了研究參考輸入作用對系統輸出 $C(s)$ 的影響，需要求出參考輸入作用下的閉迴路轉移函數 $C(s)/R(s)$。同樣，為了研究外擾 $N(s)$ 對系統輸出 $C(s)$ 的影響，也需要求出外擾作用下的閉迴路轉移函數 $C(s)/N(s)$。此外，在控制系統的分析和設計中，還常用到在參考輸入訊號 $R(s)$ 或外擾 $N(s)$ 作用下，誤差訊號 $E(s)$ 作為輸出變數的閉迴路誤差轉移函數 $E(s)/R(s)$ 或 $E(s)/N(s)$。

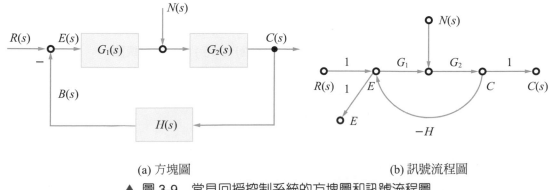

(a) 方塊圖　　　　　　　　　　　　　　　　(b) 訊號流程圖

▲ 圖 3-9　常見回授控制系統的方塊圖和訊號流程圖

1. 參考輸入訊號下的閉迴路轉移函數

由於系統是線性系統，所以可以利用重疊原理，令 $N(s) = 0$，直接求得參考輸入訊號 $R(s)$ 到輸出訊號 $C(s)$ 之間的轉移函數為

$$T(s) = \frac{C(s)}{R(s)} = \frac{G_1(s)G_2(s)}{1 + G_1(s)G_2(s)H(s)} \tag{3-10}$$

由 $T(s)$ 可進一步求得在輸入訊號下系統的輸出為

$$C(s) = T(s)R(s) = \frac{G_1(s)G_2(s)}{1 + G_1(s)G_2(s)H(s)}R(s) \tag{3-11}$$

式 (3-11) 表示系統在參考輸入訊號作用下的輸出響應，其取決於閉迴路轉移函數 $C(s)/R(s)$ 及輸入訊號 $R(s)$ 的形式。

2. 干擾作用下的閉迴路轉移函數

應用重疊原理，令參考輸入 $R(s) = 0$，可直接由梅森增益公式求得干擾作用下，$N(s)$ 到輸出訊號 $C(s)$ 之間的閉迴路轉移函數

$$T_n(s) = \frac{C(s)}{N(s)} = \frac{G_2(s)}{1 + G_1(s)G_2(s)H(s)} \tag{3-12}$$

式 (3-12) 也可從圖 3-9(a) 的系統方塊圖改畫為圖 3-10 的方塊圖後求得。同樣，由此可求得系統在外擾作用下的輸出。

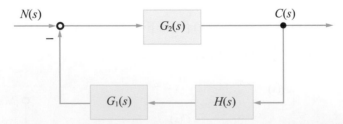

▲ 圖 3-10　在外部干擾作用下 ($R(s)$=0 時) 的系統方塊圖

$$C(s) = T_n(s)N(s) = \frac{G_2(s)}{1 + G_1(s)G_2(s)H(s)}N(s) \tag{3-13}$$

顯然，當輸入訊號 $R(s)$ 和外部干擾 $N(s)$ 同時作用時系統的輸出為

$$\sum C(s) = T(s)R(s) + T_n(s)N(s)$$
$$= \frac{1}{1+G_1(s)G_2(s)H(s)}[G_1(s)G_2(s)R(s) + G_2(s)N(s)] \qquad (3\text{-}14)$$

若上述滿足 $|G_1(s)G_2(s)H(s)| \gg 1$ 和 $|G_1(s)R(s)| \gg |N(s)|$ 的條件，則可簡化為

$$\sum C(s) \approx \frac{1}{H(s)}R(s) \qquad (3\text{-}15)$$

式 (3-15) 表示在一定條件下，系統的輸出只取決於回授訊號函數 $H(s)$ 及參考輸入訊號 $R(s)$，其與前進路徑上轉移函數無關，也不受干擾影響。特別是在 $H(s)=1$，即單位回授時，$C(s) \approx R(s)$ ，即輸出訊號幾乎等於參考輸入訊號，此現象顯示回授系統對於外部干擾 $N(s)$ 有很強的抑制能力。

3. 閉迴路系統的誤差轉移函數

閉迴路系統在輸入訊號與外在干擾作用時，以誤差訊號 $E(s)$ 作為輸出變數時的轉移函數稱為誤差轉移函數。它們可由梅森增益公式或由圖 3-9(a) 經方塊圖化簡後得

$$T_e(s) = \frac{E(s)}{R(s)} = \frac{1}{1+G_1(s)G_2(s)H(s)} \qquad (3\text{-}16)$$

$$T_{en}(s) = \frac{E(s)}{N(s)} = \frac{-G_2(s)H(s)}{1+G_1(s)G_2(s)H(s)} \qquad (3\text{-}17)$$

對於圖 3-9 的常見閉迴路控制系統，其各種閉迴路轉移函數的分母形式均相同，這是因為它們都是同一個訊號流程圖的特性方程式，即 $\Delta = 1 + G_1(s)G_2(s)H(s)$ ，式中 $G_1(s)G_2(s)H(s)$ 是迴路增益，並稱它為圖 3-9 系統的開迴路轉移函數，它等效為主回授斷開時，從輸入訊號 $R(s)$ 到回授訊號 $B(s)$ 之間的轉移函數。此外，對於圖 3-9 的線性系統，利用重疊原理可以研究系統在各種情況下的輸出量 $C(s)$ 或誤差量 $E(s)$，然後進行疊加，求出 $C(s)$ 的總和或 $E(s)$ 的總和。

3-4 MATLAB 進行方塊圖化簡

利用前面的理論方法雖然可以計算方塊圖的轉移函數，但是對於複雜系統方塊圖之轉移函數求解，常常會出現難以運算或漏算相交不相交迴路等問題。而 MATLAB 軟體中提供方塊圖化簡的一些指令工具，可以透過電腦計算更快求得方塊圖之轉移函數，相關指令說明如下，表 3-2 為常見方塊圖連接方式之函數指令，而表 3-3 則為常見指令之使用方法。

1. 系統基本方塊圖連結方式

▼ 表 3-2　常見方塊圖連接方式之函數指令

函數	說　明
series	系統以串聯方式連接
parallel	系統以並聯方式連接
feedback	系統以回授方式連接

2. 使用方式

▼ 表 3-3　常見之使用方法與指令

函數	指令用法	示意圖
series	sys=series(sys1,sys2,...)	
parallel	sys=parallel(sys1,sys2,...)	
feedback	sys=feedback(G,H,±1)	

以下用兩個例子說明如何利用 MATLAB 工具進行方塊圖化簡。

例題 3-9

試利用 MATLAB 求例題 3-2 中的轉移函數 $\dfrac{C(s)}{R(s)}$，且其中 $G_1(s) = \dfrac{1}{s+1}$、$G_2(s) = \dfrac{1}{s+2}$

、$H_1(s) = s$、$H_2(s) = \dfrac{1}{s}$。

解

輸入程式	輸出結果

`G1n=[1]; G1d=[1 1];`
`G2n=[1]; G2d=[1 1];`
`H1n=[1 0]; H1d=[1];`
`H2n=[1]; H2d=[1 0];`
`G1=tf(G1n,G1d);G2=tf(G2n,G2d);`
`H1=tf(H1n,H1d);H2=tf(H2n,H2d);`
`G2H1=feedback(G2,H1,-1);`
`G1G2H1=series(G1,G2H1);`
	``` s ------------------------ 2s^3+4s^2+2s-1```

例題 3-10

試求下列方塊圖之轉移函數 $G(s) = \dfrac{Y(s)}{R(s)}$。

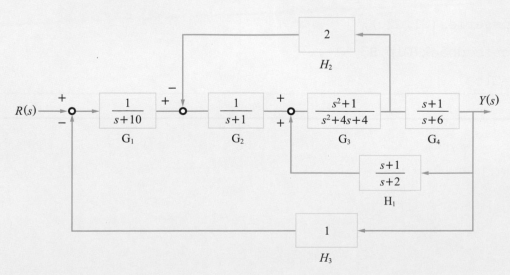

解　由例題 3-3 的分析可以透過下列程式求轉移函數

輸入程式	輸出結果
G1n=[1];G1d=[1 10];	>>
G2n=[1];G2d=[1 1];	Transfer function:
G3n=[1 0 1];G3d=[1 4 4];	s^5+4s^4+6s^3+6s^2+5s+2
G4n=[1 1];G4d=[1 6];	----------------------------
H1n=[1 1];H1d=[1 2];	12s^6+205s^5+1066s^4+2517s^3
H2n=[2];H2d=[1];	+3128s^2+2196s+712
H3n=[1];H3d=[1];	
H2np=conv(H2n,G4d);	
H2dp=conv(H2d,G4n);	
% 將 H2 分支點後移	
G1=tf(G1n,G1d);G2=tf(G2n,G2d);	
G3=tf(G3n,G3d);G4=tf(G4n,G4d);	
H1=tf(H1n,H1d);H2p=tf(H2np,H2dp);	
H3=tf(H3n,H3d);	
G34=series(G3,G4);	
G34c=feedback(G34,H1,+1);	
G2p=series(G2,G34c);	
G2c=feedback(G2p,H2p,-1);	
G1p=series(G1,G2c);	
G1c=feedback(G1p,H3,-1);	
Gs=G1c	

3-5 控制系統建模實例 (選讀)

有前面方塊圖與訊號流程圖化簡的觀念後，本節將以一個例子來說明如何利用這些觀念進行控制系統建模。

例題 3-11

在第 1 章的硬碟驅動讀取系統圖 1-14 上，其讀寫頭架構如圖所示，相關參數如下表所列，請決定讀寫頭系統機構、感測器與控制器，然後建立控制系統與感測器等元件的數學模型與轉移函數。

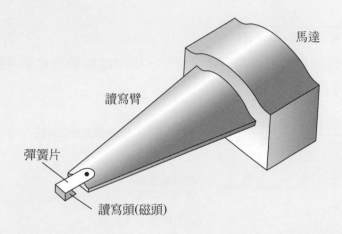

參數	符號	參考值
讀寫臂與磁頭的轉動慣量	J	$1 \text{N·m·s}^2/\text{rad}$
摩擦係數	B	$20 \text{N·m·s}^2/\text{rad}$
放大器增益	K_a	$10 \sim 1000$
電樞電阻	R	1Ω
馬達轉矩常數	K_m	5N·m/A
電樞電感	L	1mH

解 硬碟讀取系統採用永磁直流馬達驅動圖 1-14 所示的讀寫臂旋轉。讀寫頭安裝在一個與旋轉臂相連的彈簧片上，讀寫頭讀取硬碟上各點不同的磁通量，並將訊號提供給放大器。彈性金屬製成的彈簧片保證讀寫頭以小於 100nm 的間隙懸浮於硬碟磁軌上。硬碟驅動讀取系統方塊圖如下圖 (a) 所示，其中誤差訊號是在讀寫頭讀取磁碟上預錄的索引磁道時產生的。假設讀寫頭足夠精確，而感測器的轉移函數 $H(s)=1$；放大器增益為 K_a；在此採用電樞控制直流馬達模型來對系統馬達進行建模。由第 2 章方程式 (2-20) 中的 $C_m u_a(t) - L_a \dfrac{dM_c(t)}{dt} - R_a M_c(t)$，在無負載下，令 $C_m = K_m$、$B_m = B$、$J_m = J$、$R_a = R$、$L_a = L$，可得永磁直流馬達模型為

$$G(s) = \frac{K_m}{s(Js + B)(Ls + R)}$$

假設彈簧片為剛體，不會出現彎曲變形，則硬碟驅動讀寫頭系統的模型如圖 (b) 所示。

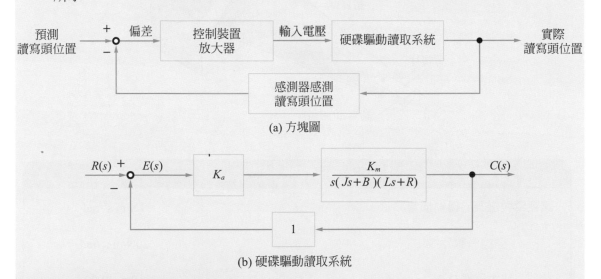

(a) 方塊圖

(b) 硬碟驅動讀取系統

硬碟驅動讀取系統的參數如表所示。由表可得

$$G(s) = \frac{5000}{s(s + 20)(s + 1000)}$$

上式可以改寫為

$$G(s) = \frac{\dfrac{K_m}{BR}}{s(T_L s + 1)(Ts + 1)}$$

其中，$T_L = \dfrac{J}{B} = 50\text{ms}$，$T = \dfrac{L}{R} = 1\text{ms}$。一般 $T \ll T_L$，一般在實際上可以略去 T，故

$$G(s) \approx \frac{\dfrac{K_m}{BR}}{s(T_L s + 1)} = \frac{0.25}{s(0.05s + 1)} = \frac{5}{s(s + 20)}$$

利用 $G(s)$ 的二階近似表示，該磁碟驅動讀取系統的閉迴路轉移函數為

$$\frac{C(s)}{R(s)} = \frac{K_a G(s)}{1 + K_a G(s)} = \frac{5K_a}{s^2 + 20s + 5K_a}$$

當 $K_a = 40$ 時，則 $C(s) = \dfrac{200}{s^2 + 20s + 200} R(s)$，若令 $R(s) = \dfrac{1}{s}$，使用 MATLAB 的 step 函數，可得該系統的單位步階響應曲線如圖所示。

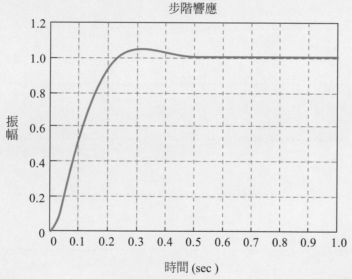

MATLAB 程式：

```
G=zpk([  ], [0 -20 -1000], 5000);Ka=40;sys=feedback(Ka*G, 1)
t=0:0.01:1;step(sys, t); grid; axis([0, 1, 0, 1.2])
```

控制系統的時域響應分析

在前面章節學習如何建立系統的數學模型後,並利用方塊圖與訊號流程圖進行系統化簡,接下來分析該系統的動態性能和穩態性能。古典控制理論中研究控制系統性能的方法有很多種,其中最常用到的方法即是所謂的時間響應 (time response) 與頻率響應 (frequency response) 兩種。本章首先將研究控制系統的時間響應,而時間響應的觀念簡單地說,就是對系統輸入一個控制訊號後,觀察其輸出響應的行為,以此判斷控制系統的性能優劣,並找出控制器的設計方法。但是控制系統的輸入訊號並沒有一定的型式,因此常透過一些標準測試訊號來探討系統的性能,雖然控制系統的輸入不一定與這些標準測試訊號完全相同,但是其分析與設計觀念是相同的,而且基於此類訊號所測試並設計出來的控制器,應用到實際物理系統的控制分析時,性能一般是可以接受,甚至會出現令人滿意的結果。

4-1 時域響應分析的性能指標

一般控制系統的性能指標可以分為暫態響應 (transient response) 指標和穩態響應 (steady-state response) 指標兩類。為了瞭解系統的時域響應,必須先瞭解常見輸入訊號 (即外作用) 所造成的響應,亦稱為標準測試訊號響應。常見的標準測試訊號如下說明。

4-1-1 標準測試訊號

一般而言,我們會針對某一類輸入訊號來設計控制系統。例如室內溫度系統或水位高度調節系統,其輸入訊號是要求的室溫溫度幾度或水位高度的高低,這些都是比較容易的輸入訊號。但是在大多數情況下,控制系統的輸入訊號是很難直接描述與

預測的。例如，在地對空砲彈系統中，敵機的位置和速度往往無法預測，使砲彈控
制系統的輸入訊號具有隨機性，如果要運用這樣的模式分析控制輸出是非常困難的，
因此為了便於進行分析和設計，同時也為了便於對各種控制系統的性能進行比較，
我們需要假設一些常見的基本輸入函數形式，稱為標準測試訊號。所謂標準測試訊
號，是指根據實際物理系統常會出現的輸入訊號形式，我們常會透過一些數學方程
式來描述這些基本輸入訊號。控制系統中常用到的標準測試訊號包含單位步階函數、
單位斜坡函數、單位拋物線函數、單位脈衝函數和正弦函數等，如表 4-1 所示。這些
函數皆可透過簡單數學函數描述如下表。

▼ 表 4-1　標準測試訊號

名稱	時域表示式	複域 (s 域) 表示式
單位步階函數	$u(t), t > 0$	$\dfrac{1}{s}$
單位斜坡函數	$t, t > 0$	$\dfrac{1}{s^2}$
單位拋物線函數	$\dfrac{1}{2}t^2, t > 0$	$\dfrac{1}{s^3}$
單位脈衝函數	$\delta(t), t > 0$	1
正弦函數	$A\sin\omega t$	$\dfrac{A\omega}{s^2+\omega^2}$

　　實際系統該採用哪一種標準測試訊號，取決於系統的工作特性。例如，室內溫
度調節系統和水位高度調節系統，以及其他工作狀態會突然改變或突然受到固定輸
入作用的控制系統，都可以採用步階函數作為標準測試訊號；在追蹤通信衛星的天
線控制系統，以及輸入訊號會隨時間以一固定速度變化的控制系統，往往會選擇斜
坡函數作為標準測試訊號；而具有加速度特性的拋物線函數，可用來作為描述太空
中太空船控制系統的標準測試訊號，其具有加速追蹤的效果；當控制系統的輸入訊
號是瞬間突然輸入時，採用脈衝函數最為合適；當系統的輸入是具有週期性變化時，
可選擇正弦函數輸入作為標準測試訊號。同一系統中，不同形式的輸入訊號所對應

的輸出響應也會是不同的，但對於線性非時變控制系統來說，其所呈現的系統性能是一致的。一般通常以單位步階函數作為標準測試訊號，如此所得到的結果，可以在較一致的基礎上對各種控制系統的性能響應進行分析與比較研究。當然，當控制系統的輸入是隨機訊號時，則本章節所介紹之分析方法與結果就不能採用，此時就必須利用隨機過程 (stochastic or random process) 理論進行處理分析。

4-1-2　暫態響應與穩態響應

在標準測試訊號作用下，任何一個控制系統的時間響應都會包含暫態響應與穩態響應兩部分過程。如下圖描述一個控制系統在單位步階輸入下之暫態響應與穩態響應。

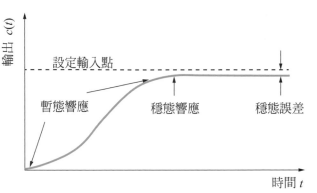

▲ 圖 4-1　系統單位步階輸入響應圖

1. 暫態響應

暫態響應又稱為過渡響應或瞬間響應，指系統在標準測試訊號作用下，系統輸出量從初始狀態到最終狀態的響應行為。其實暫態響應指的就是響應初期的輸出行為，此行為與系統的極點 (特性根) 及初始值有關。而根據系統結構和參數選擇情況，暫態響應包含衰減、發散或振盪等三種形式，而在一個可以實際運用的物理系統，其暫態響應必須是會衰減收斂的，換句話說，系統必須是穩定的。暫態響應除了可以大概瞭解系統是否穩定外，還可以提供響應速度及阻尼程度等資訊。這些資訊可用於系統動態性能描述。

2. 穩態響應

穩態響應指系統在標準測試訊號作用下，當時間 t 趨於無窮大時，系統輸出的響應，此行為與系統的極點 (特性根) 及輸入訊號有關。穩態響應可以呈現輸出與輸入的匹配程度，提供控制系統有關穩態誤差的訊息。

4-1-3　暫態響應性能與穩態響應性能

穩定 (stable) 是控制系統能夠實際持續運作的首要條件，因此只有當暫態響應過程會衰減收斂時，此種的暫態響應性能才有意義。

1. 暫態響應性能

　　控制系統通常在單位步階函數作用下，測量與計算系統的暫態響應性能。一般而言，步階輸入對控制系統來說是表示某一個時間下突然的作用狀態，其在一般物理系統中是很常見的作用，例如電源突然啓動或是斷開所造成的響應，這算是很嚴苛的工作狀態變化。描述穩定的系統在單位步階函數作用下，暫態響應隨時間 t 變化狀況的指標，稱爲暫態響應指標。爲了便於分析和比較，可以假設系統在單位步階輸入訊號作用前處於靜止狀態，例如開關啓動前，系統沒有通電，是處於無電源之靜止狀態，而且系統輸出狀態以及其各階導數均等於零。對於大多數的控制系統而言，這種假設通常都是成立的。對於圖 4-2 所示單位步階響應函數 $c(t)$，其暫態響應性能指標如下：

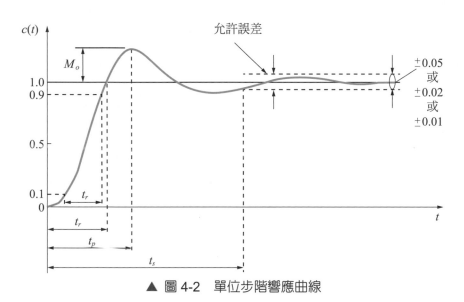

▲ 圖 4-2　單位步階響應曲線

(1) **上升時間** (rise time) t_r：單位步階響應由最終值的 10% 上升到 90% 所需的時間。但對於低阻尼系統，通常是指 0% 到 100% 所需的時間。上升時間是系統響應速度的一種指標。上升時間越短，系統響應速度越快。

(2) **尖峰 (峰值) 時間** (peak time) t_p：指系統響應到達第一個 (最大) 峰值所需的時間。

(3) **安定時間** (settling time) t_s：指系統響應到達並保持在終值 ±5% 、±2% 或 ±1% 內所需的時間。

(4) 最大超越量百分比 (percent maximum overshoot)M_o%：指系統響應的最大偏移量，即尖峰時間的輸出 $c(t_p)$ 和終值 $c(\infty)$ 間的差與終值 $c(\infty)$ 的百分比，定義如下：

$$M_o\% = \frac{c(t_p) - c(\infty)}{c(\infty)} \times 100\% \qquad (4\text{-}1)$$

若 $c(t_p) <\ c(\infty)$，則響應無超越量。系統在峰值時間的響應量亦稱最大超越量 (maximum overshoot)M_o。

上述四個暫態響應性能指標，可以大致上描述系統動態過程的行為。在實際應用中，常用的暫態響應性能指標多為上升時間、安定時間和最大超越量。通常用 t_r 或 t_p 評定系統的響應速度；用 M_o% 評定系統受到阻尼的程度；而 t_s 則是可以同時看出響應速度和阻尼程度的綜合性指標。然而在實際應用上，除了簡單的一、二階系統外，三階以上的系統要用這些暫態響應性能指標準確描述系統響應是很困難的，對於高階系統仍然以電腦軟體模擬是比較好的。

2. 穩態響應性能

穩態誤差是描述系統穩態性能的一種性能指標，通常在步階函數、斜坡函數或拋物線函數輸入作用下進行測量與計算。若時間 t 趨近於無窮大時，系統的輸出值不等於輸入值或輸入值的函數，則控制系統存在穩態誤差。在一般應用上，穩態誤差是控制系統精度或抗外在干擾能力的一個重要指標。

4-2　一階系統的暫態響應分析

凡以一階微分方程式作為系統建模方程式的控制系統，稱為一階系統。在實際工程系統中，一階系統是很常見的，例如電路系統中的 RC 或 RL 電路，都是一階系統。另外有些高階系統的特性，也可以用一階系統來近似其動態行為。

4-2-1　一階系統的數學建模

如圖 4-3(a) 中的 RC 電路，其動態微分方程式為

$$Ri(t) + \frac{1}{C} \int_0^t i(\tau)\, d\tau = r(t) \qquad (4\text{-}2)$$

令 $c(t)$ 為電路輸出電壓、$r(t)$ 為電路輸入電壓，$T = RC$ 為時間常數則可得

$$T\dot{c}(t) + c(t) = r(t) \tag{4-3}$$

當該電路的初始條件為零時，其轉移函數為

$$G(s) = \frac{C(s)}{R(s)} = \frac{1}{Ts+1} \tag{4-4}$$

相對應的轉移函數圖如圖 4-3(b) 所示。針對之前章節所描述過的一階系統，可以證明，室內溫度控制系統、保溫箱及水位高度調節系統的閉迴路轉移函數形式都可以用式 (4-4) 來描述，僅時間常數所對應的系統意義不同。因此，式 (4-3) 或式 (4-4) 稱為一階系統的數學模型。在以下的分析和計算中，均假定系統初始條件為零。

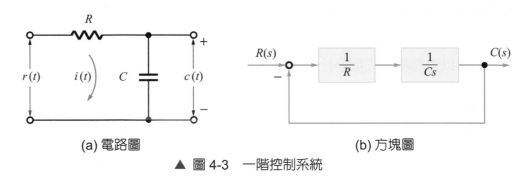

(a) 電路圖　　　　　　　　　　　(b) 方塊圖

▲ 圖 4-3　一階控制系統

另外在此特別強調，具有同一微分方程式或轉移函數的所有線性控制系統，對同一輸入訊號的輸出響應都是相同的，只是其輸出響應所表達的物理意義不同而已。

4-2-2　一階系統的單位步階響應

設一階系統的輸入訊號為單位步階函數為 $R(s) = \dfrac{1}{s}$，則由式 (4-4)，可得一階系統的單位步階響應為

$$c(t) = 1 - e^{-\frac{t}{T}} \ , \ t \geq 0 \tag{4-5}$$

由式 (4-5) 可得知，一階系統的單位步階響應是初始值為零且以指數型式上升到終值 $c_{ss} = 1$ 的一條曲線，如圖 4-4 所示。圖 4-4 表示一階系統的單位步階響應具有以下兩個重要特性：

1. 可用時間常數 T 去量測系統輸出量的數值。例如，當 $t = T$ 時，$c(T) = 0.632$。

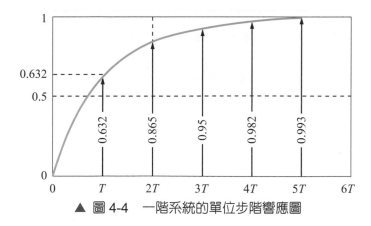

▲ 圖 4-4　一階系統的單位步階響應圖

　　而當 t 分別等於 $2T$、$3T$ 和 $4T$ 時，輸出 $c(t)$ 的數值將分別等於終值的 86.5%、95% 和 98.2%。根據這一特性，可用透過實驗方法決定一階系統的時間常數，或判斷所測量系統是否屬於一階系統。

2. 該輸出響應曲線的斜率初始值為 $1/T$，並隨時間的變化而下降。例如：

$$\left.\frac{dc(t)}{dt}\right|_{t=0} = \frac{1}{T} \ , \ \left.\frac{dc(t)}{dt}\right|_{t=T} = 0.368\frac{1}{T} \ , \ \left.\frac{dc(t)}{dt}\right|_{t=\infty} = 0 \qquad (4\text{-}6)$$

　　當 $t = T$ 時，系統的單位步階響應值為 $c(T) = 1 - e^{-1} = 0.632$，因此一階系統的時間常數 T 又可定義為單位步階響應到達終值的 63.2% 所需要的時間。另外，系統的單位步階響應在 $t = 0$ 的斜率正好為 $\frac{1}{T}$。

　　根據暫態響應性能指標的定義，一階系統的暫態響應性能指標為

$$t_r = 2.20T \ , \ t_s = 3T \ (\,\text{誤差 } 5\%) \text{ 或 } t_s = 4T \ (\,\text{誤差 } 2\%)$$

　　顯然，在一階系統的響應中是不存在尖峰時間 t_p 和最大超越量百分比 (percent maximum overshoot)$M_o\%$。由於一階系統的時間常數 T 反映該系統的慣性，所以一階系統的慣性越小，其響應速度越快；反之慣性越大，響應速度越慢。

例題 4-1

某一個一階系統的單位步階響應如右圖所示，其轉移函數 $G(s) = \dfrac{10}{s+10}$，試求出該系統的時間常數、上升時間與安定時間。

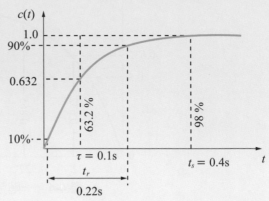

解　根據前面公式可知 $G(s) = \dfrac{C(s)}{R(s)} = \dfrac{1}{\dfrac{1}{10}s+1}$

時間常數 $T = \dfrac{1}{10} = 0.1$

上升時間 $t_r = 2.20T = 0.22\,\text{sec}$

安定時間 $t_s = 4T = \dfrac{4}{10} = 0.4\,\text{sec}$（誤差 2%）

● 4-2-3　直流伺服馬達一階系統參數量測

我們都知道直流伺服馬達的輸入電壓與轉速是呈現一階系統的型式，所以對於一個馬達速度控制系統可以利用一階系統來進行建模。在此假設馬達輸入電壓為 $r(t)$，輸出轉速為 $y(t)$，則馬達系統之輸入與輸出可用下列方程式表示：

$$\frac{dy(t)}{dt} + ay(t) = br(t) \tag{4-7}$$

其中 a、b 為常數。

則上式之拉氏轉換如下：

$$sY(s) - y(0) + aY(s) = bR(s)$$

$$Y(s) = \frac{b}{s+a}R(s) + \frac{y(0)}{s+a} \tag{4-8}$$

所以轉移函數

$$G(s) = \frac{Y(s)}{R(s)} = \frac{b}{s+a} \quad (y(0) = 0) \tag{4-9}$$

上式即為直流伺服馬達轉速和輸入電壓之關係的一階系統轉移函數。

若輸入為步階訊號電壓 $r(t) = A$，則

$$R(s) = \frac{A}{s}，A 是振幅大小 \tag{4-10}$$

則馬達轉速輸出

$$Y(s) = \frac{bA}{s(s+a)} = \frac{bA}{a}(\frac{1}{s} - \frac{1}{s+a}) \tag{4-11}$$

取拉氏反轉換可得

$$y(t) = \frac{bA}{a}(1 - e^{-at}) \tag{4-12}$$

利用終值定理可得穩態值如下：

$$y(\infty) = \lim_{s \to 0} sY(s) = \lim_{s \to 0} s(\frac{bA}{s(s+a)}) = \frac{bA}{a} \tag{4-13}$$

定義增益常數 k 為系統輸出穩態值與輸入值之間的倍率。

$\therefore k = \frac{bA}{a} / A = \frac{b}{a}$ 根據前面對於一階系統時間常數的定義可知時間常數 (time constant) 是系統輸出上升至最終值的 0.632 倍時所需之時間，而 $y(t = \frac{1}{a}) = 0.632 \frac{bA}{a}$，所以時間常數 $T = \frac{1}{a}$。

所以對於馬達速度回授一階系統的轉移函數為 $G(s) = \dfrac{Y(s)}{R(s)} = \dfrac{b}{s+a}$，其中 $a = \dfrac{1}{T}$，而 $b = k \cdot a$。

例題 4-2

若一個直流伺服馬達的輸入電壓 $r(t)$ 與輸出轉速 $y(t)$ 之轉移函數關係為 $G(s) = \dfrac{Y(s)}{R(s)} = \dfrac{b}{s+a}$，若輸入 $r(t) = 15$ 時之輸出響應，輸出轉速穩態平均值為 $y(t) = 110$，其圖形如下圖所示，試計算該系統的一階轉移函數。

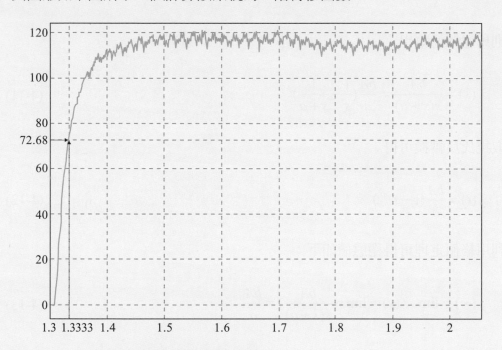

解　根據前面公式可知 $A = 15$，$k = \dfrac{110}{15} = 7.33$

系統輸出上升至輸出最終值的 0.632 倍時大概為 72.68，所需之時間為時間常數

$T = 1.3333 - 1.3056 = 0.0267$，所以 $a = \dfrac{1}{0.0267} = 37.45$，且 $b = ak = 274.63$。

所以該馬達系統之轉移函數為 $G(s) = \dfrac{Y(s)}{R(s)} = \dfrac{274.63}{s+37.45}$。

4-2-4　一階系統的單位脈衝響應

當輸入訊號爲理想單位脈衝函數時，由於此時 $R(s)=1$，所以系統輸出量的拉氏轉換式與系統的轉移函數相同，即 $C(s)=\dfrac{1}{Ts+1}$，這時系統的輸出響應稱爲脈衝響應，如圖 4-5 所示，即

$$c(t)=\frac{1}{T}e^{-t/T}\ ,\ t\ge 0 \tag{4-14}$$

由圖 4-5 可見，一階系統的脈衝響應爲一單調遞減的指數曲線。若定義該指數曲線遞減到其初始值的 5% 或 2% 所需的時間爲脈衝響應安定時間，則有 $t_s=3T$ 或 $t_s=4T$。故系統的慣性越小，響應越快。在初始條件爲零的情況下，一階系統的閉迴路轉移函數與脈衝響應函數之間，包含

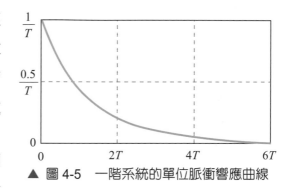

▲ 圖 4-5　一階系統的單位脈衝響應曲線

著相同的動態訊息。這一特性同樣可以用於其他各階線性常係數系統，因此常以單位脈衝輸入訊號作用於系統，根據被量測系統的單位脈衝響應，可以求得待測系統的閉迴路轉移函數。

然而於實際工程系統很難得到理想單位脈衝函數，因此常用具有一定脈寬 b 和有限高度的矩形脈衝函數來代替。爲了得到近似的脈衝響應函數，要求實際脈衝函數的寬度 b 必須遠小於系統的時間常數 T，一般需要滿足 $b<0.1T$。

4-2-5　一階系統的單位斜坡響應 (unit ramp response)

設系統的輸入訊號爲單位斜坡輸入，即 $R(s)=\dfrac{1}{s^2}$，則由式 (4-4) 可以求得一階系統的單位斜坡響應爲

$$c(t)=(t-T)+Te^{-\frac{t}{T}}\ ,\ t>0 \tag{4-15}$$

其中 $(t-T)$ 為穩態值，而 $Te^{-\frac{t}{T}}$ 為暫態響應部分。式 (4-15) 表示一階系統的單位斜坡響應的穩態值是一個與輸入斜坡函數斜率相同但時間延遲 T 的斜坡函數，因此其輸出響應存在穩態追蹤誤差，其誤差值正好等於時間常數 T，而一階系統單位斜坡響應的暫態響應部分為衰減的非週期函數。根據式 (4-15) 畫出的一階系統的單位

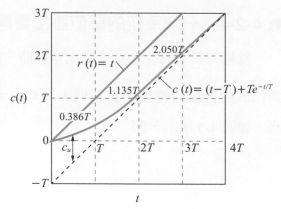

▲ 圖 4-6　一階系統的單位斜坡響應曲線

斜坡響應曲線圖如圖 4-6 所示。比較圖 4-4 和圖 4-6 可以發現在步階響應曲線中，輸出值和輸入值之間的位置誤差隨時間而遞減，最後趨近於零，而在初始時 $(t = 0)$，其位置誤差最大，響應曲線的初始斜率也最大。在斜坡響應曲線中，輸出值和輸入值之間的位置誤差會隨時間而遞增，最後趨近於常數值 T，因此慣性越小，追蹤的精確度越高，而在初始時 $(t = 0)$，初始位置和初始斜率均為零，因為

$$\left.\frac{dc(t)}{dt}\right|_{t=0} = 1-e^{-\frac{t}{T}}\bigg|_{t=0} = 0 \qquad\qquad (4\text{-}16)$$

因此在初始時 $(t = 0)$，輸出速度和輸入速度之間誤差最大。

由上面結果可以發現，單位斜坡訊號的微分在 $t > 0$ 是單位步階訊號，單位斜坡輸入的輸出響應方程式 (4-15) 的微分剛好是單位步階輸入的輸出響應方程式 (4-5)，這是線性常係數系統微分的一個重要特性，適用於任何階數的線性常係數系統，但不適用於線性時變系統和非線性系統。此外，當系統的輸入訊號為單位拋物線函數，則由式 (4-4) 可以求得一階系統的單位加速度響應，其推導方式與單位斜坡響應類似，因其較少用到，在此不贅述，讀者可以自行推導。

4-3　二階系統的時域分析

工程應用上以二階常微分方程式來描述其物理模型的控制系統，稱為二階系統。在控制工程中，二階系統的應用非常普遍，例如電路學中的 RLC 電路與機械中的

mcK 系統。另外，很多高階系統 (階數三以上) 的特性在某些條件下，亦可以用二階系統來近似其動態響應，因此二階系統可以成為描述控制系統動態響應的一種標準模型，所以好好研究二階系統的響應特性是非常重要的，以下將以標準化的方式來介紹二階系統。

🔵 4-3-1　標準二階系統的轉移函數

對於一個常見的馬達位置控制系統 (position control system) 可以表示如圖 4-7，其主要是控制有摩擦力與慣性矩的負載，希望可以使負載輸出的位置與調節器 (參考輸入) 設定的輸入位置一致，即達到位置誤差為 0。

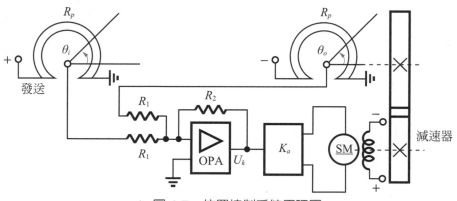

▲ 圖 4-7　位置控制系統原理圖

利用在第 2、3 章所學的轉移函數與方塊圖來分析該系統，首先可以畫出位置控制系統的方塊圖，如圖 4-8 所示。利用前面章節所介紹之方塊圖化簡後，可得馬達系統的開迴路轉移函數如下：

$$G(s) = \frac{K_s K_a C_m / N}{s[(L_a s + R_a)(J\,s + B) + C_m C_e]} \tag{4-17}$$

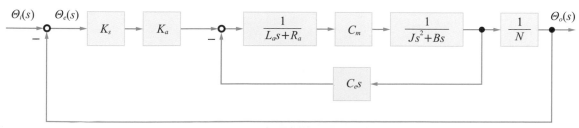

▲ 圖 4-8　位置控制系統方塊圖

其中 L_a 和 R_a 分別為馬達電樞繞組的電感和電阻；C_m 為馬達的力矩係數；C_e 為與馬達反電動勢相關的比例係數；K_s 為橋式電位計之增益；K_a 為放大器增益；N 為減速器齒輪減速比；J 和 B 分別對應到馬達轉軸上的總轉動慣量和總黏性摩擦係數。由於電樞電感 L_a 很小，可以將其忽略，再令參數

$$K_1 = \frac{K_s K_a C_m}{N R_a} \ , \ F = B + C_m C_e / R_a \ , \ \text{則開迴路轉移函數為}$$

$$G(s) = \frac{K}{s(T_m s + 1)} \tag{4-18}$$

其中，$K = \dfrac{K_1}{F}$ 稱為開迴路增益，$T_m = \dfrac{J}{F}$ 稱為馬達時間常數。相應的閉迴路轉移函數是

$$T(s) = \frac{\Theta_o(s)}{\Theta_i(s)} = \frac{K}{T_m s^2 + s + K} = \frac{\dfrac{K}{T_m}}{s^2 + \dfrac{1}{T_m}s + \dfrac{K}{T_m}} \tag{4-19}$$

顯然，上述閉迴路系統所對應之二階微分方程式為

$$\frac{d^2\theta_0(t)}{dt^2} + \frac{1}{T_m}\frac{d\theta_0(t)}{dt} + \frac{K}{T_m}\theta_0(t) = \frac{K}{T_m}\theta_i(t) \tag{4-20}$$

所以圖 4-7 所示馬達位置控制系統在簡化後為一個二階系統。為了未來研究方便，可以將其標準化為下式

$$T(s) = \frac{C(s)}{R(s)} = \frac{\omega_n^2}{s^2 + 2\zeta\omega_n s + \omega_n^2} \tag{4-21}$$

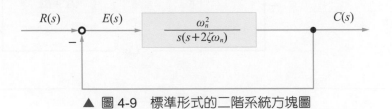

▲ 圖 4-9　標準形式的二階系統方塊圖

其標準化後相應的方塊圖如圖 4-9 所示。圖中 $\omega_n = \sqrt{\dfrac{K}{T_m}}$ 為自然頻率 (或無阻尼振

盪頻率)，$\xi = \dfrac{1}{2\sqrt{T_m K}}$ 為阻尼比 (或相對阻尼係數)。令式 (4-21) 的轉移函數分母多

項式為零，可得標準二階系統的特性方程式為

$$s^2 + 2\zeta\,\omega_n s + \omega_n{}^2 = 0 \tag{4-22}$$

其兩個根 (閉迴路系統極點) 為

$$s_{1,2} = -\zeta\,\omega_n \pm \omega_n\sqrt{\zeta^2 - 1} \tag{4-23}$$

顯然，二階系統的時間響應取決於 ζ 和 ω_n 這兩個參數。接著將根據式 (4-21)，研究標準二階系統時間響應及動態性能指標，也對於架構和功能不同的二階系統，探討其 ζ 和 ω_n 的物理意義。

4-3-2　標準二階系統的單位步階響應 (unit step response)

由式 (4-23) 可知，標準二階系統特性根的性質取決於 ζ 值的大小。在實際的物理系統中 ζ 一般表示系統的阻尼，通常滿足 $\zeta \geq 0$，所以若 ζ 為負的部分在此就不討論，僅於圖 4-10 簡單示意。如果 $\zeta = 0$，則特性方程式有一對純虛根，$s_{1,2} = \pm j\omega_n$，對應於 s 平面虛軸上一對共軛極點，可以算出系統的步階響應為固定振幅振盪，此時系統相當於無阻尼 (undamping) 情況。如果 $0 < \zeta < 1$，則特性方程式為一對具有負實部的共軛複數根 $s_{1,2} = -\zeta\,\omega_n \pm j\omega_n\sqrt{1-\zeta^2}$，對應於 s 平面左半部的共軛複數極點，相應的步階響應為衰減振盪過程，此時系統處於欠阻尼 (under damping) 的情況。而在 $\zeta = 1$ 的情況下，對應於 s 平面上的兩個相等負實數極點，相應的步階響應不振盪而是逐漸趨於穩態輸出，此時系統處於臨界阻尼情況。如果 $\zeta > 1$，則特性方程式有兩個不相等的負實根，$s_{1,2} = -\zeta\,\omega_n \pm \omega_n\sqrt{\zeta^2 - 1}$，對應於 s 平面的兩個不相等負實數極點，相應的步階響應也是不振盪逐漸趨於穩態輸出，但響應速度比臨界阻尼 ($\zeta = 1$) 情況緩慢，因此稱為過阻尼 (overdamping) 情況。上述各種情況的閉迴路極點分布如圖 4-10 所示。

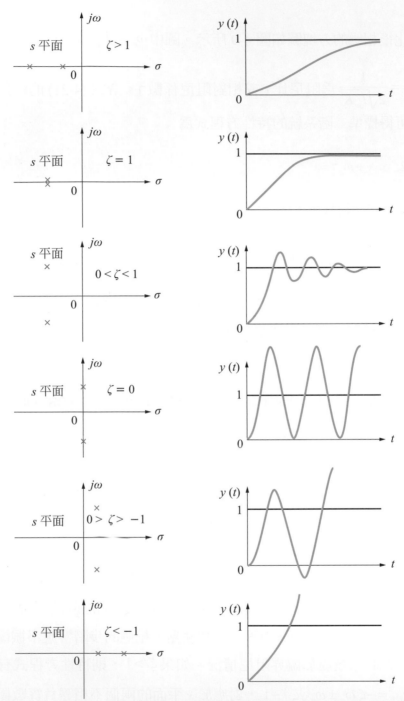

▲ 圖 4-10　標準二階系統不同阻尼下的閉迴路極點分布與時間響應示意圖

由此可見，ζ 值的大小決定了系統的阻尼程度。對於圖 4-7 所示的位置控制系統，可以發現

$$\zeta = \frac{1}{2\sqrt{T_m K}} = \frac{F}{F_c} \tag{4-24}$$

式中，$F_c = 2\sqrt{JK_1}$ 為 $\zeta = 1$ 時的阻尼係數。所以 ζ 是阻尼係數 F 與臨界阻尼係數 F_c 之比，故稱為阻尼比或相對阻尼係數。以下分別針對欠阻尼、無阻尼、臨界阻尼、過阻尼之二階系統的單位步階響應進行討論。

1. 欠阻尼 ($0 < \zeta < 1$) 標準二階系統的單位步階響應

若令 $\sigma = \zeta \omega_n$，$\omega_d = \omega_n\sqrt{1 - \zeta^2}$，則有

$$s_{1,2} = -\sigma \pm j\omega_d$$

式中 ω_n 為無阻尼自然頻率 (undamped natural frequency)，ζ 稱為阻尼比 (damping ratio)，σ 稱為阻尼因子 (damping factor)，ω_d 稱為阻尼自然頻率 (damped natural frequency)。

當 $R(s) = \dfrac{1}{s}$ 時，由式 (4-21) 可得系統輸出為

$$C(s) = \frac{\omega_n^2}{s^2 + 2\zeta\omega_n s + \omega_n^2} \cdot \frac{1}{s} = \frac{1}{s} - \frac{s + \zeta\omega_n}{(s + \zeta\omega_n)^2 + \omega_d^2} - \frac{\zeta\omega_n}{(s + \zeta\omega_n)^2 + \omega_d^2}$$

對上式取拉氏反轉換，可以求得單位步階響應為 (可參閱表 2-4)

$$
\begin{aligned}
c(t) &= 1 - e^{-\zeta\omega_n t}\left[\cos\omega_d t + \frac{\zeta}{\sqrt{1 - \zeta^2}}\sin\omega_d t\right] \\
&= 1 - \frac{1}{\sqrt{1 - \zeta^2}}e^{-\zeta\omega_n t}\left(\sqrt{1 - \zeta^2}\cos\omega_d t + \zeta\sin\omega_d t\right) \\
&= 1 - \frac{1}{\sqrt{1 - \zeta^2}}e^{-\zeta\omega_n t}\sin(\omega_d t + \beta) \ , \ t \geq 0
\end{aligned}
\tag{4-25}
$$

其中 $\beta = \tan^{-1}(\sqrt{1 - \zeta^2}/\zeta)$，或者 $\beta = \cos^{-1}\zeta$。式 (4-25) 顯示欠阻尼二階系統的單位步階響應由兩部分構成，包括穩態分量 1，此部分表示圖 4-9 系統在單位步階函數作用下不存在穩態 (t 趨近於無窮大) 位置誤差，另一部分為暫態分量為阻尼正弦振盪項，其振盪頻率為 ω_d，故稱為阻尼自然頻率。由於暫態分量衰減的快慢速度取決於包絡線 $1 \pm e^{-\zeta\omega_n t}/\sqrt{1 - \zeta^2}$ (因為 $\sin(\omega_d t + \beta)$ 會在 ± 1 內振盪) 收斂的速度，當 ζ 固定時，包

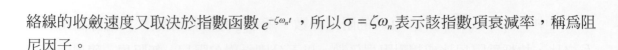

絡線的收斂速度又取決於指數函數 $e^{-\zeta\omega_n t}$，所以 $\sigma = \zeta\omega_n$ 表示該指數項衰減率，稱為阻尼因子。

2. 無阻尼 ($\zeta = 0$) 標準二階系統的單位步階響應

若 $\zeta = 0$，則標準二階系統的單位步階響應為

$$c(t) = 1 - \cos\omega_n t \quad , \ t \geq 0 \tag{4-26}$$

這是一條平均值為 1 的弦波形式等振幅振盪，其振盪頻率為 ω_n，故可稱為**無阻尼自然頻率**。由圖 4-7 位置控制系統可知，ω_n 由系統本身的參數 K 和 T_m 或 K_1 和 J 確定，故 ω_n 常稱為系統自然頻率。實際的控制系統通常都有一定的阻尼比，因此不可能通過實驗方法測得 ω_n，而只能測得 ω_d，其值一定小於自然頻率 ω_n。只有在 $\zeta = 0$ 時，才有 $\omega_d = \omega_n$，當阻尼比 ζ 增大時，阻尼振盪頻率將減小。如果 $\zeta \geq 1$，ω_d 將不存在，系統的響應不再出現振盪。但是，為了便於分析，ω_n 和 ω_d 的符號和名稱在 $\zeta \geq 1$ 時仍將繼續沿用。

3. 臨界阻尼 ($\zeta = 1$) 標準二階系統的單位步階響應

設輸入訊號為單位步階函數，則系統輸出響應的拉式轉換為

$$C(s) = \frac{\omega_n^2}{s(s+\omega_n)^2} = \frac{1}{s} - \frac{\omega_n}{(s+\omega_n)^2} - \frac{1}{s+\omega_n} \tag{4-27}$$

對上式取拉式反轉換，得臨界阻尼二階系統的單位步階響應為

$$c(t) = 1 - e^{-\omega_n t}(1 + \omega_n t) \quad , \ t \geq 0 \tag{4-28}$$

由上式可以看出，當 $\zeta = 1$ 時，標準二階系統的單位步階響應是穩態值為 1 的單調上升訊號，其變化率

$$\frac{dc(t)}{dt} = \omega_n^2 t e^{-\omega_n t} \tag{4-29}$$

當 $t = 0$，響應的變化率 $\dfrac{dc(t)}{dt}$ 為 0；當 $t > 0$ 時，響應的變化率 $\dfrac{dc(t)}{dt}$ 為正，輸出響應

$c(t)$ 則呈現單調上升；當 $t \to \infty$ 時，響應變化率 $\dfrac{dc(t)}{dt}$ 最後趨近於 0，輸出響應 $c(t)$ 最後趨於常數值 1。一般，我們稱臨界阻尼 (critically damped) 情況下的二階系統單位步階響應為臨界阻尼響應。

4. 過阻尼 ($\zeta > 1$) 二階系統的單位步階響應

設輸入訊號為單位步階函數，且令

$$T_1 = \frac{1}{\omega_n(\zeta - \sqrt{\zeta^2 - 1})} \ , \ T_2 = \frac{1}{\omega_n(\zeta + \sqrt{\zeta^2 - 1})} \tag{4-30}$$

則過阻尼二階系統的輸出函數拉式轉換為

$$C(s) = \frac{\omega_n^2}{s(s + \dfrac{1}{T_1})(s + \dfrac{1}{T_2})} \tag{4-31}$$

其中 T_1 和 T_2 稱為過阻尼二階系統的時間常數，且 $T_1 > T_2$。對上式取拉式反轉換，可得

$$c(t) = 1 + \frac{e^{-t/T_1}}{T_2/T_1 - 1} + \frac{e^{-t/T_2}}{T_1/T_2 - 1} \ , \ t \geq 0 \tag{4-32}$$

上式顯示響應特性中包含著兩個單調遞減的指數函數，其代數和絕不會超過穩態值 1，因而過阻尼二階系統的單位步階響應是不會振盪的，通常稱為過阻尼響應。

　　以上三種狀況的單位步階響應如圖 4-11 所示，其橫坐標為無因次化時間 $\omega_n t$。由圖 4-11 可看出在過阻尼和臨界阻尼響應曲線中，臨界阻尼響應具有較短的上升時間，響應速度較快；在欠阻尼 ($0 < \zeta < 1$) 響應曲線中，阻尼比越小，最大超越量越大，上升時間越短。一般取 $\zeta = 0.7$ 附近響應較好，此時最大超越量與安定時間都會有不錯的結果。若標準二階系統具有相同的和不同的 ω_n，則其振盪特性相同但響應速度不同，ω_n 越大，響應速度越快。由於欠阻尼標準二階系統與過阻尼 (含臨界阻尼) 標準二階系統具有不同形式的響應曲線，因而它們的動態性能指標估算方法也不盡相同，但在應用上一般都是只討論欠阻尼標準二階系統。下面將針對欠阻尼標準二階系統加以討論，而過阻尼 (含臨界阻尼) 標準二階系統之響應結果，讀者可以仿照欠阻尼標準二階系統的推導自行研究，在此就不再贅述。

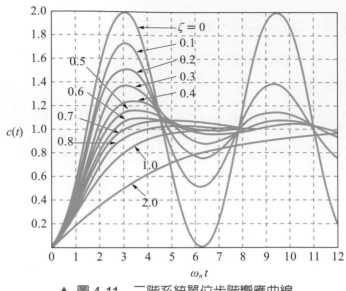

▲ 圖 4-11　二階系統單位步階響應曲線

● 4-3-3　欠阻尼標準二階系統的響應分析

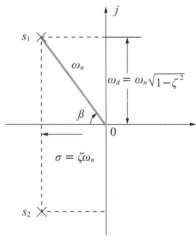

在控制一個系統時，除了某些不容許產生任何振盪響應的情況外，通常都希望控制系統具有適當的阻尼、較快的暫態響應速度和較短的安定時間。因此，標準二階控制系統的設計，一般取 $\zeta = 0.7$ 附近的阻尼值，其各項動態性能指標，除峰值時間、最大超越量和上升時間可用 ζ 與 ω_n 準確表示外，安定時間一般很難用 ζ 與 ω_n 準確描述，因此會採用近似的方法來計算安定時間。為了便於說明如何改善系統動態性能，會先在複數平面上分析此時的兩個負實部共軛複數根 (如圖 4-12) 與系統響應的關係。由圖可見，阻尼因子

▲ 圖 4-12　欠阻尼二階系統的特徵根分佈

σ 是閉迴路極點到虛數軸之間的距離；阻尼自然頻率 ω_d 是閉迴路極點到實軸之間的距離；自然頻率 ω_n 是閉迴路極點到複數平面原點之間的距離；ω_n 與負實數軸夾角的餘弦正好是阻尼比，即

$$\zeta = \cos \beta \tag{4-33}$$

故稱 β 為阻尼角。接著推導式 (4-25) 所描述的無零點欠阻尼標準二階系統的性能指標公式，而標準二階欠阻尼系統在單位步階輸入下之暫態響應性能指標規格如圖 4-2 所示。

1. 上升時間 t_r 的計算

　　由式 (4-25) 中，令 $c(t_r) = 1$，求得

$$\frac{1}{\sqrt{1-\zeta^2}} e^{-\zeta \omega_n t_r} \sin(\omega_d t_r + \beta) = 0 \tag{4-34}$$

由於 $e^{-\zeta \omega_n t_r} \neq 0$，所以有

$$t_r = \frac{\pi - \beta}{\omega_d} \tag{4-35}$$

由式 (4-35) 可知當阻尼比 ζ 固定時，阻尼角 β 不變，系統的響應速度愈快則 ω_n 愈小；而當阻尼自然頻率 ω_d 一定時，阻尼比越小，上升時間越短，系統響應越快。由於公式 (4-35) 不易求解，而根據原文書 Franklin 中採用終值 10% → 90% 所需的時間定義 t_r，則上升時間可以採用下列的近似公式：

$$t_r \cong \frac{1.8}{\omega_n} \tag{4-36}$$

2. 峰值 (尖峰) 時間 t_p 的計算

　　由於峰值出現在 $c(t)$ 切線斜率為 0 的時候，所以將式 (4-25) 對 t 微分，並令其為 0，可得

$$\zeta \omega_n e^{-\zeta \omega_n t_p} \sin(\omega_d t_p + \beta) - \omega_d e^{-\zeta \omega_n t_p} \cos(\omega_d t_p + \beta) = 0 \tag{4-37}$$

整理可得

$$\tan(\omega_d t_p + \beta) = \frac{\sqrt{1-\zeta^2}}{\zeta} \tag{4-38}$$

由於 $\tan\beta = \dfrac{\sqrt{1-\zeta^2}}{\zeta}$，所以上列方程式的解為 $\omega_d t_p = 0, \pi, 2\pi, 3\pi \cdots\cdots$。根據尖峰值時間定義為 $t > 0$ 後第一個尖峰值之時間，所以取 $\omega_d t_p = \pi$，於是尖峰值時間為

$$t_p = \frac{\pi}{\omega_d} \tag{4-39}$$

式 (4-39) 表示尖峰值時間等於振盪週期的一半。亦可以說明尖峰值時間與閉迴路極點的虛部數值成反比。當阻尼比固定時，閉迴路極點離負實數軸的距離越遠，系統的尖峰值時間越短，越快達到最大超越量。

3. 最大超越量

因為最大超越量發生在尖峰值時間上，所以將式 (4-39) 代入式 (4-25) 可得輸出響應的最大值為

$$c(t_p) = 1 - \frac{1}{\sqrt{1-\zeta^2}} e^{-\pi\zeta/\sqrt{1-\zeta^2}} \sin(\pi + \beta) \tag{4-40}$$

由於 $\sin(\pi + \beta) = -\sqrt{1-\zeta^2}$，故上式可寫為 $c(t_p) = 1 + e^{-\pi\zeta/\sqrt{1-\zeta^2}}$。再由最大超越量定義式 (4-1)，並考慮到輸出穩態 $c(\infty) = 1$，求得

$$最大超越量百分比\ M_0\% = e^{-\pi\zeta/\sqrt{1-\zeta^2}} \times 100\% \tag{4-41}$$

式 (4-27) 表示最大超越量百分比 $M_0\%$ 僅是阻尼比 ζ 的函數，而與自然頻率 ω_n 無關。而最大超越量與阻尼比的關係為非線性曲線，如圖 4-13 所示。由圖可見，阻尼比越大，最大超越量越小，反之亦然。一般，當選取 $\zeta = 0.4 \sim 0.8$ 時，$M_0\%$ 介於 $1.5\% \sim 25.4\%$。

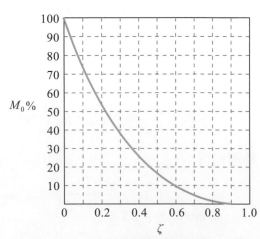

▲ 圖 4-13　欠阻尼二階系統的 $M_0\%$ 與阻尼比 ζ 之關係曲線

4. 安定時間 t_s 的計算

對於欠阻尼二階系統單位步階響應式 (4-25)，由於正弦函數 sin 為介於 ±1 之變化振盪曲線，而指數曲線 $1\pm\dfrac{1}{\sqrt{1-\zeta^2}}e^{-\zeta\omega_n t}$ 是對稱於 $c(\infty)=1$ 的一對包絡線，整個響應曲線的振盪總是包含在這一對包絡線之內 (如圖 4-14)。圖 4-15 中採用無因次時間 $\omega_n t$ (弧度) 作為橫坐標，因此時間響應特性僅是阻尼比 ζ 的函數。由圖可見，實際輸出響應的收斂程度小於包絡線的收斂程度，圖中是取 $\zeta=0.707$，但對於其他 ζ 值下的單位步階響應特性，亦存在類似情況。為方便起見，往往採用包絡線代替實際響應來計算安定時間，因此結果較為保守。此外，圖中還表示阻尼正弦函數的落後相位角為 $-\beta/\sqrt{1-\zeta^2}$，因為當 $\sin\left[\sqrt{1-\zeta^2}(\omega_n t)+\beta\right]=0$ 時，必有 $\omega_n t=-\beta/\sqrt{1-\zeta^2}$。整個響應在 $\omega_n t<0$ 的延續部分如圖 4-15 中虛線所示。根據上述分析，如果令 Δ 代表實際響應與穩態輸出之間的誤差，則有

$$\Delta=\left|\frac{e^{-\zeta\omega_n t}}{\sqrt{1-\zeta^2}}\sin(\omega_d t+\beta)\right|\le\frac{e^{-\zeta\omega_n t}}{\sqrt{1-\zeta^2}} \tag{4-42}$$

假定 $\zeta\le0.8$，並在上述不等式右端分母中帶入 $\zeta=0.7$，選取誤差帶 $\Delta=0.05$，可以解得 $t_s\le3.3/(\zeta\omega_n)$。在分析問題時，常取近似為

$$t_s=\frac{3}{\zeta\omega_n}=\frac{3}{\sigma}=3T \tag{4-43}$$

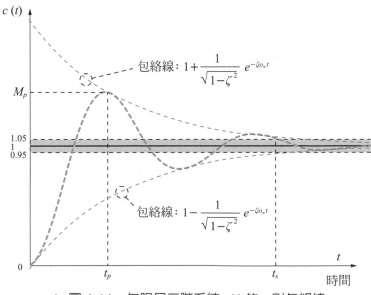

▲ 圖 4-14　欠阻尼二階系統 $c(t)$ 的一對包絡線

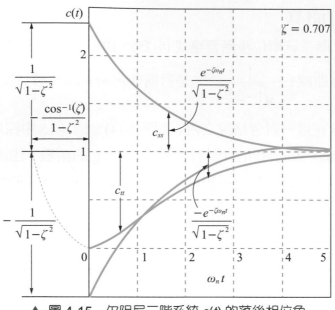

▲ 圖 4-15　欠阻尼二階系統 $c(t)$ 的落後相位角

若選誤差帶 $\Delta = 0.02$，則有

$$t_s = \frac{4}{\zeta \omega_n} = \frac{4}{\sigma} = 4T \tag{4-44}$$

若終值響應容許誤差為 $\pm 1\% (\Delta = 0.01)$，則 $t_s \cong 4.6T = \dfrac{4.6}{\xi \omega_n}$

　　上式說明，安定時間與閉迴路極點的實部大小成反比。閉迴路極點距虛數軸的距離越遠，系統的安定時間越短。由於阻尼比主要根據對系統最大超越量的要求來確定，所以安定時間主要由自然頻率決定。若能保持阻尼比不變而增大自然頻率，則可以在不改變最大超越量的情況下縮短安定時間。

　　從上述各項性能指標的計算可以看出，各指標之間是有矛盾規格的。例如，上升時間和最大超越量，即響應速度和阻尼程度，不能同時達到最佳的狀況。這是因為在如圖 4-9 所示的標準二階系統中，$\omega_n = \sqrt{K / T_m}$ 及 $\zeta = 1/2\sqrt{T_m K}$，其中馬達的時間常數 T_m 是一個不能調整的確定值。當增大開迴路增益 K 時，可以加大自然頻率 ω_n，提高了系統的響應速度，但同時也減小阻尼比 ζ，使得系統的阻尼程度減小。因此，對於既要增加系統的阻尼程度，又要系統具有較快響應速度的標準二階控制系統設計，需要採取合理的折衷方案或補償策略，才能達到設計的目的。

例題 4-3

對於一個單位回授控制系統如下圖，若其開迴路轉移函數為 $G(s) = \dfrac{25}{s(s+5)}$，試求系統的上升時間 (10% 到 90%) 及最大超越量，其中控制輸入為單位步階輸入。

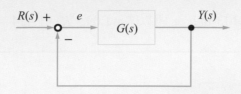

解　閉迴路轉移函數為 $T(s) = \dfrac{25}{s^2 + 5s + 25}$（標準二階系統），令特性方程式為

$\Delta(s) = s^2 + 5s + 25 = s^2 + 2\xi\omega_n s + \omega_n^2$，比較係數後可得 $\xi = 0.5$，$\omega_n = 5\ \text{rad/sec}$。

所以根據標準二階系統的暫態公式可得上升時間與最大超越量分別為：

$$t_r = \frac{\pi - \beta}{\omega_d} = \frac{\pi - \cos^{-1}(\xi)}{\omega_n \sqrt{1 - \xi^2}} = \frac{\pi - \cos^{-1}(0.5)}{5\sqrt{1 - (0.5)^2}} = 0.4837 \ , \quad M_o = e^{-\pi\xi/\sqrt{1-\xi^2}} = 0.163$$

例題 4-4

對於如圖 (a) 之閉迴路系統，其單位步階響應如圖 (b) 所示，試求系統之參數 K 與 T。

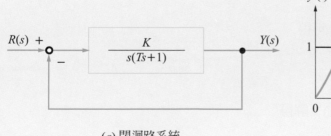

(a) 閉迴路系統

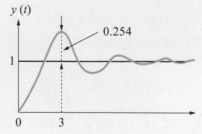

(b) 單位步階響應

解　因為閉迴路轉移函數為

$$\frac{K}{Ts^2 + s + K} = \frac{\dfrac{K}{T}}{s^2 + \dfrac{1}{T}s + \dfrac{K}{T}}$$

所以利用標準二階系統模式與之比較可得：$2\xi\omega_n = \dfrac{1}{T}$ ，$\omega_n^2 = \dfrac{K}{T}$。根據圖 (b) 的步階響應規格可知，

$$M_o = e^{-\pi\xi/\sqrt{1-\xi^2}} = 0.254 \text{ , } t_p = \frac{\pi}{\omega_n\sqrt{1-\xi^2}} = 3$$

解得 $\xi = 0.4$ ，$\omega_n = 1.143$ rad/s。所以 $T = 1.09$，$K = 1.424$

例題 4-5

設控制系統之方塊圖如圖所示，若要求系統輸出響應符合性能指標最大超越量 $M_0 = 0.2$，峰值時間 $t_p = 1$ 秒，試確定系統參數 K 和 τ，並計算單位步階響應的上升時間 t_r 和安定時間 t_s。

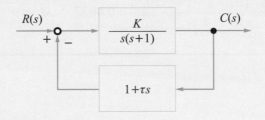

解 由上圖可知，系統閉迴路轉移函數為

$$\frac{C(s)}{R(s)} = \frac{K}{s^2 + (1 + K\tau)s + K}$$

與二階系統標準形式相比，可得

$$\omega_n = \sqrt{K} \text{ , } \zeta = \frac{1 + K\tau}{2\sqrt{K}}$$

由 ζ 與 $M_o\%$ 的關係式 (4-41)，解得

$$\zeta = \frac{\ln(1/M_0)}{\sqrt{\pi^2 + \left(\ln\dfrac{1}{M_0}\right)^2}} = 0.46$$

再由尖峰值時間計算式 (4-39)，可得

$$\omega_n = \frac{\pi}{t_p\sqrt{1-\zeta^2}} = 3.54 \text{ rad / s}$$

可以解得

$$K = \omega_n^2 = 12.53(\mathrm{rad}/\mathrm{s})^2 \;,\; \tau = \frac{2\zeta\omega_n - 1}{K} = 0.18\mathrm{s}$$

由於

$$\beta = \cos^{-1}\zeta = 1.09 \,\mathrm{rad} \;,\; \omega_d = \omega_n\sqrt{1-\zeta^2} = 3.14 \,\mathrm{rad}/\mathrm{s}$$

故由式 (4-35) 和式 (4-43) 計算得

$$t_r = \frac{\pi - \beta}{\omega_d} = 0.65\mathrm{s} \;,\; t_s = \frac{3}{\zeta\omega_n} = 1.84\mathrm{s}$$

若終值響應容許誤差為 ±2%，則安定時間為

$$t_s = \frac{4}{\zeta\omega_n} = 2.454\mathrm{s}$$

🔴 4-3-4　標準二階系統的單位脈衝響應 (選讀)

單位脈衝輸入的拉氏轉換 $R(s) = 1$，所以標準二階系統的輸出為

$$C(s) = \frac{\omega_n^2}{s^2 + 2\zeta\omega_n s + \omega_n^2} R(s) = \frac{\omega_n^2}{s^2 + 2\zeta\omega_n s + \omega_n^2} \tag{4-45}$$

也就是，單位脈衝響應實為系統轉移函數的反拉氏轉換。所以，上式取反拉式轉換，即可得到單位脈衝輸入的時間響應。這裡分三種情況說明時間響應 $c(t)$。

1. 當 $0 \le \zeta < 1$ 時，系統有一對共軛複數極點，所以

$$C(s) = \frac{\omega_n}{\sqrt{1-\zeta^2}} \frac{\omega_n\sqrt{1-\zeta^2}}{(s+\zeta\omega_n)^2 + (\omega_n\sqrt{1-\zeta^2})^2} \tag{4-46}$$

其反拉式轉換為

$$c(t) = \frac{\omega_n}{\sqrt{1-\zeta^2}} e^{-\zeta\omega_n t} \sin\omega_n\sqrt{1-\zeta^2}t \;,\; t \ge 0 \tag{4-47}$$

2. 當 $\zeta = 1$ 時，系統有一對重複實數極點，所以

$$C(s) = \frac{\omega_n^2}{(s + \omega_n)^2} \tag{4-48}$$

其反拉式轉換為

$$c(t) = \omega_n^2 t e^{-\omega_n t} \; , \; t \geq 0 \tag{4-49}$$

3. 當 $\zeta > 1$ 時，系統有兩個不同實數極點，所以

$$
\begin{aligned}
C(s) &= \frac{\omega_n^2}{(s + \zeta\omega_n - \omega_n\sqrt{\zeta^2 - 1})(s + \zeta\omega_n + \omega_n\sqrt{\zeta^2 - 1})} \\
&= \frac{\omega_n}{2\sqrt{\zeta^2 - 1}} \frac{1}{(s + \zeta\omega_n - \omega_n\sqrt{\zeta^2 - 1})} - \frac{\omega_n}{2\sqrt{\zeta^2 - 1}} \frac{1}{(s + \zeta\omega_n + \omega_n\sqrt{\zeta^2 - 1})}
\end{aligned} \tag{4-50}
$$

其反拉式轉換為

$$c(t) = \frac{\omega_n}{2\sqrt{\zeta^2 - 1}} e^{-(\zeta - \sqrt{\zeta^2 - 1})\omega_n t} - \frac{\omega_n}{2\sqrt{\zeta^2 - 1}} e^{-(\zeta + \sqrt{\zeta^2 - 1})\omega_n t} \; , \; t \geq 0 \tag{4-51}$$

注意，由於單位脈衝函數是單位步階函數的時間導函數，所以藉由對單位步階響應取時間導函數，也能獲得對應的單位脈衝響應式。圖 4-16 顯示若干不同 ζ 值的單位脈衝響應曲線。每條曲線以垂直軸 $c(t)/\omega_n$ 對無因次水平軸 $\omega_n t$ 劃出，所以這些曲線只與 ζ 有關。對於臨界阻尼和過阻尼系統，其單位脈衝響應曲線總是大於等於零；即 $c(t) \geq 0$，這可由上式看出。對於低阻尼情況，單位脈衝響應 $c(t)$ 對零軸上下振盪，有正有負。

　　從以上分析，可以得出結論：如果脈衝響應 $c(t)$ 不改變符號，那麼該系統不是臨界阻尼就是過阻尼，而且相應的步階響應沒有超越量，只會單調性地增加或減少並趨近於一個常數值。

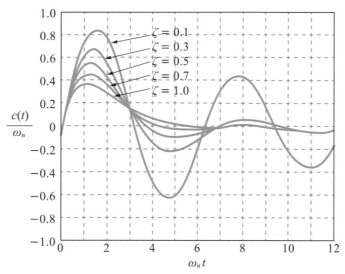

▲ 圖 4-16　不同 ζ 值的單位脈衝響應曲線

🔵 4-3-5　MATLAB 求解系統暫態響應

　　MATLAB 中可以利用程式來計算系統的暫態響應，假設單位負回授系統之開路轉移函數為

$$G(s) = \frac{1}{s(s+1)} \tag{4-52}$$

　　則利用 MATLAB 計算單位步階輸入之暫態響應尖峰時間 T_p，最大超越量 M_o，安定時間與 t_s 與上升時間 t_r，其程式如下：

輸入程式	輸出結果
| ```
num=[1];den=[1 1 1];
% 轉移函數分子分母多項式
t=0:0.01:15;
% 響應時間
[y,x,t]=step(num,den,t);
% 畫出單位步階響應
plot(t,y),grid
% 呈現格點
xlabel('Time(sec)'),ylabel('Ma
gnitude')
% 標示 x 軸與 y 軸座標說明
[peak, M]=max(y);
% 找出響應最大值
tp=t(M)
% 找出峰值時間
M0=100*(peak-1)
% 算出最大超越量
L=find(abs(y-1)>=0.02);
% 計算穩態誤差在正負 2% 以內
ts=t(length(L))
% 計算安定時間
t1=find(y<0.1);
% 計算輸出響應 0.1 所對應之時間
t3=find(y<0.9);
% 計算輸出響應 0.9 所對應之時間
tr=t(length(t3))-t(length(t1))
% 計算上升時間
``` | ```
tp =
    3.6300
M0 =
    16.3033
ts =
    7.0200
tr =
    1.6400
``` |

響應曲線圖如下：

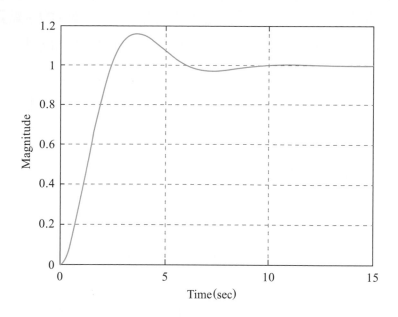

4-4 加入極 (零) 點對於標準二階系統的影響

在前面已經討論標準二階系統的暫態響應，但對於很多實際的控制系統，除了標準二階系統的形式外，可能會再有其他的零點或極點，而這些零點或極點對於原先的標準二階系統會造成一定程度的影響，使得原先標準二階系統的響應特性改變，以下將討論加入極點或是零點對於標準二階系統的影響。

1. 加入零點的影響

令閉迴路系統的轉移函數為標準二階系統 $\dfrac{\omega_n^2}{s^2 + 2\xi\omega_n s + \omega_n^2}$，再加入一個零點因式 $\dfrac{1}{K\xi\omega_n}(s + K\xi\omega_n)$，為

$$T(s) = \frac{\dfrac{1}{K\xi\omega_n}(s + K\xi\omega_n)\omega_n^2}{s^2 + 2\xi\omega_n s + \omega_n^2} = \frac{\dfrac{1}{K\sigma}(s + K\sigma)\omega_n^2}{s^2 + 2\xi\omega_n s + \omega_n^2} \tag{4-53}$$

上述轉移函數寫法主要是考慮在 $s = 0$ 時 $T(0) = 1$，使得單位步階響應的終值均為 1。且加入的零點位置為阻尼因子 $\sigma = \xi\omega_n$ (極點實部的絕對值) 的 K 倍。

　　圖 4-17 為 $\xi = 0.7$，且 $\omega_n = 10$，且 $K = 1, 2, 5, 10$ 時，以及沒有加入零點因式時所繪製的單位步階響應圖。可以很明顯地發現，加入 (左半面) 的零點對暫態性能的主要影響是增加最大超越量 M_o，但減少上升時間 t_r，而安定時間 t_s 幾乎不改變。

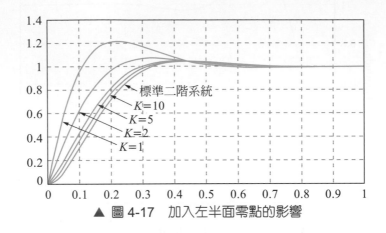

▲ 圖 4-17　加入左半面零點的影響

　　一般而言，若加入的零點比主極點遠離虛軸，大約在 $K > 5$ 以上時，新加入的零點對暫態性能的影響就不是很明顯。若 $K > 10$ 以上時，甚至可以忽略這個零點對暫態性能的影響。

　　若加入的零點位置位於右半平面，亦即閉迴路系統的轉移函數為

$$T(s) = \frac{-\dfrac{1}{K\xi\omega_n}(s - K\xi\omega_n)\omega_n^2}{s^2 + 2\xi\omega_n s + \omega_n^2} = \frac{\omega_n^2}{s^2 + 2\xi\omega_n s + \omega_n^2} + \frac{-\dfrac{s}{K\xi\omega_n}\omega_n^2}{s^2 + 2\xi\omega_n s + \omega_n^2} \qquad (4\text{-}54)$$

則此系統 $T(s)$ 的單位步階響應圖如圖 4-18 所示。可以很明顯地發現，加入右半面的零點對暫態性能的主要影響是增加最大超越量 M_o 且增加上升時間 t_r，而安定時間 t_s 不大改變。其中比較特別的地方是其單位步階響應產生一個一開始就往負值方向運動的低射現象，此類系統又稱為非極小相位系統 (nonminimum-phase system)。

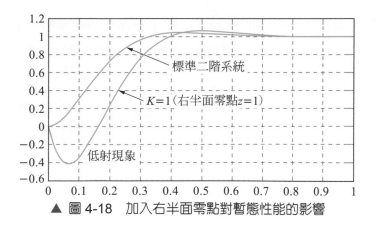

▲ 圖 4-18　加入右半面零點對暫態性能的影響

2. 加入極點的影響

令閉迴路系統的轉移函數爲標準二階系統再加入一個極點因式 $\dfrac{K\xi\omega_n}{s+K\xi\omega_n}$：

$$T(s) = \frac{(K\xi\omega_n)\omega_n^2}{(s+K\xi\omega_n)(s^2+2\xi\omega_n s+\omega_n^2)} \tag{4-55}$$

上述的轉移函數寫法主要是考慮在 $s = 0$ 時 $T(0) = 1$，使得單位步階響應的終值均爲 1，且加入極點位置爲阻尼因子 (極點實部的絕對值) 的 K 倍。

圖 4-19 爲 $\xi = 0.7$，且 $\omega_n = 10$，當 $K = 1, 2, 5, 10$，以及沒有加入極點因式時所繪製的單位步階響應圖。可以很明顯地發現，加入 (左半面) 的極點對暫態性能的主要影響是增加上升時間 t_r，但減少最大超越量 M_o，而安定時間 t_s 幾乎不改變。

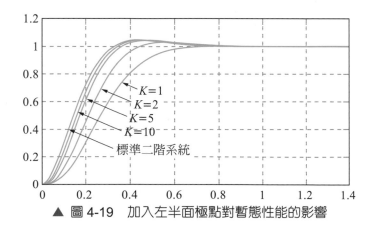

▲ 圖 4-19　加入左半面極點對暫態性能的影響

　　同樣的觀察可發現，若加入的極點比二階主極點愈遠離虛軸，大約在 $K > 5$ 以上時，新加入的極點對暫態性能的影響就不是很明顯。若 $K > 10$ 以上時，甚至可以忽略這個極點對暫態性能的影響。

　　因此本節介紹標準二階系統極零點與暫態性能之關係，在閉迴路系統暫態性能的分析與控制器的設計與補償具有非常重要的指標價值。從分析的觀點來講，若閉迴路除了主極點之外，其餘極點與零點都在左半平面且儘量遠離主極點，則根據閉迴路主極點的位置，再透過標準二階系統的暫態公式，即可分析出閉迴路的各種暫態規格。另一方面，從設計補償的觀點來講，針對任何希望的暫態性能規格，透過標準二階系統的暫態公式，即可決定希望的主極點位置。只要在控制器的設計與補償時能將閉迴路主極點移至希望的位置上，其餘的閉迴路極點或零點儘量遠離主極點，或產生左半面的極零點對消，這樣就能順利地達成閉迴路暫態性能的控制。例如，對於如下圖 4-20 之單位回授系統，若 $Y(s) = \dfrac{(3s+5)}{(s^2 + 2s + 5)} R(s)$ ，求對於單位步階輸入之尖峰時間 t_p 與最大超越量 M_o 。

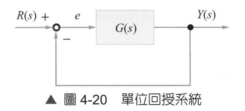

▲ 圖 4-20　單位回授系統

　　本例子的轉移函數是已知的，雖然系統為二階，但是分子有一個零點，所以應該檢查一下該零點是否遠離極點位置達 5 倍以上。因為分子的零點並沒有遠離極點位置達 5 倍以上，所以無法直接使用標準二階系統的暫態響應公式來求解尖峰時間與最大超越量。不過幸運的是，系統只是二階而已，仍然可以直接反拉式轉換來求解時域特性。因為

$$Y(s) = \frac{(3s+5)}{(s^2 + 2s + 5)} \times \frac{1}{s} = \frac{1}{s} + \frac{2}{(s+1)^2 + 4} - \frac{s+1}{(s+1)^2 + 4} \qquad (4\text{-}56)$$

所以系統的單位步階響應及其微分值分別為

$$y(t) = 1 + e^{-t}\sin 2t - e^{-t}\cos 2t$$

$$\dot{y}(t) = e^{-t}(3\cos 2t + \sin 2t) = \sqrt{10}e^{-t}\sin(2t + 1.249) \qquad (4\text{-}57)$$

令 $\dot{y}(t) = 0$ 得 $2t + 1.249 = \pi$，解得尖峰時間 $t = t_p = 0.946$ s。另外，最大超越量則為

$$M_o = y(t_p) - 1 = 0.491 \qquad (4\text{-}58)$$

根據標準二階的觀念，本系統以特性方程式而言其阻尼比為 $\xi = \dfrac{1}{\sqrt{5}}$，無阻尼自然頻率為 $\omega_n = \sqrt{5}$，若直接使用標準二階系統的暫態響應公式可求得

$$M_o = e^{-\pi\xi/\sqrt{1-\xi^2}} = 0.21 \ ; \ t_p = \frac{\pi}{\omega_n\sqrt{1-\xi^2}} = 1.57 \ \text{sec.}$$

與上述求得之值差異甚遠。由此可見要能夠簡化為標準二階系統來近似時，其他的閉迴路極點或零點要盡量遠離主極點。

4-5　高階系統的時域分析

在實際的控制工程中，幾乎所有的控制系統都是高階系統，即用高階微分方程式描述的系統。對於不能用一、二階系統近似的高階系統來說，其暫態響應性能指標是比較複雜的。工程上常採用閉迴路主極點的概念對高階系統進行近似分析，或直接應用 MATLAB 軟體進行高階系統分析。

● 4-5-1　高階系統的單位步階響應

圖 4-21 所示系統為典型閉迴路系統，其閉迴路轉移函數為

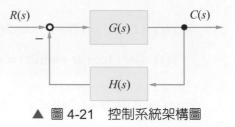
▲ 圖 4-21　控制系統架構圖

$$T(s) = \frac{C(s)}{R(s)} = \frac{G(s)}{1 + G(s)H(s)} \qquad (4\text{-}59)$$

在一般情況下，$G(s)$ 和 $H(s)$ 都是 s 的多項式之分式，故式 (4-59) 可以寫為

$$T(s) = \frac{M(s)}{D(s)} = \frac{b_0 s^m + b_1 s^{m-1} + \ldots + b_{m-1} s + b_m}{a_0 s^n + a_1 s^{n-1} + \ldots + a_{n-1} s + a_n} \ , \ m \le n \qquad (4\text{-}60)$$

利用 MATLAB 軟體可以簡單求出式 (4-60) 所示高階系統的單位步階響應，首先先建立其高階系統轉移函數模型，再直接透過 step 指令即可求得。一般指令語法如下：

```
sys = tf([b0 b1 b2 b3 … bm], [a0 a1 a2 a3 … an]);
step(sys);
```

其中，b0, b1, b2, b3, …, bm 表示式 (4-60) 對應的分子多項式係數；a0, a1, a2, a3, …, an 表示式 (4-60) 對應的分母多項式係數。另外也可以透過指令 tf2zp 將式 (4-60) 的分子多項式和分母多項式進行分解，再進行反拉氏轉換求其解析解。由因式分解可知，式 (4-60) 必定可以表示為如下因式的乘積形式：

$$T(s) = \frac{C(s)}{R(s)} = \frac{M(s)}{D(s)} = \frac{K \prod_{i=1}^{m}(s - z_i)}{\prod_{i=1}^{n}(s - s_i)} \qquad (4\text{-}61)$$

式中，$K = b_0 / a_0$；z_i 為 $M(s) = 0$ 之根，稱為閉迴路零點；s_i 為 $D(s) = 0$ 之根，稱為閉迴路極點。以下用一個例子說明。

例題 4-6

設三階系統閉迴路轉移函數為 $T(s) = \dfrac{5(s^2 + 5s + 6)}{s^3 + 6s^2 + 10s + 8}$，試確定其單位步階響應。

解　將已知的 $T(s)$ 進行因式分解，可得

$$T(s) = \frac{5(s+2)(s+3)}{(s+4)(s^2+2s+2)}$$

由於 $R(s) = 1/s$，所以

$$C(s) = \frac{5(s+2)(s+3)}{s(s+4)(s^2+2s+2)}$$

其部分分式為

$$C(s) = \frac{\dfrac{15}{4}}{s} + \frac{-\dfrac{1}{4}}{s+4} + \frac{-\dfrac{7}{2}s - 3}{s^2 + 2s + 2}$$

對部分分式進行拉氏反轉換，並令初始條件全部為零，可得高階系統的單位步階響應輸出為

$$c(t) = \frac{15}{4} - \frac{1}{4}e^{-4t} - \frac{1}{2}[7e^{-t}(\cos t - \frac{1}{7}\sin t)]$$

另外，若藉助於 MATLAB 軟體，本例題求解過程的 Matlab .m 檔內容如下：

```
num0 = 5*[1 5 6];den0=[1 6 10 8];
% 描述閉迴路轉移函數的分子 (num0)、分母 (den0) 多項式
sys0 = tf(num0,den0);              % 高階系統建模
den = [1 6 10 8 0];                % 輸出 C(s) 的分母多項式
[z, p, k] = tf2zp(num0,den0)       % 對轉移函數進行因式分
sys = zpk(z, p, k)                 % 給出閉迴路轉移函數的零極點形式
[r, p, k] = residue(num0, den)     % 部分分式展開
step(sys0)                         % 求解高階系統的單位步階響應
```

其單位步階響應曲線如圖 4-22 中實線所示。若改變例題 4-6 的閉迴路轉移函數，使一閉迴路極點靠近虛軸，即令

$$T(s) = \frac{0.625(s+2)(s+3)}{(s+0.5)(s^2+2s+2)}$$

其中，增益 0.625 的調整是為了保持 $T(0)$ 不變。則其系統單位步階響應曲線如圖 4-22 中虛線所示。若改變例題 4-6 閉迴路轉移函數的零點位置，使

$$T(s) = \frac{10(s+1)(s+3)}{(s+4)(s^2+2s+2)}$$

繪製其單位步階響應曲線如圖中鏈線所示。

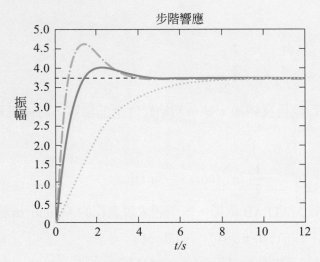

高階系統 MATLAB 時間響應圖

由上面結果可以看出，對於穩定的高階系統，閉迴路極點負實部的絕對值越大，其對應的響應衰減越快；反之，則衰減越慢。另外，系統時域響應的類型雖然取決於閉迴路極點的性質和位置，但是時域響應的形狀卻與閉迴路零點有關。

4-5-2 高階系統閉迴路主極點及其動態性能分析

對於穩定的高階系統，其閉迴路極點和零點在左半 s 平面上雖有各種分佈情形，但就與虛數軸的距離來說，卻只有遠近之別。如果在所有的閉迴路極點中，距虛數軸最近的極點附近沒有閉迴路零點，而其他閉迴路極點又遠離虛數軸 (一般為 5 倍以

上)，那麼離虛數軸最近的閉迴路極點對應的響應分量，隨時間的遞減速度最慢，在系統的時域響應過程中有主導作用，這樣的閉迴路極點就稱爲閉迴路主極點(dominant poles)。閉迴路主極點可以是實數極點，也可以是共軛複數極點，或者是他們的組合。除閉迴路主極點外，所有其他閉迴路極點由於其對應的響應分量隨時間會快速衰減，對系統的暫態響應影響很小，因而統稱爲非主極點。在控制系統中，通常要求控制系統既具有較快的響應速度，又具有一定的阻尼程度，因此高階系統的增益往往會調整到使系統具有一對閉迴路共軛主極點，再用標準二階系統的性能指標來估算高階系統的性能。

例題 4-7

已知某系統的閉迴路轉移函數爲 $\phi(s) = \dfrac{C(s)}{R(s)} = \dfrac{1.05(0.4762s + 1)}{(0.125s + 1)(0.5s + 1)(s^2 + s + 1)}$，試利用主極點的概念來分析該四階系統的性能指標。

解 改寫系統的閉迴路轉移函數，可得

$$\phi(s) = \frac{C(s)}{R(s)} = \frac{8(s + 2.1)}{(s + 8)(s + 2)(s^2 + s + 1)}$$

再利用 MATLAB 的零、極點繪圖指令 pzmap，可得該四階系統的閉迴路零、極點分佈，如圖所示。

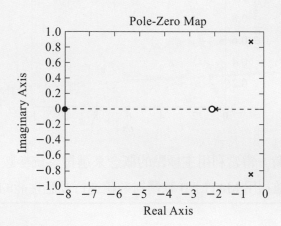

由上圖並根據主極點概念，可知該高階系統具有一對共軛複數主極點 $s_{1,2} = -0.5 \pm j0.866$，閉迴路零點 $z = -2.1$ 不在主極點附近，且可以與極點 $s_3 = -2$ 產生極零點對消，而非主極點 $s_4 = -8$ 實部的絕對值比主極點實部的絕對值大五倍以上，因此可將該四階系統近似成二階系統來進行分析。

$$T(s) \approx \frac{C(s)}{R(s)} = \frac{1.05}{s^2 + s + 1}$$

以下為 MATLAB 程式，可繪製出原四階系統和近似二階系統的單位步階響應：

```
sys=zpk([-2.1],[-8 -2 -0.5+0.866*j -0.5-0.866*j],8);
 .                                       %原四階系統建模

sys1=tf([1.05],[1 1 1]);                 %近似的二階系統

step(sys,' b-',sys1,' r:' )              %繪製系統的單位步階響應曲線
```

在下圖中，原四階系統和近似二階系統的單位步階響應曲線分別用實線和虛線表示。由響應曲線可以看出基於一對共軛複數主極點求得的高階系統單位步階響應與近似的欠阻尼二階系統單位步階響應雖然不完全相同，但是其結果基本上非常接近。

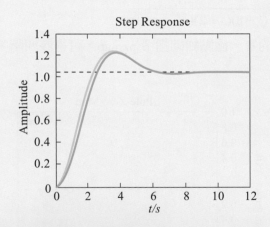

在設計高階系統時，常常利用主極點的概念來選擇系統參數，使系統具有一對共軛複數主極點，並利用 MATLAB 軟體對系統進行動態性能的初步分析。

控制系統的穩定性
與穩態誤差分析

暫態響應 (自然響應) 對應控制系統微分方程式的齊性解，而穩態響應對應控制系統微分方程式的特解。有些系統的暫態響應會逐漸地增加而非衰減至零或振盪，最後暫態響應遠比穩態響應大，前述輸出響應隨時間逐漸遞增的系統並無法被控制，這種條件稱為不穩定。因此一個有用的控制系統，暫態響應部分最後必須趨近於零或振盪。若由 MATLAB 畫出不穩定系統的時間圖將可看到暫態響應逐漸的增加，看不到任何穩態響應的跡象。控制系統必須設計成穩定，亦即當時間趨近無窮大時，自然響應必須衰減到零或振盪，最後只留下輸入造成的穩態響應。暫態響應及穩態誤差可透過適當的設計來符合系統輸出的要求。在前一章節已經討論系統的暫態響應，接著本章將介紹系統的穩定性分析與穩態響應。

5-1 線性系統的穩定性分析

穩定性在回授控制系統的設計中，可說是最重要的問題。伺服馬達系統是否正常運轉？飛彈的飛行是否保持在預設的彈道上？太空梭可否穩定進入繞行地球的軌道？這都是回授控制系統的穩定性問題。基本上，控制系統的穩定性是由外界輸入或干擾而造成的響應來決定。當系統在外加有限的輸入或干擾時，其輸出響應亦為有限，當所有外加的輸入源消失後，系統將回復到穩定狀態，這是控制系統的重要性能，也是系統能夠正常運行的首要條件。同時，分析系統的穩定性並提出保證系統穩定的條件或策略，是自動控制理論的重要任務之一。

5-1-1　穩定性的基本概念

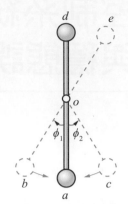

任何系統在干擾作用下都會偏離原本平衡狀態或位置，產生初始狀態偏差。所謂穩定性，是指當系統外在干擾消失後，由初始偏差狀態恢復到原平衡狀態的性能。為了便於說明穩定的基本概念，先看一個生活中常見的單擺運動。圖 5-1 是一個單擺的示意圖，其中 o 為支點。設在外界擾動力的作用下，單擺由原平衡點 a 偏移到新的位置 b，偏擺角為 ϕ_1。當外界干擾力去除後，單擺在重力作用下由點 b 回到原平衡點 a，但由於慣性作用，單擺經過點 a 後繼續運動到點 c。由

▲ 圖 5-1　單擺示意圖

於摩擦力作用，單擺經來回幾次減振幅擺動，可以回到原平衡點 a，故稱 a 為穩定平衡點。反之，若圖 5-1 所示單擺處於另一平衡點 d，則一旦受到外界干擾的作用偏離原平衡位置到 e 點，即使外在干擾作用消失，無論經過多長時間，單擺不可能再回到原平衡點 d。這樣的平衡點 d，稱為不穩定平衡點。

單擺的穩定概念，可以推廣於控制系統。假設系統具有一個平衡狀態，如果系統受到外界干擾作用偏離原平衡狀態，無論外擾引起的初始偏差有多大，當外擾消失後，系統都能以足夠的準確度恢復到初始平衡狀態，則這種系統稱為大範圍穩定的系統；如果系統受到外界擾動作用後，只有當擾動引起的初始偏差小於某一範圍時，系統才能在取消擾動後恢復到初始平衡狀態，否則就不能恢復到初始平衡狀態，這樣的系統稱為小範圍穩定的系統。對於穩定的線性系統，必須在大範圍內和小範圍內都能穩定；只有非線性系統才可能有小範圍穩定而大範圍不穩定的情況。

在控制理論中，關於系統的穩定性有很多種定義方法。上面所描述的穩定性概念是指平衡狀態穩定性，是由俄國學者李雅普諾夫 (Александр Михайлович Ляпунов) 於 1892 年首先提出，一直沿用至今。在分析線性系統的穩定性時，所關心的是系統的暫態響應是否收斂的穩定性，即系統方程式在不受任何外界輸入下，系統方程式的解在時間 t 趨於無窮大時的漸近行為，其實已常微分方程式的概念來說，這種解就是系統的齊性解。

根據李雅普諾夫分析的穩定性概念，首先假設系統具有一個平衡操作點，在該平衡點上，當輸入訊號為零時，系統的輸出訊號亦為零。一旦干擾訊號作用於系統，

系統的輸出量將偏離原平衡點。若取干擾訊號的消失瞬間作為時間起點 $t = 0$，於是 $t > 0$ 時系統輸出量的變化過程，可以當作是控制系統在初始擾動影響下的暫態過程。因此，根據李雅普諾夫的穩定性理論，線性控制系統的穩定性可敘述如下：

　　若線性控制系統在初始擾動的作用下，其暫態過程會隨時間的變化而逐漸衰減並趨於零（原平衡工作點），則稱系統漸近穩定，簡稱穩定；反之，若在初始擾動作用下，系統的暫態過程隨時間的變化而發散，則稱系統不穩定。

5-1-2　線性系統穩定的充分必要條件

　　一個線性常係數常微分方程式的解包含齊性解與特解兩部分，齊性解主導暫態響應，而特解則主導穩態響應，一般穩態響應是我們所期望的目標值，即參考輸入，所以暫態響應是否收斂會決定線性系統的穩定性。上述穩定性定義告訴我們線性系統的穩定性僅取決於系統本身的齊性解特性，即線性常係數常微分方程特性方程式的根，而與外界條件無關。因此，設線性系統在初始條件為零時，用一個單位脈衝 $\delta(t)$ 輸入，這時系統的輸出為脈衝響應 $g(t) = \mathscr{L}^{-1}\{G(s)\}$，亦為轉移函數的拉氏反轉換。這相當於系統在干擾訊號作用下，輸出訊號偏離原平衡點的情形。若 $t \to \infty$ 時，脈衝響應

$$\lim_{t \to \infty} g(t) = 0 \tag{5-1}$$

即輸出響應收斂於原平衡點，則線性系統是穩定的。

　　要瞭解線性系統的穩定性就必須先定義一個量測指標，那就是 BIBO (Bounded-Input Bounded-Output stability) 穩定度，所謂穩定 BIBO 穩定是指系統對任何有限輸入 $u(t)$，均可得有限輸出 $y(t)$，亦即，存在實數 N，$M > 0$，使得

　　輸入的大小 $|u(t)| \le N < \infty$，則輸出的大小 $|y(t)| \le M < \infty$

則稱此系統為 BIBO 穩定。

而一個線性非時變系統是 BIBO 穩定的充分必要條件為下式

$$\int_{-\infty}^{+\infty} |g(\tau)| d\tau \le P < \infty \tag{5-2}$$

其中 $g(\tau)$ 是系統的單位脈衝響應 (unit impulse response)。

所以對於線性非時變系統是 BIBO 穩定的條件，可以描述如下：

一個線性非時變系統是 BIBO 穩定的充分必要條件是

$\text{Re}(p_i) < 0$ ，$\forall i = 1, 2, \ldots, n$ ，其中 Re 代表實部，p_i 為系統轉移函數 $G(s)$ 的極點。

這其實很容易明瞭，例如 $G_1(s) = \dfrac{1}{s-2}$ ，所對應的模態為 e^{2t} ，隨著 $t \to \infty$ ，該模態會發散，而 $G_1(s)$ 所對應的極點 $p_1 = 2$ ，其實部為 $2 > 0$ ，而若 $G_2(s) = \dfrac{1}{s+2}$ ，則所對應的模態為 e^{-2t} ，此模態隨著 $t \to \infty$ ，而收斂到 0 ，而 $G_2(s)$ 所對應的極點 $p_2 = -2$ ，其實部為 $-2 < 0$ 。所以只要存在正實部的極點，該對應的模態必發散，因此系統 BIBO 穩定時，其所有極點的實部均需為負。

上面 BIBO 穩定的說明，只有在系統的特性根全部具有負實部時，BIBO 穩定才能成立；若特性根中有一個或一個以上正實部根，則 $\lim\limits_{t \to \infty} g(t) \to \infty$ ，表示系統不穩定；若特性根中具有一個或一個以上零實部根，而其餘的特徵根均具有負實部，則脈衝響應 $g(t)$ 趨於常數，或趨於固定振幅振盪，依照穩定性定義，此時系統不是漸近穩定的，這種振盪的響應是一種處於穩定和不穩定的臨界狀態，通常稱為臨界穩定情況。在古典控制理論中，只有漸近穩定的系統才稱為穩定系統；否則，稱為不穩定系統。

由此可見，線性系統穩定的充分必要條件是：閉迴路系統特性方程式的所有根均具有負實部；或者說，閉迴路函數的極點均位於 s 平面的左半平面。

🔵 5-1-3　羅斯 - 赫維茲穩定準則

一般根據穩定的充分必要條件判別線性系統的穩定性，需要求出系統的所有特性根，其有一定的難度，因此希望使用一種間接方法判斷系統特性根是否全部位於 s 左半平面。羅斯 (Routh) 和赫維茲 (Hurwitz) 分別於 1877 年和 1895 年提出判斷系統穩定性的方法，稱為羅斯 - 赫維茲穩定準則 (Routh–Hurwitz Stability Criterion)，或簡稱為羅斯準則。此準則以線性系統特性方程式的係數為依據，由於其數學證明比較複雜，有興趣的讀者可以參閱相關書籍，在此就不推導，只介紹其作法。

考慮一個線性非時變系統的特性方程式如下，

$$\Delta(s) = a_0 s^6 + a_1 s^5 + a_2 s^4 + a_3 s^3 + a_4 s^2 + a_5 s + a_6 = 0 \tag{5-3}$$

則羅斯穩定準則判斷原則包含下列三個原則：

(1) 多項式 $\Delta(s)$ 的所有係數必須同號，而且沒有缺項。

(2) 依下列原則建立下列羅斯表 (Routh Table)。

s^6	a_0	a_2	a_4	a_6
s^5	a_1	a_3	a_5	0
s^4	$\dfrac{a_1 a_2 - a_0 a_3}{a_1} = A$	$\dfrac{a_1 a_4 - a_0 a_5}{a_1} = B$	$\dfrac{a_1 a_6 - a_0 \times 0}{a_1} = a_6$	0
s^3	$\dfrac{A a_3 - a_1 B}{A} = C$	$\dfrac{A a_5 - a_1 a_6}{A} = D$	$\dfrac{A \times 0 - a_1 \times 0}{A} = 0$	0
s^2	$\dfrac{BC - AD}{C} = E$	$\dfrac{C a_6 - A \times 0}{C} = a_6$	$\dfrac{C \times 0 - A \times 0}{C} = 0$	0
s^1	$\dfrac{ED - C a_6}{E} = F$	0	0	0
s^0	$\dfrac{F a_6 - E \times 0}{F} = a_6$	0	0	0

(3) 若羅斯表可以順利完成，可以由羅斯表第一行 (first column) 元素正負變號的次數，其即為 $\Delta(s) = 0$ 正實部根的個數，其餘均為負實部根，此時並無純虛根，因此第一行全為正值則代表系統穩定。

例題 5-1

設系統特性方程式 $\Delta(s) = s^4 + 2s^3 + 3s^2 + 4s + 5 = 0$，試利用羅斯表判斷系統穩定性。

解

s^4	1	3	5
s^3	2	4	0
s^2	$\dfrac{2 \times 3 - 1 \times 4}{2} = 1$ 變號	5	0
s^1	$\dfrac{1 \times 4 - 2 \times 5}{1} = -6$ 變號	0	0
s^0	5	0	0

由於羅斯表的第一列係數有兩次變號，故該系統不穩定，且有兩個正實部根。

該題亦可以利用 MATLAB 的 roots 指令做驗證如下：

輸入程式	輸出結果

p=[1 2 3 4 5];
% 特性方程式係數
roots(p)
% 求解該特性方程式的根
	ans =
	  -1.2878+0.8579i
	  -1.2878-0.8579i
	   0.2878+1.4161i
	   0.2878-1.4161i

由上面 MATLAB 的輸出結果，可以看出方程式的四個根中有兩個具有正實部，與利用羅斯表求解相同。

● 5-1-4　羅斯穩定準則的特殊情況

當應用羅斯穩定準則分析線性系統的穩定性時，有時會遇到下面兩種特殊情況，使得羅斯表中的建立無法順利完成，因此需要一些特殊處理，處理的原則是不影響羅斯穩定準則的判別結果。

1. 羅斯表中某一列的最左邊第一個項為零，而其餘各項不為零，或不全為零

此時，計算羅斯表下一列的第一個元素時，將出現無窮大，使羅斯穩定準則的運用失效。例如特性方程式為

$$\Delta(s) = s^3 - 3s + 2 = 0$$

其羅斯表如下，其中第一行 s^1 出現 ∞，

$$
\begin{array}{c|cc}
s^3 & 1 & -3 \\
s^2 & 0 & 2 \\
s^1 & \infty &
\end{array}
$$

為了克服這種困難，可以用因子 $(s+a)$ 乘以原特性方程式，其中 a 可為任意正數，再對新的特性方程式應用羅斯穩定準則，可以防止上述特殊情況的出現。例如，以 $(s+3)$ 乘以原特性方程式，得新特性方程式為

$$\Delta(s) = s^4 + 3s^3 - 3s^2 - 7s + 6 = 0$$

列出新羅斯表：

$$
\begin{array}{c|ccc}
s^4 & 1 & -3 & 6 \\
s^3 & 3 & -7 & 0 \\
s^2 & -\dfrac{2}{3} & 6 & 0 \\
s^1 & 20 & 0 & 0 \\
s^0 & 6 & 0 & 0
\end{array}
$$

（s^3 至 s^2 變號，s^2 至 s^1 變號）

由新羅斯表可知，第一行有兩次符號變化，故系統不穩定，且有兩個正實部根。若使用因式分解法可得

$$\Delta(s) = s^3 - 3s + 2 = (s-1)^2(s+2) = 0$$

有兩個 $s=1$ 的正實部根。除了乘上一個因子的方法外，亦可以使用 ε 擾動法如下：

　　若羅斯表在運算的過程中發生其中一列的第一個元素是零，但是該列其餘元素不為零。例如的特性方程式 $\Delta(s) = s^5 + s^4 + 2s^3 + 2s^2 + 3s + 5 = 0$，其羅斯表發生最左邊元素為 0 的困難如下所示。

$$
\begin{array}{c|ccc}
s^5 & 1 & 2 & 3 \\
s^4 & 1 & 2 & 5 \\
s^3 & 0 & -2 & 0
\end{array}
$$

其解決方法稱之為 ε 擾動，其將把 0 改換成一個非常小的正數 ε，繼續完成羅斯表，然後將 $\varepsilon \to 0^+$，檢查第一行元素的正負變號情形。若可以順利完成整個羅斯表，則可依原羅斯穩定準則判斷。

例題 5-2

針對特性方程式為 $\Delta(s) = s^5 + s^4 + 2s^3 + 2s^2 + 3s + 5 = 0$，試求系統的特性根分佈狀況。

解　$\Delta(s)$ 的所有係數均同號，而且沒有缺項，其羅斯表如下所示：

s^5	1	2	3
s^4	1	2	5
s^3	ε	-2	0
s^2	$\dfrac{2\varepsilon+2}{\varepsilon}$	5	0
s^1	$\dfrac{-4\varepsilon-4-5\varepsilon^2}{2\varepsilon+2}$	0	0
s^0	5	0	0

令 $\varepsilon \to 0^+$，由羅斯表第一行元素可知 $\dfrac{2\varepsilon+2}{\varepsilon} > 0$，$\dfrac{-4\varepsilon-4-5\varepsilon^2}{2\varepsilon+2} \approx -2$，有兩次正負變號，所以 $\Delta(s) = 0$ 有兩個正實部根。因為 $\Delta(s) = 0$ 為五次多項式，所以其餘三根為負實部根。

　　其實 ε 擾動在相關文獻上已證明，當 $\Delta(s)$ 本身具有純虛根 (pure imaginary roots)，若此時又發生羅斯表此特例的情形，則以 ε 代替 0 可能會得到錯誤的結果，所以採用 ε 方法的結果可能對也可能錯。此時我們可令 $s = \dfrac{1}{z}$ 代入原特性方程式，得到新的特性方程式 $\Delta(z) = 0$，此時 $\Delta(z) = 0$ 的根正好是 $\Delta(s) = 0$ 的根之倒數。因為任何正實部根的倒數仍為正實部根，負實部根的倒數仍為負實部根，純虛根的倒數仍為純虛根，所以羅斯表判斷 $\Delta(z) = 0$ 的根之分佈狀況，與 $\Delta(s) = 0$ 的根之分佈狀況是完全相同的。

例題 5-3

接續例題 5-2，特性方程式為 $\Delta(s) = s^5 + s^4 + 2s^3 + 2s^2 + 3s + 5 = 0$，試求系統的特性根分佈狀況。

解 由前一個例題知道建立羅斯表會出現困難，我們令 $s = \dfrac{1}{z}$，代入原特性方程式

得：$\Delta(z) = 5z^5 + 3z^4 + 2z^3 + 2z^2 + z + 1 = 0$，$\Delta(z)$ 的羅斯表如下所示：

z^5	5	2	1
z^4	3	2	1
z^3	$-\dfrac{4}{3}$	$-\dfrac{2}{3}$	0
z^2	$\dfrac{1}{2}$	1	0
z^1	2	0	0
z^0	1	0	0

檢驗羅斯表第一行元素，有兩次正負變號 $(3 \to -\dfrac{4}{3}, -\dfrac{4}{3} \to \dfrac{1}{2})$ 所以 $\Delta(z) = 0$ 有兩個正實部根。因為 $\Delta(z)$ 為五次多項式，所以其餘三個根為負實部根。又因為 $\Delta(s) = 0$ 的根與 $\Delta(z) = 0$ 的根之分佈狀況一樣，所以 $\Delta(s) = 0$ 一樣有兩個正實部根，三個負實部根。讀者可以自行用 MATLAB 的 roots 指令驗證。

2. 羅斯表中出現整列全零

這種情況表示特性方程式中存在一些絕對值相同但符號相異的特性根。例如，大小相同但符號相反的兩個實根和 (或) 一對共軛純虛根，亦或是兩對共軛複數根。

當羅斯表中出現整列全零時，可用全零列上面一列的係數形成一個輔助方程式 (auxiliary equation) $F(s) = 0$，並將輔助方程式對變數 s 進行微分，用所得導數方程式的係數取代全零列的元素，便可繼續完成完整的羅斯表。一般輔助方程式的次數通常會是偶數，它表示大小相同但符號相反的根數量。

例題 **5-4**

已知系統特性方程式為 $\Delta(s) = s^6 + s^5 - 2s^4 - 3s^3 - 7s^2 - 4s - 4 = 0$，試用羅斯穩定準則分析系統的穩定性。

解　按羅斯穩定準則的要求，列出羅斯表：

s^6	1	−2	−7	−4	
s^5	1	−3	−4	0	
s^4	1	−3	−4	0	（輔助方程式 $F(s) = 0$ 係數）
s^3	0	0	0	0	

由於出現整列為零，故用 s^4 列係數形成輔助方程式：

$$F(s) = s^4 - 3s^2 - 4 = 0$$

取輔助方程式對變數 s 的微分，得導數方程式

$$\frac{dF(s)}{ds} = 4s^3 - 6s = 0$$

用導數方程式的係數取代全零列相應的元素，繼續完成羅斯表如下

s^6	1	−2	−7	−4	
s^5	1	−3	−4	0	
s^4	1	−3	−4	0	
s^3	4	−6	0	0	（$\frac{dF(s)}{ds} = 0$ 係數）
s^2	−1.5	−4	0	0	
s^1	−16.7	0	0	0	
s^0	−4	0	0	0	

由於羅斯表第一行數值有一次符號變化，故本例系統不穩定，且有一個正實部根。如果解輔助方程式 $F(s) = s^4 - 3s^2 - 4 = 0$，可以求出產生全零列的特性方程式之根為 ±2 和 $\pm j$。透過 MATLAB 直接求解，可以求出特性方程式的根，其特性根是 ±2、$\pm j$ 及 $\frac{(-1 \pm j\sqrt{3})}{2}$，表示羅斯表的判斷結果是正確的，確實有一正根為 2。由此亦可得知輔助方程式中的純虛根亦為原特性方程式 $\Delta(s) = 0$ 的純虛根。

5-1-5　羅斯穩定準則的應用

在線性控制系統中，羅斯穩定準則主要用來判斷系統的穩定性。我們亦可以利用羅斯穩定準則來決定加入控制器之參數穩定範圍，以下以一個例子說明。

例題 5-5

考慮如下具有 PI 控制器的控制系統，試決定系統穩定之控制器增益 (K, K_I) 範圍。

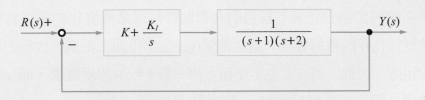

解　閉迴路特性方程式為 $\Delta(s) = s(s+1)(s+2) + Ks + K_I = 0$，則

$\Delta(s) = s^3 + 3s^2 + (2+K)s + K_I = 0$，

其羅斯表可建立如下：

s^3	1	$2+K$
s^2	3	K_I
s^1	$\dfrac{6+3K-K_I}{3}$	0
s^0	K_I	0

若閉迴路系統穩定，則特性方程式的所有根的實對均需為負，則條件是 $K_I > 0, 2+K > 0, 6+3K-K_I > 0$。因此閉迴路穩定的控制參數在 (K, K_I) 平面上如下圖所示之斜線區域。

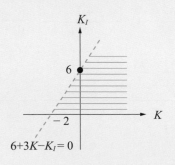

一般若控制器存在兩個控制參數，利用羅斯穩定準則判斷閉迴路穩定的參數範圍時，通常無法求出個別參數的穩定範圍。此時常利用所謂的參數平面來表達閉迴路穩定時的參數範圍。

　　另外，在利用羅斯穩定準則時，如果系統不穩定，並不能直接使用該準則指出使系統穩定的方法；如果系統穩定，準則也不能保證系統具有符合需要的暫態響應性能。換句話說，羅斯穩定準則不能顯示系統特性根在平面上相對於虛軸的距離。由高階系統單位脈衝響應可知，若負實部特性方程式的根緊靠虛軸，則由於 $|s_j|$ 或 $\zeta_k \omega_k$ 的值很小，系統暫態過程將具有緩慢的非週期特性或激烈變化的振盪特性。為了使穩定的系統具有良好的暫態響應，通常希望在 s 左半平面上系統特性根的位置離虛數軸有一定的距離。因此，可在 s 左半平面上作一條 $s = -a$ 的垂直線，而 a 是系統特性根位置與虛軸之間的最小相對距離，通常稱為相對穩定度 (relative stability)，然後用新變量 $s_1 = s + a$ 代入原系統特性方程式，得到一個以 s_1 為變數的新特性方程式，對新特性方程式應用羅斯穩定準則，可以判斷系統的特性根是否全部位於 $s = -a$ 之左邊。此外，應用羅斯穩定準則還可以確定系統一個或兩個可調參數對系統穩定性的影響，即確定一個或兩個使系統穩定，或使系統特性根全部位於 $s = -a$ 左側的參數範圍。

例題 5-6

設比例 - 積分 (PI) 控制系統如下圖所示。其中，K_1 為積分器增益待定參數。已知參數 $\zeta = 0.5$ 及 $\omega_n = 10$，試用羅斯穩定準則確定使閉迴路系統穩定的 K_1 值範圍。如果要求閉迴路系統的極點全部位於 $s = -1$ 垂直線之左側，則 K_1 值範圍為何？

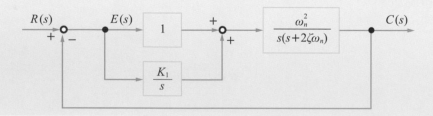

解 根據上圖可寫出系統的閉迴路轉移函數為

$$T(s) = \frac{\omega_n^2(s + K_1)}{s^3 + 2\zeta\omega_n s^2 + \omega_n^2 s + K_1\omega_n^2}$$

因而，閉迴路系統之特性方程式為

$$\Delta(s) = s^3 + 2\zeta\omega_n s^2 + \omega_n^2 s + K_1\omega_n^2 = 0$$

代入已知的 ζ 與 ω_n，得

$$\Delta(s) = s^3 + 10s^2 + 100s + 100K_1 = 0$$

相應的羅斯表為

s^3	1	100
s^2	10	$100K_1$
s^1	$100 - 10K_1$	0
s^0	$100K_1$	0

根據羅斯穩定準則，令羅斯表中第一行各元素為正，求得 K_1 值範圍為 $0 < K_1 < 10$

當要求閉迴路極點全部位於 $s = -1$ 垂線之左時，可令 $s = s_1 - 1$，代入原特性方程式，得到新特性方程式：

$$(s_1 - 1)^3 + 10(s_1 - 1)^2 + 100(s_1 - 1) + 100K_1 = 0$$

整理得 $s_1^3 + 7s_1^2 + 83s_1 + (100K_1 - 91) = 0$

相應的羅斯表為

s_1^3	1	83
s_1^2	7	$100K_1 - 91$
s_1^1	$\dfrac{672 - 100K_1}{7}$	0
s_1^0	$100K_1 - 91$	0

令羅斯表中第一行各元素均為正，使得全部閉迴路極點位於 $s = -1$ 垂直線之左的 K_1 值範圍：$0.91 < K_1 < 6.72$

5-2　穩態誤差計算

　　線性控制系統的穩態誤差，是系統控制準確度或稱精度的一種性能指標，通常稱為穩態性能。在控制系統設計中，穩態誤差是一項重要的性能指標。對於一個實際物理的控制系統，由於系統架構、輸入作用的類型 (控制量或擾動量)、輸入函數形式 (單位步階、斜坡或拋物線) 的不同，控制系統的穩態響應輸出不可能在任何條件下都與控制輸入量一致或相等，也不可能在任何形式的外部干擾作用下都能準確地恢復到原平衡點位置。此外，控制系統中一般存在摩擦、背隙、遲滯等非線性因子，這些都會影響穩態誤差。可以說，控制系統的穩態誤差是不可避免的，因此控制系統設計的任務之一就是盡量減小系統的穩態誤差，或者使穩態誤差小於某一容許值。當然，只有在系統穩定的條件下，研究穩態誤差才有意義；對於不穩定的系統而言，根本不存在穩態響應，所以研究不穩定系統的穩態誤差就不具意義。

　　本節主要討論線性控制系統在系統架構與輸入形式所產生的穩態誤差，其中包括系統型式 (system type) 與穩態誤差的關係。

5-2-1　單位回授系統穩態誤差

設控制系統架構如圖 5-2 所示。

當輸入訊號 $R(s)$ 與回授訊號不相等時，比較器的輸出誤差為

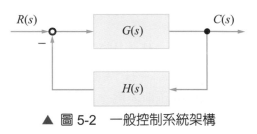

▲ 圖 5-2　一般控制系統架構

$$E(s) = R(s) - H(s)C(s) \tag{5-4}$$

此時，系統在 $E(s)$ 訊號作用下產生動作，使輸出值趨於參考輸入希望值。通常稱 $E(s)$ 為誤差訊號。由於在 $H(s) = 1$，即單位回授系統時，其理論分析較為簡單，所以就先以單位回授系統來分析其穩態誤差。

對圖 5-3 所示的一典型的單位回授控制系統，誤差訊號定義為 $e(t) = r(t) - c(t)$，所以

$$E(s) = R(s) - C(s) = R(s) - \frac{G(s)}{1+G(s)}R(s) = \frac{1}{1+G(s)}R(s) \tag{5-5}$$

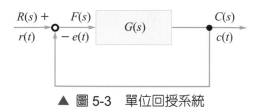

▲ 圖 5-3 單位回授系統

穩態誤差 $e(\infty)$ 定義為時間趨近於無窮大 $(t \to \infty)$ 時誤差訊號 $e(t)$ 的行為，亦即

$$e(\infty) = \lim_{t \to \infty} e(t) \tag{5-6}$$

透過拉氏轉換的終值定理來看穩態誤差 $e(\infty)$，在系統存在終值的條件下，終值定理求解 $e(\infty)$ 的表示式如下所示：

$$e(\infty) = \lim_{t \to \infty} e(t) = \lim_{s \to 0} sE(s) \tag{5-7}$$

上式 (5-7) 能夠成立的條件是 $sE(s)$ 的所有極點都必須在 s 平面的左半面，而根據式 (5-5)，就是 $s \times \dfrac{1}{1+G(s)} \times R(s)$ 的所有極點都必須在 s 平面的左半面。因為 $1+G(s)$ 正好為閉迴路的特性方程式，所以穩態誤差的考慮前提是閉迴路控制系統必須是穩定的。當然，除了閉迴路的極點之外，輸入訊號 $R(s)$ 的極點也關係著式 (5-20) 的終值定理是否成立，所以穩態誤差與閉迴路穩定性及輸入訊號的種類兩者均有關。其中若輸入訊號為標準測試訊號的單位步階函數 $R(s) = \dfrac{1}{s}$，則 $s \times \dfrac{1}{1+G(s)} \times R(s) = \dfrac{1}{1+G(s)}$，此時只要閉迴路穩定，穩態誤差公式 (5-7) 即可使用。

● 5-2-2　穩態誤差與標準測試訊號之關係

首先我們先討論穩態誤差與輸入訊號種類之關係，在此將根據常見的標準測試訊號進行討論。

1. 單位步階函數測試

輸入訊號 $r(t) = u_s(t)$，$R(s) = \dfrac{1}{s}$，則

$$
\begin{aligned}
e(\infty) &= \lim_{t \to \infty} e(t) = \lim_{s \to 0} sE(s) \\
&= \lim_{s \to 0} s \times \frac{1}{1 + G(s)} \times \frac{1}{s} \\
&= \frac{1}{1 + G(0)}
\end{aligned}
\tag{5-8}
$$

2. 單位斜坡函數測試

輸入訊號 $r(t) = t u_s(t)$，$R(s) = \dfrac{1}{s^2}$，則

$$
\begin{aligned}
e(\infty) &= \lim_{t \to \infty} e(t) = \lim_{s \to 0} sE(s) \\
&= \lim_{s \to 0} s \times \frac{1}{1 + G(s)} \times \frac{1}{s^2} \\
&= \lim_{s \to 0} \frac{1}{sG(s)}
\end{aligned}
\tag{5-9}
$$

3. 單位拋物線函數測試

輸入訊號 $r(t) = \dfrac{t^2}{2} u_s(t)$，$R(s) = \dfrac{1}{s^3}$，則

$$
\begin{aligned}
e(\infty) &= \lim_{t \to \infty} e(t) = \lim_{s \to 0} sE(s) \\
&= \lim_{s \to 0} s \times \frac{1}{1 + G(s)} \times \frac{1}{s^3} \\
&= \lim_{s \to 0} \frac{1}{s^2 G(s)}
\end{aligned}
\tag{5-10}
$$

為了更方便表達穩態誤差，我們定義下列常見的誤差常數 (error constant)，依此可將上述標準測試訊號所推導的穩態誤差公式進一步簡化，並幫助瞭解不同測試訊號下的穩態誤差。

(1) 位置誤差常數 (position error constant)：$K_p = \lim_{s \to 0} G(s) = G(0)$　　(5-11)

(2) 速度誤差常數 (velocity error constant)：$K_v = \lim_{s \to 0} sG(s)$　　(5-12)

(3) 加速度誤差常數 (acceleration error constant)：$K_a = \lim_{s \to 0} s^2 G(s)$　　(5-13)

根據誤差常數、穩態誤差與標準測試訊號間的關係，便可以用非常簡潔的方法表示如下：

(1) 單位步階輸入的穩態誤差 $e(\infty) = \dfrac{1}{1 + K_p}$　　(5-14)

(2) 單位斜坡輸入的穩態誤差 $e(\infty) = \dfrac{1}{K_v}$　　(5-15)

(3) 單位拋物線輸入的穩態誤差 $e(\infty) = \dfrac{1}{K_a}$　　(5-16)

　　基本上單位步階輸入的穩態誤差，可視為系統閉迴路調節 (定位) 追蹤能力的指標，而單位斜坡輸入與單位拋物線輸入的穩態誤差，則可分別視為系統閉迴路速度追蹤能力與加速度追蹤能力的指標。

例題 5-7

對於下圖之單位回授系統，若轉移函數 $G(s) = \dfrac{12(s+3)}{s(s+1)(s+2)}$，

試決定系統的誤差常數 K_p、K_v、K_a。

解　由公式 (5-11)、(5-12)、(5-13) 可知

$$K_p = \lim_{s \to 0} G(s) = \infty \ , \quad K_v = \lim_{s \to 0} sG(s) = 18 \ , \quad K_a = \lim_{s \to 0} s^2 G(s) = 0$$

●、5-2-3 系統型式與穩態誤差關係

接著將討論穩態誤差與系統型式 (system type) 的關係，對於如圖 5-3 之單位回授控制系統的開路轉移函數為 $G(s)$，我們假設其可表示為

$$G(s) = \frac{K(s+z_1)(s+z_2)\cdots\cdots(s+z_m)}{s^N(s+p_1)(s+p_2)\cdots\cdots(s+p_n)} \tag{5-17}$$

由分母具有 N 個在原點的極點，可定義 $G(s)$ 為型式 N 系統 (Type N system)，則系統型式與穩態誤差的關係：

1. 型式 0 系統 (Type 0 system)：$K_p =$ 常數、$K_v = 0$、$K_a = 0$。

$$e(\infty) = \frac{1}{1+G(0)} = \frac{1}{1+K_p} \tag{5-18}$$

$$e(\infty) = \lim_{s \to 0} \frac{1}{sG(s)} = \frac{1}{K_v} = \infty \tag{5-19}$$

$$e(\infty) = \lim_{s \to 0} \frac{1}{s^2G(s)} = \frac{1}{K_a} = \infty \tag{5-20}$$

2. 型式 1 系統 (Type 1 system)：$K_p = \infty$、$K_v =$ 常數、$K_a = 0$。

$$e(\infty) = \frac{1}{1+G(0)} = 0 \tag{5-21}$$

$$e(\infty) = \lim_{s \to 0} \frac{1}{sG(s)} = \frac{1}{K_v} \tag{5-22}$$

$$e(\infty) = \lim_{s \to 0} \frac{1}{s^2G(s)} = \frac{1}{K_a} = \infty \tag{5-23}$$

3. 型式 2 系統 (Type 2 system)：$K_p = \infty$、$K_v = \infty$、$K_a = $ 常數。

$$e(\infty) = \frac{1}{1 + G(0)} = 0 \tag{5-24}$$

$$e(\infty) = \lim_{s \to 0} \frac{1}{sG(s)} = 0 \tag{5-25}$$

$$e(\infty) = \lim_{s \to 0} \frac{1}{s^2 G(s)} = \frac{1}{K_a} \tag{5-26}$$

4. 型式 3 系統 (Type 3 system)：$K_p = \infty$、$K_v = \infty$、$K_a = \infty$。

$$e(\infty) = \frac{1}{1 + G(0)} = 0 \tag{5-27}$$

$$e(\infty) = \lim_{s \to 0} \frac{1}{sG(s)} = 0 \tag{5-28}$$

$$e(\infty) = \lim_{s \to 0} \frac{1}{s^2 G(s)} = 0 \tag{5-29}$$

最後，可以整理穩態誤差與系統型式關係如下表 5-1 所示。

▼ 表 5-1

系統型式	單位步階輸入	單為斜坡輸入	單位拋物線輸入
$N = 0$	$\frac{1}{1 + K_p}$	∞	∞
$N = 1$	0	$\frac{1}{K_v}$	∞
$N = 2$	0	0	$\frac{1}{K_a}$
$N = 3$	0	0	0

一般而言速度誤差並不是指系統穩態輸出與輸入之間存在速度上的誤差，而是指系統在斜坡 (速度) 輸入作用下，系統穩態響應輸出與輸入之間存在位置上的誤差，其示意圖如圖 5-4 所示。

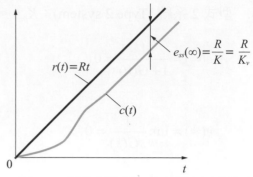

▲ 圖 5-4 單位斜坡輸入之穩態誤差示意圖

穩態誤差常數 K_p、K_v 和 K_a，描述系統追蹤不同形式輸入訊號的能力。當系統輸入訊號形式、輸出量的期望值及容許的穩態誤差確定後，可以根據穩態誤差常數去選擇系統的型式和系統增益。如果系統承受的輸入訊號是多種標準測試函數的組合，例如：

$$r(t) = R_0 \cdot u(t) + R_1 t + \frac{1}{2} R_2 t^2 \tag{5-30}$$

則根據線性重疊原理，可將每一輸入分量單獨作用於系統，再將各穩態誤差分量疊加起來，得到

$$e_{ss}(\infty) = \frac{R_0}{1+K_p} + \frac{R_1}{K_v} + \frac{R_2}{K_a} \tag{5-31}$$

例題 5-8

延續上一個例題 5-7，若輸入訊號為 $r(t) = 16 + 2t + t^2$，求系統的穩態誤差。

解 系統閉迴路轉移函數 $T(s) = \dfrac{G(s)}{1+G(s)} = \dfrac{12s+36}{s^3+3s^2+14s+36}$，雖然利用羅斯表測試，

閉迴路特性方程式 $s^3+3s^2+14s+36 = 0$ 是穩定的，但開路系統 $G(s)$ 是型式 1，$K_a = 0$，而輸入訊號有拋物線函數，因此

$$e_{ss} = \frac{16}{1+K_p} + \frac{2}{K_v} + \frac{2}{K_a} = \infty$$

例題 5-9

對於具有如下之轉移函數的單位回授系統

$$G(s) = \frac{12(s+4)}{s(s+1)(s+3)(s^2+2s+3)}$$

(1) 試求系統的誤差常數 K_p、K_v、K_a。

(2) 若輸入訊號為 $r(t) = 10 + 2t$，試求系統的穩態誤差。

解 (1)由公式 (5-11)、(5-12)、(5-13) 可知

$$K_p = \lim_{s \to 0} G(s) = \infty \text{ , } K_v = \lim_{s \to 0} sG(s) = \frac{16}{3} \text{ , } K_a = \lim_{s \to 0} s^2 G(s) = 0$$

(2)閉迴路特性方程式 $s^5 + 6s^4 + 14s^3 + 18s^2 + 21s + 48 = 0$，其羅斯表如下

s^5	1	14	21
s^4	6	18	48
s^4	1	3	8
s^3	11	13	0
s^2	1.82	8	0
s^1	-35.4	0	0
s^0	8	0	0

(上列同除以 6)

由羅斯表第一行元素可以看出有兩次正負變號 $(1.82 \to -35.4, -35.4 \to 8)$，因此特性方程式有兩個正實部根，亦即閉迴路系統不穩定，所以 $e(\infty)$ 不存在。由於系統不穩定，不能直接用穩態誤差公式，所以此題答案不是 $e(\infty) = \frac{10}{1+K_p} + \frac{2}{K_v} = \frac{3}{8}$。

　　此例題告訴我們一個非常重要的觀念，對任何系統的輸入求其輸出穩態值或穩態誤差時，一定要先檢查 $sE(s)$ 的極點是否都在 s 左半平面。因為閉迴路系統需要穩定才能求解穩態誤差。不過即使閉迴路系統穩定，穩態誤差仍與輸入訊號有關，如例題 5-8 的閉迴路系統雖然穩定，但最後穩態誤差仍然為 ∞。

例題 5-10

有一個單位回授系統如下圖所示，試求 K 值，使得系統具有 10% 穩態誤差。

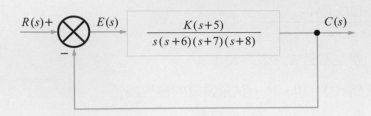

解 由於是型式 1 的系統，所以對於單位步階輸入並不存在穩態誤差，因此本題之輸入一定是斜坡輸入才會存在穩態誤差。由題意可知

$$e(\infty) = \frac{1}{K_v} = 0.1$$

所以 $K_v = 10 = \lim_{s \to 0} sG(s) = \frac{K \times 5}{6 \times 7 \times 8}$

故 $K = 672$

讀者可以自行驗證在該增益下，系統是穩定的。

例題 5-11

設具有內回授之伺服馬達位置追蹤控制系統如下圖所示。請計算 $r(t)$ 分別為 $u(t)$、t 和 $\frac{t^2}{2}$ 時，系統的穩態誤差，並對系統在不同輸入形式下具有不同穩態誤差的現象進行物理說明。

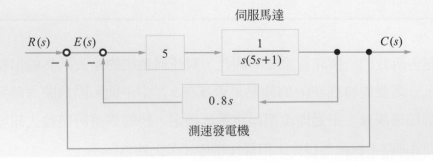

解 由題目中的圖可得系統對應單位回授的開迴路轉移函數為

$$G(s) = \frac{1}{s(s+1)}$$

可見，本例題是型式 1 系統，其穩態誤差常數：$K_p = \infty$、$K_v = 1$、$K_a = 0$。當 $r(t)$ 分別為 $u(t)$、t 和 $\dfrac{t^2}{2}$ 時，相應的穩態誤差分別為 0、1 和 ∞。

由於是型式 1 的系統，所以可以知道系統對於步階輸入訊號不存在穩態誤差。物理意義上，由於系統受到單位步階位置訊號作用後，其穩態輸出必定是一個固定的位置 (角位移)，這時伺服馬達會停止轉動。顯然，要使馬達不轉，加在馬達控制繞組上的電壓必須為零。這就意味著系統輸入端誤差訊號的穩態值應等於零。因此，系統在單位步階輸入訊號作用下，不存在穩態誤差。

當單位斜坡輸入訊號作用於系統時，系統的穩態輸出速度，必定與輸入訊號速度相同。這樣，就需要要求馬達做定速轉動，因此在馬達控制繞組上需要作用以一個定值的電壓，由此推得誤差訊號的終值應等於一個常數，所以系統存在常數速度誤差。

當加速度輸入訊號作用於系統時，系統的穩態輸出也應作等加速變化，為此要求馬達控制繞組有等速變化的電壓輸入，最後會產生誤差訊號隨時間線性增長。顯然，當 $t \to \infty$ 時，系統的加速度誤差必為無限大。

由上面分析可以看出，在系統穩態誤差分析中，只有當輸入訊號是單位步階函數、斜坡函數和拋物線函數，或者是這三種函數的線性組合時，穩態誤差常數才有意義。用穩態誤差常數求得的系統穩態誤差值，或為零、或為常數、或趨近無窮大。其本質是用終值定理法求得的系統終值誤差。因此，當系統輸入訊號是其他形式函數時，穩態誤差常數法便無法使用。

5-2-4　消除單位回授系統穩態誤差

　　若閉迴路系統是穩定的，但穩態響應不符合性能要求，使得閉迴路系統產生穩態誤差，則此時消除或改善穩態誤差就變成一個非常重要的課題。對於單位回授系統其最簡單方法就是在 $G(s)$ 前串接積分控制器 $G_c(s) = \dfrac{K}{s}$，如圖 5-5 所示。

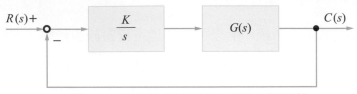

▲ 圖 5-5　串接積分控制器的單位回授系統

　　上述這種積分控制簡稱 I 控制。積分控制雖然能改善穩態響應、減少或消除穩態誤差，但其有可能會導致原系統相對穩定度降低，或破壞暫態響應性能，也可能造成閉迴路不穩定。

例題 5-12

考慮下列具有控制器 $G_c(s)$ 的單位回授系統。

$$R(s) \xrightarrow{\quad+\quad} \bigcirc \xrightarrow{-} \boxed{G_c(s)} \rightarrow \boxed{\dfrac{50}{(s+5)(s+10)}} \rightarrow C(s)$$

(1) 若控制器為 P 控制，即 $G_c(s) = K$，試決定 K 值使系統具有阻尼係數 0.5。

(2) 承上題，在單位步階輸入下，試求其穩態誤差。

(3) 請利用最簡單的積分控制器 $G_c(s) = \dfrac{K}{s}$，消除其穩態誤差。

解　系統之閉迴路轉移函數為

$$\frac{C(s)}{R(s)} = \frac{50G_c(s)}{(s+5)(s+10) + 50G_c(s)}$$

(1) 若 $G_c(s) = K$ ，根據標準二階系統的理論，

則 $\dfrac{C(s)}{R(s)} = \dfrac{50K}{s^2 + 15s + 50 + 50K} \approx \dfrac{\omega_n^2}{s^2 + 2\xi\omega_n s + \omega_n^2}$

可得 $2\xi\omega_n = 15$ ， $\omega_n^2 = 50 + 50K$ ，則 $\xi = \dfrac{15}{2\sqrt{50 + 50K}}$ ， $\omega_n = \sqrt{50 + 50K}$ 。

若要求 $\xi = 0.5$ ，則 $K = 3.5$ 。

(2) 若 $G_c(s) = K$

則包括受控系統與控制器的開路轉移函數為 $G(s) = \dfrac{50K}{(s+5)(s+10)}$ ，由羅斯表可

知對所有 $K > 0$ 閉迴路均穩定 (讀者可以自行驗證)，因此當 $K = 3.5$ 時，輸入

為單位步階函數的穩態誤差為

$$e(\infty) = \frac{1}{1 + K_p} = \frac{1}{1 + G(0)} = \frac{1}{1 + 3.5} = 0.222$$

(3) 要消除上小題中的穩態誤差，只需要提高系統的 type 即可。所以將 $G_c(s) = K$

改成 $G_c(s) = \dfrac{K}{s}$ 。但是加入積分器之後可能會破壞閉迴路系統的穩定度，因此

需檢查此時閉迴路系統是否穩定？

由於特性方程式 $\Delta(s) = s^3 + 15s^2 + 50s + 50K = 0$ ，所以羅斯表為

s^3	1	50
s^2	15	$50K$
s^1	$\dfrac{750 - 50K}{15}$	0
s^0	$50K$	0

閉迴路穩定的 K 值範圍是 $0 < K < 15$ 。取 $K = 2($ 只要 $0 < K < 15$ 即可)，此時可

令控制器為 $G_c(s) = \dfrac{2}{s}$ ，則位置誤差常數與位置穩態誤差分別為

$$K_p = \lim_{s \to 0} \frac{2}{s} \times \frac{50}{(s+5)(s+10)} = \infty$$

$$e(\infty) = \frac{1}{1 + K_p} = 0$$

亦即步階輸入的穩態誤差可被消除。

5-2-5 非單位回授系統之穩態誤差

常見非單位回授系統 (non-unit feedback system) 可以用圖 5-6 描述。

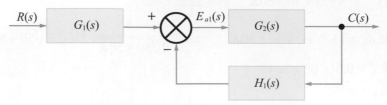

▲ 圖 5-6 非單位回授系統方塊圖

我們定義誤差函數為 $E(s) = R(s) - C(s)$，若令 $G(s) = G_1(s)G_2(s)$、$H(s) = \dfrac{H_1(s)}{G_1(s)}$，則根據方塊圖化簡程序如圖 5-7，可以將其化成單位回授系統，其等效單位回授系統之開路轉移函數為 $G_e(s) = \dfrac{G(s)}{1 + G(s)H(s) - G(s)}$，然後可以利用前面介紹之單位回授系統穩態誤差的觀念來了解此非單位回授系統之穩態誤差。

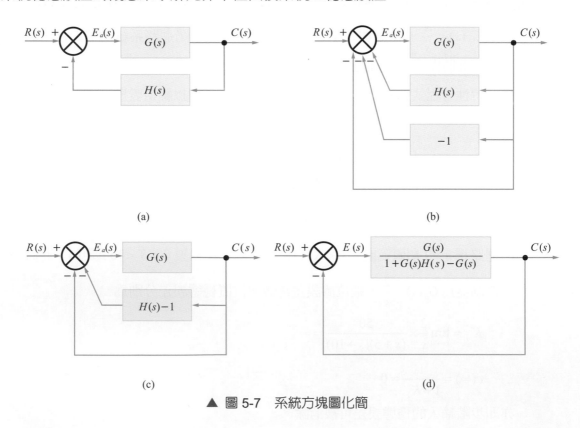

▲ 圖 5-7 系統方塊圖化簡

以下面一個例子說明非單位回授系統之穩態誤差求法。

例題 5-13

對於下圖之非單位回授系統,試求系統在單位步階輸入下的穩態誤差。

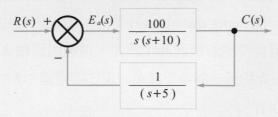

解 由題目之圖可知 $G(s) = \dfrac{100}{s(s+10)}$, $H(s) = \dfrac{1}{s+5}$,

根據前述觀念可以求得等效單位回授系統之開路轉移函數為

$$G_e(s) = \frac{G(s)}{1+G(s)H(s)-G(s)} = \frac{100(s+5)}{s^3+15s^2-50s-400}$$

該系統為型式 0 的系統,對於單位步階輸入必存在穩態誤差,可以先求出位置誤差常數為

$$K_p = \lim_{s \to 0} G_e(s) = \frac{100 \times 5}{-400} = -\frac{5}{4}$$

則穩態誤差為

$$e(\infty) = \frac{1}{1+K_p} = \frac{1}{1-(5/4)} = -4$$

穩態誤差值為負,其表示輸出響應的值會大於參考輸入值。

5-3 輸入干擾對穩態誤差影響

控制系統除承受輸入訊號作用外,還經常處於各種干擾作用之下。例如:負載的變動、放大器的雜訊、電源電壓和頻率的波動及環境溫度的變化等。因此,控制系統在外部干擾作用下的穩態誤差值,反映系統的抗干擾能力。在理想情況下,系統對於任意形式的干擾作用,其穩態誤差應為零,但實際上這是不可能實現的。由於輸入訊號和干擾訊號作用於系統不同位置，因此即使系統對於某種形式輸入訊號作用的穩態誤差為零，但對於同一形式的干擾作用，其穩態誤差未必為零。

在前面已非常詳細地討論穩態誤差的定義與分析方法，簡單而言，穩態誤差的物理意義是來自於系統輸出 $C(s)$ 追蹤命令訊號 $R(s)$ 所產生的誤差行為。但是在控制系統的設計時，輸入干擾 (input disturbance) 是另一項很困擾的問題，由於輸入干擾的存在，系統輸出將可能受到影響而產生誤差，這種因為輸入干擾所造成的新穩態誤差概念，是本節要研究的另一個重要課題。現在考慮圖 5-7 的回授控制系統，並假設系統存在輸入干擾 $D(s)$。

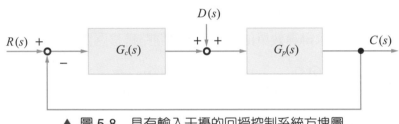

▲ 圖 5-8　具有輸入干擾的回授控制系統方塊圖

圖中 $G_p(s)$ 代表受控系統，$G_c(s)$ 代表控制器，$R(s)$ 代表參考輸入訊號，$D(s)$ 代表輸入干擾訊號，$C(s)$ 則為輸出訊號。根據圖 5-8，定義以下兩種穩態誤差的觀念。

1. 追蹤命令訊號 (參考訊號)$R(s)$ 所產生的穩態誤差

這就是前面所討論的穩態誤差，在這裡又重複說明一遍，主要是為了與另一種新的穩態誤差做比較。當討論此類穩態誤差時，必須假設輸入干擾 $D(s) = 0$，此時誤差為

$$
\begin{aligned}
E(s)\big|_{D=0} &= R(s) - C(s) = R(s) - \frac{G_c(s)G_p(s)}{1 + G_c(s)G_p(s)}R(s) \\
&= \frac{1}{1 + G_c(s)G_p(s)}R(s)
\end{aligned}
\tag{5-32}
$$

求解此類穩態誤差時，若輸入為步階、斜坡、拋物線等測試訊號，通常直接使用前面介紹的誤差常數公式即可求解。

2. 輸入干擾所產生的穩態誤差

輸入干擾 $D(s)$ 在圖 5-7 也是一種系統的輸入源，但是不同於系統的參考輸入 $R(s)$，輸入干擾是一種系統不希望存在的輸入源。若控制系統存在輸入干擾，則即使參考輸入 $R(s)$ 設定為零，系統的輸出仍會產生反應而造成誤差。根據重疊原理，我們可以令此時 $R(s) = 0$，所以理論上輸出 $C(s)$ 也應該為零，若 $C(s)$ 有響應產生，則 $-C(s)$ 的值就應該是系統的誤差量。此時誤差方程式定義為

$$E(s)\big|_{R=0} = -C(s) = \frac{-G_p(s)}{1 + G_c(s)G_p(s)} D(s) \qquad (5\text{-}33)$$

求解此類穩態誤差時不適合採用誤差常數的公式，通常僅能直接求出 $E(s)$，再使用終值定理，最後系統的整體穩態誤差會是上面兩種穩態誤差的總和。

例題 5-14

對於具有單位步階輸入與單位步階干擾之系統如下，試求整體系統之穩態誤差。

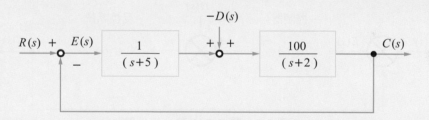

解　由題目圖中可知系統同時受到參考輸入與外部干擾的作用，此時的輸出訊號根據線性系統的重疊原理可解得為

$$C(s) = \frac{\dfrac{100}{(s+2)(s+5)}}{1 + \dfrac{100}{(s+2)(s+5)}} \times R(s) + \frac{\dfrac{100}{(s+2)}}{1 + \dfrac{100}{(s+2)(s+5)}} \times (-D(s))$$

$$= \frac{100}{s^2 + 7s + 110} \times R(s) + \frac{100(s+5)}{s^2 + 7s + 110} \times (-D(s))$$

因此誤差訊號為

$$E(s) = R(s) - C(s)$$

$$= R(s) - \frac{100}{s^2 + 7s + 110} \times R(s) + \frac{100(s+5)}{s^2 + 7s + 110} \times D(s)$$

$$= \frac{s^2 + 7s + 10}{s^2 + 7s + 110} \times R(s) + \frac{100(s+5)}{s^2 + 7s + 110} \times D(s)$$

當 $R(s)$ 與 $D(s)$ 均為單位步階函數，亦即 $R(s) = \dfrac{1}{s}$，$D(s) = \dfrac{1}{s}$，$sE(s)$ 的極點均在 s 左半平面代表系統穩定，所以利用終值定理即可求得整個系統的穩態誤差為

$$e_{(\infty)} = \lim_{s \to 0} sE(s) = \frac{10}{110} + \frac{500}{110} = \frac{51}{11}$$

其實對於具有參考輸入與外部干擾之系統的穩態誤差，可以進一步化簡，若令 $G_c(s) = G_1(s)$、$G_p(s) = G_2(s)$，如下圖 5-9 所示。

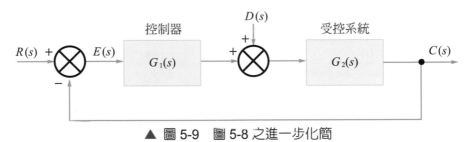

▲ 圖 5-9　圖 5-8 之進一步化簡

由前面討論可知整體誤差函數為

$$E(s) = \frac{1}{1 + G_1(s)G_2(s)} R(s) - \frac{G_2(s)}{1 + G_1(s)G_2(s)} D(s)$$

由終值定理可知

$$e(\infty) = \lim_{s \to 0} sE(s) = \lim_{s \to 0} \frac{s}{1 + G_1(s)G_2(s)} R(s) - \lim_{s \to 0} \frac{sG_2(s)}{1 + G_1(s)G_2(s)} D(s)$$

$$= e_R(\infty) + e_D(\infty)$$

其中

$$e_R(\infty) = \lim_{s \to 0} \frac{s}{1 + G_1(s)G_2(s)} R(s) \quad , \quad e_D(\infty) = -\lim_{s \to 0} \frac{sG_2(s)}{1 + G_1(s)G_2(s)} D(s)$$

若是單位步階外擾輸入，則

$$e_D(\infty) = -\frac{1}{\displaystyle\lim_{s \to 0} \frac{1}{G_2(s)} + \lim_{s \to 0} G_1(s)} \tag{5-34}$$

　　由上面的式子可以發現，對於外部干擾所造成的穩態誤差可以透過增加 $G_1(s)$ 的直流增益，或是降低 $G_2(s)$ 的直流增益來達成。

例題 5-15

對於單位回授系統之架構如下圖所示，試求系統在單位步階干擾下之穩態誤差。

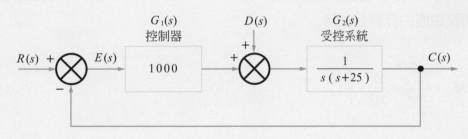

解　由前面公式 (5-34) 可知

$$e_D(\infty) = -\frac{1}{\displaystyle\lim_{s \to 0} \frac{1}{G_2(s)} + \lim_{s \to 0} G_1(s)} = -\frac{1}{0 + 1000} = -\frac{1}{1000}$$

5-4　靈敏度分析

　　系統的參數在不同的工作環境或不同的時間下，都可能改變其數值。而靈敏度是研究系統參數改變時，對系統性能影響的程度。我們可以函數 $F(k) = \dfrac{k}{k+a}$ 為例，

在 $k = 10$、$a = 100$ 的條件下，則 $F = 0.091$。若是參數 a 增大為 300，即 $a = 300$，則 $F = 0.032$，可以看到 a 的變化為 $\dfrac{300 - 100}{100} = 2$，即 a 變化 200%，這導致函數 F 改變 $\dfrac{0.032 - 0.091}{0.091} = -0.65$，即 F 變化 −65%。因此可知參數 a 的變化會影響函數 F，此影響造成的狀況變化稱為參數 a 相對函數 F 的靈敏度。以下將討論控制系統之參數對於轉移函數變化之靈敏度。

1. 定義

系統閉迴路轉移函數 $T(s)$ 的變化率對系統元件參數的變化率之比值，稱為靈敏度 (sensitivity)。例如閉迴路轉移函數 T 對系統開路元件 G 的靈敏度，即定義為 $S_{T:G}$，其中右下角第一個符號 T 代表閉迴路轉移函數，第二個符號 G 代表系統元件。

2. 靈敏度之計算公式

令 T 為閉迴路轉移函數，G 為系統開路元件。則 ΔG 為系統開路元件因任何確定或不確定因素而造成的變化量，ΔT 為閉迴路轉移函數因開路元件 G 變化而造成的變化量。則靈敏度的計算公式為

$$S_{T:G} = \frac{\dfrac{\Delta T}{T}}{\dfrac{\Delta G}{G}} = \frac{\Delta T}{\Delta G} \times \frac{G}{T} \tag{5-35}$$

若 $\Delta G \approx 0$，$\Delta T \approx 0$，即 G 與 T 均為非常微小的變化，則式 (5-35) 可近似成下列的偏微分方程式：

$$S_{T:G} = \frac{\Delta T}{\Delta G} \times \frac{G}{T} \approx \frac{\partial T}{\partial G} \times \frac{G}{T} \tag{5-36}$$

一般靈敏度的運算公式就以式 (5-36) 代表之。接下來以兩個例子說明。

例題 5-16

考慮一單位回授系統如下，請計算閉迴路轉移函數對於參數 a 之靈敏度，並討論如何降低靈敏度。

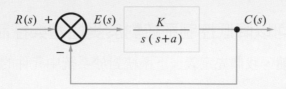

解　該系統之閉迴路轉移函數為

$$T(s) = \frac{K}{s^2 + as + K}$$

根據靈敏度公式可得

$$S_{T:a} = \frac{a}{T}\frac{\partial T}{\partial a} = \frac{a}{\dfrac{K}{s^2 + as + K}}\left[\frac{-Ks}{(s^2 + as + K)^2}\right] = \frac{-as}{s^2 + as + K}$$

由上面結果可知，增加參數 K 可以有效降低閉迴路轉移函數對於參數 a 之靈敏度。

例題 5-17

承例題 5-16，求系統在單位斜坡輸入下之穩態誤差對於參數 K 與 a 之靈敏度。

解　系統的穩態誤差為 $e(\infty) = \dfrac{1}{K_v} = \dfrac{a}{K}$

則穩態誤差對於參數 K 的靈敏度為

$$S_{e(\infty):K} = \frac{K}{e(\infty)}\frac{\partial e(\infty)}{\partial K} = \frac{K}{a/K}\left(\frac{-a}{K^2}\right) = -1$$

穩態誤差對於參數 a 的靈敏度為

$$S_{e(\infty):a} = \frac{a}{e(\infty)}\frac{\partial e(\infty)}{\partial a} = \frac{K}{a/K}\left(\frac{1}{K}\right) = 1$$

由上面結果可以知道，改變 a 或 K 都會直接影響到閉迴路穩態誤差，其中 a 的變化率直接正比於閉迴路穩態誤差，而 K 則反比於閉迴路穩態誤差。

5-5　閉迴路與開迴路系統性能比較

在前面章節有談過閉迴路跟開迴路系統的優缺點，現在有了控制系統的穩定度與靈敏度的觀念，可以利用此基礎進一步分析幾項開路系統與閉迴路系統之優缺點。

5-5-1　閉迴路可以降低控制系統對於受控體與控制元件之靈敏度

在分析優缺點之前，我們先定義一下系統對於系統中元件的靈敏度。

1. 開迴路系統：

圖 5-10 所示為一個開迴路系統，因為此時整個系統轉移函數 $T(s) = G(s)$，而系統元件就是 $G(s)$，所以 $T(s)$ 對 $G(s)$ 的靈敏度定義為

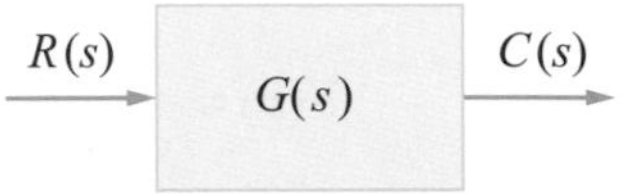

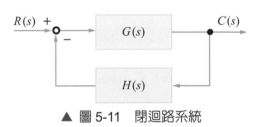

▲ 圖 5-10　開迴路系統

$$S_{T:G} = \frac{\partial T}{\partial G} \times \frac{G}{T} = 1 \tag{5-37}$$

由上式可知開迴路系統之系統元件百分百德靈敏度反應在系統轉移函數上。

2. 閉迴路系統：

圖 5-11 所示為一個閉迴路系統，因為此時整個系統轉移函數 $T(s) = \dfrac{G(s)}{1 + G(s)H(s)}$，而系統元件有 $G(s)$ 和 $H(s)$，則 $T(s)$ 對 $G(s)$ 與 $H(s)$ 的靈敏度分別為

▲ 圖 5-11　閉迴路系統

$$S_{T:G} = \frac{\partial T}{\partial G} \times \frac{G}{T} = \frac{(1+GH) - GH}{(1+GH)^2} \times \frac{G}{\dfrac{G}{1+GH}} = \frac{1}{1+GH} \tag{5-38}$$

$$S_{T:H} = \frac{\partial T}{\partial H} \times \frac{H}{T} = \frac{-G^2}{(1+GH)^2} \times \frac{H}{\dfrac{G}{1+GH}} = \frac{-GH}{1+GH} \tag{5-39}$$

根據靈敏度的定義可知，閉迴路系統轉移函數對系統任何元件的靈敏度，其大小值應該是愈小愈好。在 $|GH| \gg 1$ 時，閉迴路系統轉移函數對受控系統元件的靈敏

度，顯然要比開路系統轉移函數對受控系統元件的靈敏度 $S_{T:G}=1$ 小。這表示閉迴路系統的結構，使得閉迴路轉移函數比較不會因爲受控系統元件的變動而改變。這是控制系統採用回授結構的一個重要原因。

再者，在閉迴路系統結構中，閉迴路轉移函數對不同元件的變化而產生的靈敏度並不相同。以圖 5-11 而言，當 $|GH| \gg 1$ 時，閉迴路轉移函數對開路元件 $G(s)$ 的靈敏度 $S_{T:G}=0$，其絕對值遠小於閉迴路轉移函數對測量元件 $H(s)$ 的靈敏度 $S_{T:H}=-1$。這也代表負回授控制系統的設計中，測量元件通常要求較高的精密度與精確度，避免系統因測量元件本身產生變動而引起太大的改變。

5-5-2　閉迴路可以消除外在干擾對控制系統的影響

比較下列圖 5-12 中存在輸入干擾的開路控制系統與閉迴路控制系統。

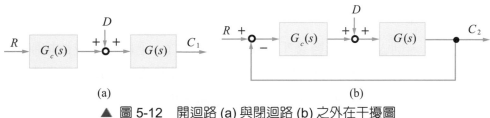

(a)　　　　　　　　　　　　　　(b)

▲ 圖 5-12　開迴路 (a) 與閉迴路 (b) 之外在干擾圖

輸入干擾 $D(s)$ 對開路及閉迴路輸出 $C_1(s)$、$C_2(s)$ 的影響分別爲

$$C_1(s) = G(s)D(s) \tag{5-40}$$

$$C_2(s) = \frac{G(s)}{1 + G_c(s)G(s)} D(s) \tag{5-41}$$

若 $|G_c G| \gg 1$ 且 $|G_c| \gg |D|$，則可推得 $C_2(s) \approx 0$，這表示閉迴路控制系統的結構可降低輸入干擾的影響。

5-5-3　閉迴路可以控制不穩定的系統，並改善其響應性能

假設受控系統 $G(s)$ 是不穩定的系統，亦即存在極點位於 s 平面的右半面或虛軸上，若開路控制系統欲穩定此系統，必須透過極零點對消的方式來達成。雖然從轉移函數外表看起來似乎 $G_c(s)G(s)$ 是穩定的，但事實上會造成系統產生內部不穩定

(internal unstable) 的現象。反之,閉迴路控制穩定系統的方法,是透過改變特性方程式 $1 + G_c(s)G(s)$ 來達到效果,這過程並不是藉由極零點對消的機制完成,因此不會產生內部不穩定的情形。而且經由適當地設計閉迴路極點的位置,更可以達到我們想要的暫態響應,調整穩態誤差,提升整個系統的響應性能。

5-5-4 閉迴路系統會受輸出雜訊影響

考慮如圖 5-13 所示存在輸出量測雜訊 (output measurement noise) 的閉迴路控制系統。假如測量器精密度不高,以致於量測雜訊 $N(s)$ 經由回授進入閉迴路系統,則輸出 $C(s)$ 受到 $N(s)$ 的影響為

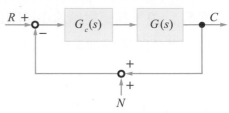

▲ 圖 5-13　閉迴路之輸出干擾圖

$$C(s) = \frac{-G_c(s)G(s)}{1 + G_c(s)G(s)} N(s) \tag{5-42}$$

若 $|G_c G| \gg 1$,則 $N(s)$ 的影響幾乎全反應到輸出 $C(s)$ 上面,造成欲控制的輸出值產生嚴重偏差。而這種現象在沒有回授設計的開迴路系統中是根本不存在的,所以閉迴路系統因為加了回授的機制,較易受量測雜訊干擾。

5-6 控制系統時域響應實例 (選讀)

在本章中已完整瞭解控制系統的時域響應分析,以下將針對幾個實例進行說明。

5-6-1 硬碟機讀取系統

例題 5-18

硬碟機讀取系統中的驅動器必須保證讀寫頭的精確位置,並減小參數變化和外部振動對讀寫頭定位造成的影響。作用於硬碟機驅動器的干擾包括外部環境中的振動、硬碟機軸承的磨損和晃動,以及元件老化引起的參數變化等。設圖 (a) 硬碟機讀寫頭驅動系統在考慮干擾作用時的架構如圖 (b) 所示,根據第 3 章例題 3-9 給定的參數,圖 (b) 可表示為圖 (c)。試討論放大器增益 K_a 值的選取對系統在單位步階輸入下的暫態響應、穩態誤差及抑制外在干擾能力的影響。

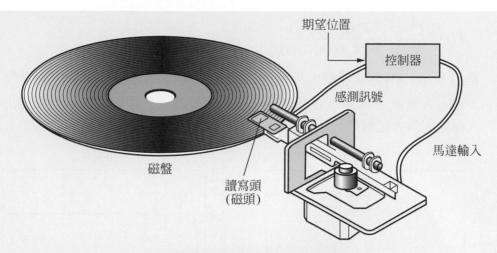

(a) 硬碟機驅動控制系統示意圖

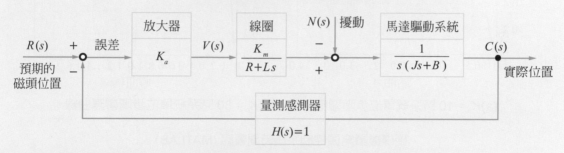

(b) 硬碟機驅動器磁頭控制系統方塊圖

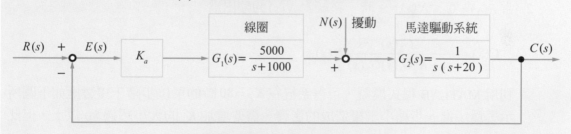

(c) 硬碟機讀寫頭控制系統結構圖

解 1. 當 $N(s) = 0$ ，$R(s) = \dfrac{1}{s}$ 時。誤差訊號轉移函數為

$$E(s) = \frac{1}{1 + K_a G_1(s) G_2(s)} R(s)$$

由終值定理可知 $\lim\limits_{t \to \infty} e(t) = \lim\limits_{s \to 0} s\left[\dfrac{1}{1 + K_a G_1(s) G_2(s)}\right]\dfrac{1}{s} = 0$

上式表示系統在單位步階輸入作用下的穩態追蹤誤差為零。這一結論與 K_a 取值無關，其主要是因為系統為型式 1 的系統。當 $N(s) = 0$ 時，閉迴路轉移函數為

$$T(s) = \frac{C(s)}{R(s)} = \frac{K_a G_1(s) G_2(s)}{1 + K_a G_1(s) G_2(s)}$$

利用 MATLAB 程式模擬，可得 $K_a = 10$ 與 $K_a = 80$ 時系統的單位步階響應如圖下所示，當 $K_a = 80$ 時，系統對輸入指令的響應速度明顯較快，但響應出現較大振盪與最大超越量。

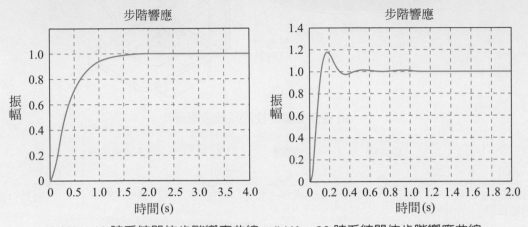

(a)$K_a = 10$ 時系統單位步階響應曲線　　(b)$K_a = 80$ 時系統單位步階響應曲線

硬碟機讀寫頭控制系統時間響應 (MATLAB)

2. 當 $R(s) = 0$ ，$N(s) = \dfrac{1}{s}$ 時。系統對 $N(s)$ 的輸出為

$$C(s) = -\frac{G_2(s)}{1 + K_a G_1(s) G_2(s)} N(s)$$

利用 MATLAB 程式模擬，可得系統在 $K_a = 80$ 時的單位步階干擾響應如下圖所示，為了進一步縮小干擾造成的影響，需要增加 K_a 的大小超過 80 以上，但此時系統的單位步階響應會出現讓系統不能接受的振盪。因此，有必要進一步研究控制策略及 K_a 的設計值，以使系統響應能夠滿足既快速又不振盪的要求。

MATLAB 程式如下：

```
Ka=[10 80];T=[4 2];
for i=1:1:2
    G1=tf([5000],[1 1000]);          % 線圈轉移函數
    G2=zpk([],[0 -20],1);            % 馬達驅動系統轉移函數
```

```
    G=Ka(i)*series(G1,G2);
    sys=feedback(G,1);
    t=0:0.005:T(i);
    figure(i);step(sys,t);grid        % 單位步階響應
end
figure(3);sysn=-feedback(G2,Ka(2)*G1);
step(sysn,T(2));grid                          %Ka=80 時系統單位步階干擾響應曲線
```

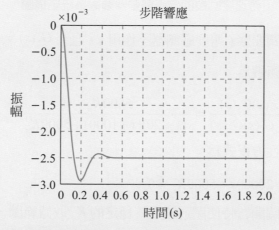

K_a = 80 時硬碟機讀寫頭控制系統對單位步階干擾的響應 (MATLAB)

3. 為了使上述讀寫頭控制系統的性能滿足下表所示的設計指標要求，我們在系統中增加速度感測器，其架構如下圖所示。圖中 $G_1(s) = \dfrac{5000}{s+1000}$ 。
接著將選擇放大器增益 K_a 和速度感測器傳遞系數 K_1 的數值。

帶速度回授的磁碟驅動器系統性能要求

性能指標	要求值	實際值
最大超越量	<5%	0%
安定時間	<250ms	261ms
單位擾動最大響應	$< 5 \times 10^{-3}$	

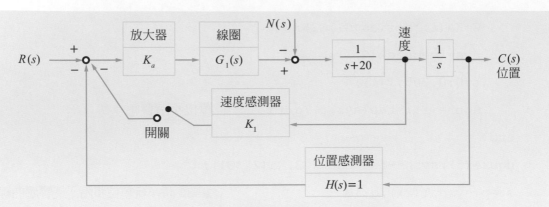

帶速度回授的磁碟驅動器讀取系統結構圖

令速度感測開關開啟 (速度感測器不作用)，且令 $G_2(s) = \dfrac{1}{s(s+20)}$

則閉迴路轉移函數為

$$\frac{C(s)}{R(s)} = \frac{K_a G_1(s) G_2(s)}{1 + K_a G_1(s) G_2(s)} = \frac{5000 K_a}{s(s+20)(s+1000) + 5000 K_a}$$

於是閉迴路特性方程式為

$$s^3 + 1020 s^2 + 20000 s + 5000 K_a = 0$$

為了確定在開關開啟時使閉迴路系統穩定的 K_a 取值範圍，做如下羅斯表：

s^3	1	20000
s^2	1020	$5000 K_a$
	b_1	0
s^0	$5000 K_a$	0

其中 $b_1 = \dfrac{1020 \times 20000 - 5000 K_a}{1020}$

當 $K_a = 4080$ 時，$b_1 = 0$，出現臨界穩定情況。由羅斯表可得輔助方程式

$$1020 s^2 + 5000 \times 4080 = 0$$

解其方程式得系統的一對純虛根為。顯然，此時系統穩定的 K_a 值範圍應取

$$0 < K_a < 4080$$

當速度感測器開關閉合時 (速度感測器有作用)，系統中加入速度回授。此時閉迴路系統轉移函數

$$\frac{C(s)}{R(s)} = \frac{K_a G_1(s) G_2(s)}{1 + [K_a G_1(s) G_2(s)](1 + K_1 s)} = \frac{5000 K_a}{s(s+20)(s+1000) + 5000 K_a(1 + K_1 s)}$$

於是得閉迴路特性方程式為

$$s^3 + 1020s^2 + (20000 + 5000K_aK_1)s + 5000K_a = 0$$

其羅斯表為

s^3	1	$20000 + 5000K_aK_1$
s^2	1020	$5000K_a$
s^1	b_1	0
s^0	$5000K_a$	0

其中 $b_1 = \dfrac{1020(20000 + 5000K_aK_1) - 5000K_a}{1020}$

為保證系統的穩定性，在 $K_a > 0$ 的條件下，參數對 (K_a, K_1) 的取值應使 $b_1 > 0$。當取 $K_1 = 0.05$、$K_a = 100$ 時，利用 MATLAB 軟體模擬可得系統響應如圖所示。

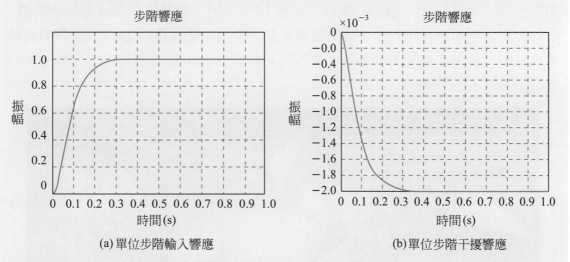

(a) 單位步階輸入響應 (b) 單位步階干擾響應

帶速度回授的硬碟機讀寫頭系統的時間響應 (MATLAB)

MATLAB 程式：

```
Ka=100;K1=0.05;
G1=tf([5000],[1 1000]);              % 馬達線圈模型
G2=zpk([],[0 -20],1);                % 馬達驅動模型
H1=tf([K1 1],[0 1]);                 % 速度位置回授
G=series(G1,G2);sys=feedback(Ka*G,H1);    % 輸入端閉迴路轉移函數
Gn=series(Ka*G1,H1);sysn=-feedback(G2,Gn);
                                     % 干擾端閉迴路轉移函數
```

```
t=0:0.01:1;
figure(1);step(sys,t);grid                    % 單位步階輸入響應
figure(2);step(sysn,t);grid                   % 單位步階干擾響應
```

若取安定時間誤差範圍為 2%，所設計系統的性能指標如上表所示。

由表可以知道，以上設計可以幾乎滿足原先的性能指標要求。如果需要更嚴格達到安定時間不大於 250ms 的指標要求，則應重新考慮 K_1 的值。

5-6-2 哈伯太空望遠鏡指向控制

例題 5-19

如圖所示的哈伯太空望遠鏡於 1990 年 4 月 14 日發射至離地球 611km 的太空軌道，它的發射與應用將人類對於宇宙的研究推進一大步。望遠鏡的 2.4m 鏡頭擁有當時全世界所有鏡頭中最光滑的表面，其指向系統能在 644km 以外將視野聚集在一枚硬幣大小上。

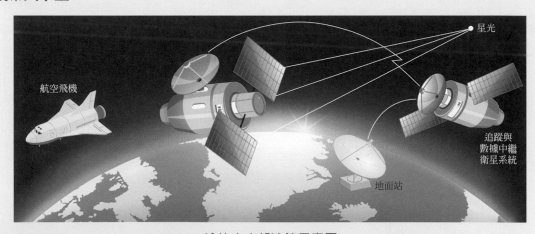

哈伯太空望遠鏡示意圖

望遠鏡的偏差在 1993 年 12 月的一次太空任務中進行大範圍的校正。哈伯太空望遠鏡指向系統模型如下圖 (a) 所示，經簡化後的架構圖如下圖 (b) 所示。

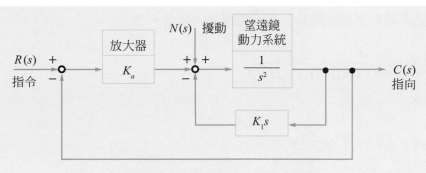

(a) 哈伯太空望遠鏡指向系統架構圖

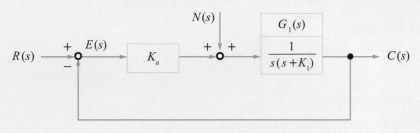

(b) 簡化架構圖

設計目標是選擇放大器增益 K_a 和具有增益調節的測速回授增益 K_1，使指向控制系統滿足如下性能：

1. 在單位步階指令 $r(t)$ 作用下，系統輸出的最大超越量小於或等於 10%。

2. 在斜坡輸入作用下，穩態誤差較小。

3. 減小單位步階干擾的影響。

解　由題目圖 (b) 知，系統開迴路轉移函數為

$$G(s) = \frac{K_a}{s(s+K_1)} = \frac{K}{s(\frac{s}{K_1+1})}$$

其中 $K = \dfrac{K_a}{K_1}$ 為開迴路增益。

系統在輸入與干擾同時作用下的輸出為

$$C(s) = \frac{G(s)}{1+G(s)} R(s) + \frac{G_1(s)}{1+G(s)} N(s)$$

誤差轉移函數為

$$E(s) = \frac{1}{1+G(s)} R(s) - \frac{G_1(s)}{1+G(s)} N(s)$$

1. 滿足系統對單位步階輸入最大超越量的要求。令

$$G(s) = \frac{K_a}{s(s+K_1)} = \frac{\omega_n^2}{s(s+2\xi\omega_n)}$$

可得

$$\omega_n = \sqrt{K_a} \ , \ \xi = \frac{K_1}{2\sqrt{K_a}}$$

因為

$$M_o\% = 100e^{-\pi\xi/\sqrt{1-\xi^2}}\%$$

可得

$$\xi = \frac{1}{\sqrt{1 + \dfrac{\pi^2}{(\ln M_0)^2}}}$$

代入 $M_o = 0.1$，求出 $\xi = 0.59$，取 $\xi = 0.6$。因而，在滿足 $M_o\% \le 10\%$ 的性能要求下，應選

$$K_1 = 2\xi\sqrt{K_a} = 1.2\sqrt{K_a}$$

2. 滿足斜坡輸入作用下穩態誤差的要求。令 $r(t) = At$，因為是型式 1 系統，所以穩態誤差為 A/K_v，意即

$$e_{ssr}(\infty) = \frac{A}{K} = \frac{AK_1}{K_a}$$

其 K_1 與 K_a 選擇應滿足 $M_o\% \le 10\%$ 要求，即應有 $K_1 = 1.2\sqrt{K_a}$，故有

$$e_{ssr}(\infty) = \frac{1.2A}{\sqrt{K_a}}$$

上式表示 K_a 的選取應盡可能的大。

3. 減小單位步階干擾的影響。因為干擾作用下的穩態誤差

$$e_{ssn}(\infty) = \lim_{s \to 0} sE_n(s) = -\lim_{s \to 0} sC_n(s)$$

$$= -\lim_{s \to 0} s\frac{G_1(s)}{1+G(s)}N(s) = -\lim_{s \to 0} s\frac{1}{s^2+K_1 s+K_a}\frac{1}{s} = -\frac{1}{K_a}$$

由上式可知，增大 K_a 可以同時減小 $e_{ssn}(\infty)$ 及 $e_{ssr}(\infty)$。

在實際物理系統中，K_a 的選取必須受到限制，以使系統工作在線性區域。當取 $K_a = 100$ 時，有 $K_1 = 12$，所設計的系統如下圖 (a) 所示；系統對單位步階輸入和單位步階干擾的響應如下圖 (b) 所示。由圖中可以看出，干擾的影響很小。此時

$$e_{ssn}(\infty) = -0.01 \text{ , } e_{ssr}(\infty) = 0.12A$$

得到一個很好的輸出響應結果，其 MATLAB 程式如下：

```
Ka=100;K1=12;
G1=zpk([],[0 -K1],1);
sys=feedback(Ka*G1,1);           % 輸入端閉迴路轉移函數
sysn=feedback(G1,Ka);            % 外擾端閉迴路轉移函數
t=0:0.01:2;
step(sys,t); hold on;            % 單位步階輸入響應曲線
step(sysn,t);grid                % 單位步階干擾響應曲線
```

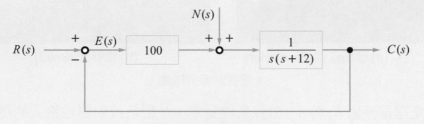

(a) 所設計的系統架構圖

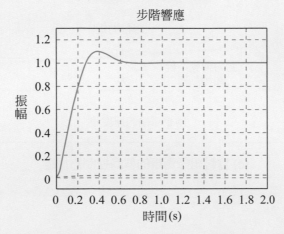

(b) 系統對單位步階輸入 (實線) 和單位步階干擾 (虛線) 的時間響應 (MATLAB)

哈伯太空望遠鏡指向系統設計結果

● 5-6-3 火星探測車轉向控制

例題 5-20

1997 年 7 月 4 日，以太陽能作動力的「逗留者號」探測車在火星上登陸，其外形如下圖 (a) 所示。探測車總質量 10.4kg，可由地球上發出的路徑控制訊號 $r(t)$ 進行遙控。探測車的兩組車輪以不同的速度運行，以達成裝置的差速轉向。為了進一步探測火星上是否有水，2004 年美國國家航空暨太空總署又發射了「精神號」火星探測器。圖 (b) 為「精神號」外形圖。由圖可見，「精神號」與「逗留者號」有許多相似的地方，但「精神號」上的裝備與技術更為先進。本例僅研究「逗留者號」探測車轉向控制系統，如圖 (c)，其方塊圖如圖 (d) 所示。

(a) 逗留者號 (Sojourner)　　　　　　　　(b) 精神號 (Spirit)

火星探測車外形圖

設計目標是選擇參數 K_1 與 a，確保系統穩定，並使系統對斜坡輸入的穩態誤差小於或等於輸入指令振幅的 24%。

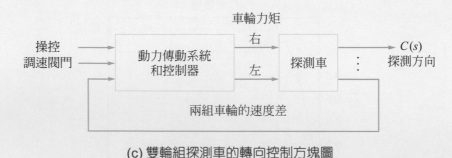

(c) 雙輪組探測車的轉向控制方塊圖

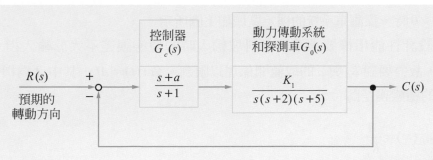

(d) 方塊圖

火星探測車轉向控制系統

解 由題目圖 (d) 可知，閉迴路轉移函數分母為

$$1 + G_c(s)G_0(s) = 0$$

即

$$1 + \frac{K_1(s+a)}{s(s+1)(s+2)(s+5)} = 0$$

可得特性方程式為

$$s^4 + 8s^3 + 17s^2 + (10 + K_1)s + aK_1 = 0$$

為了確定 K_1 和 a 的穩定區域，建立如下羅斯表：

s^4	1	17	aK_1
s^3	8	$10 + K_1$	0
s^2	$\dfrac{126 - K_1}{8}$	aK_1	0
s^1	$\dfrac{1260 + (116 - 64a)K_1 - K_1^2}{126 - K_1}$	0	0
s^0	aK_1	0	0

由羅斯穩定準則可知，使火星探測車閉迴路穩定的充分必要條件為

$$K_1 < 126$$

$$aK_1 > 0$$

$$1260 + (116 - 64a)K_1 - K_1^2 > 0$$

當 $K_1 > 0$ 時，探測車系統的穩定區域如下圖所示。

由於設計性能指標要求系統在斜坡輸入時的穩態誤差不大於輸入指令振幅的 24%，故需要對 K_1 與 a 的取值關係加以限制。令 $r(t) = At$，其中 A 為指令斜率，系統的穩態誤差為

$$e_{ss}(\infty) = \frac{A}{K_v}$$

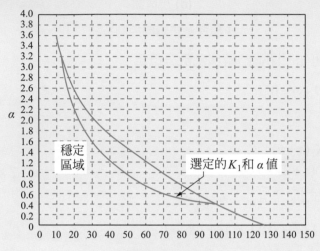

火星探測車穩定區域

式中，速度誤差常數

$$K_v = \lim_{s \to 0} sG_c(s)G_0(s) = \frac{aK_1}{10}$$

可得穩態誤差

$$e_{ss}(\infty) = \frac{10A}{aK_1}$$

若取 $aK_1 = 42$，則 $e_{ss}(\infty)$ 等於 A 的 23.8%，正好滿足本題性能指標要求。因此，在如圖的穩定區域中，且 $K_1 < 126$ 的限制條件下，可任取滿足 $aK_1 = 42$ 的 a 與 K_1 值。例如：$K_1 = 70$，$a = 0.6$；或者 $K_1 = 50$，$a = 0.84$ 等參數組合。待選參數取值範圍：$K_1 = 15 \sim 100$，$a = 0.42 \sim 2.8$。本題的 MATLAB 軟體模擬就留給讀者自行練習。

根軌跡分析

根軌跡是分析和設計古典控制系統的一種圖解法,使用上十分簡便,特別是在進行複雜的多迴路系統分析時,配合電腦軟體 MATLAB 的根軌跡工具箱,可以非常容易的進行控制系統分析與設計,因此在實際工程控制系統中是經常使用的方法。本章節主要介紹根軌跡的基本概念、根軌跡與系統性能的關係,藉由從閉迴路極零點與開迴路極零點之間的關係推導出根軌跡方程式,然後以大小與相角的形式進行根軌跡製圖,而後形成閉迴路系統的特性方程式根軌跡,其主要精神是透過開迴路轉移函數繪製閉迴路轉移函數的特性根。

6-1 根軌跡的基本概念

6-1-1 根軌跡定義

控制系統的暫態響應及相對穩定度與閉迴路極點在 s 平面上的位置有直接的關係。系統中若有參數發生改變,則極點也會跟著改變。所以用系統增益或控制增益做為變數,隨著此增益的變化而繪出閉迴路系統極點 (特性方程式的根) 在 s 平面上的位置變化軌跡,即定義為根軌跡 (root locus)。

當閉迴路系統沒有發生極零點對消時,閉迴路系統特性方程式 (轉移函數的分母多項式) 的根就是閉迴路轉移函數的極點。因此從已知的開迴路轉移函數極零點位置及某一變化的增益或參數來求取閉迴路極點的分佈,其實際上就是解決閉迴路特性方程式的根求解問題。當特性方程式的階數為三階以上時,除了應用 MATLAB 軟體工具箱求解外,利用人工求解特性方程式根的過程是比較困難與複雜的。如果要研究系統某增益變化對閉迴路特性方程式根的影響,就需要進行大量的反覆計算,且無法同時看出其分布**趨勢與影響**。因此對於高階系統特性方程式根的求解問題，直接由計算解析解求得是不方便的，尤其是在早期電腦尚未發明與普及之前。於是在 1948 年，Walter R. Evans 提出根軌跡法，此法說明當開迴路增益或其他參數改變時，其對應的閉迴路系統極點均可以在根軌跡圖上清楚確定與畫出。而由前面章節可以知道，系統的穩定性可由系統閉迴路極點來確定，而系統的暫態響應性能和穩態響應又與閉迴路極零點在 s 平面上的位置有密切的關係，所以根軌跡圖不僅可以直接揭露出閉迴路系統時間響應的全部訊息，而且可以指出開迴路系統極零點應該如何改變，才能滿足給定的閉迴路系統性能指標要求。

為了具體解釋根軌跡的概念，以下先以一個簡單的例子來說明。假設控制系統如圖 6-1(a) 所示。

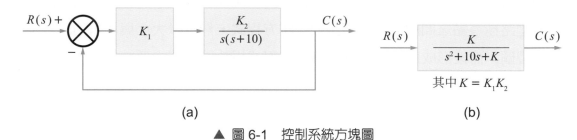

(a)　　　　　　　　　　　　　　　(b)

▲ 圖 6-1　控制系統方塊圖

其閉迴路轉移函數如圖 6-1(b) 所示。

$$T(s) = \frac{C(s)}{R(s)} = \frac{K}{s^2 + 10s + K} \tag{6-1}$$

則其特性方程式為

$$s^2 + 10s + K = 0 \tag{6-2}$$

顯然特性方程式的根是

$$s_{1,2} = \frac{-10 \pm \sqrt{10^2 - 4K}}{2} = \frac{-10 \pm \sqrt{D}}{2} \tag{6-3}$$

根據 K 的不同，可以分成下列三種情形：

Case(1)：$\begin{cases} D = 10^2 - 4K > 0 \\ K < 25 \end{cases}$ →兩相異實根

Case(2)：$\begin{cases} D = 10^2 - 4K = 0 \\ K = 25 \end{cases}$ →兩相等實根

Case(3)：$\begin{cases} D = 10^2 - 4K < 0 \\ K > 25 \end{cases}$ →兩共軛複數根

我們可以將開迴路增益 K 從零變到無窮大，只要將 K 的值代入上面式子，即可完整求出閉迴路轉移函數的全部極點位置，將這些極點標記在平面上。例如表 6-1 之 K 值所對應的極點。

▼ 表 6-1　K 值所對應之極點

K	極點 1	極點 2
0	-10	0
5	-9.47	-0.53
10	-8.87	-1.13
15	-8.16	-1.84
20	-7.24	-2.76
25	-5	-5
30	$-5 + j2.24$	$-5 - j2.24$
35	$-5 + j3.16$	$-5 - j3.16$
40	$-5 + j3.87$	$-5 - j3.87$
45	$-5 + j4.47$	$-5 - j4.47$
50	$-5 + j5$	$-5 - j5$

將其畫在複數平面上可得圖 6-2。

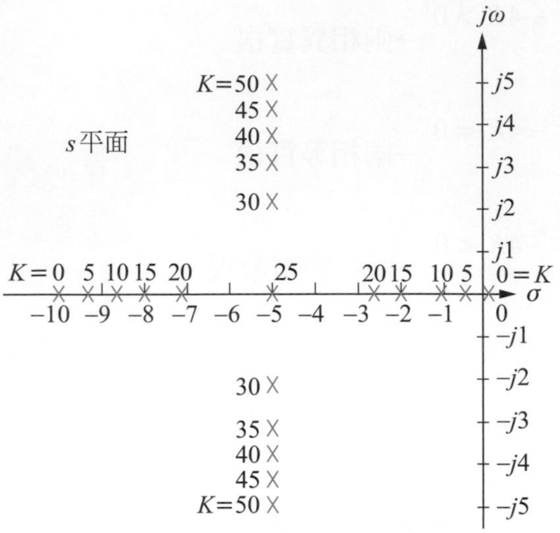

▲ 圖 6-2　$\dfrac{C(s)}{R(s)} = \dfrac{K}{s^2 + 10s + K}$ 不同 K 值之極點分佈圖

　　順著 K 值的變化將其連起來可得如圖 6-3 所示之實線。圖上藍色實線就稱為系統的根軌跡，其中根軌跡上的箭頭表示隨著 K 值的增加，特性方程式根的變化趨勢，而標註的數值則代表與閉迴路極點位置相對應的開迴路增益 K 的數值。

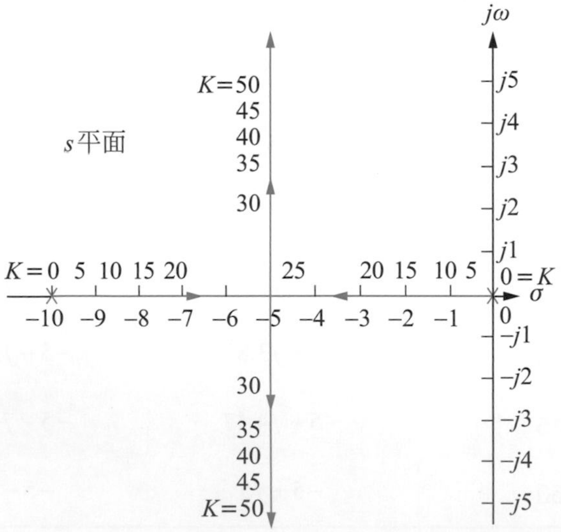

▲ 圖 6-3　$\dfrac{C(s)}{R(s)} = \dfrac{K}{s^2 + 10s + K}$ 的根軌跡圖

🍏 6-1-2　根軌跡與系統性能

有了根軌跡圖就可以分析該系統的各種性能。以下將用圖 6-3 為例進行說明。

1. 穩定性

當開迴路增益從零變到無窮大時，圖 6-3 上的根軌跡不會越過虛數軸進入右半平面，因此圖 6-1 之系統對所有的 K 值都是穩定的。這與前面利用羅斯表來判斷系統穩定性所得出的結論完全相同。如果分析其他高階系統的根軌跡，那麼根軌跡就有可能越過虛數軸進入 s 右半平面，此時根軌跡與虛數軸交點處的 K 值，就是該系統的臨界穩定參數值。

2. 穩態響應

由圖 6-3 可以看出，開迴路系統在座標原點有一個極點，所以系統屬於型式 1 的系統，根據前面章節介紹的穩態誤差求法，可知速度誤差常數為 $\dfrac{K}{10}$。如果給定系統的穩態誤差規格，則由根軌跡圖可以確定閉迴路系統極點位置的容許範圍。

3. 暫態響應

由圖 6-3 可知當 $0 < K < 25$ 時，所有閉迴路系統極點位於實軸上，此時系統為過阻尼系統（$\zeta > 1$），對於單位步階輸入會呈現非週期響應；而當 $K = 25$ 時，閉迴路出現兩個相等實數極點，此時系統為臨界阻尼系統（$\zeta = 1$），單位步階響應仍為非週期響應，但響應速度較 $0 < K < 25$ 情況為快；當 $K > 25$ 時，閉迴路系統極點為共軛複數，系統為欠阻尼系統（$0 < \zeta < 1$），其單位步階響應為阻尼振盪過程，且最大超越量將隨 K 值的增大而加大，但安定時間的變化則較不明顯，其根軌跡分佈與暫態響應的關係如圖 6-4 所示。

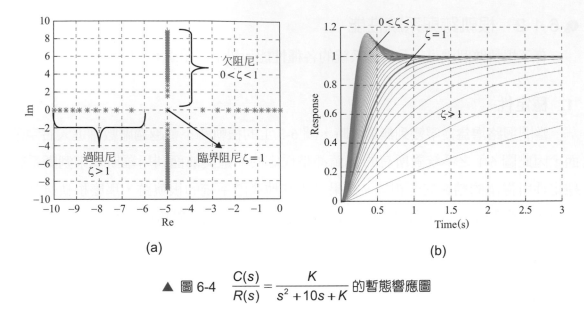

(a)   (b)

▲ 圖 6-4　$\dfrac{C(s)}{R(s)} = \dfrac{K}{s^2 + 10s + K}$ 的暫態響應圖

如果利用 MATLAB 的根軌跡工具箱指令，則圖 6-3 之程式如下：

%% 圖 6-3 根軌跡程式

```
num = 1;                    %% 開迴路轉移函數分子
den = [1 10 0];             %% 開迴路轉移函數分母
rlocus(num,den)            %% 根軌跡圖繪製指令
```

上面指令將畫出參數 K 值由 0 變化到無窮大之閉迴路系統根軌跡分佈圖，如圖 6-5 所示，其中 $K = 44$(Gain：44) 之暫態響應特性可以利用滑鼠移到黑色實心小方框處得到。

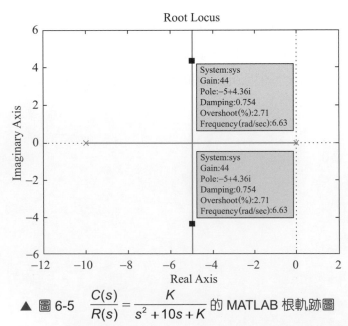

▲ 圖 6-5　$\dfrac{C(s)}{R(s)} = \dfrac{K}{s^2 + 10s + K}$ 的 MATLAB 根軌跡圖

　　上述分析說明根軌跡與系統性能之間有著密切的關係。然而對於高階系統而言，用解析的方法繪製系統的根軌跡圖顯然是非常困難的。我們希望能有簡便的圖解方法，可以根據已知的開迴路轉移函數迅速繪出閉迴路系統的根軌跡。接下來將介紹閉迴路轉移函數極零點與開迴路轉移函數極零點之間的關係。

● 6-1-3　閉迴路極零點與開迴路極零點之間的關係

　　由於開迴路零、極點是已知的，若能建立開迴路零、極點與閉迴路零、極點之間的關係，將有助於閉迴路系統根軌跡的繪製，並由此導出根軌跡方程式。

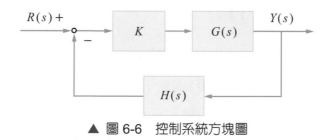

▲ 圖 6-6　控制系統方塊圖

設控制系統如圖 6-6 所示，其閉迴路轉移函數為

$$T(s) = \frac{KG(s)}{1 + KG(s)H(s)} \tag{6-4}$$

在一般情況下，前進路徑轉移函數 $G(s)$ 和回授路徑轉移函數 $H(s)$ 可分別表示為

$$G(s) = \frac{\prod_{i=1}^{f}(s - z_i)}{\prod_{i=1}^{q}(s - p_i)} \tag{6-5}$$

以及

$$H(s) = \frac{\prod_{j=1}^{l}(s - z_j)}{\prod_{j=1}^{h}(s - p_j)} \tag{6-6}$$

於是，圖 6-6 系統不包含增益的開迴路轉移函數可表示為

$$G(s)H(s) = \frac{\prod_{i=1}^{f}(s-z_i)\prod_{j=1}^{l}(s-z_j)}{\prod_{i=1}^{q}(s-p_i)\prod_{j=1}^{h}(s-p_j)} = \frac{\prod_{i=1}^{m}(s-z_i)}{\prod_{j=1}^{n}(s-p_j)} \tag{6-7}$$

對於有 m 個開迴路零點和 n 個開迴路極點的系統，必有 $f+l=m$ 和 $q+h=n$。將式 (6-5) 和式 (6-7) 代入式 (6-4)，得閉迴路轉移函數如下：

$$T(s) = \frac{K\prod_{i=1}^{f}(s-z_i)\prod_{j=1}^{h}(s-p_j)}{\prod_{j=1}^{n}(s-p_j)+K\prod_{i=1}^{m}(s-z_i)} \tag{6-8}$$

比較式 (6-7) 和式 (6-8)，可得出以下結論：

1. 閉迴路零點由開迴路前進路徑轉移函數 $G(s)$ 的零點和回授迴路轉移函數 $H(s)$ 的極點所組成。對於單位回授系統 ($H(s) = 1$)，閉迴路零點就是開迴路零點。
2. 閉迴路極點與開迴路零點、開迴路極點以及根軌跡增益 K 均有關。

　　根軌跡法的基本任務在於由已知的開迴路極零點分佈和根軌跡增益 K，通過圖解的方法找出閉迴路極點。一旦確定閉迴路極點後，閉迴路轉移函數的形式便不難確定，因為閉迴路零點可由式 (6-8) 直接得到。在已知閉迴路轉移函數的情況下，閉迴路系統的時間響應可利用拉氏反轉換的方法求出。

6-1-4　根軌跡滿足的方程式

　　根軌跡是系統所有閉迴路極點的集合。為了用圖解法確定所有閉迴路極點，可以令閉迴路轉移函數表示式 (6-4) 的分母為零，得到閉迴路系統特性方程式

$$1 + KG(s)H(s) = 0 \tag{6-9}$$

由式 (6-8) 可見，當系統有 m 個開迴路零點和 n 個開迴路極點時，式 (6-9) 必須滿足

$$G(s)H(s) = \frac{\prod_{i=1}^{m}(s-z_i)}{\prod_{j=1}^{n}(s-p_j)} = -\frac{1}{K} \tag{6-10}$$

　　式中，z_i 為已知的開迴路零點，p_j 為已知的開迴路極點，K 從零變化到無窮大。將式 (6-10) 稱為根軌跡方程式。根據式 (6-10)，可以畫出當 K 從零變化到無窮大時，系統的根軌跡連續變化。所以，只要閉迴路特性方程式可以化成式 (6-10) 的形式，就可以繪製出根軌跡的圖形。根軌跡方程式實質上是一個向量方程式，必須同時滿足大小與相位方程式。首先由 -1 的複數型式表示可知

$$-1 = 1 \cdot e^{j(2k+1)\pi} \text{ , } k = 0, \pm 1, \pm 2, \cdots \cdots \tag{6-11}$$

　　再由方程式 (6-10) 可以發現必須滿足大小為 $\dfrac{1}{|K|}$，相角為 $(2k+1) \cdot \pi$，因此根軌跡方程式 (6-10) 必須滿足下列兩個方程式：

1. 相角方程式 (angle condition equation)

$$\angle G(s)H(s) = \sum_{j=1}^{m} \angle(s - z_j) - \sum_{i=1}^{n} \angle(s - p_i) = (2k+1)\pi \text{ , } k = 0, \pm 1, \pm 2, \cdots\cdots \tag{6-12}$$

一般可以取 $k = 0$，即滿足 $\angle G(s)H(s) = \pi = 180°$。

2. 大小方程式 (magnitude condition equation)

$$|G(s)H(s)| = \left| \frac{\prod_{i=1}^{m}(s - z_i)}{\prod_{j=1}^{n}(s - p_j)} \right| = \frac{1}{|K|} \text{ , 即}$$

$$|K| = \frac{\prod_{j=1}^{n}|(s - p_j)|}{\prod_{i=1}^{m}|(s - z_i)|} \tag{6-13}$$

　　根據這兩個方程式的條件，可以完全確定 s 平面上的根軌跡和根軌跡上該點對應的 K 值。其中相角條件是確定 s 平面上根軌跡的充分必要條件，這就是說繪製根軌跡時，只需要使用相角條件即可。而當需要確定根軌跡上各點的 K 值時，才會使用大小條件計算。

例題 6-1

對於圖 6-1(a) 的系統，試判斷下列哪些 s 值落在根軌跡上？

(1) $s = -8$，(2) $s = -12$，(3) $s = -5 + 2j$，(4) $s = -6 + 2j$

解 要確認上面中的 s 值是否位在根軌跡上，就必須確認其是否滿足上述的相角方程式與大小方程式，即 s 值須滿足如下：

$$\left| K \frac{1}{s(s+10)} \right|_{s_{candidate}} = 1 \text{ 與 } \angle \left(K \frac{1}{s(s+10)} \right) \Bigg|_{s_{candidate}} = \pm 180°$$

(1) 當 $s = -8$

$$\left| K \frac{1}{s(s+10)} \right|_{s=-8} = 1 \Rightarrow \left| K \frac{1}{-8(-8+10)} \right| = \frac{K}{16} = 1 \Rightarrow K = 16$$

$$\angle K \frac{1}{s(s+10)} \Bigg|_{s=-8} = \angle [\frac{16}{-8(-8+10)}] = \angle(-1) = -180°$$

由此可見 $s = -8$ 位在根軌跡上，且對應之 K 值為 16。

(2) 當 $s = -12$

$$\left| K \frac{1}{s(s+10)} \right|_{s=-12} = 1 \Rightarrow \left| K \frac{1}{-12(-12+10)} \right| = \frac{K}{24} = 1 \Rightarrow K = 24$$

$$\angle K \frac{1}{s(s+10)} \Bigg|_{s=-12} = \angle [\frac{24}{-12(-12+10)}] = \angle(1) = 0°$$

由此可見 $s = -12$ 沒有位在根軌跡上。

(3) 當 $s = -5 + j2$

$$\left| K \frac{1}{s(s+10)} \right|_{s=-5+j2} = 1 \Rightarrow \left| K \frac{1}{(-5+j2)(-5+j2+10)} \right| = \frac{K}{29} = 1 \Rightarrow K = 29$$

$$\angle K \frac{1}{s(s+10)} \Bigg|_{s=-5+j2} = \angle \frac{29}{(-5+j2)(-5+j2+10)}$$

$$= 0 - [\pi - \tan^{-1}(\frac{2}{5})] - \tan^{-1}(\frac{2}{5}) = -\pi$$

由此可見 $s = -5 + j2$ 位在根軌跡上，且對應之 K 值為 29。

(4)當 $s = -6 + j2$

$$\left| K\frac{1}{s(s+10)} \right|_{s=-6+j2} = 1 \Rightarrow \left| K\frac{1}{(-6+j2)(-6+j2+10)} \right| = \frac{K}{20\sqrt{2}} = 1 \Rightarrow K = 20\sqrt{2}$$

$$\angle K\frac{1}{s(s+10)}\Big|_{s=-6+j2} = \angle\frac{20\sqrt{2}}{(-6+j2)(-6+j2+10)}$$

$$= 0 - [\pi - \tan^{-1}(\frac{2}{6})] - \tan^{-1}(\frac{2}{4}) = -3.28 \text{ (rad)} \neq -\pi$$

由此可見 $s = -6 + j2$ 沒有位在根軌跡上。

6-2 根軌跡繪製的基本法則

本節將討論繪製根軌跡的基本原則，重點放在基本原則的敘述上，因為在工程上主要是了解如何繪製根軌跡，所以證明的部分讀者可以參考即可。這些基本原則非常簡單，鼓勵讀者應該確實了解，這對於以後利用根軌跡來分析和設計控制系統非常有幫助。

在下面的討論中，假設所研究的變化參數是增益 K，當可變參數為系統的其他參數時，以下基本原則仍然適用。於此必須再次強調畫根軌跡時相角條件是最重要的，其相角必須滿足 $180° + 2k\pi$ 條件，我們一般取 $k = 0$，即相角滿足 $180°$ 根軌跡繪製條件。

原則 1：根軌跡的起點和終點。

根軌跡起始點為開迴路極點，終點為開迴路零點。

說明：根軌跡起點是指根軌跡在增益 $K = 0$ 時的點，而終點則是指增益 $K \to \infty$ 時的點。設閉迴路轉移函數為式 (6-8) 的形式，可得到如下的閉迴路系統特性方程式

$$\prod_{j=1}^{n}(s - p_j) + K\prod_{i=1}^{m}(s - z_i) = 0 \tag{6-14}$$

式中，K 可以從零變化到無窮。當 $K = 0$ 時，有

$$s = p_j，\quad j = 1, 2, \cdots\cdots, n$$

由於 $K = 0$ 時，閉迴路系統特性方程式的根就是開迴路轉移函數 $G(s)H(s)$ 的極點，所以根軌跡必起於開迴路系統極點。

若將特性方程式 (6-14) 改寫爲如下形式：

$$\frac{1}{K}\prod_{j=1}^{n}(s-p_j) + \prod_{i=1}^{m}(s-z_i) = 0 \tag{6-15}$$

當 $K \to \infty$ 時，由上式可得 $s = z_i$，$i = 1, 2, \cdots\cdots, m$，所以根軌跡之終點爲開迴路系統零點。

在實際系統中，開迴路轉移函數分子多項式次數 m 與分母多項式次數 n 之間，滿足不等式 $m \le n$，因此有 $n - m$ 條根軌跡的終點將落在無窮遠處。確實當 $s \to \infty$ 時，式 (6-14) 的大小關係可以表示爲

$$K = \lim_{s \to \infty}\left|\frac{\prod_{j=1}^{n}(s-p_j)}{\prod_{i=1}^{m}(s-z_i)}\right| = \lim_{s \to \infty}|s|^{n-m} \to \infty，n > m \tag{6-16}$$

如果把有限數值的零點稱爲有限零點，而把無窮遠處的零點叫做無限零點，因爲根軌跡必終止於開迴路系統零點，即可以想像其有 $n-m$ 個零點落在無窮遠處，所以開迴路零點數和開迴路極點數在概念上是相等的。

原則 2：根軌跡的分支數、對稱性和連續性。

在一般的情況下（ $m \le n$ ）根軌跡的分支數等於開迴路系統極點數目 n，而且根軌跡會連續且對稱於實軸。

說明：根據定義，根軌跡是開迴路系統某一參數從零變化到無窮大時，閉迴路特性方程式的根在 s 平面上變化的軌跡，因此根軌跡的分支數必與閉迴路特性方程式根的數目一致。由特性方程式 (6-14) 可以發現，閉迴路特性方程式根的數目就等於 n，所以在實際系統中根軌跡的分支數必與開迴路系統有限極點數相同。

由於閉迴路特性方程式中的某些係數是根軌跡增益 K 的函數，當 K 從零連續變化到無窮大時，特性方程式的某些係數也會隨之作變化，因而特性方程式的根也連續變化，故根軌跡會具有連續性。

根軌跡必對稱於實軸的原因是當然的，因為閉迴路特性方程式的根只有實根和複數根兩種，實根位於實軸上，複數根必為共軛，因此根軌跡對稱於實軸，其主要是因為共軛複數根必對稱於實數軸。所以根據對稱性，只需畫出上半 s 平面的根軌跡，然後利用對稱性質就可以畫出下半 s 平面的根軌跡。

原則 3：根軌跡的漸近線。

　　當開迴路系統極點數目 n 大於有限零點數目 m 時，則存在 $n-m$ 條根軌跡分支沿著與實軸交角為 θ_a、交點為 σ_a 的漸近線趨向無窮遠處，且有

$$\theta_a = \frac{(2k+1)\pi}{n-m}，\ k = 0, 1, 2, \cdots\cdots, n-m-1 \tag{6-17}$$

和

$$\sigma_a = \frac{\sum_{i=1}^{n} p_i - \sum_{j=1}^{m} z_j}{n-m} \tag{6-18}$$

說明：(該證明較複雜，讀者可以只記結論，忽略以下證明過程)

　　漸近線就是 s 值很大時的根軌跡，由前面原則 2 可知漸近線一定對稱於實軸。將開迴路轉移函數寫成多項式形式

$$G(s)H(s) = K \frac{\prod_{j=1}^{m}(s-z_j)}{\prod_{i=1}^{n}(s-p_i)} = K \frac{s^m + b_1 s^{m-1} + \cdots\cdots + b_{m-1}s + b_m}{s^n + a_1 s^{n-1} + \cdots\cdots + a_{n-1}s + a_n} \tag{6-19}$$

上式中根據根與係數關係可知

$$b_1 = -\sum_{j=1}^{m} z_j 、 a_1 = -\sum_{i=1}^{n} p_i \tag{6-20}$$

當 s 值很大時，式 (6-19) 可近似為下式 (利用長除法取前兩項近似)

$$G(s)H(s) \approx \frac{K}{s^{n-m} + (a_1 - b_1)s^{n-m-1}} \tag{6-21}$$

由於根軌跡滿足 $G(s)H(s) = -1$，可推得漸近線方程式為

$$s^{n-m}(1 + \frac{a_1 - b_1}{s}) = -K \tag{6-22}$$

或

$$s(1 + \frac{a_1 - b_1}{s})^{\frac{1}{n-m}} = (-K)^{\frac{1}{n-m}} \tag{6-23}$$

根據二項式定理

$$(1 + \frac{a_1 - b_1}{s})^{\frac{1}{n-m}} = 1 + \frac{a_1 - b_1}{(n-m)s} + \frac{1}{2!}\frac{1}{n-m}(\frac{1}{n-m} - 1)(\frac{a_1 - b_1}{s})^2 + \cdots\cdots \tag{6-24}$$

在 s 值很大時，取前兩項近似而有

$$(1 + \frac{a_1 - b_1}{s})^{\frac{1}{n-m}} = 1 + \frac{a_1 - b_1}{(n-m)s} \tag{6-25}$$

將式 (6-25) 代入式 (6-23)，漸近線方程式可表示為

$$s[1 + \frac{a_1 - b_1}{(n-m)s}] = (-K)^{\frac{1}{n-m}} \tag{6-26}$$

現在以 $s = \sigma + j\omega$ 及 $(-K)^{\frac{1}{n-m}} = \left| K^{\frac{1}{n-m}} \right| e^{\frac{j(2k+1)\pi}{n-m}}$ 代入上式可得

$$(\sigma + \frac{a_1 - b_1}{n-m}) + j\omega = \sqrt[n-m]{K}[\cos\frac{(2k+1)\pi}{n-m} + j\sin\frac{(2k+1)\pi}{n-m}],$$

$$k = 0, 1, \cdots\cdots, n-m-1 \tag{6-27}$$

令實部和虛部分別相等，則

$$\sigma + \frac{a_1 - b_1}{n-m} = \sqrt[n-m]{K}\cos\frac{(2k+1)\pi}{n-m}$$

$$\omega = \sqrt[n-m]{K}\sin\frac{(2k+1)\pi}{n-m} \tag{6-28}$$

從最後兩個方程式中解出

$$\sqrt[n-m]{K} = \frac{\omega}{\sin\theta_a} = \frac{\sigma - \sigma_a}{\cos\theta_a} \tag{6-29}$$

$$\omega = (\sigma - \sigma_a)\tan\theta_a \tag{6-30}$$

式中

$$\theta_a = \frac{(2k+1)\pi}{n-m}，\quad k = 0,1,\cdots\cdots,n-m-1 \tag{6-31}$$

$$\sigma_a = -(\frac{a_1 - b_1}{n-m}) = \frac{\displaystyle\sum_{i=1}^{n}p_i - \sum_{j=1}^{m}z_j}{n-m} \tag{6-32}$$

在 s 平面上，式 (6-30) 代表一條直線方程式，它與實軸的交角為 θ_a，交點為 σ_a。當 k 取不同值時，共可得到 $n-m$ 個 θ_a 角，而 σ_a 不變，因此根軌跡漸近線是 $n-m$ 條與實軸交點為 σ_a、交角為相異 θ_a 的一組射線，如圖 6-7 所示 (圖中只畫一條漸近線)。

下面舉例說明根軌跡漸近線的做法。設控制系統如圖 6-8(a) 所示，其開迴路轉移函數如下：

$$G(s) = \frac{K(s+1)}{s(s+4)(s^2+2s+2)}$$

試根據已知的三個原則，繪製根軌跡。

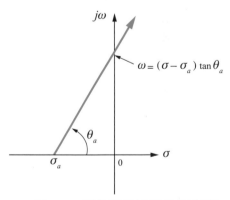

▲ 圖 6-7　根軌跡的漸近線示意圖

首先將開迴路系統極零點標註在 s 平面的直角座標系上，以「×」表示開迴路極點，「O」表示開迴路零點，如圖 6-8(b) 所示。注意，在沒有電腦作為輔助工具的條件下，於根軌跡繪製過程中需要對相角和大小值進行圖解測量，所以橫座標與縱座標必須採用相同的座標比例尺，以方便後續量測與繪圖。

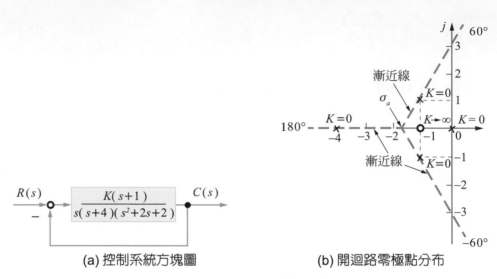

(a) 控制系統方塊圖　　　　　　　(b) 開迴路零極點分布

▲ 圖 6-8　控制系統及其開迴路轉移函數 $G(s) = \dfrac{K(s+1)}{s(s+4)(s^2+2s+2)}$ 的極零點分布與根軌跡漸近線

　　由原則 1 可知，根軌跡起於 $G(s)$ 的極點 $p_1 = 0$、$p_2 = -4$、$p_3 = -1 + j$、$p_4 = -1 - j$，終點為 $G(s)$ 的有限零點 $z_1 = -1$ 及無窮遠處。

　　由原則 2 可知，根軌跡的分支數有 4 條，且對稱於實軸。

　　再由原則 3 可知，其有 $n - m = 3$ 條根軌跡漸近線，與實數軸之交點為

$$\sigma_a = \frac{\sum_{i=1}^{4} p_i - z_1}{3} = \frac{(0 - 4 - 1 + j - 1 - j) - (-1)}{3} = -1.67$$

交角為

$$\theta_{a1} = \frac{(2k+1)\pi}{n-m} = 60°，\quad k = 0$$

$$\theta_{a2} = \frac{(2k+1)\pi}{n-m} = 180°，\quad k = 1$$

$$\theta_{a3} = \frac{(2k+1)\pi}{n-m} = 300° = -60°，\quad k = 2$$

原則 4：根軌跡在實軸上的分布。

在 $K > 0$ 的條件下實軸上任意區段，只要其右邊的開迴路極點與零點數目和爲奇數，則該區域必是根軌跡。

說明：設開迴路系統極零點分布如圖 6-9 所示。圖中，s_0 是實軸上的某一個測試點，$\phi_j (j = 1, 2, 3)$ 是各個開迴路零點到 s_0 點向量的相角。由圖 6-9 可以看出，一對共軛複數極點到實數軸上任意一點 (包括 s_0) 的向量相角和皆爲 2π。如果開迴路系統存在共軛複數零點，則情況同樣如此。因此，在確定實軸上的根軌跡時，可以不考慮共軛複數開迴路極零點的影響。

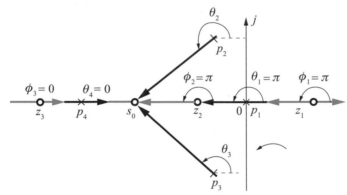

▲ 圖 6-9　實軸上的根軌跡

由圖上還可以發現，s_0 點左邊開迴路實數極零點到 s_0 點的向量相角皆爲零，而 s_0 點右邊開迴路實數極零點到 s_0 點的向量相角均等於 π。如果令 $\sum \phi_j$ 代表 s_0 點之右側所有開迴路實數軸上零點到 s_0 點的向量相角和，$\sum \theta_i$ 代表 s_0 點之右側所有開迴路實數軸上極點到 s_0 點的向量相角和，那麼 s_0 點位於根軌跡上的充分必要條件爲

$$\sum \phi_j - \sum \theta_i = (2k+1)\pi \tag{6-33}$$

式中 $2k+1$ 爲任意奇數。

在上述相角條件中，考慮到這些相角中的每一個相角都等於 π，而 π 與 $-\pi$ 實際上代表相同角度，因此減去 π 角就相當於加上 π 角。於是，s_0 位於根軌跡上的等效條件是

$$\sum \phi_j + \sum \theta_i = (2k+1)\pi \tag{6-34}$$

式中，$2k+1$ 為任意奇數。可以得證原則 4。

對於圖 6-9 的系統，根據原則 4 可知，z_1 和 p_1 之間、z_2 和 p_4 之間，以及 z_3 和 $-\infty$ 之間都是實軸根軌跡的一部分。

原則 5：根軌跡的分離點 (breakaway points)。

兩條或兩條以上的根軌跡分支在 s 平面上相遇又立即分開的點，稱為根軌跡的分離點，分離點必須滿足 $\dfrac{dG(s)H(s)}{ds}=0$。

說明：因為系統特性方程式 $1+KG(s)H(s)=0$，根據定義分離點就是特性方程式的重根點，因為方程式的重根必定發生於凸點、凹點或鞍點上，假設 s_1 是分離點，則

$$\frac{d}{ds}(1+KG(s)H(s))\bigg|_{s=s_1}=0 \Rightarrow \frac{d}{ds}(G(s)H(s))\bigg|_{s=s_1}=0 \qquad (6\text{-}35)$$

因此分離點 s_1 必須滿足 $\dfrac{dG(s)H(s)}{ds}=0$。但是必須注意滿足 $\dfrac{dG(s)H(s)}{ds}=0$ 的解卻不一定每個都是分離點。

因為根軌跡是對稱的，所以根軌跡的分離點如果不是在實軸上，就是以共軛形式成對出現在複數平面上。工程問題中，常見的根軌跡分離點位於實軸上。如果根軌跡位於實數軸上兩個相鄰的開迴路極點之間 (其中一個可以是無窮遠處極點)，則在這兩個極點之間一定至少存在一個分離點；同理，如果根軌跡位於實軸上兩個相鄰的開迴路零點之間 (其中一個可以是無窮遠處零點)，則在這兩個零點之間也至少有一個分離點，如圖 6-10 中的 d_1,d_2。

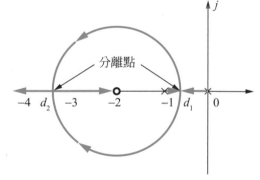

▲ 圖 6-10　實軸上根軌跡的分離點

例題 6-2

設系統方塊圖與開迴路極零點分布如圖所示，試繪製其概略根軌跡。

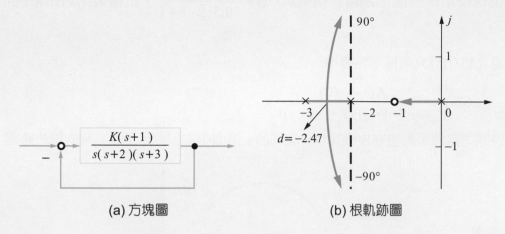

(a) 方塊圖　　　　　　　　(b) 根軌跡圖

解　由原則 1 可知一條根軌跡分支起於開迴路極點 $(s=0)$，終止於開迴路有限零點 $(s=-1)$，另外兩條根軌跡分支起於開迴路極點 $(s=-2)$ 和 $(s=-3)$，終於無窮遠處零點。

由原則 2 可知，該系統有三條根軌跡分支，且對稱於實軸。

由原則 3 可知，兩條終止於無窮遠處的根軌跡漸近線與實軸交角分別為 90° 和 270°(−90°) 且交點座標為

$$\sigma_a = \frac{\sum_{i=1}^{3} p_i - \sum_{j=1}^{1} z_j}{n-m} = \frac{(0-2-3)-(-1)}{3-1} = -2$$

由原則 4 可知實軸上區域 $[0,-1]$ 和 $[-2,-3]$ 是根軌跡，在圖 (b) 中以藍線表示。

由原則 5 知 $\dfrac{dG(s)H(s)}{ds}=0$，即 $\dfrac{d}{ds}\left[\dfrac{(s+1)}{s(s+2)(s+3)}\right]=0$

$\rightarrow 2s^3 + 8s^2 + 10s + 6 = 0$，由 MATLAB roots( ) 指令可得，

$s = -2.4656$ ，$-0.7672 \pm 0.7926j$

由於分離點在 $[-2 , -3]$ 之間，所以分離點為 $s = -2.4656$。

最後畫出的系統概略根軌跡如圖 (b) 所示。

例題 6-3

設單位回授系統的開迴路轉移函數為 $G(s) = \dfrac{K(0.5s+1)}{0.5s^2+s+1}$，試繪製閉迴路系統根軌跡。

解 首先將 $G(s)$ 寫成極零點標準形式

$$G(s) = \frac{K(s-(-2))}{(s-(-1-j))(s-(-1+j))}$$

將開迴路極零點畫在座標比例尺相同的 s 平面中，如圖所示為系統的根軌跡圖。

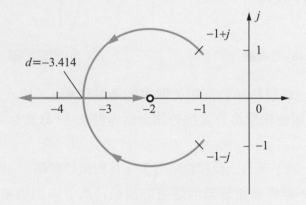

由原則 1 到原則 5 可知，本例有兩條根軌跡分支，它們分別起於開迴路共軛複數極點 $(-1\pm j)$，終止於有限零點 (-2) 和無窮遠零點。因此，在 $[-\infty,-2)$ 的實軸上，必存在一個分離點 d，由 $\dfrac{dG(s)}{ds}=0$，可得 $s^2+4s+2=0$，$s=-3.414,-0.586$，因為分離點在 $(-\infty,-2)$ 間，所以取分離 $d=-3.414$

原則 6：根軌跡的離開角 (departure angle) 與到達角 (arrival angle)。

　　根軌跡離開開迴路複數極點處的切線與正實數軸的夾角，稱為離開角。另外，根軌跡進入開迴路複數零點之切線與正實數軸的夾角，稱為到達角。以下說明如何求解離開角與到達角。

說明：

(1) 離開角 (departure angle)，離開角 ϕ_d 的決定方法如下：

以圖 6-11 為例說明。圖中 s_1 為離開共軛極點 $-p_i$ 的第一個點，因為 s_1 在根軌跡上，所以 s_1 會滿足根軌跡的相角關係。由圖 6-11 的相角定義可知

$$\theta_1 - \phi_d - \theta_2 - \theta_3 = \pm(2k+1)180°$$
$$\Rightarrow \phi_d = \pm(2k+1)180° + (\theta_1 - \theta_2 - \theta_3)$$
$$= \pm(2k+1)180° + \phi_1 \qquad (6\text{-}36)$$

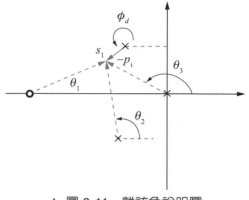

▲ 圖 6-11　離該角說明圖

所以 ϕ_1 為其它開迴路極、零點貢獻給 $-p_i$ 的角度和。所以離開角 ϕ_d 為

$$\phi_d = \pm(2k+1)180° + \phi_1 \ , \ K > 0 \qquad (6\text{-}37)$$

其中，$\phi_1 = \angle(s+p_i)G(s)H(s)\big|_{s=-p_i}$ ，為其它開迴路極、零點貢獻給 $-p_i$ 的角度和。

(2) 到達角 (arrival angle)，到達角的決定方法如下：

以圖 6-12 為例說明。圖中 s_1 為快到達共軛零點 $-z_j$ 前的最後一個點，因為 s_1 在根軌跡上，即 s_1 也要滿足根軌跡的相角關係。由圖 6-12 的相位角定義可知

$$\phi_a + \theta_1 - \theta_2 - \theta_3 - \theta_4 = \pm(2k+1)180°$$
$$\Rightarrow \phi_a = \pm(2k+1)180° - (\theta_1 - \theta_2 - \theta_3 - \theta_4)$$
$$= \pm(2k+1)180° - \phi_2 \qquad (6\text{-}38)$$

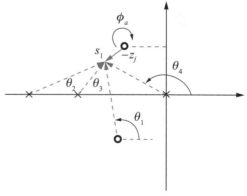

▲ 圖 6-12　到達角說明圖

所以 ϕ_2 為其它開迴路極、零點貢獻給 $-z_j$ 的角度和。

所以到達角 ϕ_a 為

$$\phi_a = \pm(2k+1)180° - \phi_2 \text{ , } K > 0 \tag{6-39}$$

其中，$\phi_2 = \angle \left. \dfrac{1}{s+z_j} G(s)H(s) \right|_{s=-z_j}$ ，為其它開迴路極、零點貢獻給 $-z_i$ 的角度和。

例題 6-4

假設某系統之開迴路轉移函數 $G(s) = \dfrac{K(s+1.5)(s+2+j)(s+2-j)}{s(s+2.5)(s+0.5+j1.5)(s+0.5-j1.5)}$ ，請繪製該系統概略的根軌跡。

解 將開迴路極零點畫在右圖中，如圖為系統的概略根軌跡圖。

按如下步驟繪製根軌跡：

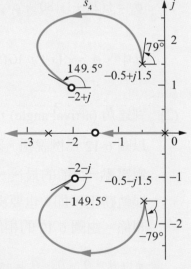

(1) 依據原則 3。本例 $n=4$、$m=3$，故只有一條 180° 的漸進線，正好與實軸上的根軌跡區域 $(-\infty, -2.5]$ 重合，所以在 $n-m=1$ 的情況下，不必再去確認根軌跡的漸進線。

(2) 由原則 4 可知實數軸上的根軌跡區域為 $[0, -1.5]$ 和 $(-\infty, -2.5]$。

(3) 由原則 5 可知。一般來說，如果根軌跡位於實軸上一個開迴路極點和一個開迴路零點 (有限零點或無窮遠處零點) 之間，則在這兩個相鄰的極零點之間通常不存在任何分離點，本例屬於無分離點的情形，讀者可以自己想一想為什麼。

(4) 依據原則 6 確定離開角與到達角。本例根軌跡概略圖如圖所示，為了更準確畫出根軌跡圖，我們必須確定根軌跡的離開角與到達角。首先求離開角，作各開迴路極零點到複數極點 $(-0.5+j1.5)$ 的各個向量，並求出相應角度，如下面圖 (a) 所示。按照前面公式算出根軌跡在極點 $(-0.5+j1.5)$ 處的離開角為

$$\phi_d = 180° + [\phi_1] = 79°$$

其中 $\phi_1 = -(180° - \tan^{-1}(\frac{1.5}{0.5})) - 90° - \tan^{-1}(\frac{1.5}{2}) + \tan^{-1}(\frac{0.5}{1.5}) + \tan^{-1}(\frac{2.5}{1.5})$

$$+ \tan^{-1}(\frac{1.5}{1}) \approx -101°$$

根據對稱性，根軌跡在極點 $(-0.5 - j1.5)$ 處的離開角為 $-79°$。

用類似方法可算出根軌跡在複數零點 $(-2 + j)$ 處的到達角為

$$\phi_a = 180° - [\phi_2] = 509.5° = 149.5°$$

其中 $\phi_2 = -(180° + \tan^{-1}(\frac{0.5}{1.5})) - (180° - \tan^{-1}(\frac{2.5}{1.5})) - (180° - \tan^{-1}(\frac{1}{2}))$

$$- \tan^{-1}(\frac{1}{0.5}) + 90° + 180° - \tan^{-1}(\frac{1}{0.5}) = -329.7°$$

各個開迴路極零點到 $(-2 + j)$ 的向量相角如圖 (b) 所示。

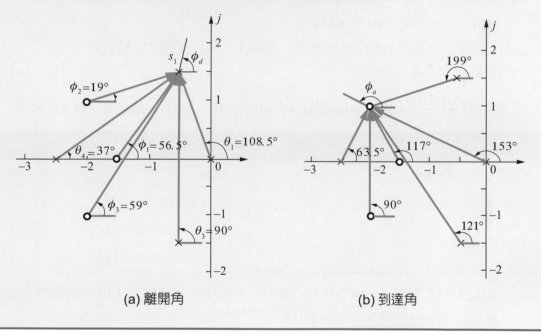

(a) 離開角　　　　　　　　(b) 到達角

原則 7：根軌跡與虛數軸的交點。

　　若根軌跡與虛數軸相交，則交點上的 K 值和 ω 值可用羅斯表判別並求出其值。

說明：若根軌跡與虛數軸相交，則表示閉迴路系統存在純虛根，這意味著 K 的數值
　　　使閉迴路系統處於臨界穩定狀態。因此，令羅斯表第一行中包含 K 的項為
　　　零，即可確定根軌跡與虛數軸交點上的 K 值。此外，因為一對純虛根是數值
　　　相同但符號相異的根，所以利用羅斯表中 s^2 列的係數構成輔助方程式，必可

解出純虛根的數值，這一數值就是根軌跡與虛軸交點上的 ω 值。如果根軌跡與正虛數軸 (或者負虛數軸) 有一個以上交點，則應採用羅斯表中冪次大於 2 的 s 偶數次方列之係數形成輔助方程式。

例題 6-5

設系統開迴路轉移函數為 $G(s)H(s) = \dfrac{K}{s(s+3)(s^2+2s+2)}$ ，試繪製閉路系統的根軌跡概略圖。

解 按照下述步驟繪製概略根軌跡：

(1) 依據原則 3 確定根軌跡的漸進線。由於 $n-m=4$ ，故有四條根軌跡漸進線，其

  $\sigma_a = -1.25$ ； $\theta_a = \pm 45°, \pm 135°$

(2) 依據原則 4 確定實軸上的根軌跡。實軸上 $[-3,0]$ 區域必為根軌跡。

(3) 依據原則 5 確定分離點。

  利用 $\dfrac{dG(s)H(s)}{ds} = 0$ ，可以得到 $4s^3 + 15s^2 + 16s + 6 = 0$ ，透過 MATLAB 程式

輸入程式	輸出結果

`>> q=[4 15 16 6];`
`>> roots(q)`
	`ans =`
	`   -2.2886+0.0000i`
	`   -0.7307+0.3486i`
	`   -0.7307-0.3486i`

所以 $s = -2.2886$ ， $-0.7307+0.3486j$ ， $-0.7307-0.3486j$ ，由根軌跡的合理分離點可知分離點應該是 $s = -2.2886$ 。

(4) 依據原則 6 確定離開角。計算各極點對 $-1+j$ 的向量相角，算得 $\phi_d = -71.6°$ 。

(5) 依據原則 7 確定根軌跡與虛軸交點。本例閉迴路特性方程式為

  $$s^4 + 5s^3 + 8s^2 + 6s + K = 0$$

對上式應用羅斯表，可得

s^4	1	8	K
s^3	5	6	0
s^2	$\dfrac{34}{5}$	K	0
s^1	$\dfrac{(204-25K)}{34}$	0	0
s^0	K	0	0

令羅斯表中 s_1 列的首項為零，得 $K = 8.16$。根據 s^2 列的係數，得輔助方程式

$$\frac{34}{5}s^2 + K = 0$$

代入 $K = 8.16$，並令 $s = j\omega$，解出交點座標 $\omega = \pm 1.1$。

如下圖為開迴路零、極點分布與概略根軌跡。

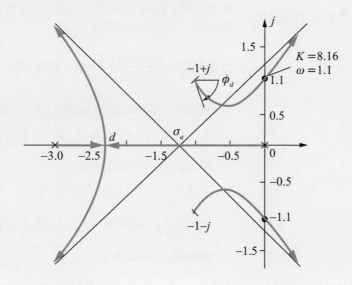

根據以上介紹的七個原則，可以繪出系統的根軌跡概略圖。將其歸納在表 6-2 之中。

▼ 表 6-2　根軌跡圖繪製原則

序號	內容	原則
原則 1	根軌跡的起點和終點	根軌跡起於開迴路極點，終止於開迴路零點 (包括無窮遠處零點)。
原則 2	根軌跡的分支數目、對稱性和連續性	根軌跡的分支數目等於開迴路極點數 $n(n > m)$，且根軌跡對稱於實軸。
原則 3	根軌跡的漸進線	$n-m$ 條漸進線與實數軸的夾角與交點為 $$\theta_a = \frac{(2k+1)\pi}{n-m} \ ; \ k = 0, 1, \cdots\cdots, n-m-1$$ $$\sigma_a = \frac{(\sum_{i=1}^{n} p_i - \sum_{j=1}^{m} z_j)}{n-m}$$
原則 4	根軌跡在實數軸上的區間	實軸上某一區城，若其右方開迴路實數極零點個數之和為奇數，則該區域必是根軌跡。
原則 5	根軌跡的分離點	分離點滿足 $\dfrac{dG(s)H(s)}{ds} = 0$，其根即為可能的分離點。
原則 6	根軌跡的離開角與到達角	1. 離開角：$\phi_d = \pm(2q+1)180° + \phi_1$，$K > 0$，$\phi_1 = \angle(s+p_j)G(s)H(s)\big|_{s=-p_j}$，為其它開迴路極、零點貢獻給 $-p_j$ 的角度和。 2. 到達角：$\phi_a = \pm(2q+1)180° - \phi_2$，$K > 0$，$\phi_2 = \angle\dfrac{1}{s+z_i}G(s)H(s)\big|_{s=-z_i}$，為其它開迴路極、零點貢獻給 $-z_i$ 的角度和。
原則 7	根軌跡與虛數軸交點	根軌跡與虛軸交點的 K 值和 ω 值，可利用羅斯表確定。

　　熟悉本節的根軌跡作圖技巧，有時可憑經驗大概劃出根軌跡的圖形，通常根據開路極點與零點的相對位置，便能繪製出根軌跡的大概圖形，由此可迅速的對閉迴路系統做定性分析與研究，表 6-3 列出常見極零點分布之根軌跡，在此都是考慮 $K>0$。

▼ 表 6-3　常見極零點分佈之根軌跡圖

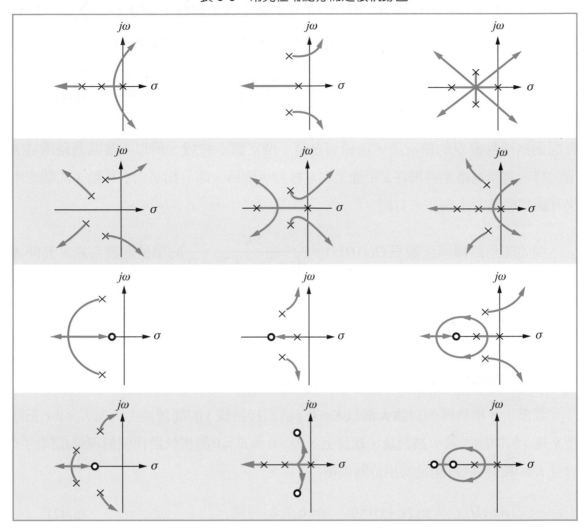

　　另外，可以發現系統的閉迴路特性方程式在 $n > m$ 的一般情況下，可有不同形式的表示。

$$\prod_{i=1}^{n}(s - p_i) + K\prod_{j=1}^{m}(s - z_j) = s^n + a_1 s^{n-1} + \cdots + a_{n-1}s + a_n$$

$$= \prod_{i=1}^{n}(s - s_i) = s^n + (-\sum_{i=1}^{n}s_i)s^{n-1} + \cdots + \prod_{i=1}^{n}(-s_i) = 0 \qquad (6\text{-}40)$$

式中，s_i 為閉迴路系統特性方程式的根。

當 $n-m \geq 2$ 時，特性方程式第二項 (s^{n-1}) 的係數必定與 K 無關，此時 $a_1 = -\sum_{i=1}^{n} p_i$，所以無論 K 取何值，開迴路 n 個極點之和恆等於閉迴路特性方程式 n 個根之和，即

$$\sum_{i=1}^{n} s_i = \sum_{i=1}^{n} p_i \tag{6-41}$$

在開迴路極點確定的情況下，這個值會是一個定值不會變。所以，當開迴路增益 K 增大時，若閉迴路某些根在 s 平面上向左移動，則另一部分根必向右移動，此觀念用來判斷根軌跡的走向非常有用。

例如開迴路轉移函數為 $G(s)H(s) = \dfrac{K}{s(s+3)(s^2+2s+2)}$ 的單位回授系統，其開迴路轉移函數極點為 $p_1 = 0$、$p_2 = -3$、$p_3 = -1+j$、$p_4 = -1-j$，則 $\sum_{i=1}^{4} p_i = -5$。而其閉迴路轉移函數特性方程式為 $s^4 + 5s^3 + 8s^2 + 6s + K = 0$，依據根與係數關係可知所有閉迴路之極點總和為 $\sum_{i=1}^{4} s_i = -5$，其驗證了 $\sum_{i=1}^{n} s_i = \sum_{i=1}^{n} p_i$ 之關係式。

習慣上，根軌跡的討論大都以 $K > 0$（負回授系統）的問題為主，而 $K < 0$（正回授系統）的問題則較少被討論。理論上，$K > 0$ 與 $K < 0$ 的根軌跡作圖原理是相同的，只是 $K > 0$ 的根軌跡滿足的相位關係是

$$\angle G(s_1)H(s_1) = \pm(2k+1)180° \ , \ q = 0, 1, 2, \cdots\cdots \tag{6-42}$$

而 $K < 0$ 的根軌跡滿足的相位關係是

$$\angle G(s_1)H(s_1) = \pm(2k)180° \ , \ q = 0, 1, 2, \cdots\cdots \tag{6-43}$$

讀者可以自行試試看畫出 $K < 0$ 的根軌跡。以下呈現一些典型的 $K > 0$ 與 $K < 0$ 的根軌跡如表 6-4，其中實線為 $K > 0$ 的根軌跡，虛線為 $K < 0$ 的根軌跡。

▼ 表 6-4　一些常見的根軌跡圖形 (同時顯示 $K>0$ (實線) 與 $K<0$ (虛線) 的相對關係)

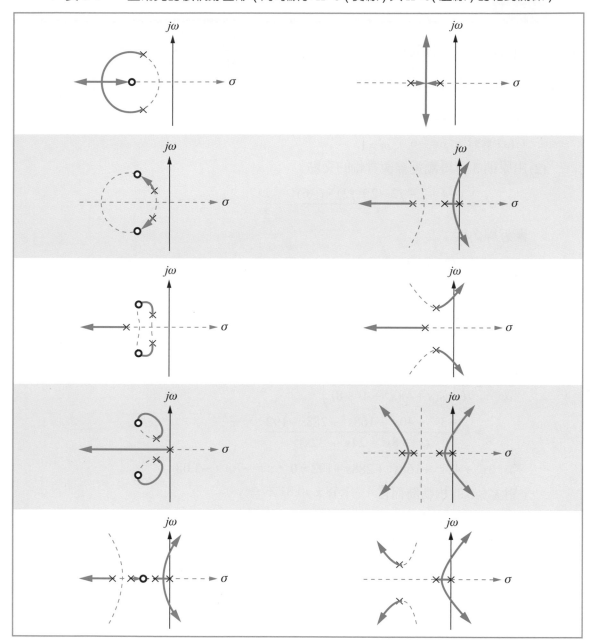

6-3　根軌跡繪圖與 MATLAB 指令練習

以下將舉例說明如何利用前一節所介紹之基本原則來畫根軌跡，並配合 MATLAB 指令 rlocus 進行驗證。

例題 6-6

單位負回授系統之開迴路轉移函數為 $G(s) = \dfrac{K(s+6)}{s(s+4)(s^2+4s+8)}$，請畫出該系統之根軌跡，其中參數 $K > 0$。

解　(1) $G(s)$ 極點：$s = 0, -4, -2 \pm j2$，$n = 4$

　　$G(s)$ 零點：$s = -6$，$m = 1$

(2) 由原則 3 可得漸近線與實軸的交點：

$$\sigma_a = \frac{(-4-2-j2-2+j2)-(-6)}{3} = -\frac{2}{3}$$

漸近線角度：

$$\theta_a = \frac{\pm(2k+1)180°}{3} = \pm 60°, 180°$$

(3) 由原則 4 可得實軸上的根軌跡：$(-\infty, -6]$，$[-4, 0]$

(4) 由原則 5 可得分離點：$\dfrac{dG(s)}{ds} = 0$

$$\frac{dG(s)}{ds} = \frac{d}{ds}\left(\frac{K(s+6)}{s(s+4)(s^2+4s+8)} \right)$$

$$= K\frac{-3s^4 - 40s^3 - 168s^2 - 288s - 192}{(s^4+8s^3+24s^2+32s)^2}$$

求解 $3s^4 + 40s^3 + 168s^2 + 288s + 192 = 0$，$s = -7.3$，$-3.08$

(對 $K > 0$ 的根軌跡而言，$-1.48 \pm j0.81$ 不合)

(5) 由原則 6 可得極點 $-2+2j$ 的離開角：

$$\phi_d = \pm(2q+1)180° + \phi_1$$

$$\phi_1 = \angle(s+2-j2)G(s)\big|_{s=-2+j2}$$

$$= -90° - 45° - 135° + \tan^{-1}\frac{2}{4} = -243.4°$$

所以取 $\phi_d = -63.4°$

(6) 由原則 7 可得根軌跡與虛軸交點：閉迴路特性方程式為 $\Delta(s) = 1 + G(s) = 0$

得 $s^4 + 8s^3 + 24s^2 + (32+K)s + 6K = 0$，羅斯表測試

s^4	1	24	$6K$
s^3	8	$32+K$	
s^2	$\dfrac{160-K}{8}$	$6K$	
s^1	$\dfrac{(160-K)(32+K)-384K}{160-K}$	0	
s^0	$6K$	0	

若要閉迴路系統穩定，則

$$\begin{cases} 160-K>0 \\ (160-K)(32+K)-384K>0 \\ 6K>0 \\ 32+K>0 \end{cases} \rightarrow \begin{cases} K<160 \\ -274.64<K<18.64 \\ K>0 \\ K>-32 \end{cases}$$

　　上述條件推得 $0<K<18.64$。當 $K=18.64$ 時，羅斯表 s^1 列全部為零，利用 s^2 列得輔助方程式 $F(s)=17.67s^2+111.84=0$，解得 $s=\pm j2.5$。此即為根軌跡與虛軸的交點。

(7) 根軌跡圖如圖所示。

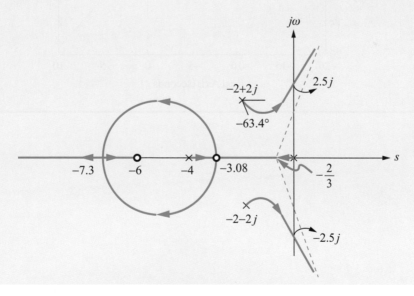

(8)MATLAB 程式如下：

```
num = [1 6];                        %% 開迴路轉移函數分子

den =conv( [1 4 0], [1 4 8]);       %% 開迴路轉移函數分母，其中
                                    conv 可以進行兩多項式 (s²+4s)
                                    與 (s²+4s+8) 相乘。

rlocus(num,den)                     %% 根軌跡繪圖指令
```

此程式之執行結果如下圖所示。

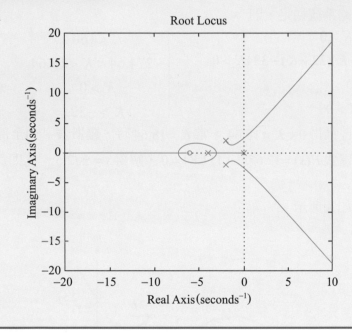

例題 6-7

設閉迴路系統之特性方程式為 $1 + KG(s) = 0$，其中 $G(s) = \dfrac{1}{s(s+2)[(s+1)^2+4]}$ ，試畫出該系統的根軌跡。

解 (1) $G(s)$ 極點： $s = 0, -2, -1 \pm j2$ ， $n = 4$

   $G(s)$ (有限) 零點：無 ， $m = 0$

(2) 由規則 3 可得漸近線角度 $\theta_a = \dfrac{\pm(2k+1)180°}{4} = \pm45°, \pm135°$

   漸近線與實軸的交點 $\sigma_a = \dfrac{-2-1+j2-1-j2}{4} = -1$

(3) 由規則 4 可得實軸上的根軌跡： $[-2, 0]$

(4) 由規則 5 可得分離點滿足 $\dfrac{dG(s)}{ds} = 0$

   $\dfrac{dG(s)}{ds} = \dfrac{d}{ds}\left(\dfrac{1}{s^4+4s^3+9s^2+10s}\right) = \dfrac{-(4s^3+12s^2+18s+10)}{(s^4+4s^3+9s^2+10s)^2}$

   解得 $2s^3 + 6s^2 + 9s + 5 = 0$ ，所以 $s = -1, -1 \pm 1.22j$ 。其中比較特別的是一般分離點大多都是實數，但這題所解得的共軛複根也是分離點。

(5) 由規則 6 可得極點 $-1 + j2$ 的離開角：

   $\phi_d = \pm(2q+1)180° + \phi_1$

   $\phi_1 = \angle(s+1-j2)G(s)\big|_{s=-1+j2}$

   $\quad = -90° - \tan^{-1}2 - (180° - \tan^{-1}2) = -270°$

   所以取 $\phi_d = -90°$

(6) 由規則 7 可得根軌跡與虛軸交點：閉迴路特性方程式 $s^4 + 4s^3 + 9s^2 + 10s + K = 0$ ，羅斯表如下

s^4	1	9	K
s^3	4	10	
s^2	$\dfrac{13}{2}$	K	
s^1	$\dfrac{65-4K}{6.5}$	0	
s^0	K	0	

若要系統穩定，則 $0 < K < \dfrac{65}{4}$。當 $K = \dfrac{65}{4}$ 時，得輔助方程式

$F(s) = \dfrac{13}{2}s^2 + \dfrac{65}{4} = 0$，解得 $s = \pm j1.58$。此即為根軌跡與虛軸交點。

(7) 根軌跡圖如圖所示。

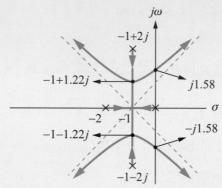

(8) MATLAB 程式碼如下：

```
num = [1];                          %% 開迴路轉移函數分子
den =conv( [1 2 0], [1 2 5]);       %% 開迴路轉移函數分母，其中
                                    conv 可以進行兩多項式 (s²+2s)
                                    與 (s²+2s+5) 相乘。

rlocus(num,den)                     %% 根軌跡繪圖指令
```

此程式之執行結果如圖所示。

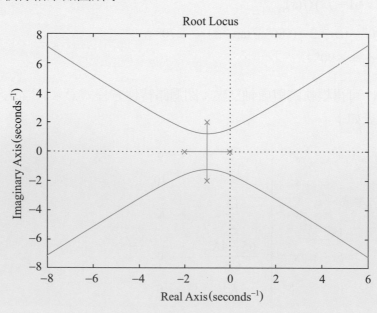

例題 6-8

對於下列具有 PI 控制器之單位回授系統如下圖所示。

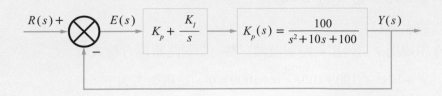

(1) 求 K_I 之值，使系統之速度誤差常數 K_V 為 10。

(2) 依據上面之 K_I 值，畫出 K_p 由 0 到無窮大之系統根軌跡。

解 (1)根據誤差常數 $K_V = 10$ 可得

$$K_V = \lim_{s \to 0} s \times (K_p + \frac{K_I}{s})(\frac{100}{s^2 + 10s + 100}) = K_I = 10$$

(2)閉迴路特性方程式為

$$\Delta(s) = s^3 + 10s^2 + (100 + 100K_p)s + 100K_I = 0$$

$K_I = 10$ 時，以 K_p 為變數之特性方程式為 $1 + K_p \dfrac{100s}{s^3 + 10s^2 + 100s + 1000} = 0$，令

$$G_1(s) = \frac{100s}{s^3 + 10s^2 + 100s + 1000} = \frac{100s}{(s+10)(s^2+100)}$$，則根軌跡圖為：

(a) $G_1(s)$ 極點：$s = -10, \pm j10$，$n = 3$

$G_1(s)$ 零點：$s = 0$，$m = 1$

(b) 由規則 3 可得漸近線角度：$\theta_a = \pm 90°$

漸近線與實軸的交點：$\sigma_a = -5$

(c) 由規則 4 可得實軸上的根軌跡：$[-10, 0]$

(d) 由規則 5 可得分離點滿足 $\dfrac{dG_1(s)}{ds} = 0$

$$\frac{dG_1(s)}{ds} = \frac{d}{ds}\left(\frac{100s}{s^3 + 10s^2 + 100s + 1000} \right)$$

$$= \frac{-200(s^3 + 5s^2 - 500)}{(s^3 + 10s^2 + 100s + 1000)^2} = 0$$

解得 $s^3 + 5s^2 - 500 = 0$

$\Rightarrow s = 6.57, -5.79 \pm j6.53$，均不在 $K_p > 0$ 之根軌跡上，所以無實軸上的分離點。

(e) 由規則 6 可得極點 $j10$ 的離開角：

$$\phi_d = \pm(2q+1)180° + \phi_1$$

$$\phi_1 = 90° - 90° - 45° = -45°$$

取 $\phi_d = 135°$

(f) 由規則 7 可得根軌跡與虛軸交點：閉迴路特性方程式

$s^3 + 10s^2 + (100 + 100K_p)s + 1000 = 0$ ，建羅斯表如下：

s^3	1	$100 + 100K_p$
s^2	10	1000
	$100K_p$	0
s^0	1000	0

由羅斯穩定準則可知 $K_p > 0$ 時，閉迴路系統穩定，因此根軌跡與虛軸無交點。

(g) 根軌跡圖如圖所示。

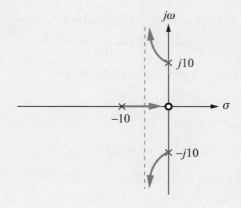

(h)MATLAB 程式碼如下：

```
num = [100 0];              %% 開迴路轉移函數分子
den = [1 10 100 1000];      %% 開迴路轉移函數分母
rlocus(num,den)             %% 根軌跡繪圖指令
```

此程式之執行結果如圖所示。

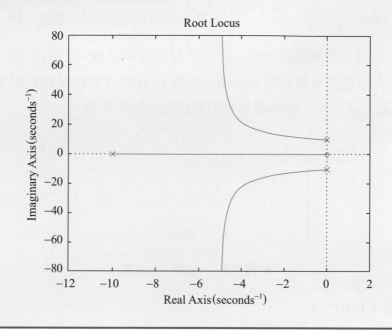

6-4 開迴路加入極點或零點之根軌跡變化

根軌跡圖 (root locus plot) 是當特定參數改變時 (範圍通常是零至無窮大)，閉迴路系統特性方程式的根在 s 平面上所有可能位置所構成的圖形。常見的控制架構如圖 6-13 所示，圖中控制器 $G_c(s)$ 一般為 P、PI 或 PID 控制器，若以 PI 控制器為例，其轉移函數為 $G_c(s) = K_p + \dfrac{K_I}{s} = \dfrac{K_p s + K_I}{s}$，其形式就像是在原開迴路系統中加入一個零點 $(K_p s + K_I = 0)$ 跟一個極點 $(s = 0)$，所以在討論控制系統中控制器設計的問題時，可視為研究加入極點或零點至開迴路轉移函數 $G(s)H(s)$ 對根軌跡的影響，以下將分別討論在開迴路系統中加入極點跟零點對於控制系統的影響。

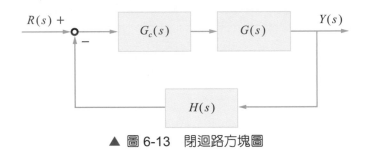

▲ 圖 6-13　閉迴路方塊圖

1. 加極點至 $G(s)H(s)$

加極點至開迴路轉移函數 $G(s)H(s)$ 會產生將根軌跡推往 s 右半平面的效果，降低系統的相對穩定性。如圖 6-14 所示為開迴路系統 $G(s)H(s) = \dfrac{1}{s(s+1)}$ 加入一極點 $G_c(s) = \dfrac{1}{s+2}$，可以看出根軌跡在加入新極點後確實有往右推的趨勢。

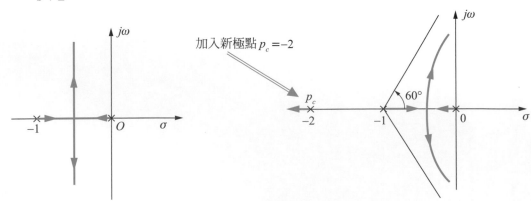

▲ 圖6-14　加入極點對系統根軌跡的影響，(a) $G(s)H(s) = \dfrac{1}{s(s+1)}$；(b) $G(s)H(s) = \dfrac{1}{s(s+1)(s+2)}$

　　如果嘗試加入更多極點，會發現根軌跡會愈來愈往右移，即閉迴路相對穩定度愈差，而且開迴路轉移函數加入的極點若愈靠近虛軸，則根軌跡會被越往右推，閉迴路相對穩定度愈差。根據相對穩定性的概念可知，根軌跡右移的結果，會降低閉迴路系統的相對穩定性，甚至使系統變成不穩定。若加入一個原點上的極點，相當於是加入一個積分控制 (I Control)，將使系統相對穩定度變得最差，但卻會使開路系統的型式數目 (Type) 增加 1，若此時閉迴路系統仍穩定，則會有效改善閉迴路系統的穩態誤差。

2. 加零點至 $G(s)H(s)$

　　加 s 左半平面的零點至 $G(s)H(s)$，通常會產生將根軌跡推往 s 左半平面或彎曲的效果，提高系統的相對穩定性。如圖 6-15 所示為 $G(s)H(s) = \dfrac{1}{s(s+a)}$ 之根軌跡加入一個 s 左半面零點 $(s+b)$ 後之根軌跡的變化，可以發現確實有將根軌跡往左推之趨勢。

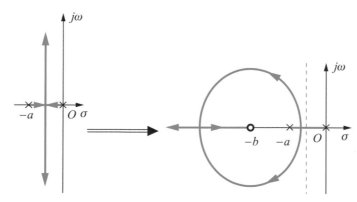

▲ 圖 6-15　加入零點對系統根軌跡影響，(a) $G(s)H(s) = \dfrac{1}{s(s+a)}$；(b) $G(s)H(s) = \dfrac{s+b}{s(s+a)}$

　　而在加入零點對根軌跡的影響方面，可以發現加入零點愈多，根軌跡愈往左移，閉迴路相對穩定度愈好，開迴路轉移函數加入的零點愈靠近虛軸，根軌跡會愈往左移，閉迴路相對穩定度愈好。根軌跡左移的結果，增加閉迴路系統的相對穩定度。若加入一個原點上的零點，相當於加入微分控制 (D Control)，將使系統相對穩定度增加，但卻使開迴路系統的 Type 減少，可能影響閉迴路系統的穩態誤差。以下以一個 MATLAB 的範例程式來讓讀者更容易了解開迴路系統加入極零點的影響。

範例程式碼如下，執行結果如圖所示。

```
% 開迴路系統加入極點的影響
% 原開迴路轉移函數 KG(s)=2K/(s^2+6s+13)
num=[2];
den=[1 6 13];
figure;
rlocus(num,den);
title('initial');


% 加入一個極點 1/(s+4) 後之開迴路轉移函數 KG(s)=2K/(s+4)(s^2+6s+13)
num=[2];
den=conv([1 4],[1 6 13]);
figure;
rlocus(num,den);
title('add pole at -4');


% 加入一個極點 s 後之開迴路轉移函數 KG(s)=2K/s(s^2+6s+13)
num=[2];
den=conv([1 0],[1 6 13]);
figure;
rlocus(num,den);
title('add pole at 0');


% 開迴路系統加入零點的影響
% 加入一個零點 (s+4) 後之開迴路轉移函數 KG(s)=2K(s+4)/(s^2+6s+13)
num=conv([2],[1 4]);
den=[1 6 13];
figure;
```

```
rlocus(num,den);
title('add zero at -4');

% 加入一個零點 s 後之開迴路轉移函數 KG(s)=2Ks/(s^2+6s+13)
num=[2 0];
den=[1 6 13];
figure;
rlocus(num,den);
title('add zero at 0');
```

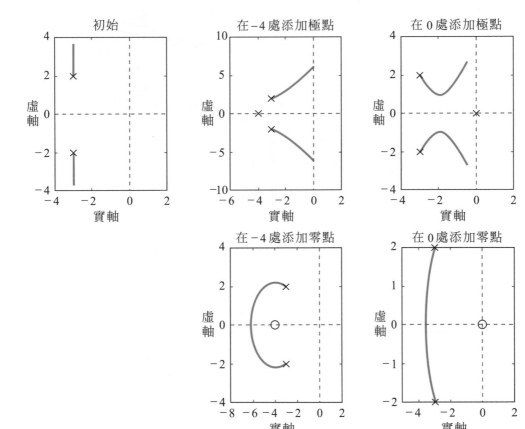

6-5　根軌跡應用實例 (選讀)

本節將以幾個實際的工程應用為例,來說明如何利用根軌跡進行控制系統設計。

應用實例一、自動磅秤系統

例題 6-9

自動磅秤能自動完成秤重動作,其示意圖如圖所示。秤重時,由下面一個電能訊號回授控制進行自動平衡,如圖所示為無重物時的平衡狀態。圖中,x 是砝碼 W_c 離支點旋轉軸的距離;待秤重物 W 將放置在離支點旋轉軸 $l_w = 5\ \mathrm{cm}$ 處;重物一方還有一個阻尼器,其到支點旋轉軸的距離 $l_i = 20\ \mathrm{cm}$ 。

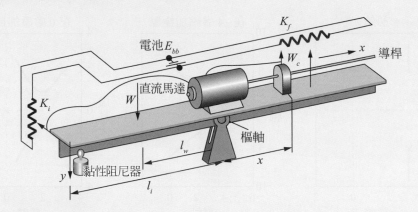

此磅秤系統的相關參數如下:

(1)　支點旋轉軸慣量　$J = 0.05\ \mathrm{kg \cdot m \cdot s^2}$

(2)　電池電壓　$E_{bb} = 24\mathrm{V}$

(3)　阻尼器的阻尼係數　$f = 10\sqrt{3}\ \mathrm{kg \cdot m \cdot s\,/\,rad}$

(4)　回授電位計增益　$K_f = 400\mathrm{V/m}$

(5)　導引螺桿增益　$K_s = \dfrac{1}{4000\pi}\ \mathrm{m/rad}$

(6)　輸入電位計增益　$K_i = 4800\mathrm{V/m}$

(7)　砝碼的質量 W_c 依需要的秤重範圍而定,本例中 $W_c = 2\mathrm{kg}$ 。

請求解下列問題：

1. 建立系統的模型及訊號流程圖。

2. 在根軌跡圖上確定根軌跡增益 K^* 的值。

3. 確定系統的主極點。

使系統達到以下性能指標要求：

(1) 單位步階輸入下：$K_p = \infty$、$E_{ss}(\infty) = 0$。

(2) 阻尼比：$\zeta = 0.5$。

(3) 安定時間：$T_s < 2\text{s}$（誤差 2%）。

解　首先建立系統的運動方程式。設系統略偏其平衡狀態，偏差角 $\theta = \dfrac{y}{l_i}$（θ 角很小）

因 $J\dfrac{d^2\theta}{dt^2} = \Sigma$ 力矩，故系統的力矩方程式為 $J\dfrac{d^2\theta}{dt^2} = l_w W - x W_c - f l_i^2 \dfrac{d\theta}{dt}$，可代入偏

差角關係轉成 $\dfrac{J}{l_i}\dfrac{d^2 y}{dt^2} = l_w W - x W_c - f l_i \dfrac{dy}{dt}$，取零初始條件拉氏轉換得到

$$\frac{Js^2}{l_i}Y(s) = l_w W(s) - X(s)W_c - f l_i s Y(s)$$

又馬達的輸入電壓　$v_m(t) = K_i y - K_f x$，取零初始條件拉氏轉換得到

$$V_m(s) = K_i Y(s) - K_f X(s)$$

馬達轉移函數　　　　　$\dfrac{\theta_m(s)}{V_m(s)} = \dfrac{K_m}{s(T_m s + 1)}$

式中，θ_m 為輸出軸轉角；K_m 為馬達轉移係數；T_m 為馬達機電時間常數，其與系統時間常數相比差很多，可省略不計。

根據上述方程式可畫出系統訊號流程圖，如圖所示。由訊號流程圖可見，從物體質量 $W(s)$ 到測量值 $X(s)$ 的前進路徑中，在進入測量高度 $Y(s)$ 的節點之前有一個純積分環節 $sY(s)$，因此該系統為型式 I 系統，在單位步階輸入作用下，能滿足其位置誤差常數 $K_p = \infty$ 及穩態誤差 $e(\infty) = 0$ 的要求。應用梅森增益公式，可得系統閉迴路轉移函數為

$$\frac{X(s)}{W(s)} = \frac{\dfrac{l_w l_i K_i K_m K_s}{Js^3}}{1 + \dfrac{f l_i^2}{Js} + \dfrac{K_m K_s K_f}{s} + \dfrac{l_i K_i K_m K_s W_c}{Js^3} + \dfrac{f l_i^2 K_m K_s K_f}{Js^2}}$$

式中，分子對應於從 W 到 X 的前進路徑總增益；分母的第二項對應於 L_1 迴路增益，第三項對應於 L_2 迴路增益，第四項對應於 L_3 迴路增益，第五項對應於兩個互不接觸的迴路 L_1 與 L_2 增益乘積。上式閉迴路轉移函數經整理可得

$$\frac{X(s)}{W(s)} = \frac{l_w l_i K_i K_m K_s}{s(Js + f l_i^2) \cdot (s + K_m K_s K_f) + l_i K_i K_m K_s W_c}$$

當重物 W 放在自動磅秤上時，$W(s) = \dfrac{|W|}{s}$，系統的穩態增益為

$$\lim_{t \to \infty}\left[\frac{x(t)}{|W|} \right] = \lim_{s \to 0}\left[\frac{X(s)}{W(s)} \right] = \frac{l_w}{W_c} = 2.5 \ \text{cm/kg}$$

為了繪製馬達轉移係數 (含放大器附加增益)K_m 變化時系統的根軌跡，可將各相關參數代入閉迴路轉移函數的分母，於是系統特性方程式

$$0.05s(s + 8\sqrt{3})(s + \frac{K_m}{10\pi}) + \frac{4.8}{10\pi} K_m = 0$$

即　$s(s + 8\sqrt{3})(s + \dfrac{K_m}{10\pi}) + \dfrac{96}{10\pi} K_m = 0$

將上式展開得

$$s^2(s + 8\sqrt{3}) + s(s + 8\sqrt{3})(\frac{K_m}{10\pi}) + \frac{96}{10\pi} K_m = 0$$

令　$K^* = \dfrac{K_m}{10\pi}$ 為根軌跡增益，則等價根軌跡方程式為

$$1 + K^* \frac{P(s)}{Q(s)} = 1 + K^* \frac{s(s + 8\sqrt{3}) + 96}{s^2(s + 8\sqrt{3})} = 1 + K^* \frac{s^2 + 8\sqrt{3}s + 96}{s^2(s + 8\sqrt{3})}$$

$$= 1 + K^* \frac{(s - (-4\sqrt{3} - j4\sqrt{3}))(s - (-4\sqrt{3} + j4\sqrt{3}))}{s^2(s + 8\sqrt{3})}$$

$$= 1 + K^* \frac{(s + 6.93 + j6.93)(s + 6.93 - j6.93)}{s^2(s + 13.86)}$$

上述等於是開迴路系統在原點有一對二階極點與一個負實根極點 -13.86，另外還有一對共軛複數零點 $-6.93 \pm j6.93$。令 K^* 從 0 變化到 ∞，可繪出系統根軌跡，如圖所示。

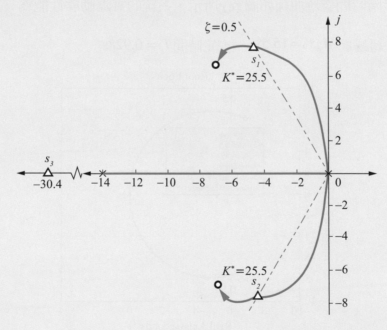

在根軌跡圖上，畫出希望的 $\zeta = 0.5$ 阻尼比線，其與負實軸夾 $\cos^{-1}(0.5) = 60°$，得閉迴路極點

$$s_{1,2} = -4.49 \pm j7.77$$

根據根軌跡大小條件，透過 MATLAB 可以求得與上述閉迴路極點對應的 $K^* = 25.5$，對應的第三個極點為 $s_3 = -30.4$。可得放大器增益為

$$K_m = 10\pi K^* = 10\pi \times 25.5 = 801 \, \text{rad} \cdot \text{s}^{-1}/\text{V}$$

在上述設計結果中，顯然，$s_{1,2} = -4.49 \pm j7.77$ 為系統主極點；$s_3 = -30.4$ 為非主極點，其對動態響應的影響甚微，可略去不計。因而，本設計完成的自動磅秤系統必為 $\zeta = 0.5$ 的阻尼響應。系統的安定時間 $T_s = \dfrac{4.0}{\sigma} = 0.98\text{s}$（$\Delta = 2\%$），滿足設計指標要求。

使用 MATLAB 驗證自動磅秤系統在 $\xi = 0.5$ 時的閉迴路主極點詳細規格如圖 (a) 所示，圖 (b) 表示系統的根軌跡圖（三角形表示系統在 $\xi = 0.5$ 時的閉迴路極點）；系統的單位步階時間響應曲線如圖 (c) 所示，系統的實際動態性能為

最大超越量 $M_p\% = 15.5\%$、安定時間 $T_s = 0.928\text{s}$

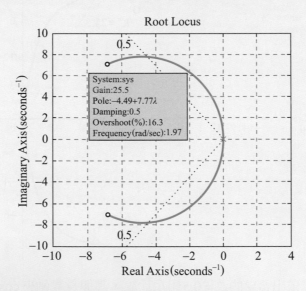

(a) $\xi = 0.5$ 時系統的主導極點

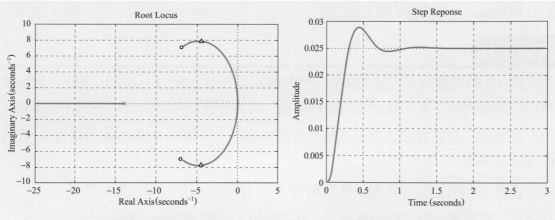

(b) 自動磅秤系統根軌跡圖   (c) 自動磅秤系統時間響應

MATLAB 程式如下：

```
G=zpk([-6.93+6.93i -6.93-6.93i],[0 0 -13.86],1);
z=0.5;
figure(1);rlocus(G);              % 繪製相應系統的根軌跡
sgrid(z,0);axis([-10 4 -10 10])   % 取阻尼比為0.5
set(gca,'XGrid','on');set(gca,'YGrid','on');
figure(2);rlocus(G);hold on;      % 求阻尼比0.5對應的根軌跡增益
K=25.5; pole=rlocus(G, K)         % 求阻尼比為0.5時系統的閉迴
                                    路特性根

plot(real(pole),imag(pole),'r^')
set(gca,'XGrid','on');set(gca,'YGrid','on');


sys=tf([3.0596],[0.05 1.9677 17.6646 122.3838]);
                                    % 閉迴路系統轉移函數
figure(3);t=0:0.01:3;step(sys,t);grid    % 系統的單位步階響應
```

應用實例二、自動銲接頭控制

例題 6-10

在工業 4.0 的浪潮中，大量的機器手臂被應用到智慧工廠內，其中一個應用領域就是自動銲接機器手臂所夾持之自動銲接頭，其需要進行精準的定位控制才能達到好的銲接效果。自動銲接頭控制系統方塊圖如圖所示，圖中 K_1 為放大器增益，K_2 為測速回授係數。

設計要求：利用根軌跡法選擇參數 K_1 與 K_2，使系統滿足以下性能指標：

1. 系統對斜坡輸入響應的穩態誤差 ≦ 斜坡振幅大小的 35%。

2. 系統主極點的阻尼比 $\zeta \geq 0.707$。

3. 系統步階響應安定時間為 $t_s \leq 3\text{s}$（誤差 2%）。

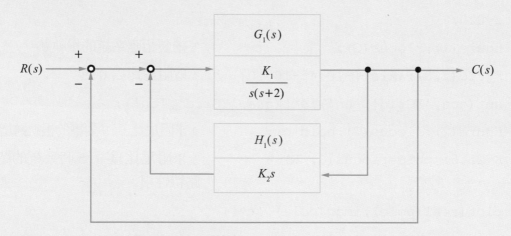

解 由題目圖知，系統開迴路轉移函數

$$G(s) = \frac{G_1(s)}{1 + G_1(s)H_1(s)} = \frac{K_1}{s(s + 2 + K_1K_2)}$$

顯然，該系統為型式 I 系統，在斜坡輸入作用下，存在穩態誤差。系統的誤差函

數：$E(s) = \frac{R(s)}{1 + G(s)} = \frac{s(s + 2 + K_1K_2)}{s^2 + (2 + K_1K_2)s + K_1} R(s)$

令斜坡輸入 $R(s) = \dfrac{R}{s^2}$，則穩態誤差：$e(\infty) = \lim_{t \to \infty} e(t) = \lim_{s \to 0} sE(s) = \dfrac{2 + K_1K_2}{K_1} R$

根據系統對穩態誤差的性能指標要求，K_1 與 K_2 的選取應滿足如下關係：

$$\frac{e(\infty)}{R} = \frac{2 + K_1 K_2}{K_1} \le 0.35$$

由上式中可知，為了獲得較小的穩態誤差，應該選擇較小的 K_2 值。

根據系統對主極點阻尼比的要求，系統的閉迴路極點應於 s 平面上 $\zeta = 0.707$ 的 ±45° 斜線所夾區域內；再由系統安定時間的指標要求可知，主極點實部的絕對值應滿足

$$t_s = \frac{4}{\sigma} = 3 \text{ s} \quad (\Delta = 2\%)$$

因此有 $\sigma \ge 1.33$。於是，滿足設計指標要求的閉迴路極點，應全部位於下圖所示的斜線區域內。

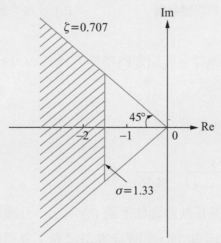

設待定參數 $\alpha = K_1$，$\beta = K_1 K_2$，則閉迴路特性方程式為

$$\Delta(s) = s^2 + (2 + K_1 K_2)s + K_1 = s^2 + 2s + \beta s + \alpha = 0$$

首先，考慮參數 $\alpha = K_1$ 的選擇。令 $\beta = 0$，則 α 變化時的根軌跡方程式為

$$1 + \frac{\alpha}{s(s+2)} = 0$$

令 α 從 0 變化到 ∞，其根軌跡如圖 (a) 所示。利用絕對值大小條件，在圖 (a) 中取，其對應的閉迴路極點為 $-1 \pm j4.36$，所對應之參數 $\beta = 20K_2$。

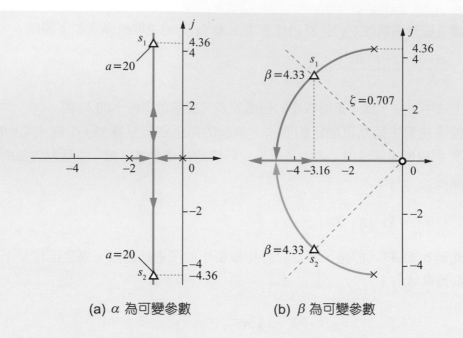

(a) α 為可變參數   (b) β 為可變參數

其次，考慮參數 β 的選擇。在閉迴路特性方程式 $\Delta(s) = 0$ 中，代入 $\alpha = 20$，則 β 變化時的根軌跡方程式為

$$1 + \frac{\beta s}{s^2 + 2s + 20} = 0$$

即 $\quad 1 + \dfrac{\beta s}{(s + 1 + j4.36) \cdot (s + 1 - j4.36)} = 0$

令 β 從 0 變化到 ∞，其根軌跡圖如下圖 (b) 所示。分離點座標 $d = -4.47$。當取絕對值大小條件 $\beta = 4.33 = 20K_2$，即 $K_2 = 0.2165$ 時，就得到滿足阻尼比 $\zeta = 0.707$ 的閉迴路主極點 $s_{1,2} = -3.16 \pm j3.16$，其實部絕對值 $\sigma = 3.16$，由其決定的安定時間

$$t_s = \frac{4.0}{\sigma} = 1.39 < 3 \quad (\Delta = 2\%) \text{ 滿足要求}$$

相應的穩態誤差值

$$\frac{e(\infty)}{R} = \frac{2 + K_1 K_2}{K_1} = \frac{2 + \beta}{\alpha} = 0.3165 < 0.35 \text{ 亦滿足要求}$$

因而取 $K_1 = 20$，$K_2 = 0.2165$ 的設計值，滿足全部設計指標要求。

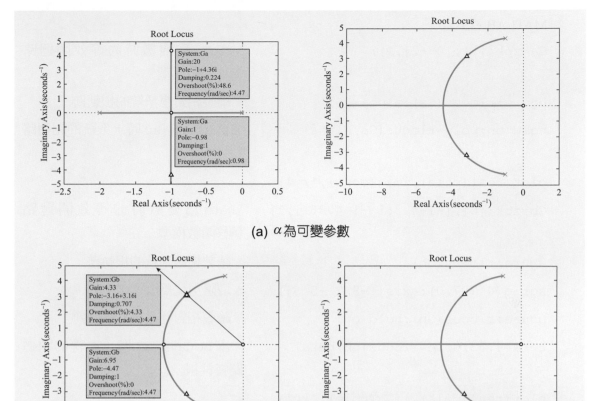

(a) α 為可變參數

(b) β 為可變參數

MATLAB 產生的系統根軌跡如上圖所示，系統的單位步階響應和單位斜坡響應分別如下圖 (a) 和 (b) 所示。

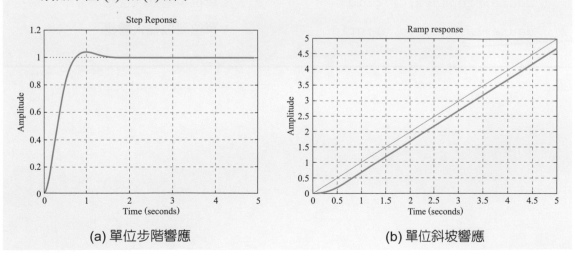

(a) 單位步階響應

(b) 單位斜坡響應

MATLAB 程式如下：

```
Ga=zpk([ ],[0 -2],1);              %alpha 為變數時的等效開迴路
                                   轉移函數模型

figure;rlocus(Ga);alpha=20;        %繪製相對應系統的根軌跡
hold on;pole=rlocus(Ga,alpha)      % 求 alpha=20 時，系統的閉迴路
                                   特性根

plot(real(pole),imag(pole),'r^')
Gb=zpk([0],[-1-4.36i -1+4.36i],1)  %beta 為變數時的等效開迴路
                                   轉移函數模型

figure;rlocus(Gb);                 %繪製相應系統的根軌跡
sgrid(0.707,0);axis([-8 2 -5 5])   % 取阻尼比為 0.707
figure;rlocus(Gb);hold on;         %繪製相對應系統的根軌跡
beta=4.33;pole=rlocus(Gb,beta)     % 求 beta=4.33 時，系統的閉迴
                                   路特性根

plot(real(pole),imag(pole),'r^')
K1=20;K2=0.2165;                   %以下進行系統動態性能分析
G1=zpk([ ],[0 -2],K1);H11=tf([K2 1],[1]);
sys=feedback(G1,H11)               %系統的閉迴路轉移函數
t=0:0.005:5;u=t;
figure;step(sys,t);grid            % 單位步階輸入響應
figure;lsim(sys,u,t);grid          % 單位斜坡輸入響應
```

線性系統的頻域響應

　　在前面章節利用時域響應的觀念來分析線性控制系統，然而在線性系統的古典控制理論中，還有另外一個非常重要的分析方法，就是頻域響應分析，接下來本章將介紹頻域響應分析。我們由傅立葉 (Fourier) 級數分析可以知道，控制系統中的訊號可以表示為不同頻率正弦波訊號 (sine wave signal) 的疊合，將控制系統的輸入訊號分解成各種不同頻率的正弦波後輸入控制系統，在系統達到穩態後的輸出響應行為就稱為頻域響應，常見的頻域響應分析實際應用概念可以圖 7-1 來表示，其由訊號產生器生成各種不同頻率的正弦波，以此模擬輸入訊號的各種正弦波成分，輸入系統 (system) 後由示波器上可以觀察其頻域響應輸出，在工業界中此部分功能可以頻譜分析儀 (spectrum analyzer) 來完成，如圖 7-2 所示。

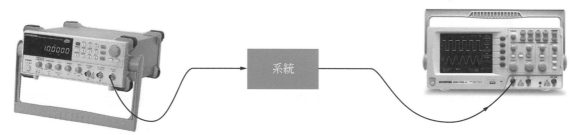

系統

▲ 圖 7-1　頻域響應實際應用架構：：(a) 訊號產生器；(b) 示波器

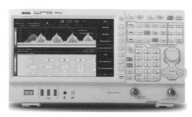

▲ 圖 7-2　頻譜分析儀

(資料來源：https：//www.gwinstek.com/zh-TW/products/layer/SpectrumAnalyzers (gwinstek.com))

控制系統的頻率響應特性會表現出正弦訊號作用下系統響應的各種性能，應用頻率響應特性研究線性系統的古典控制方法稱爲頻域響應分析法。頻域響應分析法通常具有以下幾點特色：

1. 控制系統及其元件的頻率響應特性可以利用解析計算法和實驗法獲得，並可用多種型式的曲線疊加組成來表示，因而系統分析和控制器設計可以利用圖解法進行。

2. 頻率響應的物理意義明確，對於一階系統和二階系統，頻域響應性能指標和時域響應性能指標都有明確的對應關係，可以由頻域響應性能規格了解其時域響應規格。

3. 控制系統的頻域響應控制器設計可以兼顧到響應特性與雜訊干擾的抑制兩方面的要求。

4. 頻域響應分析法不僅適用於線性常係數系統，還可以推廣到某些非線性控制系統，其應用面更廣。

　　本章將介紹頻率響應的基本概念、頻率響應各種特性曲線的繪製方法、研究頻域響應穩定性的判斷準則與頻域響應性能指標的計算，而控制系統的頻域響應控制器設計綜合問題將在第 9 章介紹並分析。

7-1　頻域響應的基本概念

　　本節將介紹頻域響應的基本原理，首先以圖 7-3 所示的 RC 濾波器電路爲例建立頻率響應分析的基本概念。設電容 C 的初始電壓爲 $u_o(0)$，取輸入訊號爲正弦波訊號 $u_i(t)$ 如下所示

$$u_i(t) = A\sin\omega t \tag{7-1}$$

可以將輸出與輸入的訊號經由示波器探棒接到示波器做記錄。當輸出響應 u_o 達到穩態時，記錄曲線如圖 7-4(b) 所示。由圖 7-4(b) 可以發現 RC 電路的穩態輸出訊號 $u_o(0)$ 仍爲正弦波訊號，其頻率與輸入訊號 $u_i(t)$ 的頻率相同，但是振幅值則較輸入訊號振幅稍微衰減，且其相位也存在一定延遲。

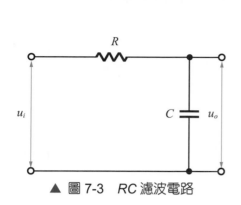

▲ 圖 7-3　RC 濾波電路

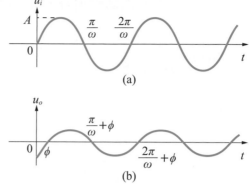

▲ 圖 7-4　RC 電路的輸入和穩態輸出訊號

對於此 RC 電路的輸入和輸出關係，可由以下微分方程式描述：

$$T\frac{du_o}{dt} + u_o = u_i \tag{7-2}$$

式中，$T = RC$ 為時間常數。取拉氏轉換並代入初始條件 $u_o(0) = \alpha_o$，得

$$U_O(s) = \frac{1}{Ts+1}[U_i(s) + T\alpha_o] = \frac{1}{Ts+1}[\frac{A\omega}{s^2 + \omega^2} + T\alpha_o] \tag{7-3}$$

再由拉氏反轉換求得

$$u_o(t) = [\alpha_o + \frac{A\omega T}{1 + T^2\omega^2}]e^{-\frac{t}{T}} + \frac{A}{\sqrt{1 + T^2\omega^2}}\sin(\omega t - \tan^{-1}\omega T) \tag{7-4}$$

式中第一項，由於 $T > 0$，將隨時間增大而趨於零，為輸出的暫態響應分量；而第二項正弦波訊號為輸出的穩態響應分量 u_{os}

$$u_{os} = \frac{A}{\sqrt{1 + T^2\omega^2}}\sin(\omega t - \tan^{-1}\omega T) = A \cdot M(\omega)\sin[\omega t + \phi(\omega)] \tag{7-5}$$

在式 (7-5) 中，$M(\omega) = \dfrac{1}{\sqrt{1 + T^2\omega^2}}$，$\phi(\omega) = -\tan^{-1}\omega T$，分別表示 RC 電路在正弦波訊號作用下，輸出穩態響應分量的振幅和相位變化，稱為振幅比和相位差，且皆為輸入正弦波訊號頻率 ω 的函數。

如果以轉移函數的觀點來看，可以得到 RC 電路的轉移函數為

$$G(s) = \frac{1}{Ts+1} \tag{7-6}$$

取 $s = j\omega$，則有

$$G(j\omega) = G(s)\Big|_{s=j\omega} = \frac{1}{j\omega T+1} = \frac{1}{\sqrt{1+T^2\omega^2}} e^{-j\tan^{-1}(\omega T)} \tag{7-7}$$

比較式 (7-5) 和式 (7-7) 可以發現，$M(\omega)$ 和 $\phi(\omega)$ 分別為 $G(j\omega)$ 的大小 $|G(j\omega)|$ 和相角 $\angle G(j\omega)$。這一結論非常重要，其表示 $M(\omega)$ 和 $\phi(\omega)$ 與系統轉移函數的關係。因此可以推廣如下，設有一穩定的線性常係數系統，其轉移函數為

$$G(s) = \frac{\sum_{i=0}^{m} b_i s^{m-i}}{\sum_{i=0}^{n} a_i s^{n-i}} = \frac{B(s)}{A(s)} \tag{7-8}$$

系統輸入為弦波訊號

$$r(t) = A\sin(\omega t + \varphi) \tag{7-9}$$

$$R(s) = \frac{A(\omega\cos\varphi + s\sin\varphi)}{s^2 + \omega^2} \tag{7-10}$$

由於系統是穩定的，因此部分分式後輸出響應穩態分量的拉氏轉換為

$$C_s(s) = \frac{1}{s+j\omega}[(s+j\omega)R(s)G(s)]\Big|_{s=-j\omega} + \frac{1}{s-j\omega}[(s-j\omega)R(s)G(s)]\Big|_{s=j\omega}$$

$$= \frac{A}{s+j\omega}\frac{\cos\varphi - j\sin\varphi}{-2j}G(-j\omega) + \frac{A}{s-j\omega}\frac{\cos\varphi + j\sin\varphi}{2j}G(j\omega) \tag{7-11}$$

若假設

$$G(j\omega) = \frac{a(\omega) + jb(\omega)}{c(\omega) + jd(\omega)} = |G(j\omega)| e^{j\angle[G(j\omega)]} \tag{7-12}$$

由於 $G(s)$ 的分子和分母多項式為實係數，所以式 (7-12) 中的 $a(\omega)$ 和 $c(\omega)$ 為 ω 的偶次冪多項式，$b(\omega)$ 和 $d(\omega)$ 為 ω 的奇次冪多項式，即 $a(\omega)$ 和 $c(\omega)$ 為 ω 的偶函數，$b(\omega)$ 和 $d(\omega)$ 為 ω 的奇函數，又

$$|G(j\omega)| = [\frac{b^2(\omega) + a^2(\omega)}{c^2(\omega) + d^2(\omega)}]^{\frac{1}{2}} \tag{7-13}$$

$$\angle[G(j\omega)] = \tan^{-1}(\frac{b(\omega)}{a(\omega)}) - \tan^{-1}(\frac{d(\omega)}{c(\omega)}) = \tan^{-1}(\frac{\dfrac{b(\omega)}{a(\omega)} - \dfrac{d(\omega)}{c(\omega)}}{1 + \dfrac{b(\omega)}{a(\omega)} \times \dfrac{d(\omega)}{c(\omega)}})$$

$$= \tan^{-1}\frac{b(\omega)c(\omega) - a(\omega)d(\omega)}{a(\omega)c(\omega) + d(\omega)b(\omega)} \tag{7-14}$$

因而

$$G(-j\omega) = \frac{a(\omega) - jb(\omega)}{c(\omega) - jd(\omega)} = |G(j\omega)|e^{-j\angle[G(j\omega)]} \tag{7-15}$$

再由式 (7-11) 可得

$$C_s(s) = \frac{A|G(j\omega)|}{s + j\omega}\frac{e^{-j(\varphi + \angle[G(j\omega)])}}{-2j} + \frac{A|G(j\omega)|}{s - j\omega}\frac{e^{j(\varphi + \angle[G(j\omega)])}}{2j}$$

$$c_s(t) = \mathcal{L}^{-1}\{C_s(s)\} = A|G(j\omega)|\left[\frac{e^{j\{\omega t + \varphi + \angle[G(j\omega)]\}} - e^{-j\{\omega t + \varphi + \angle[G(j\omega)]\}}}{2j}\right]$$

$$= A|G(j\omega)|\sin(\omega t + \varphi + \angle[G(j\omega)]) \tag{7-16}$$

式 (7-16) 與式 (7-5) 相比較，得

$$\begin{cases} M(\omega) = |G(j\omega)| \\ \phi(\omega) = \angle[G(j\omega)] \end{cases} \tag{7-17}$$

由式 (7-16) 可知，對於穩定的線性常係數系統，由弦波輸入所造成的輸出穩態分量仍然是與輸入同頻率的弦波函數，而振幅和相位的差異是頻率 ω 的函數，且與系統轉移函數相關，而 $G(s)$ 之大小與相位表示式為

$$G(j\omega) = M(\omega)e^{j\phi(\omega)} \tag{7-18}$$

由上面的推導可以知道一個結論：

頻率響應就是研究系統在正弦波訊號輸入下，其輸入訊號與穩態輸出訊號之間的大小與相位變化關係。根據上面推導，可以得知這個大小與相位的關係正好與頻率轉移函數 $G(j\omega)$ 有直接的關聯。其中，正弦輸入與其穩態輸出之間的振幅大小倍率正好等於 $|G(j\omega)|$，正弦輸入與其穩態輸出之間的相位差值正好等於 $\angle[G(j\omega)]$。

上述頻率響應特性的定義可以適用於穩定的線性常係數系統，也可適用於不穩定系統。穩定系統的頻率響應特性可以透過實驗方法確定，即在系統的輸入端施加不同頻率的弦波訊號，然後測量系統輸出的穩態響應 (如圖 7-1 的實驗設置)，再根據振幅比和相位差作出系統的頻率響應特性曲線。頻率響應特性也是系統轉移函數的另一種表示型式，上述討論之 RC 濾波電路的頻率響應特性曲線如圖 7-5 所示。

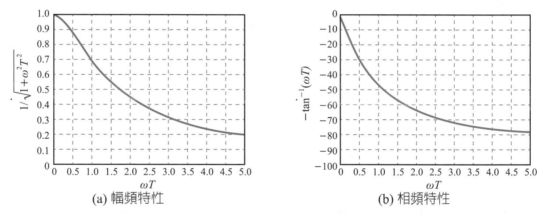

(a) 幅頻特性　　　　　　　　　　(b) 相頻特性

▲ 圖 7-5　RC 電路的頻域響應振幅和相位曲線 (MATLAB)

以下列舉例子來說明，可以更加瞭解頻域響應分析。

例題 7-1

若系統轉移函數為 $G(s) = \dfrac{1}{s^2 + 2s + 1}$，則在該系統之輸入 $u(t) = 2\sin(0.5\pi t),\, t \geq 0$ 下，試求出該系統的穩態響應。

解　系統的轉移函數為 $G(s)$，所以系統的頻率轉移函數為 $G(j\omega) = \dfrac{1}{1 - \omega^2 + j2\omega}$

頻率轉移函數在頻率 $\omega = 0.5\pi$ 為：

$$G(j0.5\pi) = \frac{1}{-1.4674 + j3.14}$$

所以其頻率轉移函數的大小值與相位值分別為：

$$|G(j0.5\pi)| = 0.2885$$

$$\angle G(j0.5\pi) = -114.59°$$

其中在計算相位角時，因為實部為負，在 MATLAB 中可以用 $\angle G(j0.5\pi) = 0 - (\text{atan}(3.14 / -1.4674) + pi) = -2$（弳度），再由弳度量化成度度量 (-2/pi*180=-114.59 度)，因此系統的輸出穩態響應為 $2 \times 0.2885 \sin(0.5\pi t - 114.59°)$

例題 7-2

考慮下圖之系統，若輸入 $r(t) = \sin(2t + \pi / 3)$，試求系統的穩態響應。

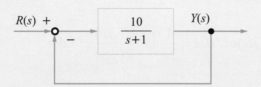

解 首先求解整個系統的閉迴路轉移函數為 $T(s) = \frac{10}{s + 11}$。考慮當 $r(t) = \sin(2t + \pi / 3)$ 時的穩態輸出響應。因為 $T(j2) = \frac{10}{j2 + 11}$，所以

$$|T(j2)| = \frac{10}{\sqrt{125}}$$

$$\angle T(j1) = -\tan^{-1} \frac{2}{11} = -10.3°$$

所以此時穩態輸出響應

$$y_{ss1}(t) = \frac{10}{\sqrt{125}} \sin(2t + \pi / 3 - 10.3°) = \frac{10}{\sqrt{125}} \sin(2t + 49.7°)$$

另外，對於不穩定的系統，輸出響應穩態分量中含有由系統轉移函數的不穩定極點產生的發散或振盪發散分量，所以不穩定系統的頻率特性不能通過實驗方法來決定。因此一般頻域響應分析都是用來討論穩定的線性常係數控制系統。

　　線性常係數系統的轉移函數一般可以表示為下式 (零初始條件下)

$$G(s) = \frac{C(s)}{R(s)}$$

上式的反拉式轉換式為

$$g(t) = \frac{1}{2\pi j} \int_{\sigma-j\omega}^{\sigma+j\omega} G(s)e^{st}ds$$

在上式中，若 $s = \sigma + j\omega$ 的實部 σ 位於 $G(s)$ 分母極點的左側 (收斂域)，且若系統穩定 ($G(s)$ 分母極點實部全為負)，則可以取 σ 為零。如果 $g(t)$ 的傅立葉轉換存在，可令 $s = j\omega$，則

$$g(t) = \frac{1}{2\pi} \int_{-\infty}^{\infty} G(j\omega)e^{j\omega t}d\omega = \frac{1}{2\pi} \int_{-\infty}^{\infty} \frac{C(j\omega)}{R(j\omega)} e^{j\omega t}d\omega$$

因此

$$G(j\omega) = \frac{C(j\omega)}{R(j\omega)} = G(s)\Big|_{s=j\omega} \tag{7-19}$$

　　由此可知，穩定系統的頻域響應特性等於輸出和輸入的傅立葉轉換之比，而這正是頻域響應特性的物理意義。頻域響應特性與微分方程式和轉移函數一樣，都是表示一個系統的動態特性，也是系統頻域分析的理論依據，而系統三種描述方法的關係可用圖 7-6 說明。

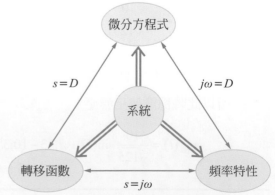

▲ 圖 7-6　頻率特性、轉移函數和微分方程式三種系統描述之間的關係

而在系統響應分析方面，常見閉迴路線性控制系統方塊圖如圖 7-7 所示，其開迴路轉移函數為 $G(s)H(s)$，而閉迴路轉移函數為

$$T(s) = \frac{G(s)}{1 + G(s)H(s)}$$，以分析複雜性來看，直接分

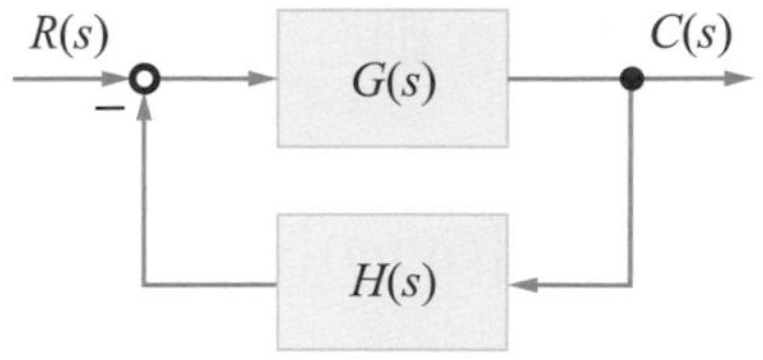

▲ 圖 7-7　常見閉迴路系統方塊圖

析閉迴路系統的頻域響應一定比分析開迴路系統複雜很多。在前面章節根軌跡的分析中，會藉由開迴路的極零點來分析閉迴路的特性，而在頻域響應分析也是存在同樣的手法，所以在接下來的章節中同樣會用到開迴路系統的的頻域特性，然後再用它來分析閉迴路系統的響應與穩定性。

7-2　頻域響應的極座標圖 (Polar diagram)

　　在實際工程系統的分析和設計中，通常把線性系統的頻域響應特性透過曲線來描述，再運用圖解法進行研究。常用的頻域響應特性曲線包含極座標圖 (Polar diagram)、波德圖 (Bode diagram) 跟尼可士圖 (Nichols plot)，本節將先介紹開迴路轉移函數 $G(s)H(s)$ 的極座標圖，為了方便討論一般考慮單位回授為主 ($H(s)=1$)，因此將開迴路轉移函數簡化寫成 $G(s)$。

　　極座標圖 (Polar diagram) 其實就是振幅大小與相位的頻域響應特性曲線，即在複數平面上以橫軸為實軸、縱軸為虛軸描繪頻域響應 $G(j\omega)$ 隨 ω 之變化。對於任一給定的頻率 ω，頻域響應特性 $G(j\omega)$ 值為複數，若將頻域響應特性表示為實數和虛數相加的型式，則實部為實數軸坐標值，虛部為虛數軸坐標值。若將頻率特性表示為複數指數型式，則為複數平面上的向量，而向量的長度為頻域響應特性的振幅大小值，該向量與實數軸正方向的夾角等於頻域響應特性的相位。由於振幅頻域響應特性為 ω 的偶函數，相角頻域響應特性為 ω 的奇函數，則 ω 從零變化至 $+\infty$ 和 ω 從零變化至 $-\infty$ 的極座標曲線會對稱實數軸，因此一般只繪製 ω 從零變化至 $+\infty$ 的極座標曲線。在系統極座標曲線中頻率 ω 為參數變量，一般用小箭頭表示 ω 增大時極座標曲線的變化方向。

　　在此做一個簡單的例子說明，對於前面使用的 RC 電路 (圖 7-3)

$$G(j\omega) = \frac{1}{1 + jT\omega} = \frac{1 - jT\omega}{1 + (T\omega)^2} = \frac{1}{1 + (T\omega)^2} - j\frac{T\omega}{1 + (T\omega)^2}$$

如考慮 $T = 1$，則

$$\begin{cases} \text{Re}[G(j\omega)] = \dfrac{1}{1+\omega^2} \\ \text{Im}[G(j\omega)] = \dfrac{-\omega}{1+\omega^2} \end{cases} \rightarrow \dfrac{1}{\text{Re}[G(j\omega)]} - 1 = \dfrac{1 - \text{Re}[G(j\omega)]}{\text{Re}[G(j\omega)]} = \omega^2$$

所以

$$\text{Im}[G(j\omega)] = -\omega \text{Re}[G(j\omega)] = -\sqrt{\dfrac{1 - \text{Re}[G(j\omega)]}{\text{Re}[G(j\omega)]}} \, \text{Re}[G(j\omega)]$$

等號兩側平方移項

$$\text{Re}^2[G(j\omega)] - \text{Re}[G(j\omega)] + \text{Im}^2[G(j\omega)] = 0$$

等號兩側加上 $\dfrac{1}{4}$

$$\{\text{Re}^2[G(j\omega)] - \text{Re}[G(j\omega)] + \dfrac{1}{4}\} + \text{Im}^2[G(j\omega)] = \dfrac{1}{4}$$

因此其存在關係

$$\{\text{Re}[G(j\omega)] - \dfrac{1}{2}\}^2 + \text{Im}^2[G(j\omega)] = (\dfrac{1}{2})^2 \qquad\qquad (7\text{-}20)$$

上式表示此 RC 電路的極座標曲線是以 $(\dfrac{1}{2}, j0)$ 為圓

心，半徑為 $\dfrac{1}{2}$ 的半圓，如圖 7-8 所示。

　　在實際轉移函數要畫出其極座標圖，要如式
(7-20) 那樣得到極座標曲線方程式是很困難的，若
是不經由電腦輔助，往往只能大概手繪其趨勢，我
們同樣以上述 RC 電路之轉移函數考慮 $T = 1$，

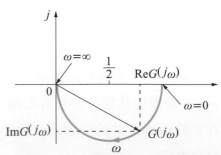

▲ 圖 7-8　RC 電路轉移函數的極座標曲線圖

則由式 (7-6) 可知系統轉移函數為 $G(s) = \dfrac{1}{s+1}$ ，極座標圖是根據 ω 由 $0 \to \infty$ 變化之圖形，可以討論如下：

$$G(j\omega) = \frac{1}{j\omega + 1} = \frac{1}{\sqrt{1+\omega^2}} \angle(-\tan^{-1}\omega) \text{（大小、相位表示法）}$$

$$G(j\omega) = \frac{1}{1+\omega^2} + j\frac{-\omega}{1+\omega^2} \text{（實部、虛部表示法）}$$

當 $\omega \to 0$ 時，$M = \dfrac{1}{\sqrt{1+\omega^2}} \to 1$ ，$\phi = \angle(-\tan^{-1}\omega) \to 0°$

當 $\omega \to 1$ 時，$M = \dfrac{1}{\sqrt{1+\omega^2}} \to \dfrac{1}{\sqrt{2}}$ ，$\phi = \angle(-\tan^{-1}\omega) \to -45°$

當 $\omega \to \infty$ 時，$M = \dfrac{1}{\sqrt{1+\omega^2}} \to 0$ ，$\phi = \angle(-\tan^{-1}\omega) \to -90°$

因此 $G(j\omega)$ 在複數平面上的極座標圖可大致描繪如圖 7-9。

由轉移函數與上述的極座標圖可以發現，此轉移函數為型式 0(type 0) 且分母與分子多項式次數差 1 的系統，它的出發點 $(\omega = 0)$ 在正的實數軸上，順時針旋轉負 90 度後終止於原點 $(\omega = \infty)$ 。

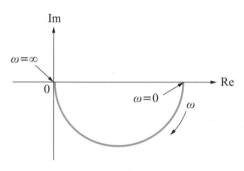

▲ 圖 7-9　$G(s) = \dfrac{1}{s+1}$ ，極座標曲線圖

此處再考慮另一個轉移函數 $G(s) = \dfrac{1}{(s+2)(s+4)} = \dfrac{1}{s^2 + 6s + 8}$ ，頻域響應 $G(j\omega) = \dfrac{1}{(j\omega+2)(j\omega+4)}$ ，其大小為 $|G(j\omega)| = \sqrt{\dfrac{1}{(4+\omega^2)(16+\omega^2)}}$ ，相角為 $\angle G(j\omega) = -\tan^{-1}(\dfrac{\omega}{2}) - \tan^{-1}(\dfrac{\omega}{4})$ ，透過以下 MATLAB 的程式可以畫出其極座標圖，如圖 7-10。

```
w=0:0.01:100;
theta=-atan(w/2)-atan(w/4);
x=(4+w.^2).*(16+w.^2);
y=1./x.^(1/2);
polar(theta,y)
```

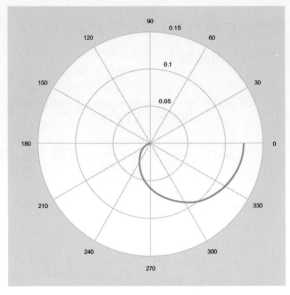

▲ 圖 7-10　$G(s) = \dfrac{1}{(s+2)(s+4)}$ 極座標曲線圖

此轉移函數為型式 0(type 0) 且分母與分子多項式次數差 2 的系統，它的出發點($\omega = 0$)也是在正的實數軸上，順時針旋轉負 180° 後終止於原點($\omega = \infty$)。

　　由上面的說明可以延伸到更通用型式的轉移函數極座標圖，假設一般轉移函數 $G(s)$，其 $G(j\omega)$ 型式為

$$G(j\omega) = \frac{K(1+j\omega T_a)(1+j\omega T_b)\cdots\cdots}{(j\omega)^r(1+j\omega T_1)(1+j\omega T_2)\cdots\cdots} = \frac{b_0(j\omega)^m + b_1(j\omega)^{m-1}+\cdots\cdots}{a_0(j\omega)^n + a_1(j\omega)^{n-1}+\cdots\cdots} \quad (7\text{-}21)$$

則可以討論在低頻與高頻下之極座標值，並且大概畫出各種狀況下的極座標圖。首先討論在低頻狀況，以下只討論到型式 3 及分子分母相差 3 次，其餘讀者可以自行類推，假設 $K > 0$，則在 $\omega \to 0$ 時的情形可得：

型式 0 ($r = 0$)的系統：$G(j0) \to K$，常數

型式 1 ($r = 1$)的系統：$G(j0) \to \dfrac{K}{j\omega} = \infty\angle -90°$

型式 2 ($r = 2$)的系統：$G(j0) \to \dfrac{K}{(j\omega)^2} = \infty\angle -180°$

型式 3 $(r = 3)$ 的系統：$G(j0) \rightarrow \dfrac{K}{(j\omega)^3} = \infty\angle -270°$

再來討論在高頻狀況，即 $\omega \rightarrow \infty$ 的情形（假設 $\dfrac{b_0}{a_0} > 0$）如下：

$n - m = 0$ 的系統：$G(j\infty) \rightarrow \dfrac{b_0}{a_0}$，常數

$n - m = 1$ 的系統：$G(j\infty) \rightarrow 0\angle -90°$

$n - m = 2$ 的系統：$G(j\infty) \rightarrow 0\angle -180°$

$n - m = 3$ 的系統：$G(j\infty) \rightarrow 0\angle -270°$

　　由上面討論可以發現轉移函數 $G(j\omega)$ 的極座標圖跟單位回授系統開迴路轉移函數 $G(s)$ 的系統型式 (system type)，以及分母與分子之多項式次數差存在一定的關係，在低頻時會由系統的型式來決定，而在高頻時則由分母與分子的多項式次數差決定。低頻時，當系統為型式 0 時，極座標圖的出發點在正實數軸，而系統為型式 1 時，極座標圖的出發點在負虛數軸，以此類推系統為型式 2 時，極座標圖的出發點在負實數軸，而系統為型式 3 時，極座標圖的出發點在正虛數軸。而在高頻時，當分母與分子多項式次數差 1 $(n - m = 1)$ 時，極座標圖由 $-90°$ 方向趨近原點，同理在 $n - m = 2$ 或 3 時，則分別由 $-180°$ 與 $-270°$ 方向趨近原點。其大致規則如圖 7-11 所示。

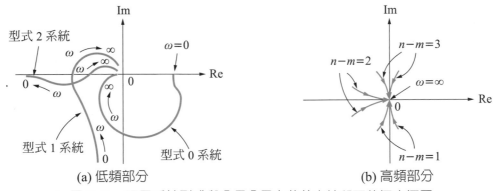

(a) 低頻部分　　　　　　　　(b) 高頻部分

▲ 圖 7-11　不同系統型式與分母分子次數差之轉移函數極座標圖

有上面的結論後再使用以下例子做說明，可以更了解極座標圖的畫圖原則。

例題 7-3

針對下列常見系統,請大概描繪出其極座標曲線圖。

(1) $\dfrac{1}{1+T_1 s}$ (2) $\dfrac{1}{s(1+T_1 s)}$ (3) $\dfrac{1}{(1+T_1 s)(1+T_2 s)}$ (4) $\dfrac{1}{s(1+T_1 s)(1+T_2 s)}$

(5) $\dfrac{1}{(1+T_1 s)(1+T_2 s)(1+T_3 s)}$ (6) $\dfrac{1}{s^2(1+T_1 s)(1+T_2 s)}$ (7) $\dfrac{1}{s^2(1+T_1 s)(1+T_2 s)(1+T_3 s)}$

解 經由圖 7-11 的結論可以畫出各小題的極座標圖為

(1)
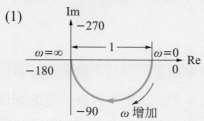

(2)
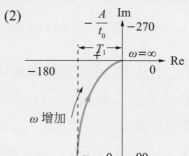

(3)
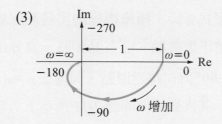

(4)
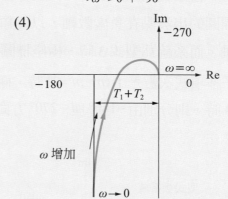

(5)
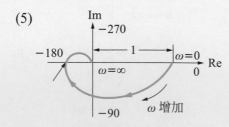

(6)
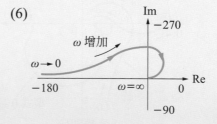

(7)
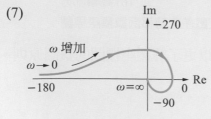

最後可以看看在一個轉移函數中加入極零點對於系統極座標圖的影響如下：

1. 在轉移函數 $G(s)$ 加入一個非零的極點，則極座標圖在高頻 $(\omega \to \infty)$ 部分旋轉 $-90°$，其可由上面例題 7-3 中的第 (1) 與第 (3) 小題可以看出這種結果。

2. 在轉移函數 $G(s)$ 加入一個零的極點，即 $\dfrac{1}{s}$，則極座標圖在低頻 $(\omega \to 0)$ 與高頻 $(\omega \to \infty)$ 部分均旋轉 $-90°$，其可由上面例題 7-3 中的第 (1) 與第 (2) 小題可以看出這種結果。

3. 在轉移函數 $G(s)$ 加入一個非零的零點，則極座標圖在高頻 $(\omega \to \infty)$ 部分旋轉 $+90°$。

4. 在轉移函數 $G(s)$ 加入一個零的零點，即 s，則極座標圖在低頻 $(\omega \to 0)$ 與高頻 $(\omega \to \infty)$ 部分均旋轉 $+90°$。

在上述的轉移函數都是討論極小相位系統 (minimum-phase system)，也就是系統沒有右半面的極點或零點，若是非極小相位系統，由於存在右半面的極零點，則系統的極座標曲線圖會產生變化，就不能用圖 7-11 的結論粗略畫出極座標圖。以下以一個例子來說明非極小相位系統極座標圖有何變化。

例題 7-4

已知系統開迴路轉移函數為

$$G(s)H(s) = \frac{(-s+1)}{s(s+1)}$$

試繪製系統概略的極座標圖。

解 系統開迴路頻率轉移函數為

$$G(j\omega)H(j\omega) = \frac{-2\omega - j(1-\omega^2)}{\omega(1+\omega^2)}$$

開迴路振幅與相角的起點：振幅 $M(\omega = 0_+) = \infty$，相角 $\phi(\omega = 0^+) = -90°$

開迴路振幅與相角的終點：振幅 $M(\infty) = 0$，相角 $\phi(\infty) = -270°$

與實數軸的交點：可令虛部為零，解得

$$\omega_x = 1 , \quad G(j\omega_x)H(j\omega_x) = -1$$

因為 $\phi(\omega)$ 從 $-90°$ 單調遞減至 $-270°$，故極座標曲線在第 III 與第 II 象限間的變化概略如下圖所示。

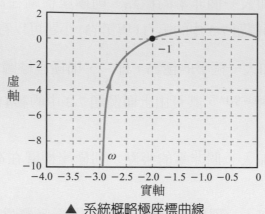

▲ 系統概略極座標曲線

在以上例題中，系統含有非極小相位一階零點 $(-s + 1)$，雖然 $n - m = 1$，若在極小相位系統應該終點是 $-90°$ 方向趨近於原點，但是在本例題中是以 $-270°$ 方向趨近於原點，此結果顯示非極小相位系統與極小相位系統的極座標圖存在差異。

7-3 頻域響應的波德圖 (Bode diagram)

波德圖 (Bode diagram) 又稱為對數頻率特性曲線圖。波德圖由對數振幅頻率曲線 (簡稱大小圖) 和對數相角頻率曲線 (簡稱相位圖) 組成，是一個非常實用且廣泛在工程上使用的一組曲線。波德圖是以 $\log(\omega)$ 作為橫軸座標，在本書中對數都是以 10 為底數，即 $\log(\omega) = \log_{10}(\omega)$，其單位通常為弧度每秒 (rad/s)，大小圖的縱坐標則是以分貝 (dB) 值為單位，其為對數分度，可以表示為

$$L(\omega) = 20\log|G(j\omega)| = 20\lg M(\omega) \tag{7-22}$$

而相位圖曲線的縱坐標為 $\phi(\omega)$，是以度 (°) 為單位之線性分度，由此構成的座標系稱為半對數座標系。

在線性分度中，當變數大小增大或減小 1 時，座標間的距離變化為一個單位長度；而在對數分度中，當變數大小增大或減小 10 倍，稱為十倍頻程或簡稱為一個 dec.，其座標間距離變化會是一個單位長度。若對數分度中的單位長度為 l，ω 的某個十倍頻程的左端點為 ω_0，則座標點相對於左端點的距離為表 7-1 所示的值乘以 l，其概念如圖 7-12 所示。

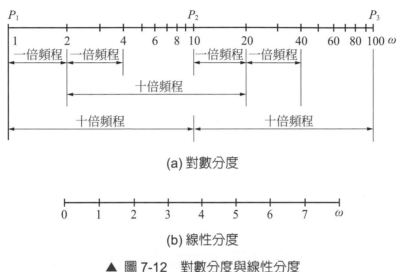

(a) 對數分度

(b) 線性分度

▲ 圖 7-12　對數分度與線性分度

▼ 表 7-1　十倍頻程中的對數分度

ω / ω_0	1	2	3	4	5	6	7	8	9	10
$\log(\omega / \omega_0)$	0	0.301	0.477	0.602	0.699	0.778	0.845	0.903	0.954	1

對數頻率特性採用 ω 的對數分度，可以進行橫座標的非線性壓縮，便於在較大頻率範圍內看出頻率特性的變化情況。對數振幅頻率特性採用 $20 \lg M(\omega)$，可將振幅大小的乘除運算透過取對數轉化為加減運算，用以簡化曲線的繪製過程。在前面舉例的 RC 電路中，若取 $T = 0.5$ 則其波德圖曲線如圖 7-13 所示，其中圖 7-13(a) 為振幅頻率曲線，圖 7-13(b) 為相角頻率曲線。

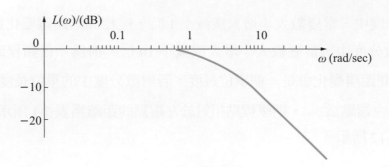

(a) 振幅頻率曲線

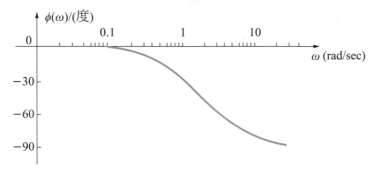

(b) 相角頻率曲線

▲ 圖 7-13 $\dfrac{1}{1+j0.5\omega}$ 的波德圖

在上述使用一個簡單的例子畫出波德圖，接著看看更通用型式轉移函數之波德圖中的大小圖與相位圖之畫圖準則。考慮常見之轉移函數如下：

$$G(s) = \frac{K(s+z_1)(s+z_2)\cdots\cdots(s+z_k)}{s^m(s+p_1)(s+p_2)\cdots\cdots(s+p_n)} \tag{7-23}$$

其中 $K>0$，p_i、z_i 均實部為正，即此系統為極小相位系統，則其頻率特性函數大小（取絕對值）為

$$|G(j\omega)| = \frac{K\left|(s+z_1)\right|\left|(s+z_2)\right|\cdots\left|(s+z_k)\right|}{\left|s^m\right|\left|(s+p_1)\right|\left|(s+p_2)\right|\cdots\left|(s+p_n)\right|}\Bigg|_{s\to j\omega} \tag{7-24}$$

將其轉成分貝 (dB) 值為單位之對數分度，可得

$$20\log|G(j\omega)| = 20\log K + 20\log|(s+z_1)| + 20\log|(s+z_2)| + \cdots\cdots$$
$$\left. -20\log|s^m| - 20\log|(s+p_1)| - \cdots\cdots \right|_{s \to j\omega} \tag{7-25}$$

而頻率特性函數相位則為

$$\angle G(j\omega) = \angle(s+z_1) + \angle(s+z_2) + \cdots\cdots + \angle(s+z_k)$$
$$-\angle(s+p_1) - \angle(s+p_2) - \cdots\cdots - \angle(s+p_n) - (90°) \cdot m \tag{7-26}$$

即為分子相角和減去分母相角和。由上面的大小與相位關係可以看出，其會變成各個轉移函數中常見因子取大小分貝 (dB) 值或是相角的簡單加減運算。因此只要了解各種轉移函數中常出現的因式之大小與相位圖，就可以透過加減疊合出整個轉移函數的大小與相位圖，接下來就討論常見的基本因式之轉移函數波德圖如何繪製。為了方便未來化簡與表示，我們會習慣將轉移函數 $G(s)$ 改寫成時間常數的型式如下：

$$G(s) = \frac{K \prod_{i=1}^{I}(1+T_{zi}s) \prod_{j=1}^{J}\left[1 + \dfrac{2\xi_j}{\omega_{nj}}s + \left(\dfrac{s}{\omega_{nj}}\right)^2\right]}{s^m \prod_{i=1}^{M}(1+T_{pi}s) \prod_{j=1}^{R}\left[1 + \dfrac{2\xi_j}{\omega_{nj}}s + \left(\dfrac{s}{\omega_{nj}}\right)^2\right]} \tag{7-27}$$

則頻域響應特性

$$G(j\omega) = \frac{K \prod_{i=1}^{I}(1+jT_{zi}\omega) \prod_{j=1}^{J}\left[1 + j\dfrac{2\xi_j}{\omega_{nj}}\omega - \left(\dfrac{\omega}{\omega_{nj}}\right)^2\right]}{(j\omega)^m \prod_{i=1}^{M}(1+jT_{pi}\omega) \prod_{j=1}^{R}\left[1 + j\dfrac{2\xi_j}{\omega_{nj}}\omega - \left(\dfrac{\omega}{\omega_{nj}}\right)^2\right]} \tag{7-28}$$

上式中包含下列四大類的基本因式型式：

型式 1：固定增益 K

型式 2：具有原點上的極點 $\dfrac{1}{s}$ 或零點 s

型式 3：具有不在原點上的極點 $\dfrac{1}{1+Ts}$ 或零點 $(1+Ts)$

型式 4：具有共軛極點 $\dfrac{1}{1+2\xi\dfrac{s}{\omega_n}+\left(\dfrac{s}{\omega_n}\right)^2}$ 或共軛零點 $1+2\xi\dfrac{s}{\omega_n}+\left(\dfrac{s}{\omega_n}\right)^2$

因此只要研究上述四個基本因式的波德圖，其它更為複雜的轉移函數波德圖均可處理。以下分別討論各個因式之波德圖：

型式 1：固定增益 K

增益 K 的大小為 $20\log|K|\,\mathrm{dB}$，相位為 $\angle K = 0°(K \geq 0)$ ；$\angle K = -180°(K < 0)$，其波德大小圖與波德相位圖都是一條水平線。例如：$G(s)H(s) = 6$ 或 -6，其大小與相位圖如圖 7-14 所示。

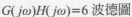

$G(j\omega)H(j\omega)=6$ 波德圖

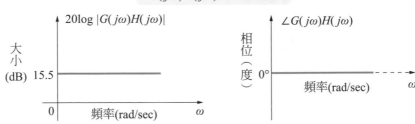

$G(j\omega)H(j\omega)=-6$ 波德圖

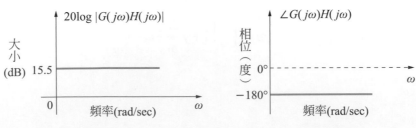

▲ 圖 7-14　$G(s)H(s) = 6$ 與 -6 之大小與相位圖

型式 2：具有原點上的極點 $\dfrac{1}{s}$ 或零點 s

以 $s = j\omega$ 帶入可得在原點處之極點或零點 $G(j\omega) = (j\omega)^{\pm 1}$ 的大小為 $20\log\left|(j\omega)^{\pm 1}\right| = \pm 20\log\omega$ dB，而相位為 $\angle(j\omega) = 90°$；$\angle(j\omega)^{-1} = -90°$。由 $|G(j\omega)| = \pm 20\log\omega$ dB 可知 $(j\omega)^{\pm 1}$ 的波德大小圖為一條與 0 dB 軸交於 $\omega = 1$ rad/sec 的斜率為 ± 20 dB/decade 的直線。我們定義 $\dfrac{\omega_2}{\omega_1} = 10$，則稱兩個頻率相差一個十倍頻程 (decade)。若 $\dfrac{\omega_2}{\omega_1} = 2$，則稱兩個頻率相差一個兩倍頻程 (Octave)。所以，波德圖中的斜率 ± 20 dB/decade，亦可近似寫為 ± 6 dB/octave (20 log2 = 6 dB)，其圖形如圖 7-15 所示。

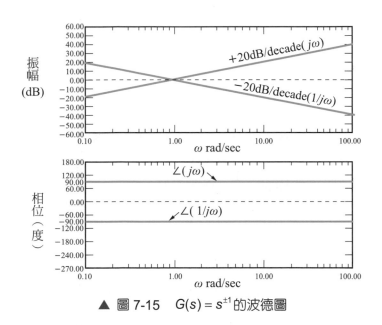

▲ 圖 7-15　$G(s) = s^{\pm 1}$ 的波德圖

因此可以推廣到 $G(s) = s^{(\pm r)}$，$G(j\omega) = (j\omega)^{(\pm r)}$，其圖形如圖 7-16 所示。

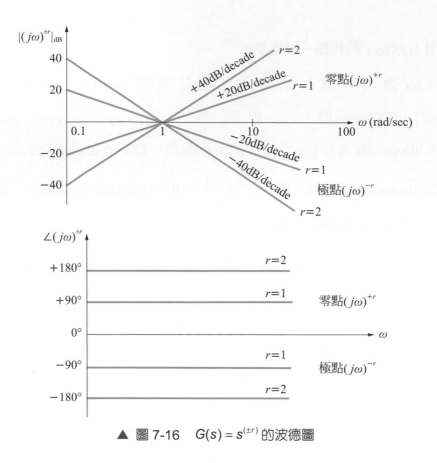

▲ 圖 7-16　$G(s) = s^{(\pm r)}$ 的波德圖

型式 3：具有不在原點上的極點 $\dfrac{1}{1+Ts}$ 或零點 $(1+Ts)$

以 $s = j\omega$ 帶入可得 $G(j\omega) = (1+j\omega T)^{\pm 1}$，此類轉移函數的頻域響應大小為 $20\log\left|(1+j\omega T)^{\pm 1}\right| = \pm 20\log\sqrt{1+\omega^2 T^2}$ dB，相位為 $\angle(1+j\omega T)^{\pm 1} = \pm\tan^{-1}\omega T$。其中 $\omega = \dfrac{1}{T}$ 處稱為轉角頻率 (corner frequency,break frequency)。此因式的波德圖，可用兩直線來近似，而這些直線稱為漸近線 (asymptotes)。近似的方法如下：在波德大小圖上，以轉角頻率 $\dfrac{1}{T}$ 為界，$\omega < \dfrac{1}{T}$ 的範圍以 0 dB 直線近似，$\omega > \dfrac{1}{T}$ 的範圍以斜率 ± 20 dB/decade；在波德相位圖上，$\omega \le \dfrac{1}{10T}$ 的範圍以相角 0° 直線近似，$\omega \ge \dfrac{10}{T}$ 的範圍以 $\pm 90°$ 直線近似，$\dfrac{1}{10T} < \omega < \dfrac{10}{T}$ 的範圍，則以斜率 $\pm 45°$ /decade 的直線近似。其圖形如圖 7-17 所示。

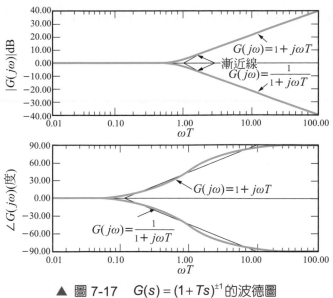

▲ 圖 7-17　$G(s) = (1 + Ts)^{\pm 1}$ 的波德圖

其實在轉角頻率的地方 $\omega T = 1$ 或 $\omega = \dfrac{1}{T}$ ，$|G(j\omega)| = \dfrac{1}{\sqrt{2}}$ ，即 $|G(j\omega)|_{dB} = 20\log(\dfrac{1}{\sqrt{2}})$ $= -10\log(2) = -3\,\text{dB}$ 。而角度誤差在 $\omega T = 0.1$ 跟 10 時為 $90° - \tan^{-1}(10) = 5.71°$ ，所以由圖 7-17 中可以發現在 $\omega T = 1$ 附近確實存在誤差。若是令 $T = 1$ ，則 $1 + j\omega$ 之波德圖如圖 7-18，其誤差可以很明顯看出是大小誤差 $-3\,\text{dB}$ ，相角誤差 $5.71°$ 。

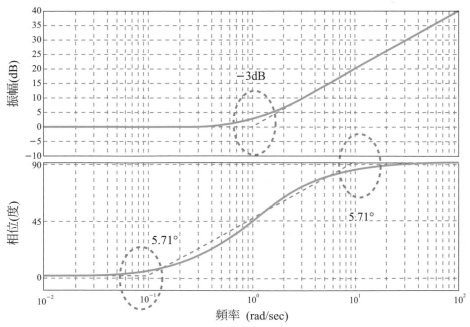

▲ 圖 7-18　$G(j\omega) = (1 + j\omega T)^{\pm 1}$ 轉角頻率的誤差

有了上面的基本概念後，可以試著畫下面這幾個例子的波德圖。

例題 7-5

請畫出下列轉移函數的波德圖。

$$G(s) = \frac{1}{2s+1}$$

解 將 $s = j\omega$ 代入 $G(s)$ 中可得 $G(j\omega) = \frac{1}{2j\omega+1}$

由前面討論可知轉角頻率為 $\omega = \frac{1}{2}$，且

(1) 當 $\omega \ll 1$（即很小的 ω），則 $G(j\omega) \approx 1$，其以分貝值 dB 為單位的大小

$$20\log|G(j\omega)| = 20\log(1) = 0$$

(2) 當 $\omega \gg 1$（即很大的 ω），則 $G(j\omega) \approx \frac{1}{2j\omega}$，其以分貝值 dB 為單位的大小

$$20\log|G(j\omega)| = 20\log\left|\frac{1}{2j\omega}\right| = 20\log(\frac{1}{2\omega}) = 20\log(1) - 20\log(2\omega) = -20\log(2\omega)$$

其大小為 -20 dB/dec，其大小概略圖形如下：

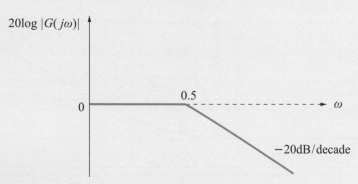

在相角的部分，由 $G(j\omega) = \frac{1}{2j\omega+1}$，可得

$$\phi = 0 - \tan^{-1}(2\omega) = -\tan^{-1}(2\omega)$$

當 ω 很小（即 $\omega \approx 0$），可得 $\phi \approx 0°$

當 ω 很大（即 $\omega \to \infty$），可得 $\phi \approx -90°$

其相角概略圖形如下：

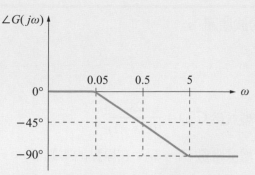

其 MATLAB 程式如下，可以很輕易地畫出實際波德圖如下。

```
num = 1;
den = [2 1];
sys = tf(num,den);
bode(sys)
grid;
```

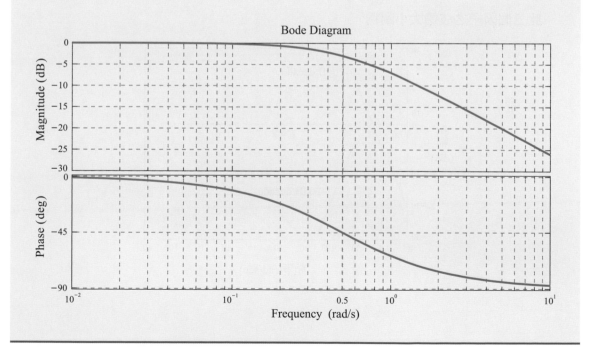

例題 7-6

請畫出下列轉移函數的波德圖：

$$G(s) = \frac{20s}{(s+10)}$$

解 將其化成時間常數型式為 $G(s) = \dfrac{2s}{(0.1s+1)}$

此轉移函數中包含增益常數 $(K=2)$；在原點的零點 (s)；一階極點 $(0.1s+1)^{-1}$

(1)對增益常數而言，$|K|_{dB} = 20\log(2) = 6$ dB

(2)對 s 因子而言，$|s|_{dB} = 20\log(\omega) = 20$ dB/decade

(3)對一階極點而言，轉角頻率為 $\omega = 10$，

  當 $\omega \ll 10$，$\left|\dfrac{1}{0.1j\omega+1}\right|_{dB} = -20\log(1) = 0$

  當 $\omega \gg 10$，$\left|\dfrac{1}{0.1j\omega+1}\right|_{dB} = -20\log(0.1\omega) = -20$ dB/decade

此三個因子之波德大小圖為

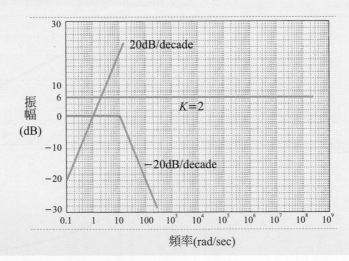

將其相加後可得

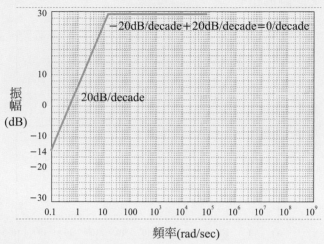

相角的部分討論如下：

其具有相位的兩個因子 s 與 $\dfrac{1}{(0.1s+1)}$，根據前面法則，此兩個因子之圖形大致如下：

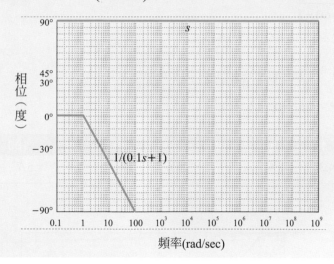

將其相加疊合後之圖形如下：

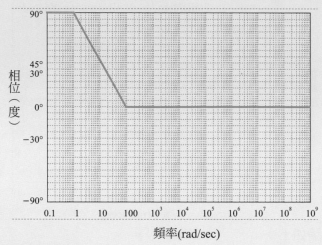

我們也可以詳細討論其相角：

$$G(j\omega) = \frac{2j\omega}{(0.1j\omega)+1}$$

$$\angle G(j\omega) = \angle 2 + \angle j\omega - \angle(0.1j\omega + 1)$$

$$\angle G(j\omega) = \tan^{-1}(\frac{0}{2}) + \tan^{-1}(\frac{\omega}{0}) - \tan^{-1}(0.1\omega)$$

$$\angle G(j\omega) = 90° - \tan^{-1}(0.1\omega)$$

ω	0.1	1	5	10	20	40	70	100	1000	∞
$\phi(\omega)$	89.4°	84.3°	63.4°	45°	26.6°	14°	8.1°	5.7°	0.6°	0°

將其描圖如下：

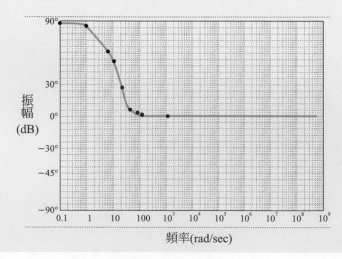

使用如下的 MATLAB 程式可以很輕易畫出波德圖。

```
num = [20 0];
den = [1 10];
sys = tf(num,den);
bode(sys)
grid;
```

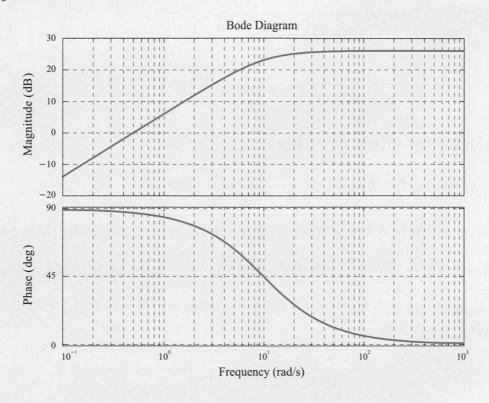

型式 4：具有共軛極點 $\dfrac{1}{1+2\xi\dfrac{s}{\omega_n}+\left(\dfrac{s}{\omega_n}\right)^2}$ 或共軛零點 $1+2\xi\dfrac{s}{\omega_n}+\left(\dfrac{s}{\omega_n}\right)^2$

　　由於此類型式一般出現在極點，所以我們在此以共軛極點做說明。以 $s=j\omega$ 帶入共軛極點可得 $G(j\omega)=(1+j\dfrac{2\xi\omega}{\omega_n}-\dfrac{\omega^2}{\omega_n^2})^{-1}$，其頻域響應大小為 $-20\log\sqrt{[1-(\dfrac{\omega}{\omega_n})^2]^2+4\xi^2(\dfrac{\omega}{\omega_n})^2}$ dB，相位為 $-\tan^{-1}\left[\dfrac{2\xi\omega}{\omega_n}\Big/(1-\dfrac{\omega^2}{\omega_n^2})\right]$，此型式共軛極點

的波德圖較為複雜，一般無法只用直線來簡單近似。若 $\omega \ll \omega_n$，則大小值近似於 0 dB 的直線，若 $\omega \gg \omega_n$，則大小值近似於斜率為 -40 dB/decade 的直線，但在 $\omega \approx \omega_n$ 附近，大小值隨著阻尼比 ξ 而有很大的變化。一般來說，阻尼比愈小，波德圖的峰值愈大，其變化程度也愈劇烈，其圖形如下圖 7-19 所示。由圖中可以發現二次共軛複數型式波德圖與漸進線逼近的波德圖是存在比較大的誤差需要修正，一般我們會進行正規化修正。對 $G(j\omega) = \dfrac{1}{1 + j\dfrac{2\xi\omega}{\omega_n} - \dfrac{\omega^2}{\omega_n^2}}$，令 $u = \dfrac{\omega}{\omega_n}$ 進行正規化，則

$$|G(u)| = \frac{1}{\sqrt{(1-u^2)^2 + (2\xi u)^2}} \ , \ \phi = -\tan^{-1}(\frac{2\xi u}{1-u^2})$$

可以發現在 $\omega = \omega_n$ 時 $u = 1$，則此時

$$|G(u=1)|_{dB} = -20\log(2\xi) \ , \ \phi = -\tan^{-1}(\infty) = -90°$$

所以其大小值在 $\omega = \omega_n$ 處會存在需要修正的誤差值，此誤差值與阻尼比 ξ 相關。若將橫坐標標準化為 $u = \dfrac{\omega}{\omega_n}$，則其在 $u = 1$ 附近之波德大小圖與相位圖大致如圖 7-19 所示。由圖中可以看出大約在 $\xi > 0.7$ 或更大時峰值會消失，其實當 $\xi > 0.5$ 時波德圖的峰值已經不是很明顯。

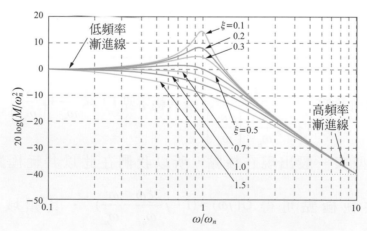

▲ 圖 7-19　$(1 + j\dfrac{2\xi\omega}{\omega_n} - \dfrac{\omega^2}{\omega_n^2})^{-1}$ 的波德圖，橫坐標標準化為 $u = \dfrac{\omega}{\omega_n}$

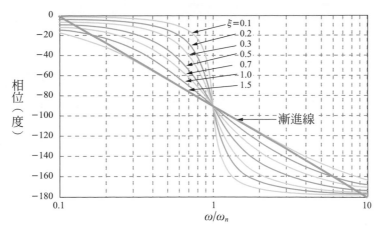

▲ 圖 7-19 $(1 + j\dfrac{2\xi\omega}{\omega_n} - \dfrac{\omega^2}{\omega_n^2})^{-1}$ 的波德圖，橫坐標標準化為 $u = \dfrac{\omega}{\omega_n}$（續）

以下用一個例子來說明含有共軛複數因子時如何畫其波德圖。

例題 7-7

請畫出下列開路轉移函數的波德圖：

$$KG(s) = \frac{10}{s(s^2 + 0.4s + 4)}$$

解　首先將系統化成時間常數型式如下：

$$KG(s) = \frac{10}{4} \frac{1}{s(\dfrac{s^2}{4} + \dfrac{2(0.1)s}{2} + 1)}$$

此波德圖包含三種因子，即常數 $K = \dfrac{10}{4}$，其中 $20\log(K) = 7.96\,\mathrm{dB}$；在原點處極點 $\dfrac{1}{s}$，其在大小圖之斜率為 $-20\,\mathrm{dB/dec}$；以及二次共軛複數極點 $\dfrac{1}{\dfrac{s^2}{4} + \dfrac{2(0.1)s}{2} + 1}$，其 $\omega_n = 2$、$\xi = 0.1$。則三個因子所對應之波德大小圖與相位圖近似描繪如下：

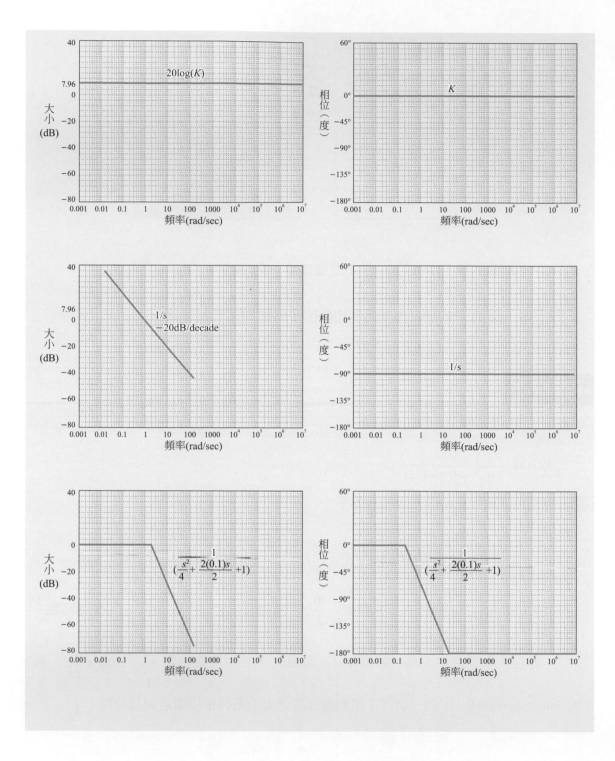

將其疊合之後的大小圖與相位圖如下：

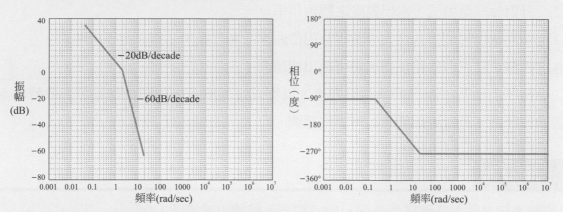

其 MATLAB 程式如下，可以很輕易畫出波德圖，其中虛線為其漸進線，由下圖可知真正波德圖之大小圖在 $\omega = 2$ 處會存在凸起現象，而 $\xi = 0.1$ 時其相位圖與漸進線存在較大差異量，需要進行修正。

```
num = [10];
den = [1 0.4 4 0];
sys = tf(num,den);
bode(sys)
grid;
```

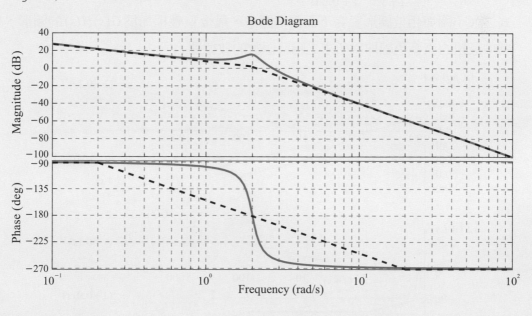

綜合上面觀念，可得知在頻率響應分析或設計時，大都是對開迴路轉移函數 $G(s)H(s)$ 進行，而頻率響應函數 $G(j\omega)H(j\omega)$ 之波德圖繪製，可依下列步驟完成：

1. 先將 $G(j\omega)H(j\omega)$ 因式分解成時間常數之型式。

2. 針對每一個因式，求出對應之轉角頻率 ω。

3. 個別繪出每個因式之大小曲線及相位曲線的漸近線，並修正出正確曲線。

4. 將修正之正確曲線相疊加便可繪出波德圖。

有了上面基本圖形的繪圖原則後，以下以幾個例子來說明如何繪製一般轉移函數的波德圖，可以更加熟悉如何畫波德圖。

例題 7-8

控制系統之開迴路轉移函數 $G(s)H(s)$ 如下，試繪出波德圖。

$$G(s)H(s) = \frac{10(s+10)}{s(s+1)(s+100)}$$

解 將 $G(s)H(s)$ 改寫為繪製波德圖之時間常數型式，如下：

$$G(s)H(s) = \frac{10(s+10)}{s(s+1)(s+100)} = \frac{(1+0.1s)}{s(1+s)(1+0.01s)}$$

上式總共包含四種因子，分別是在原點之一次式極點 $\frac{1}{s}$，不在原點之一次式零點

$(1+0.1s)$ 與極點 $\frac{1}{1+s}$、$\frac{1}{1+0.01s}$。根據各種基本型式之波德圖畫法，將此四種型式之大小圖與相位圖形畫在下面兩個圖中，最後重疊相加為 $G(s)H(s)$ 的圖形，如圖中最粗的深藍色線即為所求之轉移函數的波德圖。

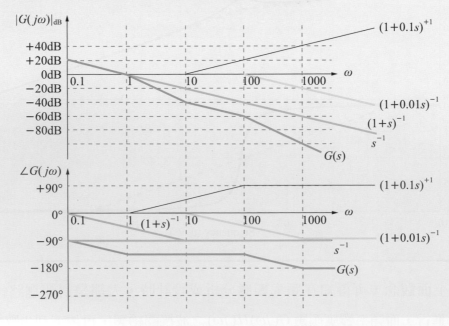

除了前面的重疊相加法之外，也可以利用斜率變化來畫出其波德圖，掌握原則一個一階零點斜率為 $+20\,\mathrm{dB/dec}$；而一個一階極點斜率為 $-20\,\mathrm{dB/dec}$；增益常數之斜率為 0，只會對圖形作上下移動之貢獻。由時間常數的型式可知各因子之轉角頻率為 $s=1$、$s=10$、$s=100$。在 $s=1$ 之前的低頻部分只有 $\dfrac{1}{s}$ 在作用，其斜率為 $-20\,\mathrm{dB/dec}$。在 $s=1$ 之後，$\dfrac{1}{1+s}$ 也進來作用，所以斜率變成 $-40\,\mathrm{dB/dec}$。而在 $s=10$ 之後，加入一個零點 $(1+0.1s)$ 作用，所以斜率變成 $-20\,\mathrm{dB/dec}$；最後在 $s=100$ 之後，會再加入一個極點 $\dfrac{1}{1+0.01s}$ 作用，所以斜率又變成 $-40\,\mathrm{dB/dec}$。

在相角部分，$\dfrac{1}{s}$ 會一直貢獻 $-90°$，而因子 $\dfrac{1}{1+s}$ 會在 $s=0.1$ 開始到 $s=10$ 作 $-45°/\mathrm{dec}$ 斜率，而因子 $(1+0.1s)$ 會在 $s=1$ 開始到 $s=100$ 作 $+45°/\mathrm{dec}$ 斜率，且因子 $\dfrac{1}{1+0.01s}$ 會在 $s=10$ 開始到 $s=1000$ 作 $-45°/\mathrm{dec}$ 斜率。串聯後之相角圖，如下圖所示。

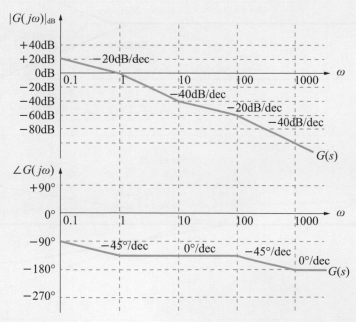

例題 7-9

控制系統之開迴路轉移函數如下,試繪出波德圖。

$$G(s) = \frac{s+3}{(s+2)(s^2+2s+25)}$$

解 將 $G(s)$ 改寫為繪製波德圖之時間常數型式,如下:

$$G(s) = \frac{3}{(2)(25)} \frac{(\frac{s}{3}+1)}{(\frac{s}{2}+1)(\frac{s^2}{25}+\frac{2}{25}s+1)}$$

其轉移函數中包含有增益常數 $K = \frac{3}{50}$,一次因子零點 $(1+\frac{s}{3})$,一次因子極點

$(1+\frac{s}{2})^{-1}$,二次共軛複數極點 $\dfrac{1}{\frac{s^2}{25}+\frac{2}{25}s+1}$,其轉角頻率分別為 3、2 與自然頻率

$\omega_n = 5$,其各個因子之大小圖與相位圖如下:

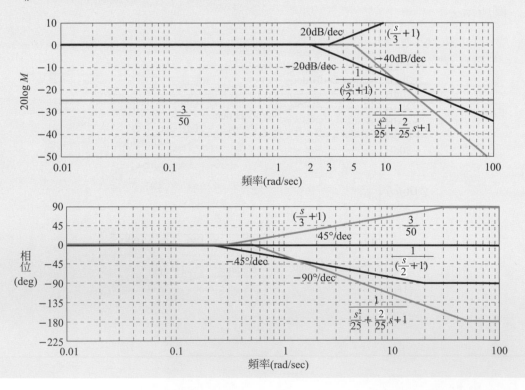

經過疊加與修正後之轉移函數大小與相位圖，如下：

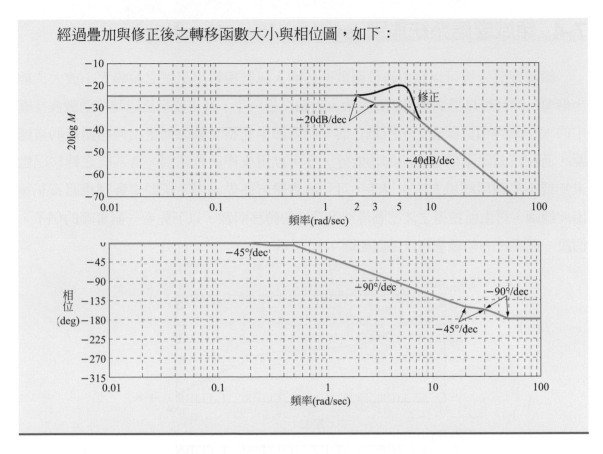

另外，在前面討論的基本因子都是極小相位系統，若是非極小相位系統 (具有右半面的零點)，則會存在一些差異，考慮下列兩個轉移函數系統：

$$G_1(s) = 10\frac{s+1}{s+10} \text{ 與 } G_2(s) = 10\frac{s-1}{s+10}$$

其中 $G_1(s)$ 為極小相位系統，而 $G_2(s)$ 則為非極小相位系統。此兩個系統具有相同大小圖，即 $|G_1(j\omega)| = |G_2(j\omega)|$，但是這兩個系統相位圖不同，其大小圖與相位圖如圖 7-20 所示。由此可知，非極小系統與極小相位系統會出現相位差異。

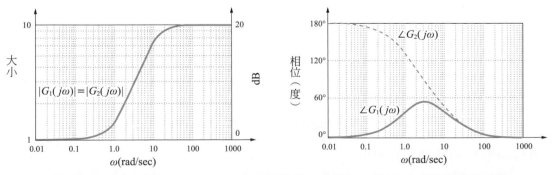

▲ 圖 7-20　極小相位 ($G_1(s)$) 與非極小相位 ($G_2(s)$) 系統之大小與相位波德圖

7-4　頻域響應系統鑑別 (system identification)

頻域響應分析可以藉由轉移函數得知輸入訊號與輸出訊號之振幅大小放大或縮小倍率，並且可以得到輸出訊號與輸入訊號之相角差，其主要是透過轉移函數波德圖中的大小圖與相位圖看出，所以在前一個章節中完整討論如何畫出轉移函數的波德圖。而波德圖除了前面介紹的功能外，亦可以用來作系統鑑別。當系統之轉移函數未知或不易利用解析方法求得時，可利用實驗方法先求得系統頻率響應相關資訊繪出波德圖，再由所繪得之波德圖辨別出系統的轉移函數。以下先看一個實際的例子，假設一個系統的頻域響應波德圖如圖 7-21 所示。

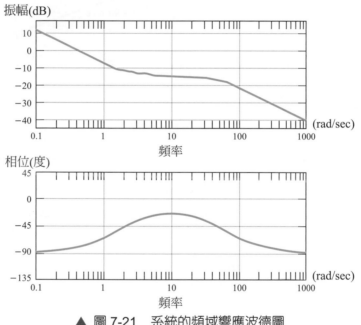

▲ 圖 7-21　系統的頻域響應波德圖

對於其大小圖可以用幾段藍色直線近似如圖 7-22 所示，可以發現其低頻部分斜率為 $-20\ \text{dB/dec}$，所以轉移函數中應該有 $\dfrac{1}{s}$ 的一次因子，系統為 type 1 的系統，而轉角頻率則大概位於 2 rad/sec 與 50 rad/sec 附近，其中在頻率 2 rad/sec 的地方斜率增加為 0 dB/dec，所以應該有一個一次零點因子為 $(1+\dfrac{s}{2})$，而在另一個轉角頻率 50 rad/sec 的地方，則斜率又減少為 $-20\ \text{dB/dec}$，所以應該有一個一次的極點在 $\dfrac{1}{1+\dfrac{s}{50}}$。所以轉移函數 $G(s)$ 大概可以寫成

$$G(s) = K \frac{(1+\frac{s}{2})}{s(1+\frac{s}{50})} \tag{7-29}$$

最後就只剩下檢查系統是不是極小相位系統及增益常數 K 之大小,由相位圖可知在高頻的時候趨近於 $-90°$,跟 $G(s)$ 中分子與分母之次數差一致,所以系統是極小相位系統,因此 $G(s)$ 不會出現右半面的極零點,即上述 $G(s)$ 的假設是正確的。而如何決定 K 值,以頻率 1 rad/sec 來看,其大小大概是 -8 dB,而在頻率 1 rad/sec 處,零點 $(1+\frac{s}{2})$ 與極點因子 $(1+\frac{s}{50})$ 均沒有作用,所以可以只考慮 $\frac{K}{s}$,即 $20\log(K) = -8$,$K = 0.4$,所以可以得到系統轉移函數為

$$G(s) = 0.4 \frac{(1+\frac{s}{2})}{s(1+\frac{s}{50})} = \frac{10(s+2)}{s(s+50)} \tag{7-30}$$

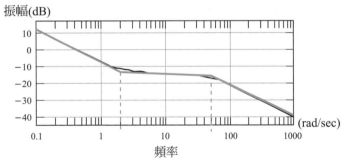

▲ 圖 7-22 實際波德大小圖與近似圖

可以將上面的系統鑑別程序進行歸納如下:

1. 由實驗可以得到系統的頻率響應大小與相位波德圖。

2. 將實際大小圖曲線以斜率為 ± 20 dB/decade 倍數之漸近線近似,轉角頻率代表存在簡單之極點或零點。決定轉角頻率時必須特別注意以下幾點。

(1) 如果大小圖在 $\omega = \omega_1$ 處改變 -20 dB/decade 的斜率,則系統存在 $(1+\frac{s}{\omega_1})^{-1}$ 的極點因式。

(2) 如果大小圖在 $\omega = \omega_2$ 處改變 20 dB/decade 的斜率，則系統存在 $(1 + \dfrac{s}{\omega_2})$ 的零點因式。

(3) 如果大小圖在 $\omega \cong \omega_3$ 處出現尖峰值，並改變 -40 dB/decade 的斜率，則系統存在共軛極點 $(1 + \dfrac{2\xi s}{\omega_n} + \dfrac{s^2}{\omega_n^2})$。其自然無阻尼頻率 $\omega_n = \omega_3$，阻尼比 ξ 可由尖峰值 $\cong -20 \log 2\xi$ dB 決定。

3. 利用相位圖判定是否為極小相位系統，一般如果是極小相位系統都只會給大小圖而忽略相位圖，若為極小相位系統時僅需大小圖即可以鑑別系統轉移函數。

4. 低頻時漸近線之行為可以決定落在原點上之極點或零點的數目，亦即系統之型式 (type)。

5. 高頻時漸近線之行為可用以決定極點數與零點數之差值，即轉移函數分母與分子之多項式次數差。

6. 完成前面步驟後，轉移函數除了增益值之外已經全部確定。決定系統增益 K 值的方法可以根據大小圖的 dB 來求解。另一個簡易的方法則是看低頻在 s 趨近於 0 時的響應，可以去除 $(1 + Ts)$ 與共軛因式，只保留轉移函數中的固定常數 K 值與在 $s = 0$ 處的因式，此時簡化後的轉移函數之波德圖相當於原系統波德圖低頻線的延伸，此時可以輕易地求解 K 值。

有了前面這些系統鑑別的基本觀念後，再看以下一些例子，可以更清楚其如何應用。

例題 7-10

某一極小相位系統的波德圖 (Bode) 如下，請鑑別此系統之開迴路轉移函數 (transfer function)。

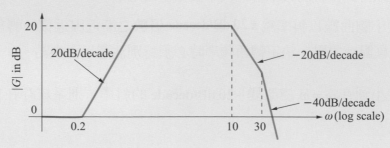

解　由於是極小相位系統，所以只要給定大小圖即可以對系統進行鑑別。可以依照前面系統鑑別的程序先判定系統轉移函數之特性，由大小圖可以看出轉角頻率有 0.2、2、10、30 rad/sec。又因為曲線無凸起之處，所以無二次因式型態之極點或零點，再由低頻時大小圖曲線斜率為 0 dB/dec，故應沒有極點或零點在原點上。初步判斷轉移函數可以設為

$$G(s) = \frac{K(1+\dfrac{s}{0.2})}{(1+\dfrac{s}{2})(1+\dfrac{s}{10})(1+\dfrac{s}{30})}$$

最後剩下決定常數 K，在低頻的部分可以只看 K，即

$20\log(K) = 0$，所以可解出 $K = 1$。

例題 7-11

某單位回授系統之波德圖 (Bode plot) 如下，請鑑別此系統之開迴路轉移函數 (transfer function)。

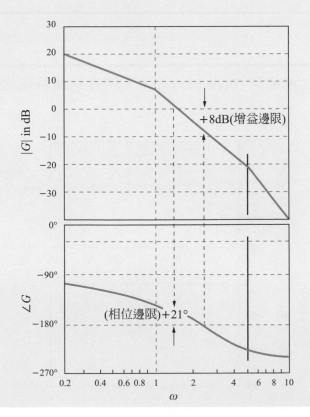

解　可以依照前面系統鑑別的手法先判定系統轉移函數之特性，由大小圖可以看出轉
　角頻率有兩個，分別為 $\omega_1=1$、$\omega_2=5$。又因為曲線無凸起之處，所以無二次因式
　型態之極點或零點，再由低頻時大小圖曲線斜率為 $-20\,\mathrm{dB/dec}$，相位接近 $-90°$，
　故應有一個極點在原點上。初步判斷轉移函數可以設為

$$G(s) = \frac{K}{s(1+\frac{s}{1})(1+\frac{s}{5})}$$

因為高頻時，相位趨於 $-270°$，剛好與分母和分子間的次數差相同，所以系統
$G(s)$ 應該為極小相位系統，因此 $G(s)$ 的假設正確。最後剩下決定常數 K，選取
$\omega=0.2$ 時，$\left|G(j\omega)\right|_{\mathrm{dB}}=20\,\mathrm{dB}$，此時只需考慮 $\frac{K}{s}$，可求得 K 如下：

$20\log(\frac{K}{0.2})=20$，所以可解出 $K=2$，因此系統之轉移函數應為

$$G(s) = \frac{2}{s(1+s)(1+\frac{s}{5})} = \frac{10}{s(s+1)(s+5)}$$

例題 7-12

某單位回授系統之波德圖 (Bode plot) 如下，請鑑別此系統之開迴路轉移函數
(transfer function)。

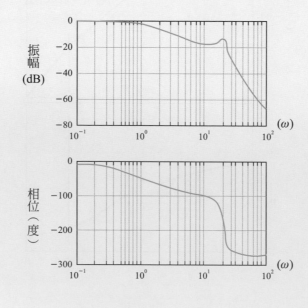

解 首先必須從波德圖上判斷系統是否為極小相位系統。由波德大小圖大概估測在頻率 $\omega = 1$ 處有一個一階極點的轉角頻率,然後在頻率 $\omega = 20$ 處亦可以發現也有一個明顯的二階共軛極點之峰值,配合波德大小圖的高頻率部分可以看出斜率為 $-60\,\text{dB/decade}$。又根據波德相位圖可知在趨近於高頻區域其相位值為 $-270°$,與分母和分子間的次數差相同,所以此系統為極小相位系統。由轉角頻率可以知道其轉移函數有一個非零極點 $(1+s)$,一對共軛極點 $[1+2\xi(\dfrac{s}{\omega_n})+(\dfrac{s}{\omega_n})^2]^{-1}$,比較圖 7-19 大小圖可以看出其峰值約增加 $14\text{dB} = -20\log(2\xi)$,所以 $\xi = 0.1$、$\omega_n = 20\,\text{rad/sec}$。因此系統之轉移函數可以假設為

$$G(s) = \frac{K}{(1+s)(1+\dfrac{s}{100}+\dfrac{s^2}{400})}$$

再由低頻時系統大小圖為 0dB 可知 $20\log K = 0$,所以 $K = 1$,故

$$G(s) = \frac{1}{(1+s)(1+\dfrac{s}{100}+\dfrac{s^2}{400})} = \frac{400}{(s+1)(s^2+4s+400)}$$

頻域響應的穩定性分析

在前面章節已經了解如何分析頻域響應，也知道它的重要特性，接著要介紹它的穩定性分析。頻域響應的穩定性分析是由 H. Nyquist 於 1932 年所提出的，一般稱為奈奎斯特 (Nyquist) 穩定準則，簡稱奈氏穩定準則，**其主要是透過開迴路系統頻域響應特性來判斷閉迴路系統穩定性**，基本原理是根據複變函數分析中的輻角定理。奈氏穩定準則和波德圖穩定準則是頻域響應中常用的兩種穩定準則，這兩種頻域穩定準則使用方便，被大量使用於古典控制學之頻域響應的穩定性分析，也是本章節的重點觀念。

8-1 奈氏穩定準則的基本概念

複變函數中的輻角原理是奈氏穩定準則的數學基礎，輻角原理 (Principle of the Argument) 可用於控制系統的穩定性判定，然而還需要一些基本觀念才能完整了解奈氏穩定準則，以下將先介紹奈氏穩定準則會用到的基本概念。

● 8-1-1 輻角原理

在輻角原理中會用到封閉曲線的一些相關觀念，首先是封閉曲線。所謂封閉曲線 (closed contour) 是指在複數平面上，起點與終點為同一點之連續曲線。一般可分為順時針及逆時針兩個方向，如圖 8-1 所示。

▲ 圖 8-1　封閉曲線

在複數平面上，若一點位於一封閉曲線內，則稱此點被此封閉曲線所圍繞。如圖 8-2 中之 A 點被封閉曲線 Γ 圍繞，但 B 點則未被封閉曲線 Γ 所圍繞。而若一點 A 被路徑 Γ 所圍繞，則可由 A 點至封閉曲線 Γ 上任一點 P 作一向量 $\overrightarrow{AP}$，然後讓 P 沿封閉曲線 Γ 方向移動，回到原來 P 點，則向量 $\overrightarrow{AP}$ 共旋轉 N 圈。例如圖 8-3 中，A 點被圍繞一圈，而 B 點被圍繞兩圈。

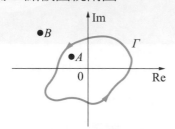

▲ 圖 8-2　封閉曲線圍繞點的概念

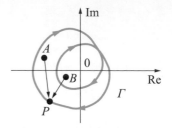

▲ 圖 8-3　包圍的次數之定義

　　有了前面基本觀念後可以接著介紹輻角原理 (principle of the argument)。假設 $F(s)$ 為一複數有理函數 (一般為開迴路轉移函數)，且其在 s 平面上之極點個數為有限個。若在 s 平面上任取一封閉曲線 Γ_s，且不得經過 $F(s)$ 之極點及零點。則 Γ_s 經 $F(s)$ 映射於 $F(s)$ 平面上之封閉路徑 Γ_F，其包圍原點的次數等於封閉曲線 Γ_s 在 s 平面上所包圍 $F(s)$ 之零點與極點數目的差，亦即

$$N = Z - P \tag{8-1}$$

其中 N 為 Γ_F 在 $F(s)$ 平面上包圍原點之次數，Z 為 Γ_s 在 s 平面上所包圍 $F(s)$ 零點之數目，P 為 $s = j\omega, \omega \in (-\infty, 0]$ 在 s 平面上所包圍 $F(s)$ 極點之數目。由式 (8-1) 中可知包圍次數 N 可能有正負值，而正負值代表之意義有所不同。若 $N > 0$，則代表 $Z > P$，此時 Γ_F 將以和 Γ_s 相同方向包圍 $F(s)$ 平面的原點 N 次；若 $N = 0$，則代表 $Z = P$，此時 Γ_F 將不包圍 $F(s)$ 平面之原點；若 $N < 0$，則代表 $Z < P$，此時 Γ_F 將以和 Γ_s 相反方向包圍 $F(s)$ 平面之原點 N 次，以上關係可以用如圖 8-4 所示的簡單例子說明。假設一複變函數 $F(s) = \dfrac{(s - z_1)(s - z_2)}{(s - p_1)(s - p_2)(s - p_3)(s - p_4)}$，若取封閉曲線 Γ_s 且其包圍 $F(s)$ 的三個極點與一個零點，如圖 8-4 所示，則其經複變函數 $F(s)$ 映射後之圖形為 Γ_F，可以發現 Γ_F 繞行方向與 Γ_s 為相反的繞原點兩圈，所以可知 $P = 3$、$Z = 1$ 符合 $N = -2$。

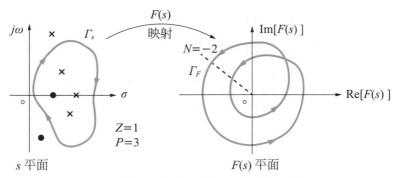

▲ 圖 8-4　包圍次數 N 正負值之意義

8-1-2　複變函數 $F(s)$ 的決定

考慮一個閉迴路系統如圖 8-5 所示。

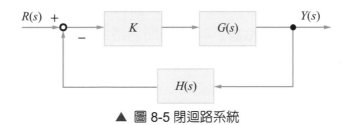

▲ 圖 8-5 閉迴路系統

該控制系統的穩定性判別是利用已知開迴路轉移函數 $G(s)H(s)$（在不失一般性的情況下，可以先令 $K=1$）來判定閉迴路系統的穩定性。爲了應用前面的輻角原理，可以選擇閉迴路轉移函數 $\dfrac{G(s)}{1+G(s)H(s)}$ 之分母爲複變函數 $F(s)$ 如下所示。

$$F(s) = 1 + G(s)H(s) = 1 + \frac{B(s)}{A(s)} = \frac{A(s)+B(s)}{A(s)} \tag{8-2}$$

其中 $A(s)$、$B(s)$ 分別爲開迴路轉移函數的分母、分子多項式。

由式 (8-2) 可知，$F(s)=0$ 具有以下特點：

1.　$F(s)$ 的零點 $A(s)+B(s)=0$ 爲閉迴路轉移函數 $T(s) = \dfrac{G(s)}{1+G(s)H(s)} = \dfrac{A(s)G(s)}{A(s)+B(s)}$

　　的極點，$F(s)$ 的極點 $A(s)=0$ 爲開迴路轉移函數 $G(s)H(s) = \dfrac{B(s)}{A(s)}$ 的極點。

2.　因爲開迴路轉移函數分母多項式 $A(s)$ 的階次，一般大於或等於分子多項式 $B(s)$ 的階次，故 $F(s)$ 的零點和極點數相同，取決於 $A(s)$ 的階次。

3. s 沿封閉曲線 Γ_s 繞一周，分別對 $F(s) = 1 + G(s)H(s)$、$G(s)H(s)$ 映射所產生的兩條封閉曲線 Γ_F 和 Γ_{GH} 只相差常數 1，即封閉曲線 Γ_F 可由 Γ_{GH} 沿實數軸正方向平移一個單位長度獲得。所以封閉曲線 Γ_F 包圍 $F(s)$ 平面原點的圈數等於封閉曲線 Γ_{GH} 包圍 $F(s)$ 平面 $(-1 + 0j)$ 點的圈數，其幾何關係如圖 8-6 所示。

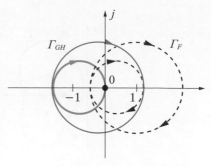

▲ 圖 8-6　Γ_F 與 Γ_{GH} 的幾何關係

8-1-3　奈氏曲線 Γ_s 的選取

系統閉迴路的穩定性取決於系統閉迴路轉移函數極點所在位置，即 $F(s)$ 的零點位置，因此當選擇 s 平面上封閉曲線 Γ_s（奈氏曲線）使之包圍 s 平面的整個右半邊時，若 $F(s)$ 在 s 右半平面的零點數 $Z = 0$，則閉迴路系統穩定。考慮到前述封閉曲線 Γ_s 不應通過 $F(s)$ 極零點的要求，Γ_s 可取圖 8-7 所示的兩種形式，即是避開虛數軸上極點的半徑無窮大之右半面半圓。

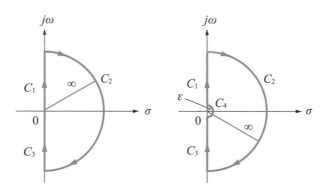

(a) $G(s)H(s)$ 無虛軸上的極點　　(b) $G(s)H(s)$ 有虛軸上的極點

▲ 圖 8-7　s 平面的封閉曲線 Γ_s（奈氏曲線）

當 $G(s)H(s)$ 無虛軸上的極點時，如圖 8-7(a) 所示，s 平面封閉曲線 Γ_s 由三部分 C_1、C_2、C_3 組成，其中 C_1：$s = j\omega, \omega \in [0, +\infty)$，即正虛軸；$C_2$：$s = \infty e^{j\theta}, \theta \in [90°, -90°]$，即以原點為圓心、第一與四象限中半徑為無窮大的右半圓；C_3：$s = j\omega, \omega \in (-\infty, 0]$，即負虛軸。

當 $G(s)H(s)$ 在虛數軸上有極點時，假設極點在 $s=0$，則為了避開開迴路上的虛數軸極點，取一微小變量 $\varepsilon \to 0^+$，在圖 8-7(a) 所選封閉曲線 Γ_s 的基礎上加以擴展，構成圖 8-7(b) 所示的封閉曲線 Γ_s，包含四部分 C_1、C_2、C_3、C_4 組成，其中 C_1：$s=j\omega, \omega \in [\varepsilon, +\infty)$，即在正虛軸上；$C_2$：$s=\infty e^{j\theta}, \theta \in [90°, -90°]$，即以原點為圓心、第一與四象限中半徑為無窮大的右半圓；C_3：$s=j\omega, \omega \in (-\infty, -\varepsilon]$，即負虛軸；$C_4$：$s=\varepsilon e^{j\theta}, \theta \in [-90°, 90°]$，即以原點為圓心且半徑為無窮小的右半小圓。同理若虛數軸上存在共軛極點 $s=\pm j\omega_0$，則取該部分的 Γ_s 為在 $s=\pm j\omega_0$ 附近的半圓，即 $s=\pm j\omega_0 + \varepsilon e^{j\theta}, \theta \in [-90°, 90°]$。

　　定義 s 平面上奈氏曲線 Γ_s 後，再來就要討論該曲線在 s 平面上經由 $G(s)H(s)$ 映射到 GH 平面上之封閉曲線的繪製。由圖 8-7 知 s 平面上取的奈氏曲線 Γ_s 對稱於實數軸，鑒於 $G(s)H(s)$ 為實係數有理分式函數，故映射到 GH 平面之封閉曲線 Γ_{GH} 亦對稱於實數軸，因此只需繪製 Γ_{GH} 在 $\text{Im}(s) \geq 0, s \in \Gamma_s$ 對應的曲線段，再由奈氏圖會對稱實數軸，可得整個 GH 平面上的映射曲線稱為奈氏圖 (Nyquist Plot)，仍記為 Γ_{GH}，其中 s 平面上 C_1 曲線映射到 GH 平面即為 $G(s)H(s)$ 的極座標圖 (Polar diagram)。為了可以更清楚了解本規則，舉例說明如下。

例題 8-1

有一控制系統之開迴路系統為 $G(s)H(s)=\dfrac{2}{(s+1)(2s+1)}$，請繪製系統奈氏圖。

解　由 $G(s)H(s)$ 的轉移函數可知其沒有極零點落在虛軸上，故定義奈氏曲線如圖 8-7(a) 所示。圖中奈氏曲線 C_1 的映射可令 $s=j\omega$ 帶入可得

$$G(j\omega)H(j\omega)=\frac{2}{(j\omega+1)(2j\omega+1)}=\frac{(2-4\omega^2)-j6\omega}{(1-2\omega^2)^2+9\omega^2},$$

其中實部 $\text{Re}[GH]=\dfrac{(2-4\omega^2)}{(1-2\omega^2)^2+9\omega^2}$，虛部 $\text{Im}[GH]=\dfrac{-j6\omega}{(1-2\omega^2)^2+9\omega^2}$，可以看出當 $\omega=0 \to +\infty$，$\text{Re}[GH]$ 由正值經過 0 後變化為負值，而 $\text{Im}[GH]$ 恆為負值，因此映射後的曲線在 GH 平面的三、四象限。而當 $\text{Re}[GH]=0$ 時，$\omega=\dfrac{1}{\sqrt{2}}$，此時 $\text{Im}[GH(j\dfrac{1}{\sqrt{2}})]=\dfrac{-2\sqrt{2}}{3}$，其為 $G(s)H(s)$ 的極座標圖。在奈氏曲線 C_2 的映射方面，

由 $s = \lim_{R \to \infty} Re^{j\theta}$，$\theta = \dfrac{\pi}{2} \to -\dfrac{\pi}{2}$，帶入可得

$$G(s)H(s)\big|_{s \in C_2} = \lim_{R \to \infty} \frac{2}{(1 + Re^{j\theta})(1 + 2Re^{j\theta})} = \lim_{R \to \infty} \frac{2}{2R^2 e^{j2\theta} + 3Re^{j\theta} + 1} \approx \lim_{R \to \infty} \frac{2}{2R^2 e^{j2\theta}}$$

$$= 0e^{-j2\theta}, \qquad \theta = \frac{\pi}{2} \to -\frac{\pi}{2},$$

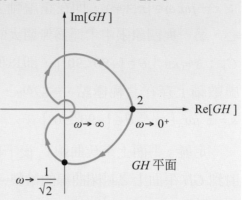

所以 $-2\theta = -\pi \to \pi$，因此映射後的圖形在 GH 平面上的原點，且以逆時針方向繞原點一圈。而考慮奈氏曲線 C_3 的映射，令 $s = j\omega$，$\omega : -\infty \to 0$，可得其映射圖與 C_1 的映射圖形互相對稱於 GH 平面的實軸。最後綜合以上分析，可得奈氏圖如右所示。

在 MATLAB 中提供很方便的指令可以繪製奈氏圖，其函式為 nyquist(num, den)，可以用來繪製轉移函數 $G(s) = \dfrac{num(s)}{den(s)}$ 之奈氏圖，其中分子與分母的多項式都是降冪排列。針對本題之 MATLAB 程式與結果如下：

```
num=[2];
den=[2 3 1];
nyquist(num, den)
title(' Nyquist Plot of G(s)=2/(2s^2+3s+1)')
```

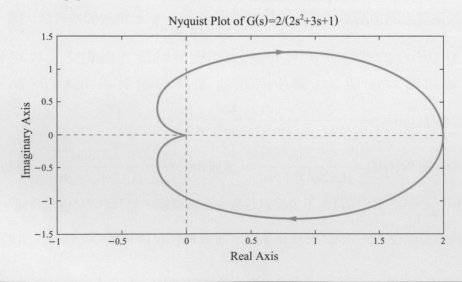

Nyquist Plot of G(s)=2/(2s²+3s+1)

8-1-4　奈氏穩定準則 (Nyquist stability criterion)

　　將圖 8-7 中 s 平面上順時針方向的奈氏曲線 Γ_s 由開迴路轉移函數 $G(s)H(s)$ 映射到 GH 平面上，所得的曲線 Γ_{GH} 稱奈氏圖 (Nyquist Plot)。若奈氏圖逆時針方向繞過 $(-1+j0)$ 點的淨繞圈數，其與開迴路轉移函數 $G(s)H(s)$ 在 s 右半平面的極點數目相同，則閉迴路系統是穩定的，這就是非常有名的奈氏穩定準則。

　　對於上述奈氏穩定準則的說明可由輻角原理之方程式 (8-1) $N = Z - P$ 來看，若系統穩定，則 $F(s) = 1 + G(s)H(s) = 0$ 的零點數 (亦為閉迴路系統的極點數)Z 必須為 0，所以 $N = -P$，其中 P 為開迴路轉移函數的極點 $(P \geq 0)$，又奈氏曲線 Γ_s 順時針為正向繞，因此 $-P$ 代表逆時針繞。所以 Γ_F 應包圍 $F(s)$ 平面之原點 P 次，但與 Γ_s 方向相反。又奈氏穩定準則是根據開迴路轉移函數 $G(s)H(s)$ 之奈氏圖來判定系統的穩定性，由 $F(s) = 1 + G(s)H(s)$ 可知 $G(s)H(s) = F(s) - 1$，由圖 8-6 可看出，只要將 Γ_F 往左移動 1 個單位，即可得到 GH 平面上之奈氏圖 Γ_{GH}，而此時 $F(s)$ 相對原點的特性，就相當於 $G(s)H(s)$ 相對 GH 平面上 $(-1 + 0j) = (-1,0)$ 的特性。故 Γ_F 圍繞 $F(s)$ 平面原點之圈數來判定，可換成由奈氏圖 Γ_{GH} 圍繞點 $(-1,0)$ 之圈數來判定。

　　所以可依此原則，判別例題 8-1 之開迴路系統所對應閉迴路系統的穩定性。由奈氏圖中的 $(-1,0)$ 這個點往外畫出任一條射線如 L_1 或 L_2，則不論是由 L_1 或 L_2 來看，此奈氏圖包圍 GH 平面上點 $(-1,0)$ 之次數均為 0，而此開迴路系統轉移函數為 $G(s)H(s) = \dfrac{2}{(s+1)(2s+1)}$，並無 s 右半面的極點所以 $P = 0$，根據奈氏穩定準則 $N = Z - P$，則 $Z = N + P = 0$ 得知閉迴路系統並無 s 右半面極點，所以此閉迴路系統穩定。

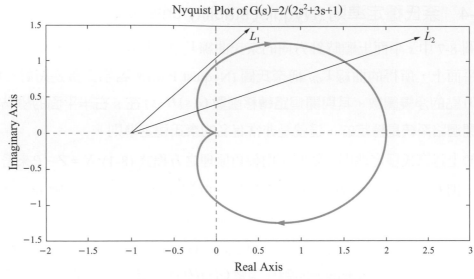

▲ 圖 8-8　奈氏圖包圍點 (−1,0) 之次數判定

接下來再列舉其他例子說明，可以讓讀者更了解如何畫出奈氏圖與如何利用奈氏穩定準則來判斷閉迴路系統的穩定性。

例題 8-2

某一閉迴路控制系統的開迴路轉移函數如下，試繪出奈氏圖，並判定其穩定性。

$$G(s)H(s) = \frac{K}{s(s+1)} \quad , \quad K > 0$$

解　由開路轉移函數 $G(s)H(s) = \dfrac{K}{s(s+1)}$ ，$K > 0$ ，其中 $G(s)H(s)$ 有 2 個極點分別為 0 及 −1，故 $P = 0$。由於有一極點在虛數軸原點處，所以選定奈氏曲線如圖 8-7(b) 所示。其包含四部分 C_1、C_2、C_3、C_4 組成。在 C_1 上 $s = j\omega$ ，$\omega : 0^+ \rightarrow +\infty$ ，

則 $G(j\omega)H(j\omega) = \dfrac{K}{(j\omega)(j\omega+1)} = \dfrac{K(-\omega - j)}{\omega(\omega^2+1)} = \dfrac{K}{\omega\sqrt{\omega^2+1}} \angle(-90° - \tan^{-1}\omega)$

$G(j0^+)H(j0^+) = \infty\angle -90°$ ，且 $G(j\infty)H(j\infty) = 0\angle -180°$

由上可知其極座標圖在 $\omega \to 0^+$ 時由負虛數軸之無窮遠處開始，並於 $\omega \to \infty$ 時與實軸交於原點。

在 C_2 上 $s = \lim\limits_{R \to \infty} Re^{j\theta}$，$\theta$：$90° \to -90°$，則

$$G(s)H(s) = \lim_{R \to \infty} \frac{K}{Re^{j\theta}(Re^{j\theta}+1)}$$

$$\approx \lim_{R \to \infty} \frac{K}{R^2 e^{j2\theta}}$$

$$= 0 \angle -2\theta$$

$$= \begin{cases} 0\angle -180° & ,\theta = 90° \\ 0\angle 0° & ,\theta = 0° \\ 0\angle +180° & ,\theta = -90° \end{cases}$$

在 C_3 上 $s = j\omega$，ω：$-\infty \to 0^-$ 或 $s = -j\omega$，ω：$\infty \to 0^+$，可得其映射圖與 C_1 的映射圖形互相對稱於 GH 平面的實軸。

在 C_4 上 $s = \lim\limits_{\varepsilon \to 0} \varepsilon e^{j\theta}$，$\theta$：$-90° \to 90°$，則

$$G(s)H(s) = \lim_{\varepsilon \to 0} \frac{K}{\varepsilon e^{j\theta}(\varepsilon e^{j\theta}+1)}$$

$$\approx \lim_{\varepsilon \to 0^+} \frac{K}{\varepsilon e^{j\theta}}$$

$$= \infty \angle -\theta$$

$$= \begin{cases} \infty \angle +90° & ,\theta = -90° \\ \infty \angle 0° & ,\theta = 0° \\ \infty \angle -90° & ,\theta = +90° \end{cases}$$

最後由以上資料可繪出奈氏圖如下：

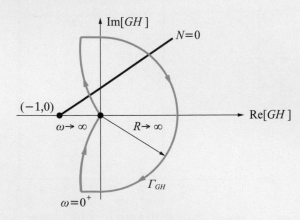

MATLAB 程式提供指令 nyguist 可以直接畫出其奈氏圖，本題利用 MATLAB 驗證奈氏圖之程式與結果如下 (令 $K = 1$)：

```
num=[1];
den=[1 1 0];
nyquist(num, den)
v=[-5 5 -20 20];axis(v)
title(' Nyquist Plot of G(s)=1/s(s+1)')
```

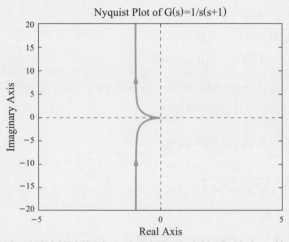

此時的奈氏圖無法形成封閉曲線，主要是因為其為型式 1 的系統，在奈氏曲線原點處的小圓映射會產生半徑無窮大之發散軌跡，所以可以使用 axis(v) 指令修正此問題，即程式中的 v=[-5 5 -20 20];axis(v)，此時圖形限縮在較小範圍內方便查看，然後再加上虛擬的無窮大軌跡如下圖中的虛線，即可形成完整奈氏圖。

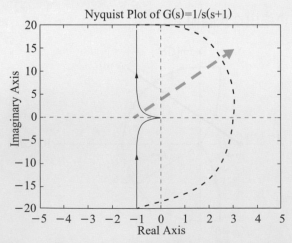

再來判斷其穩定性，一樣由 $(-1, 0)$ 畫出射線如上圖，可知奈氏圖包圍點 $(-1, 0)$ 之次數為 0，亦即 $N = 0$，又 $P = 0$，所以 $Z = 0$，故閉迴路系統穩定。

其實奈氏穩定準則也可以進行控制器設計，下面例子說明如何利用該準則設計系統穩定範圍之增益值。

例題 8-3

設一個單位負回授控制系統之開迴路轉移函數為

$$G(s) = \frac{K(s-3)}{(s+1)^2}$$

請先以 $K=1$ 畫出系統的奈氏圖，並判斷閉迴路系統在 $K>0$ 與 $K<0$ 下的穩定性。接著藉由奈氏穩定準則判斷系統穩定之參數值 K 的範圍。

解　此轉移函數為非極小相位系統。因為 $K=1$，則此時 $G(s)$ 沒有極零點落在虛軸上，故定義奈氏曲線如圖 8-7(a) 所示。

在 C_1 上的映射為極座標圖，令 $s=j\omega$，$\omega：0 \rightarrow +\infty$，帶入可得

$$G(j\omega) = \frac{(5\omega^2 - 3) + j[\omega(7 - \omega^2)]}{(1 - \omega^2)^2 + 4\omega^2} \quad ,$$

當 ω 由 $0 \rightarrow +\infty$ 時，$\mathrm{Re}[G(j\omega)] = \dfrac{(5\omega^2 - 3)}{(1 - \omega^2)^2 + 4\omega^2}$ 由負值變為正值，

$\mathrm{Im}[G(j\omega)] = \dfrac{\omega(7 - \omega^2)}{(1 - \omega^2)^2 + 4\omega^2}$ 由正值變為負值。又因為當 $\mathrm{Re}[G(j\omega)] = 0$ 時 $\omega = \sqrt{\dfrac{3}{5}}$，

而 $\mathrm{Im}[G(j\omega)] = 0$ 時 $\omega = 0, \sqrt{7}$，所以 $\mathrm{Re}[G(j\omega)]$ 先由負值變為正值，之後 $\mathrm{Im}[G(j\omega)]$ 才由正值變為負值。因此映射後的曲線將由 G 平面的第二象限出發，經由第一象限後終止於第四象限。此時奈氏圖與實軸的另一個交點為 $\mathrm{Re}[G(j\sqrt{7})] = 0.5$。根據前面觀念可知 C_2 的映射會到原點，再根據前面原則，可知 C_3 的映射與 C_1 的映射圖形互相對稱於實數軸。

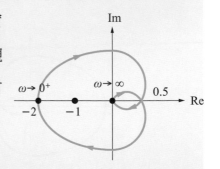

最後綜合以上分析，可得奈氏圖如右所示。

接著考慮穩定性，由上圖可知在奈氏穩定準則中 $P=0$、$N=1$，所以根據奈氏穩定準則 $N=Z-P$，可得 $Z=1$，故閉迴路系統是不穩定的。

我們依然可以使用 MATLAB 來驗證以上奈氏圖。

利用 MATLAB 之程式與結果如下 (令 $K=1$):

```
num=[1 -3];

den=[1 2 1];

nyquist(num, den)

title(' Nyquist Plot of G(s)=(s-3)/(s+1)^2')
```

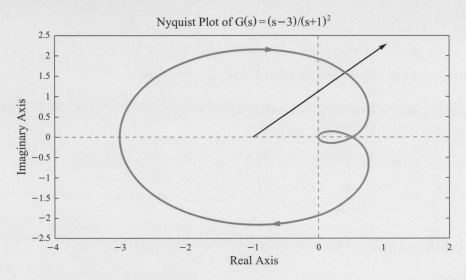

由 $(-1,0)$ 畫出一條射線可以發現 $N=1$。又 $P=0$，所以 $Z=N+P=1$，即閉迴路系統在 s 右半面有一個極點，所以閉迴路系統不穩定。

接著考慮任意 K 值時之奈氏圖，根據前面運算，多了增益 K 值之奈氏圖如下圖所示，其包含左圖為 $K>0$ 與右圖為 $K<0$。

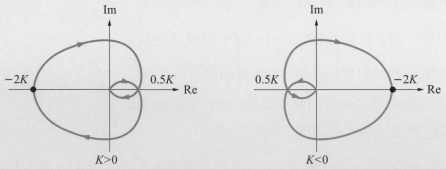

根據奈氏穩定準則 $N=Z-P$，則 $K>0$ 時，$P=0$，若希望閉迴路系統穩定，即 $Z=0$，則 $N=0$，由左圖可得知 $-1<-2K$，即 K 值滿足 $0<K<0.5$。而在 $K<0$ 時，$P=0$，若希望閉迴路系統穩定，即 $Z=0$，則 $N=0$，由右圖可得知必須 $-1<0.5K$，即 $-2<K<0$。

例題 8-4

有一負回授系統之開迴路轉移函數如下，$G(s)H(s) = \dfrac{K}{s(s+3)(s+5)}$，求系統穩定、不穩定與臨界穩定之 K 值範圍。

解　由於開迴路轉移函數有一個極點在原點，所以取奈氏曲線如圖 8-7(b) 所示，其包含四部分 C_1、C_2、C_3、C_4 組成。首先畫出 $K=1$ 之奈氏圖，其中在 C_1 上

$$G(j\omega)H(j\omega) = \frac{K}{s(s+3)(s+5)}\bigg|_{\substack{K=1 \\ s=j\omega}} = \frac{-8\omega^2 - j(15\omega - \omega^3)}{64\omega^4 + \omega^2(15 - \omega^2)^2}$$

$G(j\omega)H(j\omega)$ 與實數軸之交點滿足 $\mathrm{Im}[G(j\omega)H(j\omega)] = 0$，則 $\omega = 0$ 與 $\sqrt{15}(\omega \geq 0)$，其餘線段之映射方式可以參考前面例子，在此不再贅述，可得 $K=1$ 之奈氏圖如右圖。

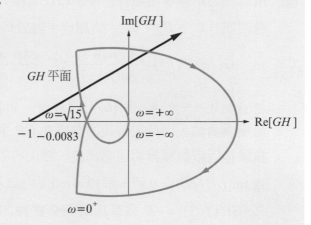

此時 $N=0$，又開迴路系統沒有在 s 右半面的極點，所以 $P=0$，則 $Z=N+P=0$，所以在 $K=1$ 時，閉迴路系統穩定。但若 K 值增大，將會使奈氏圖中與實數軸的交點往左移，只要該交點不要超越 $(-1+j0)$，則該閉迴路系統仍然穩定，所以 K 值可以增大之最大範圍為 $\dfrac{1}{0.0083} = 120.5$，也就是在 $0 < K < 120.5$ 時閉迴路系統是穩定的。而當 $K=120.5$ 時，閉迴路系統為臨界穩定，其振盪頻率為 $\omega = \sqrt{15}$ rad/s，而當 $K > 120.5$ 後其奈氏圖如右圖，此時 $N=2$，所以 $Z=N+P=2$，即閉迴路系統具有兩個 s 右半面極點，系統不穩定。

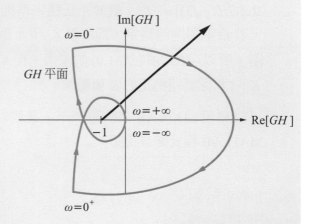

前面的例子都是沒有右半面的開迴路極點，即 $P=0$，如果開迴路轉移函數為具有右半面極點之非極小相位系統，則其奈氏圖比較難畫，我們以一個例子來作說明，其說明如下：

例題 8-5

有一負回授系統的開迴路轉移函數為 $G(s)H(s) = \dfrac{K(s+3)}{s(s-1)}$，假設 $K>0$，請畫出系統的奈氏圖並判斷其穩定性。

解 由於開迴路轉移函數有一個極點在原點，所以取奈氏曲線如圖 8-7(b) 所示，其包含四部分 C_1、C_2、C_3、C_4 組成。對於 C_1 的映射，由前面觀念可知

$$G(j\omega)H(j\omega) = \frac{K(j\omega+3)}{j\omega(j\omega-1)} = K \cdot \frac{-4\omega^2 + j\omega(3-\omega^2)}{\omega^4 + \omega^2}$$

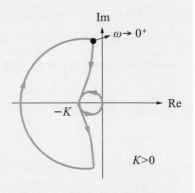

當 $\omega：0 \to +\infty$ 時，$\mathrm{Re}[GH]$ 為負值，$\mathrm{Im}[GH]$ 由正值變為負值，因此映射後的曲線在 GH 平面由第二象限接近虛數軸無窮遠處出發，終止於第三象限。

當 $\mathrm{Im}[GH(j\omega)] = 0$ 時，解得 $\omega = 0, \sqrt{3}$ rad/sec，此時 $\mathrm{Re}[GH(j\sqrt{3})] = -K$ 為奈氏圖與負實軸的交點。其餘線段之映射方式可以參考前面例子，在此不再贅述，可得奈氏圖如右圖。

由前面討論可知當 $\omega = \sqrt{3}$ rad/sec 時，奈氏圖與(負)實軸相交於 $\mathrm{Re}[GH(j\sqrt{3})] = -K$。根據奈氏穩定準則 $N = Z - P$，所以當 $K>0$ 時，因為 $P=1$，若希望閉迴路穩定，即需要 $Z=0$，則必須 $N=-1$，即必須順時針繞 $(-1,0)$ 一圈，所以 $-K$ 必須在 $(-1,0)$ 的左側。在 $K>0$ 的奈氏圖可得知需有 $-K<-1$，亦即 $K>1$ 為閉迴路穩定的 K 值範圍。

可以利用 MATLAB 來驗證一下，我們取 $K=2$ 與 $K=0.5$ 為例，下面為 $K=2$ 之 MATLAB 程式與奈氏圖。

```
%K=2
num=[2 6];
den=[1 -1 0];
nyquist(num, den)
v=[-20 10 -15 15];axis(v)
title(' Nyquist Plot of G(s)=2(s+2)/s(s-1)')
```

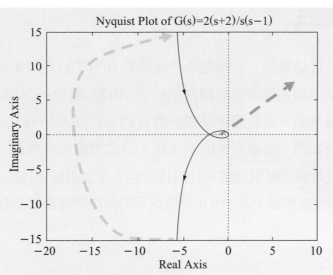

由 $(-1,0)$ 畫出一條射線可以發現 $N = -1$。又 $P = 1$，所以 $Z = N + P = 0$，即閉迴路系統在 s 右半面沒有極點，所以閉迴路系統穩定。再接下來為 $K = 0.5$ 之 MATLAB 程式與奈氏圖如下。

```
%K=0.5
num=[0.5 1.5];
den=[1 -1 0];
nyquist(num, den)
v=[-5 2 -5 5];axis(v)
title(' Nyquist Plot of G(s)=0.5(s+2)/s(s-1)')
```

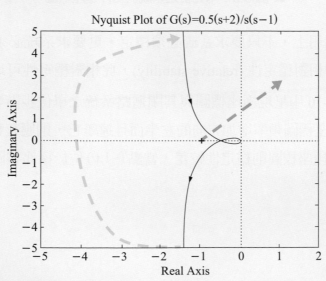

由 $(-1,0)$ 畫出一條射線可以發現 $N = 1$。又 $P = 1$，所以 $Z = N + P = 2$，即閉迴路系統在 s 右半面有兩個極點，所以閉迴路系統不穩定。

8-2 相對穩定性

由前面的例子可以看出，若開迴路轉移函數 $G(s)H(s)$ 在 s 平面的右半平面沒有極點 $(P=0)$，則閉迴路系統穩定的條件是 $(-1+j0)$ 點落在 $G(s)H(s)$ 極座標圖沿著頻率增加方向的左邊平面。這個簡化準則告訴我們，若 $G(s)H(s)$ 在 s 平面的右半面沒有極點或零點，則我們不必畫完整的奈氏圖，只需要畫極座標圖，也就是奈氏曲線 C_1 部分的映射，就足夠判斷閉迴路系統的穩定性。所以根據上述的討論，圖 8-9 所示開迴路轉移函數的極座標圖，在 $P=0$ 的情況下均使得閉迴路系統穩定。

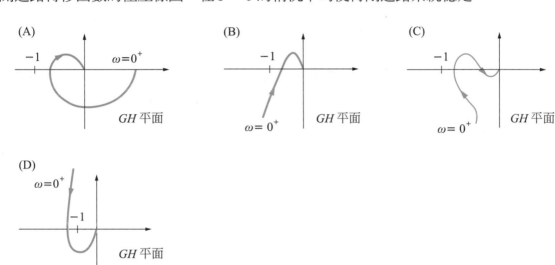

▲ 圖 8-9 常見穩定系統的 GH 極座標圖

但是在實際應用上，不只要求系統必須穩定，更要求系統必須有一定的穩定程度，也就是所謂的相對穩定性 (relative stability)，此相對穩定性可以很方便的以極座標圖來衡量，圖 8-10 中呈現極座標圖與其閉迴路系統之單位步階響應 $y(t)$，可看出若點 $(-1,0)$ 位於極座標圖頻率增加方向的左半面且遠離它，則應有較好的穩定性，若點 $(-1,0)$ 更加接近極座標圖則穩定性較差，當點 $(-1,0)$ 位於極座標圖頻率增加方向的右邊則系統不穩定。

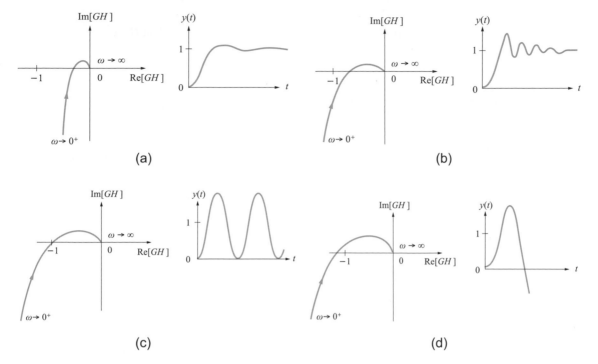

▲ 圖 8-10　極座標圖與閉迴路系統單位步階響應關係 (a) 穩定且有良好阻尼的系統；(b) 穩定但過於振盪的系統；(c) 臨界穩定的系統；(d) 不穩定的系統。

　　實務上，閉迴路系統之相對穩定性是以量測增益邊限 (gain margin) 及相位邊限 (phase margin) 來判定，以下介紹何謂增益邊限及相位邊限。

8-2-1　增益邊限 (gain margin)

　　圖 8-11 中，$G(j\omega)H(j\omega)$ 與負實軸相交時的頻率稱為相位交越頻率 ω_p (phase crossover frequency)，亦即 $\angle G(j\omega)H(j\omega) = -180°$ 時之頻率，此時定義增益邊限 (G.M.) 為

$$\text{G.M.} = 20\log\frac{1}{|G(j\omega_P)H(j\omega_p)|}\,\text{dB} \tag{8-3}$$

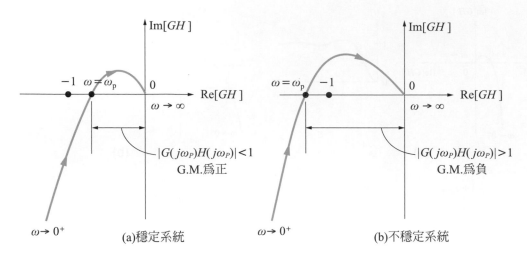

▲ 圖 8-11　增益邊限 (gain margin) 圖：(a)G.M. 為正，(b)G.M. 為負

　　由增益邊限 (gain margin) 之定義可知若 $\left|G(j\omega_p)H(j\omega_p)\right| < 1$，則增益邊限 G.M.> 0，所以極座標圖不會包圍住點 $(-1,0)$，此時系統穩定，其響應如圖 8-10(a) 或 (b)。而增益邊限 G.M.= 0 時 $\left|G(j\omega_p)H(j\omega_p)\right| = 1$，此時 $G(j\omega)H(j\omega)$ 經過點 $(-1,0)$，系統呈現臨界穩定，其響應如圖 8-10(c)。增益邊限 G.M.< 0 時，$\left|G(j\omega_p)H(j\omega_p)\right| > 1$，此時極座標圖包圍住點 $(-1,0)$，系統不穩定，其響應如圖 8-10(d)。

8-2-2　相位邊限 (phase margin)

　　圖 8-12 中，$G(j\omega)H(j\omega)$ 之振幅大小為 1 時所對應之頻率稱為增益交越頻率 ω_g (gain crossover frequency)，相位邊限 (P.M.) 定義為

$$\text{P.M.} = \angle[G(j\omega_g)H(j\omega_g)] - (-180°) \tag{8-4}$$
$$= 180° + \angle[G(j\omega_g)H(j\omega_g)] \tag{8-5}$$

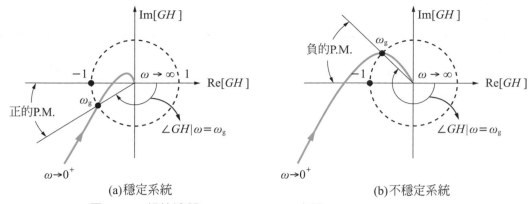

▲ 圖 8-12 相位邊限 (phase margin) 之圖：(a)P.M.>0，(b)P.M.<0

由相位邊限 (phase margin) 之定義可知若相位邊限 P.M. 為正，則 $\angle[G(j\omega_g)H(j\omega_g)] > -180°$，極座標圖與負實數軸交於 $(-1,0)$ 之間，此時極座標圖不會包圍住點 $(-1,0)$，系統穩定；若相位邊限 P.M. 為 0，則 $\angle[G(j\omega_g)H(j\omega_g)] = -180°$，此時 $G(j\omega)H(j\omega)$ 經過點 $(-1,0)$，系統會出現臨界穩定；而當相位邊限 P.M. 為負，此時 $\angle[G(j\omega_g)H(j\omega_g)] < -180°$，極座標圖與負實數軸於 $(-\infty, -1)$ 之間，則極座標圖包圍住點 $(-1,0)$，系統不穩定。

在此簡述一些有關相對穩定邊限的特性，其顯示系統之相對穩定性不能只由 G.M. 或 P.M. 之單一特性決定，例如圖 8-13 中 A、B 兩系統的極座標圖，兩系統雖有相同的 G.M.，但 B 系統之穩定性較差，此可由相位邊限看出，因 A 系統之 P.M. 較大。此外，雖然 G.M. 與 P.M. 的意義是指閉迴路系統的相對穩定度，但在

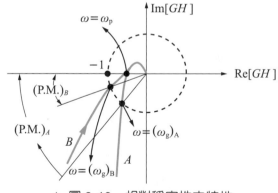

▲ 圖 8-13 相對穩定性之特性

求增益邊限與相位邊限的時候則是在開迴路轉移函數下計算，這一點是蠻特別的特性。從另一個角度來看，其實 G.M. 在物理意義上可以視為系統達到臨界穩定所能增加之增益大小，而 P.M. 則可以表示是系統達到臨界穩定時能忍受之相位落後大小。

先以下面一個例子來說明如何計算轉移函數的增益邊限與相位邊限。

例題 8-6

有一單位回授系統之開迴路系統之轉移函數為 $G(s) = \dfrac{10}{s(s+1)(s+10)}$，請計算其增益邊限與相位邊限。

解　由 $\angle G(j\omega) = -90° - \tan^{-1}(\omega) - \tan^{-1}(\dfrac{\omega}{10})$，則 $\angle[G(j\omega_p)] = -180°$ 時，

$-\tan^{-1}(\omega_p) - \tan^{-1}(\dfrac{\omega_p}{10}) = -90°$，此時增益交越頻率 ω_p 為 $\omega_p = \sqrt{10}$，所以

G.M.$= 20 \cdot \log(1/\left|G(j\sqrt{10})\right|) = -20 \cdot \log(\dfrac{10}{\sqrt{10}\sqrt{11}\sqrt{110}}) = 20.83\text{dB}$。其實也可以透過

物理特性來求 G.M.，由開迴路轉移函數 $G(s) = \dfrac{K}{s(s+1)(s+10)}$ 的閉迴路特性方程式

為 $s^3 + 11s^2 + 10s + K = 0$，則其羅斯表為

$$
\begin{array}{ccc}
s^3 & 1 & 10 \\[2mm]
s^2 & 11 & K \\[2mm]
s^1 & \dfrac{110-K}{11} & \\[2mm]
s^0 & K &
\end{array}
$$

則系統穩定之條件為 $0 < K < 110$，即 $K = 110$ 為臨界穩定。根據 G.M. 的物理意義可知當 $K = 10$ 時之 G.M. 為

G.M. $= 20\log\dfrac{110}{10} = 20.83$ dB

此結果與直接由定義求 G.M. 是一樣的。

再來計算 P.M.，由

$$\left|G(j\omega_g)\right| = \dfrac{10}{\omega_g\sqrt{1+\omega_g^2}\sqrt{100+\omega_g^2}} = 1$$

可得增益交越頻率 $\omega_g = 0.7844$ rad/sec (讀者可用 MATLAB 的 roots() 求解)，所以

P.M. $= 180° + \angle G(j\omega_g)$

$= 180° - 90° - \tan^{-1}\omega_g - \tan^{-1}\dfrac{\omega_g}{10}$

$= 47.4°$

可以透過下面 MATLAB 程式算出其上面的答案，MATLAB 提供 margin() 指令求解如下：

```
num=[10];
den=[1 11 10 0];
sys=tf(num,den)
bode(sys)
[Gm,Pm,Wcp,Wcg]=margin(sys)%Gm為 G.M.，Pm為 P.M.
```

上式中 **Gm** 的單位不是 **dB**，若要表示 **dB**，則要用 $20\log_{10}(\text{Gm})$ 來計算。

8-2-3　由波德圖求增益邊限與相位邊限

　　G.M. 與 P.M. 雖然可以極座標圖來定義，但對極小相位系統，直接用波德圖來求取會更為方便。如圖 8-14 所示，先由大小圖曲線與水平軸交點找出增益交越點之頻率 ω_g，再由 ω_g 對應到相位曲線找出相位邊限 P.M.，P.M. 即是波德圖中系統相位圖距離 $-180°$ 仍有多少相角可以減少的值，可以看出相位邊限的物理定義是系統到達臨界穩定前還能忍受的相位落後。而在增益邊限 G.M. 部分，則由相位曲線與 $-180°$ 水平線交點找出 ω_p，再由 ω_p 對應到大小圖曲線看其與水平軸仍有多少大小可以調升便可找出 G.M.，可以看出增益邊限的物理定義是系統到達臨界穩定前還能增加或減少的增益 (gain) 倍數 (以 dB 單位)。

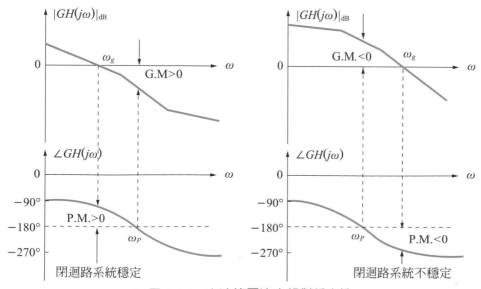

▲ 圖 8-14　由波德圖決定相對穩定性

有了以上的認識之後，可以藉由波德圖計算系統的增益邊限與相位邊限，此概念可以配合 MATLAB 進行，透過 MATLAB 將系統的波德圖畫出，再由上面的概念計算出增益邊限與相位邊限，以下舉例子來說明。

例題 8-7

一單位回授系統之波德圖如下圖所示，請計算系統的增益邊限、相位邊限與速度誤差常數，並計算系統在穩定狀況下可以容許之最大增益值。

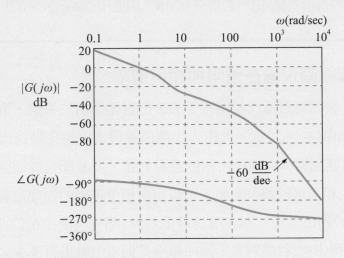

解　將原題目之波德大小圖與相位圖，依照 G.M. 與 P.M. 定義標示如下所示。

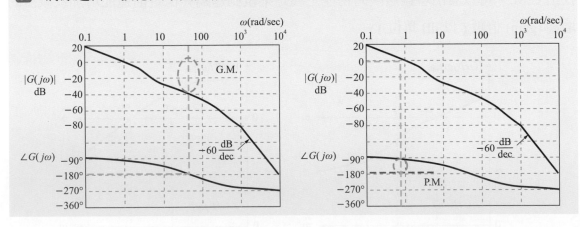

首先由上面波德圖可以得知當 $\angle G(j\omega_p) = -180°$，$|G(j\omega_p)| \approx -40\,\mathrm{dB}$，

所以 $\mathrm{G.M.} = 40\mathrm{dB}$。而當 $|G(j\omega_g)| = 0\,\mathrm{dB}$ 時，$G(j\omega_g) \approx -95°$，

所以 $\mathrm{P.M.} = 180° + (-95°) = 85°$。

再由波德圖低頻的部分可以看出開迴路轉移函數的低頻斜率為 $-20\,\mathrm{dB/dec}$，且假設其在 $\omega \to 0^+$ 仍維持 $-20\,\mathrm{dB/dec}$，所以系統為型式 1(type 1)。因此可以假設系統轉移函數為 $G(s) = \dfrac{KN(s)}{sD(s)}$，其中 $N(s)$、$D(s)$ 分別為 $G(s)$ 分子與分母的時間常數型式的因式。再根據速度誤差常數可知

$$K_V = \lim_{s \to 0} sG(s) = \lim_{s \to 0} s \cdot \frac{KN(s)}{sD(s)} = K$$

由圖上 $\omega = 1\,\mathrm{rad/sec}$ 時大小 $0\mathrm{dB}$ 可判斷 $K = 1$，所以 $K_V = 1$。由 $\mathrm{G.M.} = 40\mathrm{dB}$，可以知道使系統穩定的最大增益滿足 $20\log\dfrac{K}{1} = 40\mathrm{dB}$，所以系統在穩定狀況下可以容許之最大增益 $K = 100$。

例題 8-8

假設一單位回授系統之開迴路轉移函數如下，請用 MATLAB 求解下列小題：

$$G(s) = \frac{K}{s(1+s)(9+s)}$$

(1) $K = 10$ 時，計算其增益邊限、相位邊限。

(2) $K = 20$ 時，計算其增益邊限、相位邊限。

(3) 試求使系統穩定之 K 值範圍。

解 (1)可以藉由 MATLAB 畫出 $K = 10$ 之波德圖，其程式與圖形如下：

```
num = [10];
den = [1 10 9 0];
sys = tf(num,den);
grid;
bode(sys)
[Gm,Pm,Wcp,Wcg]=margin(sys)
```

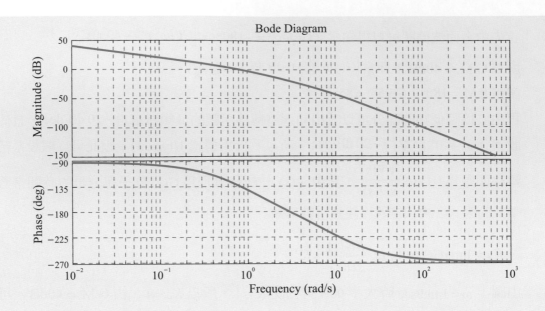

在上面標示 G.M 與 P.M. 如下：

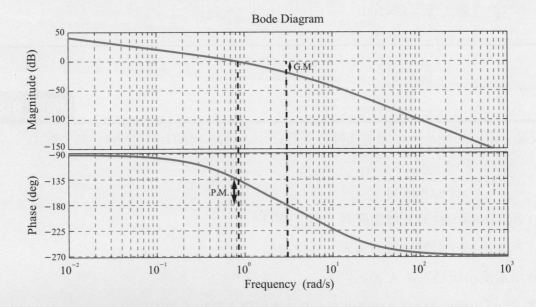

程式執行結果 Gm = 9、Pm = 44.44，G.M. $20 \times \log 9 \approx 19.085\text{dB}$，
所以 G.M. = 19.085dB。而 P.M. = 44.44°

(2) 若 $K = 20$，只需在程式中更改 num = [20] 即可；其波德圖如下，相位交
越頻率 $\omega_p = 3$ rad/sec 並不改變。程式執行結果 Gm=4.5、Pm=28.68，所以
G.M. = $20\log(4.5)$ = 13.06dB。而 P.M. = 28.68°

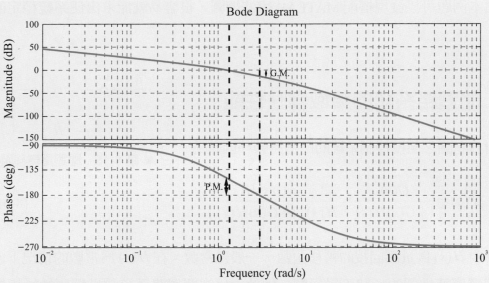

(3) 由上題可以發現當 K 值增加，其 P.M. 與 G.M. 均下降，系統相對穩定性下降。那要多大的 K 才會讓系統出現不穩定呢？

我們可以用 $K=10$ 時大約有 19dB 的 G.M. 來估算，只要 G.M 出現負的，系統就不穩定，所以出現臨界穩定時之 K 值可以用下式計算：

$$20\log(\frac{K}{10})=19 \ \text{dB}，可得 K=89.125$$

$K=89.125$ 時之波德圖如下：

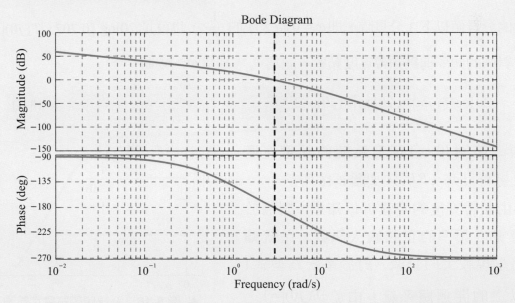

由圖中可以看出在 $K=89.125$ 的時候，系統的 P.M. 與 G.M. 幾乎都是 0，所以系統穩定的條件是 $0<K<89.125$。

由本例題可以發現搭配 MATLAB 畫波德圖，很容易就能求出使系統穩定的增益範圍。

8-3 閉迴路系統的頻域響應性能

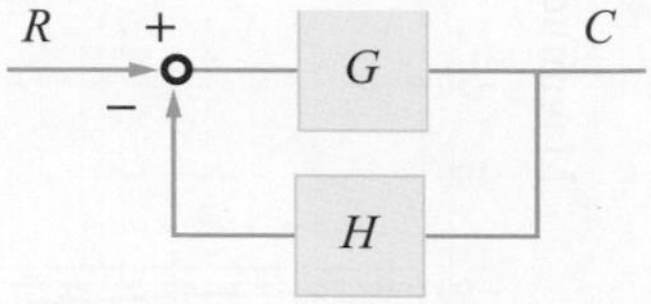

對於右圖之回授控制系統的閉迴路轉移函數為

▲ 圖 8-15　閉迴路轉移函數圖

$$T(s) = \frac{G(s)}{1+G(s)H(s)} = \frac{1}{H(s)} \cdot \frac{G(s)H(s)}{1+G(s)H(s)} \tag{8-6}$$

其中 $H(s)$ 為量測回授的轉移函數，一般為常數。在 $H(s)$ 為常數的情況下，閉迴路頻率響應特性圖的形狀不受影響。因此，研究閉迴路系統頻域響應性能指標時，只需針對單位回授系統 $(H(s)=1)$ 進行研究即可。另外，作用在控制系統的訊號除了控制輸入外，常伴隨輸入端和輸出端的多種確定性擾動和隨機雜訊，因而閉迴路系統的頻域性能指標應該反映控制系統追蹤控制輸入訊號和抑制外部干擾訊號的能力。

🔖 8-3-1　控制系統的頻帶寬度 B.W.(bandwidth)

設 $T(j\omega)$ 為系統閉迴路頻率響應正數，當閉迴路波德圖的振幅大小下降到頻率為零時的分貝值以下 3 分貝時，即 $\omega=0$ 時大小的 $\frac{1}{\sqrt{2}}$，也就是 20log $[0.707\times|T(j0)|]$ dB 時，對應的頻率稱為頻帶寬度頻率，記為 ω_b。即當 $\omega > \omega_b$ 時

$$20\log|T(j\omega)| < 20\log|T(j0)| - 3 \tag{8-7}$$

而頻率範圍 $(0,\omega_b)$ 稱為系統的頻帶寬度 B.W. 亦可以 $\omega_b = B.W.$，如圖 8-16 所示。

由頻帶寬度的定義可以知道，對高於頻帶寬度頻率的正弦輸入訊號，系統輸出將呈現較大的衰減。對於系統為型式 I 或以上的開迴路系統，由於 $|T(j0)|=1$，$20\log|T(j0)|=0$dB，故

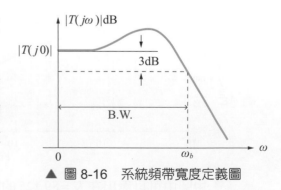

▲ 圖 8-16　系統頻帶寬度定義圖

$$20\log\left|T(j\omega)\right| < -3\,\text{dB}\quad , \omega > \omega_b \tag{8-8}$$

頻帶寬度 B.W. 是頻域中一項非常重要的性能指標。對於一階和二階系統，頻帶寬度頻率和系統參數具有解析關係。以一個一階系統為例，設一階系統的閉迴路轉移函數為

$$T(s) = \frac{1}{\tau s + 1}$$

由 $\left|T(j0)\right| = 1$，依照頻帶寬度 B.W. 定義

$$20\log\left|T(j\omega_b)\right| = 20\log\frac{1}{\sqrt{1+\tau^2\omega_b^2}} = -3 = 20\log\frac{1}{\sqrt{2}}$$

可求得頻帶寬度頻率

$$\omega_b = \frac{1}{\tau} \tag{8-9}$$

而對於標準二階系統，閉迴路轉移函數為 $T(s) = \dfrac{\omega_n^2}{s^2 + 2\xi\omega_n s + \omega_n^2}$

系統振幅大小為 $\left|T(j\omega)\right| = \dfrac{1}{\sqrt{\left(1-\dfrac{\omega^2}{\omega_n^2}\right)^2 + 4\xi^2\dfrac{\omega^2}{\omega_n^2}}}$

因為 $\left|T(j0)\right| = 1$，由頻帶寬度定義得 $\sqrt{\left(1-\dfrac{\omega_b^2}{\omega_n^2}\right)^2 + 4\xi^2\dfrac{\omega_b^2}{\omega_n^2}} = \sqrt{2}$，左右兩側平方可得

$$\frac{\omega_b^4}{\omega_n^4} + (4\xi^2 - 2)\frac{\omega_b^2}{\omega_n^2} - 1 = 0 \quad，令 \frac{\omega_b^2}{\omega_n^2} = A$$

解出 $A = (1-2\xi^2) + \sqrt{(1-2\xi^2)^2 + 1}$（其中 $(1-2\sqrt[3]{4}) - \sqrt{(1-2\xi^2)^2 + 1} < 0$ 不合）
可推得

$$\omega_b = \omega_n\left[(1-2\xi^2) + \sqrt{(1-2\xi^2)^2 + 1}\right]^{\frac{1}{2}} \tag{8-10}$$

由式 (8-9) 可知，一階系統的頻帶寬度頻率和時間常數 τ 成反比。由式 (8-10) 可知，標準二階系統的頻帶寬度頻率和自然頻率 ω_n 成正比。令 $A = (\dfrac{\omega_b}{\omega_n})^2$，由於

$$\frac{dA}{d\xi} = -4\xi + \frac{-8\xi(1-\xi^2)}{\sqrt{(1-2\xi^2)+1}} < 0, \quad 0 < \xi < 1$$

所以 A 為 ξ 的遞減函數，故在相同 ω_n 時 ω_b 亦為 ξ 的遞減函數，即 ω_b 與阻尼比 ξ 成負相關。當 $\omega_n = 1$ 時，標準二階系統之 ω_b 與阻尼比 ξ 圖形如圖 8-17 所示。

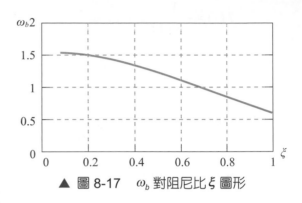

▲ 圖 8-17　ω_b 對阻尼比 ξ 圖形

根據時域響應分析中二階系統之上升時間和安定時間與參數 ξ 的關係可知，參數 ξ 越小響應速度越快，所以系統的單位步階響應速度和頻帶寬度成正相關。因此，頻率響應中的頻帶寬度愈寬，可以反映出步階響應中的上升時間愈短，亦即頻帶寬度是響應速度的等效指標。對於任意階次的控制系統，這一關係仍然成立。另外，由於系統追蹤輸入訊號的能力取決於系統的振幅大小圖特性和相位圖特性，因此對於輸入端訊號，頻帶寬度大，則追蹤控制訊號的能力強；而在另一方面，抑制輸入端高頻干擾的能力則弱，因此系統頻帶寬度的選擇在設計中應折衷考慮，不能一味求大。

8-3-2　標準二階系統共振峰值

對於標準二階系統，若令 $\Omega = \dfrac{\omega}{\omega_n}$，且定義閉迴路轉移函數大小與相位為

$$M(\Omega) = |T(j\Omega)| = \frac{1}{\sqrt{(1-\Omega^2)^2 + (2\xi\,\Omega)^2}}$$

$$\phi(\Omega) = \angle T(j\Omega) = -\tan^{-1}\frac{2\xi\,\Omega}{1-\Omega^2}$$

由上面關係可以發現其圖形會隨著 ξ 變化，其相對 Ω 之關係如圖 8-18 所示。

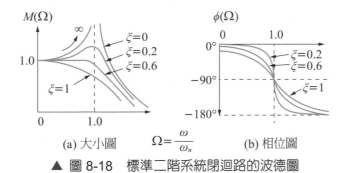

(a) 大小圖 $\Omega = \dfrac{\omega}{\omega_n}$ (b) 相位圖

▲ 圖 8-18 標準二階系統閉迴路的波德圖

若頻率響應的大小圖在某個頻率下出現峰值，則稱此頻率為共振頻率，該峰值稱為共振峰值，其圖形如圖 8-19 所示。

根據微積分可知在峰值之斜率為零，因此

$$\frac{dM(\Omega)}{d\Omega} = -\frac{1}{2}\frac{-4\Omega(1-\Omega^2)+8\xi^2\Omega}{\left[(1-\Omega^2)^2+4\xi^2\Omega^2\right]^{\frac{3}{2}}} = 0$$

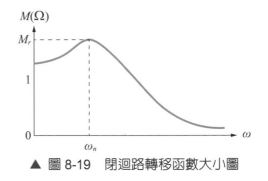

▲ 圖 8-19 閉迴路轉移函數大小圖

去分母可得 $4\Omega^3 - 4\Omega + 8\xi^2\Omega = 0$，求解此式可得

$\Omega = \Omega_r = \sqrt{1-2\xi^2}$，即 $\omega_r = \Omega_r\omega_n = \omega_n\sqrt{1-2\xi^2}$，所以共振峰值為

$$M_r = M(\Omega)\big|_{\Omega=\Omega_r} = \frac{1}{2\xi\sqrt{1-\xi^2}}$$

由 Ω_r 可以發現共振峰值僅在 $0<\xi<\dfrac{1}{\sqrt{2}}$ 時存在，其中 ω_r 恆小於 ω_n 且 M_r 恆大於 1。當 ξ 愈趨近於零時，M_r 愈趨近於無窮大，而且 ω_r 會趨近於 ω_n。一般而言會希望共振峰值 M_r 愈小愈好，以免系統在該頻率響應太過劇烈。由時域 ξ 響應分析可知當阻尼比 $0<\xi<1$ 時，標準二階系統的步階響應會產生最大超越量 M_0，若限制阻尼比於 $0<\xi<\dfrac{1}{\sqrt{2}}$，標準二階系統的頻率響應會產生共振峰值 M_r。所以當阻尼比為

$0 < \xi < \dfrac{1}{\sqrt{2}}$ 時，M_0 與 M_r 同時存在，而且 M_0 與 M_r 都僅為 ξ 的函數。圖 8-20 顯示 M_0 與 M_r 對 ξ 的關係圖，由圖中可看出頻率響應中的共振峰值 M_r 與時域響應分析中的最大超越量 M_0 是成正相關的，其中 M_0 愈小，M_r 也會跟著愈小，此時系統的閉迴路性能就會愈好。

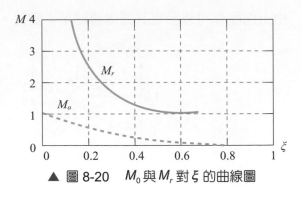

▲ 圖 8-20　M_0 與 M_r 對 ξ 的曲線圖

以標準二階系統為例，若固定自然無阻尼頻率 ω_n，可發現當時域響應中阻尼比 ξ 愈大，則上升時間 t_r 愈長。而另一方面，頻域響應中阻尼比 ξ 愈大，其頻寬 B.W. 卻愈窄。因此，頻域響應中的頻寬 B.W. 是反映時域響應速度的一個適當指標。

另外，就訊號的觀點及頻寬的定義而言，閉迴路系統將過濾掉大部分頻率超過頻寬的訊號成分，而使頻率低於頻寬的訊號成分通過系統。因此，若控制系統的頻寬愈寬，則參考輸入訊號的高頻成分較容易通過系統。由於高頻成分的多寡代表的是輸出訊號響應快慢的主要依據，若輸入訊號通過系統的高頻成分愈多，亦即頻寬愈寬，則控制系統的輸出暫態響應速度將愈快 (例如上升時間將愈短)。以下以一個例子來說明上述的觀念。

例題 8-9

考慮如下列之單位回授控制系統。在閉迴路響應規格 $M_r = 1.2$ 及 $\omega_r = 12$ rad/sec 下，試求滿足此規格之增益值 K，並求此時閉迴路系統的最大超越量百分比 M_0 與頻帶寬度 B.W.。

$R(s)$ $+$ ⟶ $\dfrac{K}{s(s+a)}$ ⟶ $Y(s)$

$-$

解　此系統的閉迴路轉移函數 $T(s) = \dfrac{K}{s^2 + as + K}$，為標準二階系統，

取 $a = 2\xi\omega_n$、$K = \omega_n^2$，由 $M_r = \dfrac{1}{2\xi\sqrt{1-\xi^2}} = 1.2$，

可得 $\xi = 0.4729, 0.8811$，其中 $\xi = 0.8811 > \dfrac{1}{\sqrt{2}}$ 不合，所以取 $\xi = 0.4729$。

將其帶入 $\omega_r = \omega_n\sqrt{1-2\xi^2} = 12$ rad/sec，由此推得 $\omega_n = 16.141$ rad/sec，

因此 $K = 260.532$、$a = 15.2662$。

再來根據時域響應公式可得

$$M_0 = e^{\frac{-\pi\xi}{\sqrt{1-\xi^2}}} = 0.1852 = 18.52\%$$

$$\text{B.W.} = \omega_n(1-2\xi^2 + \sqrt{2-4\xi^2+4\xi^4})^{\frac{1}{2}} = 27.3642 \text{ rad/sec}$$

● 8-3-3　標準二階系統相位邊限與阻尼比之關係

對於標準二階系統，如圖 8-15 所示，其開迴路轉移函數 $G(s)H(s)$ 可表示為

$$G(s)H(s) = \frac{\omega_n^2}{s(s+2\zeta\omega_n)} \tag{8-11}$$

由前面的觀念可得其奈氏圖如圖 8-21 所示。

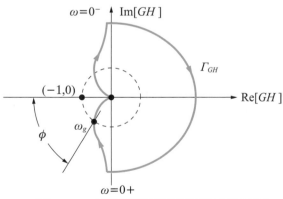

▲ 圖 8-21　標準二階系統開迴路之奈氏圖

由圖中可看出 $G(j\omega)H(j\omega)$ 與負實數軸沒有交點，沒有相位交越頻率，所以 G.M.= ∞ dB，而增益交越頻率可令為 ω_g。

$$\text{在 } \omega_g \text{ 上，其滿足 } \left|G(j\omega_g)H(j\omega_g)\right| = 1 \tag{8-12}$$

將式 (8-11) 代入 (8-12) 可得

$$\frac{\omega_n^2}{\omega_g\sqrt{\omega_g^2 + 4\zeta^2\omega_n^2}} = 1 \tag{8-13}$$

經化簡可得下式

$$(\frac{\omega_g}{\omega_n})^2 = (4\zeta^4 + 1)^{\frac{1}{2}} - 2\zeta^2 \quad (\ -(4\zeta^4 + 1)^{\frac{1}{2}} - 2\zeta^2 < 0 \ 不合\ ) \tag{8-14}$$

所以

$$\frac{\omega_g}{\omega_n} = [(4\zeta^4 + 1)^{\frac{1}{2}} - 2\zeta^2]^{\frac{1}{2}} \tag{8-15}$$

由 P.M. 之定義及上式可得 $P.M. = \phi$ 為

$$\phi = 180° + \angle\left[G(j\omega_g)H(j\omega_g)\right] = 180° + \angle\left[\frac{\omega_n^2}{j\omega_g(j\omega_g + 2\zeta\omega_n)}\right]$$

$$P.M. = 180° + (-90° - \tan^{-1}\frac{\omega_g}{2\zeta\omega_n})$$

$$= 90° - \tan^{-1}\frac{[(4\zeta^4 + 1)^{\frac{1}{2}} - 2\zeta^2]^{\frac{1}{2}}}{2\zeta}$$

$$= \tan^{-1}\left[2\zeta\left(\frac{1}{\sqrt{4\zeta^4 + 1} - 2\zeta^2}\right)^{\frac{1}{2}}\right] \tag{8-16}$$

將式 (8-16) 中 P.M. ϕ 對 ζ 畫圖，可得如圖 8-22。

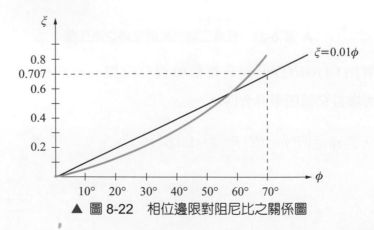

▲ 圖 8-22　相位邊限對阻尼比之關係圖

由圖中可知當阻尼比 $\zeta \leq 0.707$ 時，兩者之關係很近似直線，可用下式近似為

$$\zeta \cong 0.01\phi \cong \frac{\phi}{100} \tag{8-17}$$

其中 ϕ 之單位為度 (degree)。

可以用一個簡單的例子來驗證 P.M. 與 ζ 是否符合上述關係。令標準二階系統之開迴路轉移函數為 $G(s)H(s) = \dfrac{100}{s(s+14)}$，此時閉迴路系統 $\omega_n = 10$、$\xi = 0.7$。透過 MATLAB 可得其波德圖如下：

```
num = [100];
den = [1 14 0];
sys = tf(num,den);
bode(sys)
grid;
[Gm, Pm, Wcp, Wcg] = margin(sys)
```

在上面標示 P.M. 如圖 8-23 所示。

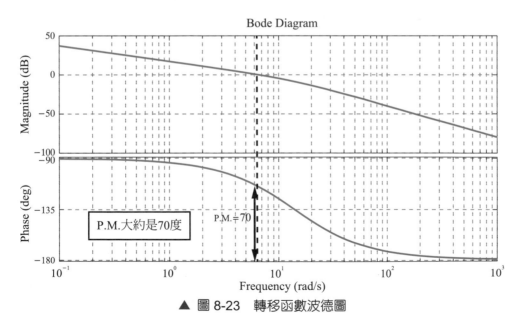

▲ 圖 8-23 轉移函數波德圖

由圖 8-23 可以看出 P.M. 大約是 70 度左右，而 margin(sys) 可得 Pm ≈ 70°，所以 $\xi \approx \dfrac{70}{100} = 0.7$，此例驗證了可由開迴路系統的波德圖 P.M. 預估閉迴路系統阻尼比之公式的可行性。

8-4　尼可士圖 (Nichols chart)

　　由本章前面的頻率響應分析內容，可知控制系統的共振峰值、共振頻率與頻帶寬度 B.W. 都和系統性能有密切的關係，而共振峰值、共振頻率與頻帶寬度皆是定義在閉迴路頻率響應，亦即由閉迴路轉移函數求得。由於在頻域響應分析的研究中，大都以開迴路頻率響應來討論閉迴路的性質 (例如穩定性)，因此會希望閉迴路的頻率響應或共振峰值、共振頻率與頻帶寬度也能由開迴路頻率響應間接求得。而接下來要介紹的尼可士圖 (Nichols chart)，是將線性非時變系統在不同頻率下的增益分貝值 (dB) 及相位畫在同一個坐標系上，尼可士圖將波德圖 (波德增益大小圖及波德相位圖) 結合成一張圖，而頻率只是曲線中的參數，不直接在圖中顯示，該圖形的命名是來自美國控制工程師 Nathaniel B. Nichols。尼可士圖常應用在閉迴路控制系統的穩定性分析中，其會將開迴路系統的頻率響應繪製在尼可士圖上，而尼可士圖上會標示對應閉迴路系統的增益分貝值及相位，因此只要知道開迴路系統的頻率響應，即可找到單位回授系統的閉迴路頻率響應，以下將介紹如何畫出尼可士圖。

　　考慮單位回授控制系統，其開迴路函數 $G(s)$ 的頻率響應函數 $G(j\omega)$ 可表示

$$G(j\omega) = \text{Re}[G(j\omega)] + j\,\text{Im}[G(j\omega)] = x + jy \tag{8-18}$$

因此閉迴路頻率響應函數 $T(j\omega)$ 可寫成

$$T(j\omega) = \frac{G(j\omega)}{1+G(j\omega)} = \frac{x+jy}{(1+x)+jy} = Me^{j\phi}$$

$$= \frac{\sqrt{x^2+y^2}}{\sqrt{(1+x)^2+y^2}} \angle [\tan^{-1}\frac{y}{x} - \tan^{-1}\frac{y}{1+x}] \tag{8-19}$$

令閉迴路頻率響應函數 $T(j\omega)$ 之振幅大小為 $M(\omega)$，則

$$M(\omega) = \frac{\sqrt{x^2+y^2}}{\sqrt{(1+x)^2+y^2}} \tag{8-20}$$

將式 (8-20) 兩邊平方化簡後可得

$$(1-M^2)x^2 + (1-M^2)y^2 - 2M^2x = M^2 \tag{8-21}$$

由上式可以看出若 $M=1$ 可得 $x=-\dfrac{1}{2}$，其表示在 $M=1$ 時，其軌跡為 $G(s)$ 平面上之一條垂直於實軸並交實軸於 $-\dfrac{1}{2}$ 的直線。而當 $M \neq 1$ 時，將式 (8-21) 兩邊同除以 $(1-M^2)$，經由配方化簡可得

$$(x + \frac{M^2}{M^2-1})^2 + y^2 = (\frac{M}{1-M^2})^2 \tag{8-22}$$

上式表示圓心在 $(-\dfrac{M^2}{M^2-1}, 0)$，半徑為 $\left|\dfrac{M}{1-M^2}\right|$ 之圓，我們稱這些隨 M 值不同所畫出的圓形軌跡為**常數振幅軌跡** (Constant M Circles)，稱為 M 圓 (M-circle)。由式 (8-22) 可知對於不同 $T(j\omega)$ 的 $M(\omega)$ 在 $G(s)$ 平面上可繪出一群圓，如圖 8-24 所示。由圖中可看出 $M=0$ 時，圓收斂為原點，而當 $M<1$ 時，M 愈小半徑愈小。當 $M=1$ 時，其為 $x=-\dfrac{1}{2}$ 之直線。而當 $M>1$ 時，M 愈大則半徑愈小，當 $M=\infty$ 時，收斂到點 $(-1,0)$，整體 M 圓對稱於實數軸。M 圓的圖可以用來決定閉迴路頻率響應的振幅大小。

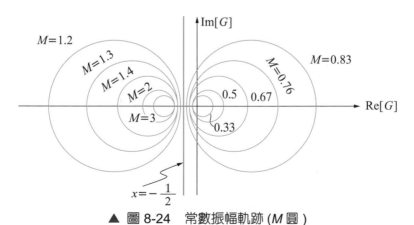

▲ 圖 8-24　常數振幅軌跡 (M 圓)

同理，若令閉迴路頻域響應函數 $T(j\omega)$ 的相位為 $\phi(\omega)$，則

$$\angle T(j\omega) = \phi(\omega) = \tan^{-1}\frac{y}{x} - \tan^{-1}\frac{y}{(1+x)} \tag{8-23}$$

利用關係式 $\tan^{-1}A - \tan^{-1}B = \tan^{-1}\dfrac{A-B}{1+AB}$，將上式兩邊同取 $\tan$，則有

$$\tan\phi(\omega) = \frac{\dfrac{y}{x} - \dfrac{y}{1+x}}{1 + \dfrac{y^2}{x(1+x)}} = \frac{y}{x^2 + y^2 + x} \tag{8-24}$$

定義 $\tan\phi(\omega) = N$ 為常數，則上式可改寫成

$$N = \frac{y}{x^2 + y^2 + x} \tag{8-25}$$

當 $N = 0$ 時，由上式可推得 $y = 0$，代表 G 平面上之實數軸 (x 軸)。而當 $N \neq 0$ 時，式 (8-25) 可寫成

$$x^2 + x + y^2 - \frac{y}{N} = 0 \tag{8-26}$$

經由配方可得

$$(x + \frac{1}{2})^2 + (y - \frac{1}{2N})^2 = \frac{N^2 + 1}{4N^2} \tag{8-27}$$

其代表 G 平面上以 $(-\dfrac{1}{2}, \dfrac{1}{2N})$ 為圓心，半徑為 $\dfrac{\sqrt{N^2+1}}{2N}$ 的一群圓，我們稱這些軌跡為**常數相位軌跡** (Constant N Circles)，稱為 N 圓 (N-circle)。由式 (8-27) 可知對於不同 $T(j\omega)$ 的相位 $\phi(\omega)$，在 G 平面上可得一群圓，如圖 8-25 所示。所有圓都會通過 $(0,0)$ 及點 $(-1,0)$，其可用以決定閉路頻率響應之相位。

藉由使用常數 M、N 圓，可以由開迴路頻率響應 $G(j\omega)$ 的極座標圖決定閉迴路頻率響應的大小與相

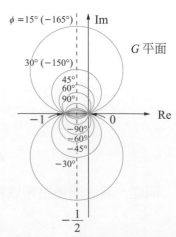

▲ 圖 8-25　常數相位軌跡 (N 圓)

位。例如以閉迴路系統的振幅大小而言，在 G 平面上，$G(j\omega)$ 極座標圖與 M 圓的交點即為閉迴路系統在該頻率處所具有的 M 值。M 圓之應用可以圖 8-26(a) 來說明，圖中開迴路響應函數 $G(j\omega)$ 之極座標圖與 $M = 0.707$ 之交點所對應之頻率，即為閉迴路系統之頻寬 B.W.。而 M 圓中與極座標圖相切之圓的 M 值，即代表 $|T(j\omega)|$ 之極大值，其為閉迴路系統頻率響應之尖峰共振值 M_r，而該切點所對應之頻率即為共振頻率 ω_r。同樣的方法，亦可由 $G(j\omega)$ 之極座標圖與 N 圖之相交情形來決定閉迴路系統的相位，如圖 8-26(b) 所示。

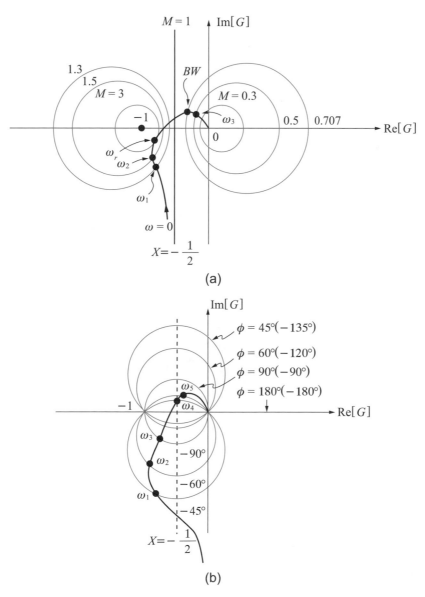

(a)

(b)

▲ 圖 8-26　常數 M 圓與 N 圓之應用。(a) 常數 M 圓；(b) 常數 N 圓

　　而基於在設計時考慮 M_r 及 B.W. 之方便，將極座標中的常數 M、N 圓同時表示在一個平面上，此時平面的縱軸與橫軸分別為大小 (單位 dB) 與相位 (單位 degree)。轉換的方法如圖 8-27(a) 所示。這個結合大小與相位的平面稱為尼可士平面 (Nichols Plane)，平面上經過常數 M 及 N 圓映射轉換後所形成的圖像，稱為尼可士圖 (Nichols chart)，如圖 8-27(b)。假設在圖 8-27(a) 中 $M = 1.3$ 之等 M 圓上點 A 之轉移函數 G_1 大小為 1.3，其對應的相位為 ϕ_1，將其映射到尼可士圖則會是圖 8-27(b) 中的 A' 點，此時縱坐標之大小單位為 dB，而橫坐標則為相角 ϕ，依此類推可以將所有的 M 圓都映射到尼可士圖上。

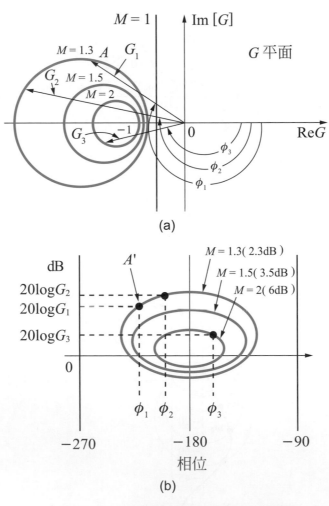

(a)

(b)

▲ 圖 8-27　常數振幅軌跡 (M 圓) 之映射

　　而將所有的 N 圓用同樣方式也都映射到尼可士圖上，如此將形成如圖 8-28 之標準尼可士圖。若將開迴路轉移函數 $G(j\omega)H(j\omega)$ 之極座標曲線繪製在尼可士圖上，則頻率響應的重要性能規格如 M_r、ω_r、B.W.、G.M. 及 P.M. 等均可直接由尼可士圖求得。

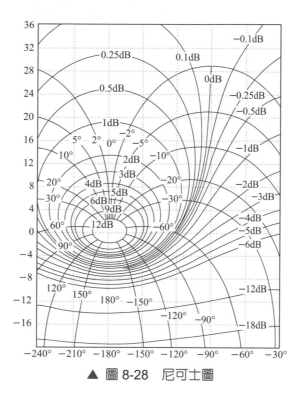

▲ 圖 8-28　尼可士圖

　　可以用一個簡單的例子來說明其應用，假設一開迴路轉移函數 $G(s)$ 之極座標曲線畫在尼可士圖上如圖 8-29(a) 所示，$G(j\omega)$ 極座標曲線與尼可士圖上的 M、N 圓相交的交點，即決定閉迴路頻率響應在不同頻率下的大小及相位值。若與 M_1 圓相切於頻率 ω_1，則閉迴路頻率響應的共振峰值 $M_r = M_1$，共振頻率 $\omega_r = \omega_1$。若 $G(j\omega)$ 與 $M = -3\,\mathrm{dB}$ 的軌跡交於頻率 ω_2，則閉迴路的頻帶寬度 B.W. $= \omega_2$。因此於圖 8-29 中 $G(j\omega)$ 與 $M = 5\,\mathrm{dB}$ 的軌跡相切於 $\omega = 0.8$，所以閉迴路 $M_r = 5\,\mathrm{dB}$、$\omega_r = 0.8\,\mathrm{rad/sec}$，而 $G(j\omega)$ 與 $M = -3\,\mathrm{dB}$ 的軌跡大概交於 $\omega = 1.3$，所以 B.W. 大約是 1.3rad/sec。再由 G.M. 的定義可以知道，由相角 $-180°$ 往上畫鉛直線，可以看到其與 $G(j\omega)$ 極座標曲線大約交於 $-9\,\mathrm{dB}$ 左右，所以其 G.M. 是 9 dB，而由 $|G| = 0\,\mathrm{dB}$ 畫水平線與 $G(j\omega)$ 極座標曲線相交，其相位大約為 $-145°$，距離 $-180°$ 仍有 $35°$，所以 P.M. 為 $35°$。

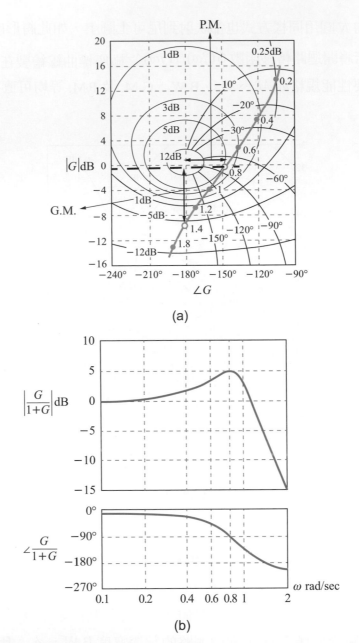

(a)

(b)

▲ 圖 8-29　尼可士圖之應用。(a) 尼可士圖；(b) 閉迴路大小與相位圖

以下再舉一個比較複雜的例子給大家更熟悉尼可士圖的應用。

例題 8-10

假設一系統開迴路轉移函數為 $\dfrac{G(s)}{K}$，將其 $K=1$ 時的極座標圖畫在尼可士圖上如下所示，試回答下列問題：

(1) 當 $K=1$ 時，試求開迴路系統的增益交越頻率 (Gain-crossover frequency (rad/ sec))。

(2) 當 $K=1$ 時，試求開迴路系統的相位交越頻率 (Phase-crossover frequency (rad/sec))。

(3) 當 $K=1$ 時，試求開迴路系統的 G.M.。

(4) 當 $K=1$ 時，試求開迴路系統的 P.M.。

(5) 當 $K=1$ 時，試求閉迴路系統的共振峰值 (Resonance peak M_r)。

(6) 當 $K=1$ 時，試求閉迴路系統的共振頻率 (Resonance frequency ω_r (rad/sec))。

(7) 當 $K=1$ 時，試求閉迴路系統的頻帶寬度。

(8) 試求 K 值使得開迴路系統之 G.M.= 30 dB。

(9) 試求 K 值使得開迴路系統之 P.M.= 50 度。

(10) 試求 K 值使得閉迴路系統產生臨界穩定，並求此臨界穩定之振盪頻率。

(11) 試求該閉迴路系統在單位步階輸入下之穩態誤差。

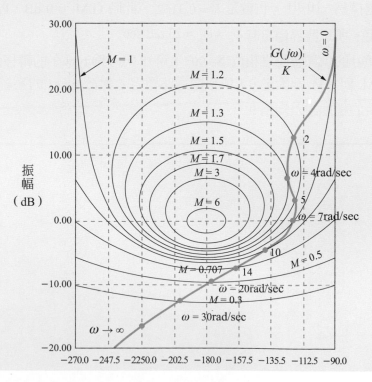

解 (1) 依定義可知增益交越頻率 ω_g 是 $|G(j\omega)|$ 為 0 dB 的頻率，由圖上可知 $\omega_g = 7$ rad/sec。

(2) 依定義可知相位交越頻率 ω_p 是 $\angle G(j\omega)$ 值為 $-180°$ 的頻率，由圖上可知 ω_p 大約為 23 rad/sec。

(3) 由圖中可知 $G(j\omega)$ 相位值為 $-180°$ 時，其相對應增益值為 -10 dB，所以 G.M. $= 10$ dB。

(4) 由圖中可知 $G(j\omega)$ 本身增益值為 0 dB 時，其相對應相位大約為 $-120°$ 左右，所以 P.M. $\approx 60°$。

(5) $G(j\omega)$ 與尼可士圖某一常數 M 圓相切可得常數 M 圓的 M 值，因此 $M_r = 1.3$。

(6) 尼可士圖某一常數 M 圓相切時 $G(j\omega)$ 的頻率值即為共振頻率 ω_r，因此 $\omega_r = 4$ rad/sec。

(7) 尼可士圖 $M = 0.707$ 圓與 $G(j\omega)$ 相交時的頻率即為 B.W.，因此 B.W. $= 14$ rad/sec。

(8) 圖上的開迴路頻率響應為 $\dfrac{G(j\omega)}{K}$，當 $K = 1$ 時增益邊限為 10 dB，若希望增益邊限增加為 30 dB，則 $G(j\omega)$ 的增益值必須下降 20 dB，因此 K 值選擇為 20 dB，也就是 $K = 10$。

(9) 當 $K = 1$ 時相位 $-130°$ 處的增益值約為 -4 dB，因此若希望相位邊限為 $50°$，則增益值必須上升 4 dB，因此 K 值選擇為 -4 dB，也就是 $K = 0.631$。

(10) K 值選擇為 -10 dB，也就是 $K = 0.3162$，此時 G.M. $= 0$ dB，P.M. $= 0$ 度為臨界穩定。所以臨界穩定時 $\omega_g = \omega_p \approx 23$ rad/sec。

(11) 由 $G(j\omega)$ 的低頻響應之相位為 $-90°$，可知 $G(s)$ 為 type 1 的轉移函數，當 $K = 1$ 時 G.M. 與 P.M. 都大於 0，所以閉迴路穩定。對於 type1 的系統，其單位步階輸入時的穩態誤差均為 0。

在 MATLAB 中也提供了指令 nichols() 來畫尼可士圖，例如我們可以將開迴路轉

移函數 $G(s) = \dfrac{10}{s(1+s)(9+s)}$ 畫在尼可士圖上，其指令如下：

```
num=[10];
den=[1 10 9 0];
sys=tf(num,den)
figure();
nichols(sys);
[remi,imni,wni]=nichols(sys);
```

其輸出圖形如下圖。

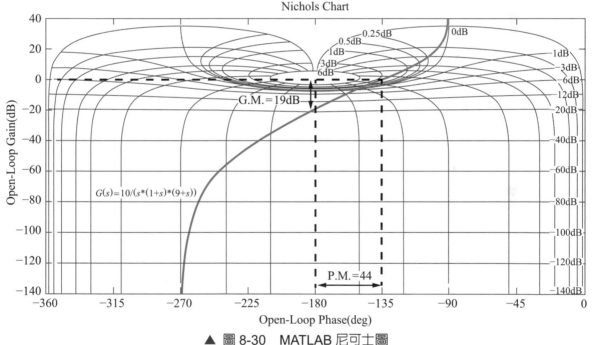

▲ 圖 8-30 MATLAB 尼可士圖

由圖中求出 P.M. 與 G.M. 跟例題 8-8 的結果是一致的。

控制系統的補償設計

由前面章節的古典控制學發現，我們可以根據受控系統的特性及相關性能指標的要求來設計控制系統，然而這一般都需要進行相當大量的分析計算，設計中有很多層面問題需要考慮，既要保證所設計的系統具有良好的性能，能滿足給定的各種性能指標要求，又要便於實現，且要成本低、效益高、可靠性高，又要滿足整體系統的穩定性。所以在設計過程中，既要有理論的推導，又要有一些經驗法則，往往還要配合許多局部和整體的實驗進行修改，過程相當複雜。

本章主要研究線性常係數控制系統的補償方法。所謂補償，就是在系統中加入一些控制元件，該元件參數可以根據需要而改變，一般稱為補償器 (compensator) 或控制器 (controller)，使系統整個特性產生變化，進而滿足各項性能指標的需求。目前實際工程系統中常用的補償方法包含串聯補償、回授補償、前饋補償與複合補償，其常見架構如圖 9-1 所示。其中，串聯補償是古典控制系統最常用的補償設計架構，也是本章的重點。一般而言，串聯補償比較好設計，但在實際的控制設計中，究竟選擇串聯或回授補償架構，與系統訊號特性、設備、元件、設計者經驗與經濟成本考量等，都有密切的關係，必須藉由相關評估來決定補償設計策略。

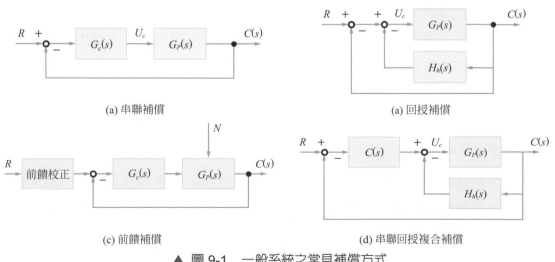

(a) 串聯補償

(a) 回授補償

(c) 前饋補償

(d) 串聯回授複合補償

▲ 圖 9-1　一般系統之常見補償方式

9-1 系統的補償問題

當受控系統給定後，如圖 9-1(a) 中的 $G_p(s)$，按照受控系統的工作條件、受控訊號應具有的位置最大速度和加速度要求等，可以初步選定欲控制之整體系統的形式、特性和參數。然後，根據回授量測精度、抗干擾能力、回授訊號的物理性質、量測過程中的雜訊及非線性程度等因素，選擇合適的回授量測元件。在此原則下，可以先設計增益可調的控制參數，一般包含為功率放大器。這些初步選定的元件及受控系統構成系統中基本的架構。而設計控制系統的目的，是將控制器 $G_c(s)$ 與受控系統適當組合起來，使之滿足控制精度、振盪程度和響應速度的性能指標。如果通過調整放大器增益仍然不能滿足所有設計要求的性能指標，就需要在系統中增加一些參數及特性，其可按需求改變的動態補償裝置，使系統性能全面滿足設計要求，這就是控制系統設計中的補償設計問題。

🔵 9-1-1　性能指標

進行控制系統的補償設計，除了需要已知轉移函數的特性與參數外，還需要知道對系統提出的全部性能指標。性能指標通常是由使用者或受控對象的設計製造單位提出相關規格。不同的控制系統對性能指標的要求也會有不同。例如，調節或定位系統 (regulation system) 對平穩性和穩態精度要求較高，而追蹤系統 (tracking system) 則著重於快速性要求。

性能指標一般需要考慮應符合實際系統的需要與可以達成的能力。在實際工程系統中，性能指標不應比完成給定任務所需要的指標更高。例如：若系統的主要要求是具備較高的穩態精度，則不必對系統的暫態性能作過高要求。實際系統能具備的各種性能指標，會受到系統內部元件的既有誤差、非線性特性、輸出功率及機械強度等各種實際物理條件所限制。如果要求控制系統應具備較快的響應速度，則應考慮系統能夠提供的最大速度和加速度，以及系統容許的強度極限。除了一般性能指標外，系統往往還可能有一些額外的要求，例如平穩性、對變動負載的適應性等，這些都需要在系統設計時分別加以考慮。

在控制系統設計中，採用的設計方法一般依據性能指標的形式而定。如果性能指標以單位步階響應的峰值時間、安定時間、最大超越量、阻尼比、穩態誤差等時域性能指標給定時，一般採用時域補償方法進行設計；如果性能指標以系統的相位邊限、增益邊限、共振峰值、頻寬、穩態誤差常數等頻域性能指標給出時，一般採用頻域補償方法控制。常見二階系統時域與頻域性能指標之關係如下：

(1) 共振峰值　$M_r = \dfrac{1}{2\zeta\sqrt{1-\zeta^2}}, \; \zeta \leq 0.707$ 　　　　　　　　(9-1)

(2) 共振頻率　$\omega_r = \omega_n\sqrt{1-2\zeta^2}, \quad \zeta \leq 0.707$ 　　　　　　(9-2)

(3) 頻寬頻率　$\omega_b = \omega_n\sqrt{1-2\zeta^2 + \sqrt{2-4\zeta^2+4\zeta^4}}$ 　　　　(9-3)

(4) 截止頻率　$\omega_c = \omega_n\sqrt{\sqrt{1+4\zeta^4}-2\zeta^2}$ 　　　　　　　(9-4)

(5) 相位邊限　$\gamma = \tan^{-1}\left(\dfrac{2\zeta}{\sqrt{\sqrt{1+4\zeta^4}-2\zeta^2}}\right)$ 　　　　(9-5)

(6) 最大超越量　$M_0\% = e^{\frac{-\pi\zeta}{\sqrt{1-\zeta^2}}} \times 100\%$ 　　　　　　　(9-6)

(7) 安定時間　$t_s = \dfrac{3}{\zeta\omega_n}(\Delta = 5\%)$ 、$t_s = \dfrac{4}{\zeta\omega_n}(\Delta = 2\%)$ 、

$t_s = \dfrac{4.6}{\zeta\omega_n}(\Delta = 1\%)$ 　　　　　　　　　　　(9-7)

9-1-2　系統頻寬的確定

　　性能指標中的頻寬 ω_b 的要求，是一項重要的技術指標。無論採用哪種補償方式，都要求補償後的系統既能以所需精度追蹤輸入訊號，又能抑制雜訊干擾訊號。在控制系統實際運行中，輸入訊號一般是低頻訊號，而干擾訊號一般是高頻訊號。因此，合理選擇控制系統的頻寬，在系統設計中是一個很重要問題。為了使系統能夠準確達到輸入訊號，一般需要要求系統擁有較大的頻寬；然而從抑制雜訊干擾角度來看，又不希望系統的頻寬過大。此外，為了使系統具有較高的穩態邊限 (P.M 或 G.M.)，希望系統波德圖在截止頻率 ω_c 處的斜率為 −20dB/dec，但從要求系統具有較強的從

雜訊中辨識真正需要之訊號的能力 (system type 較高) 來考慮，卻又希望 ω_c 處的斜率小於 −40dB/dec 。由於不同的開迴路系統截止頻率 (cut of frequency) ω_c 對應於不同的閉迴路系統頻寬頻率 ω_b，因此在系統設計時，必須選擇切合實際的系統頻寬，這往往需要利用嘗試錯誤法進行調整。

通常，一個設計良好的實際系統，其相位邊限 (P.M.) 大約要有 45° 左右的數值，若過低於此值，系統的動態響應性能一般較差，且對參數變化的適應能力較弱；若過高於此值，意味著對整個系統及其組成元件性能要求較高，因此造成實現上的困難，或是不滿足經濟要求與性價比，同時由於穩定程度過好，造成系統動態響應過程緩慢。要實現 45° 左右的相位邊限要求，開迴路波德圖在中頻區的斜率盡量應在 −20dB/dec ，同時要求中頻區佔據一定的頻率範圍，以保證在系統參數變化時相位邊限變化不大。過此中頻區後，則要求系統振幅頻率特性迅速衰減，以降低雜訊對系統的影響，這是選擇系統頻寬應該考慮的。另一方面，進入系統輸入端的訊號，既有輸入訊號 $r(t)$，若又有雜訊訊號 $n(t)$，如果輸入訊號的頻寬為 $0 \sim \omega_M$，假設干擾訊號比較會作用的頻寬大致上為 $\omega_1 \sim \omega_N$，則控制系統的頻寬通常取為

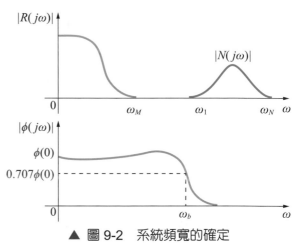

▲ 圖 9-2　系統頻寬的確定

$$\omega_b = 5\omega_M \sim 10\omega_M \tag{9-8}$$

且使 $\omega_1 \sim \omega_N$ 處於 $0 \sim \omega_b$ 範圍之外，如圖 9-2 所示。

9-1-3　PID 控制法則

一般來說，串聯補償設計比其他補償設計簡單，也比較容易對訊號進行各種必要形式的變換。例如在直流馬達控制系統中，由於控制輸入可為直流電壓訊號，適合採用串聯補償控制。串聯補償裝置又分為有輸入電源 (有源) 和無輸入電源 (無源) 兩類。無輸入電源串聯補償裝置通常由 RC 無輸入電路構成，結構簡單、成本低廉，但會使訊號在變換過程中產生振幅值衰減，且其輸入阻抗較低，輸出阻抗又較高，

因此常常需要附加放大器，以補償其振幅值衰減，並進行阻抗匹配。為了減少功率損耗，無輸入電源串聯補償裝置通常安裝在前進路徑通路中能量較低的位置上。有輸入電源串聯補償裝置由運算放大器 OPA 和 *RC* 電路組成，其參數可以根據需要調整，因此在工業自動化設備中，經常採用此類補償單元構成的 PID 控制器 (或稱 PID 調節器)，它包含比例單元、微分單元和積分單組合而成，可以實現大部分工業應用之各種要求的控制規律。

1.　比例 (P) 控制器

　　具有比例控制 (Proportional Control) 單元的控制器，稱為 P 控制器，如圖 9-3 所示。其中 K_P 稱為 P 控制器增益。

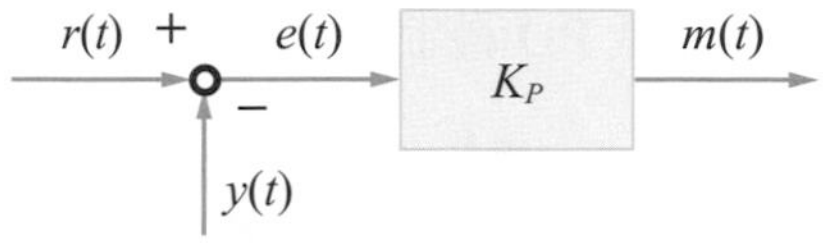

▲ 圖 9-3　P 控制器架構圖

　　P 控制器實質上是一個具有可調增益的放大器。在訊號變換過程中，P 控制器只改變誤差訊號的增益而不影響其相位。在串聯補償中，增加比例控制器增益 K_P，可以提高系統的開迴路增益，減小系統穩態誤差，可以提高系統的控制精度，但會降低系統的相對穩定性，甚至可能造成閉迴路系統不穩定。因此在系統補償設計中，我們不太會單獨使用比例控制單元。

2.　比例 - 微分 (PD) 控制器

　　具有比例 - 微分控制單元的控制器，稱為 PD 控制器，其輸出 $m(t)$ 與輸入誤差 $e(t)$ 的關係為

$$m(t) = K_P e(t) + K_P \tau \frac{de(t)}{dt} = K_P(1 + \tau \frac{d}{dt})e(t) = K_P e(t) + K_D \frac{de(t)}{dt} \qquad (9-9)$$

　　式中 K_P 為比例係數；τ 為微分時間常數。K_P 與 τ 都是可調的參數，一般亦有另外寫法記作 $K_D = K_P \cdot \tau$。PD 控制器如圖 9-4 所示。PD 控制器中的微分控制能反應輸入訊號的變化趨勢，產生有

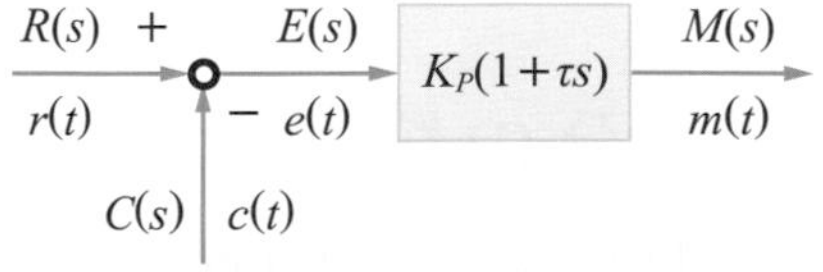

▲ 圖 9-4　PD 控制器框圖

效的早期修正訊號，以增加系統的阻尼程度，因而改善系統的穩定性。在串聯補償時，可使系統增加一個 $-1/\tau$ 的開迴路零點，使系統的相位邊限提高，因而有助於系統動態性能的改善，以下用一個例子來說明 PD 控制器。

例題 9-1

有一個具有比例-微分控制之旋轉動力系統如圖所示，試討論 PD 控制器對系統性能的影響。

$$R(s) \xrightarrow{\quad +} \overset{E(s)}{\underset{-}{\bigcirc}} \longrightarrow \boxed{K_P(1+\tau s)} \longrightarrow \boxed{\dfrac{1}{Js^2}} \longrightarrow C(s)$$

解 無 PD 控制器時，旋轉動力系統的閉迴路系統特性方程式為

$$Js^2 + 1 = 0$$

顯然，系統的阻尼比等於零，其輸出 $c(t)$ 具有不衰減的等振幅振盪形式，系統處於臨界穩定狀態。加入 PD 控制器後，閉迴路系統特性方程式為

$$Js^2 + K_P\tau s + K_P = 0$$

其阻尼比 $\zeta = \dfrac{\tau\sqrt{K_P}}{2\sqrt{J}} > 0$，因此閉迴路系統是穩定的 $(0 < K_p < \infty)$。PD 控制器提高系統的阻尼係數，可藉由參數 K_P 及 τ 來調整其阻尼大小，依此可以降低最大超越量，但卻會犧牲上升時間的性能指標。

其實微分控制作用只對暫態過程起作用，而對穩態過程沒有影響，且對系統雜訊干擾非常敏感，所以單一個微分控制器在任何情況下都不宜與受控系統直接串聯起來單獨使用。通常微分控制器大部份都會與比例控制器或比例-積分控制器結合起來，構成比例-微分或比例-積分-微分控制器，應用於實際的控制系統。

3. 積分 (I) 控制器

具有積分控制 (Integral Control) 單元的控制器，稱為積分控制器。積分控制器的輸出訊號 $m(t)$ 與其輸入訊號 $e(t)$ 的積分成正比，即

$$m(t) = K_i \int_0^t e(t)dt \tag{9-10}$$

其中 K_i 為可調係數。由於積分控制器的作用，當其誤差輸入 $e(t)$ 消失後，輸出訊號 $m(t)$ 有可能是一個不為零的定值。在串聯補償時，採用積分控制器可以提高系統的型式數目 (type numbers)，有利於系統穩態性能的提高，但積分控制使系統增加一個位於原點的開迴路極點，使訊號產生 90° 的相位落後，對於系統的穩定性較不利。因此，在控制系統的補償設計中，通常不建議單獨採用積分控制器。積分控制器如圖 9-5 所示。

4. 比例 - 積分 (PI) 控制

具有比例 - 積分控制單元的控制器，稱為 PI 控制器，其輸出訊號 $m(t)$ 同時成比例地反應輸入訊號 $e(t)$ 及其積分，即

$$m(t) = K_p e(t) + \frac{K_p}{T_i} \int_0^t e(t)\,dt \tag{9-11}$$

其中，K_P 為比例常數，T_i 為積分時間常數，這兩個參數都是可以調整的。PI 控制器如圖 9-6 所示。

在串聯補償時，PI 控制器相當於在系統中增加一個在原點的開迴路極點，同時也增加一個位於 s 左半平面的開迴路零點。位於原點的極點可以提高系統的型式 (type) 數目，以消除或減小系統的穩態誤差，改善系統的穩態性能。而增加的左半面實根零點，則用來減小系統的阻尼係數，降低 PI 控制器極點對系統穩定性及暫態響應的不良影響。只要積分時間常數 T_i 足夠大，PI 控制器對系統穩定性的不利影響就可以有效降低。在實際工程應用上，PI 控制器主要用來改善控制系統的穩態性能。以下用一個例子來說明 PI 控制器的使用方式。

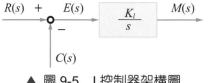

▲ 圖 9-5　I 控制器架構圖　　　　▲ 圖 9-6　PI 控制器架構圖

例題 9-2

設馬達之比例 - 積分控制系統如圖所示。其中受控系統馬達的轉移函數為

$$G_p(s) = \frac{K_0}{s(Ts+1)}$$

試討論 PI 控制器對系統穩態性能的作用。

解 由圖可知，系統轉移函數與 PI 控制器串聯後，其開迴路轉移函數為

$$G(s) = \frac{K_0 K_p (T_i s + 1)}{T_i s^2 (Ts + 1)}$$

則系統由原來的型式 I 的系統提高到含 PI 控制器時的型式 II 系統。若系統的輸入訊號為斜坡函數 $r(t) = R_1 t$，則由本書前面章節可知，在無 PI 控制器時，系統的穩態誤差為 R_1 / K_0；而加入 PI 控制器後，系統的穩態誤差為零。其說明型式 I 的系統採用 PI 控制器後，可以消除系統對斜坡輸入訊號的穩態誤差，追蹤控制準確度大為改善。採用 PI 控制器後，系統的特性方程式為

$$T_i T s^3 + T_i s^2 + K_p K_0 T_i s + K_p K_0 = 0$$

其中，參數 T、T_i、K_0、K_p 都是正數。由羅斯準則可知，調整 PI 控制器的積分時間常數 T_i，使之大於受控系統轉移函數部分的時間常數 T，可以保證閉迴路系統的穩定性。

5. 比例 - 積分 - 微分 (PID) 控制

具有比例 - 積分 - 微分控制單元的控制器，稱為 PID 控制器。這種組合具有三種基本控制元件各自的特點，其輸出方程式為

$$m(t) = K_p e(t) + \frac{K_p}{T_i} \int_0^t e(t)dt + K_p \tau \frac{de(t)}{dt} \tag{9-12}$$

相對應的轉移函數為

$$G_c(s) = K_p(1 + \frac{1}{T_i s} + \tau s) = \frac{K_p}{T_i} \cdot \frac{T_i \tau s^2 + T_i s + 1}{s} \tag{9-13}$$

PID 控制器如圖 9-7 所示。

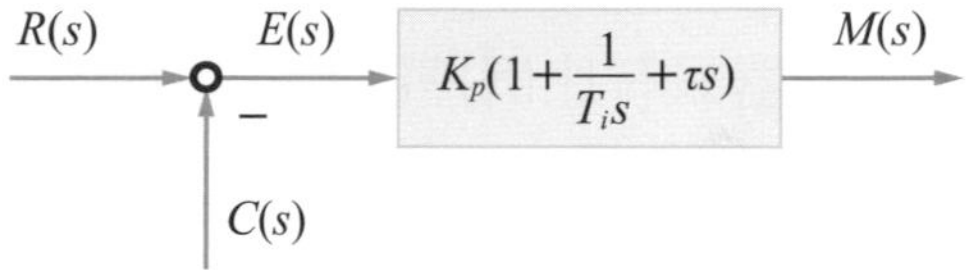

若 $4\tau / T_i < 1$，式 (9-13) 還可寫成

$$R(s) \quad E(s) \qquad M(s)$$
$$\xrightarrow{\quad} \circ \xrightarrow{\quad} \boxed{K_p(1 + \frac{1}{T_i s} + \tau s)} \xrightarrow{\quad}$$
$$\downarrow C(s)$$

▲ 圖 9-7 PID 控制器架構圖

$$G_c(s) = \frac{K_p}{T_i} \cdot \frac{(\tau_1 s + 1)(\tau_2 s + 1)}{s} \tag{9-14}$$

式中 $\tau_1 = \frac{1}{2} T_i \left(1 + \sqrt{1 - \frac{4\tau}{T_i}}\right)$ ， $\tau_2 = \frac{1}{2} T_i \left(1 - \sqrt{1 - \frac{4\tau}{T_i}}\right)$

由式 (9-14) 可知，當利用 PID 控制器進行串聯補償時，除了可使系統的型式數目提高一個以外，同時新增兩個左半面負實根的零點。與 PI 控制器相比，PID 控制器除了也可以提高系統的穩態性能的優點外，還多提供一個負實根零點，因此其在設計系統動態響應方面，具有更大的優勢。因此，在工業設備控制系統中，非常喜歡使用 PID 控制器。PID 控制器各部分參數的選擇，一般都由老師傅在設備系統實機現場測試中最後確定，一般都是由有經驗的老師父調教其參數。通常應使積分器部分發生在系統的低頻區間，以提高系統的穩態性能；而使微分器部分發生在系統的中頻區間，以改善系統的暫態響應性能。

9-2 PID 控制器參數調整

由前面 9-1 的分析，可知道 PD 控制器與 PI 控制器為互補型的控制器，各有其優點及缺點。當 PD 與 PI 的結合時的 PID 控制器可以融合兩者的優點，PID 控制器的設計通常需要透過嘗試錯誤法，其經驗是很重要的，如何求得最好的控制器參數也是目前工程中最常見的課題。

9-2-1　齊格勒－尼科爾斯調整法 (Ziegler-Nichols method)

在 1940 年代兩位泰勒儀器工程師針對絕對誤差積分準則 $\int_0^\infty |e(t)| dt$ 性能規格最小化，提出一種最佳調整方法，稱為 Ziegler-Nichols 調整法。承方程式 (9-13)，假設系統控制器只有比例控制動作，而閉迴路系統在臨界穩定時的增益為 K_c，其稱 K_c 為極限增益 (Ultimate gain)，臨界穩定的振盪週期為 T_c，稱為極限週期 (Ultimate period)，其響應示意圖，如圖 9-8 所示。利用 K_c 與 T_c 值，PID 控制器 K_p、T_i、τ 的參數調整值列表於 9-1。$G_c(s) = K_P(1 + \dfrac{1}{T_i s} + \tau s)$ 根據表 9-1 進行調整。以下用例子說明如何使用此法則。

▼ 表 9-1　Ziegler-Nichols 的調整法則

控制器	K_P	T_i	τ
P	0.5 K_c		
PI	0.45 K_c	0.83 T_c	
PID	0.6 K_c	0.5 T_c	0.125 T_c

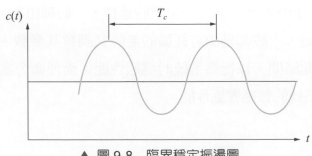

▲ 圖 9-8　臨界穩定振盪圖

例題 9-3

某個化學工業控制設備，若其系統轉移函數可以表示為 $G(s) = \dfrac{5e^{-Ts}}{1+10s}$，其延遲時間為 1 分鐘 (即 $T = 1$)。根據波德圖可知，若此系統以 P 控制做閉迴路控制時，增益邊限為 10.3 dB(亦即比例增益在穩定範圍的最大值為 3.27)，此時的相位交越頻率為 1.63 rad/min。試根據此資料，用 Ziegler-Nichols 調整法設計一個 PID 控制器。

解　根據題意，Ziegler-Nichols 調整法中的 $K_c = 3.27$，$T_c = \dfrac{2\pi}{1.63} = 3.85\,\text{min}$

所以 PID 控制器的參數

$$K_P = 0.6K_c = 1.962$$

$$T_i = 0.5T_c = 1.925\,\text{min}$$

$$\tau = 0.125T_c = 0.4813\,\text{min}$$

$$G_c(s) = 1.962(1 + \frac{1}{1.925s} + 0.4813s)$$

經此設計後，閉迴路系統的增益邊限約為 5 dB，相位邊限約為 36°，此結果可由下列 MATLAB 程式碼求得。

```
num1=[1.8178 3.7769 1.962];     % Gc(s)
den1=[1.925 0];                 % Gc(s) 的分母
num=conv(num1,[5]);             % G(s)Gc(s) 的分子 ( 不含延遲項 e⁻ᵀˢ )
den=conv(den1,[10 1]);          % G(s)Gc(s) 的分母
g=tf(num,den,'inputdelay',1);
```

% $G(s)G_c(s) = \dfrac{5e^{-Ts}}{1+10s}1.962(1 + \dfrac{1}{1.925s} + 0.4813s)$，其中 inputdelay T=1。

```
bode(g);grid                    % 畫波德圖
[Gm,Pm,Wcp,Wcg]=margin(g);      % 求增益邊限與相位邊限
```

例題 9-4

對於一單位回授控制系統，若其開路轉移函數 $G(s) = \dfrac{1}{(s+1)(s+2)(s+3)}$，試利用 Ziegler-Nichols 調整法則設計 PI 與 PID 控制器。

解 先利用比例控制器 K_P 來控制系統，此時閉迴路特性方程式為

$\Delta(s) = (s+1)(s+2)(s+3) + K_P = s^3 + 6s^2 + 11s + (6+K_P) = 0$，利用羅斯表測試 K_P 的穩定範圍：

$$
\begin{array}{c|cc}
s^3 & 1 & 11 \\
s^2 & 6 & (6+K_P) \\
s^1 & \dfrac{60-K_P}{6} & 0 \\
s & 6+K_P &
\end{array}
$$

若欲系統穩定，則羅斯表第一行元素必須全部為正且一般我們 K_P 取正，所以 $0 < K_P < 60$。因此臨界穩定的 K_P 值等於 60，亦即極限增益 $K_c = 60$。當 $K_P = 60$ 時，羅斯表的 s^1 項係數全部為零，由 s^2 項係數可得輔助方程式 $6s^2 + 66 = 0$，解得 $s = \pm\sqrt{11}j$，所以臨界穩定的振盪頻率 $\omega = \sqrt{11}$ rad/sec。因此極限週期為

$T_c = \dfrac{2\pi}{\sqrt{11}} = 1.8945\,\text{sec}$。根據 Ziegler-Nichols 調整法，則 PI 控制器的參數分別為

$K_P = 0.45K_c = 27$

$T_i = 0.83T_c = 1.5724\,\text{sec}$

所以 PI 控制器 $G_c(s) = K_P(1 + \dfrac{1}{T_i s}) = 27(1 + \dfrac{1}{1.5724s})$

而 PID 控制器的參數分別為

$K_P = 0.6K_c = 36$

$T_i = 0.5T_c = 0.9473\,\text{sec}$

$\tau = 0.125T_c = 0.2368\,\text{sec}$

所以 PID 控制器 $G_c(s) = K_P(1 + \dfrac{1}{T_i s} + \tau s) = 36(1 + \dfrac{1}{0.9473s} + 0.2368s)$

下面圖形呈現沒有加 PI 或 PID 控制器與有加 PI 或 PID 控制器之單位步階響應圖，其 MATLAB 程式碼如下。圖中實線為原系統閉迴路單位步階響應，其存在穩態誤差；".-"線為原系統加入 PI 控制器之閉迴路單位步階響應；"."線為原系統加入 PID 控制器之閉迴路單位步階響應。由響應圖可以看出加入 PI 控制器可以去除穩態誤差且使系統上升時間變快，但是無法抑制振盪最大超越量，而 PID 控制器可以同時去除穩態誤差，且在上時時間加快下同時抑制最大超越量。

```
t1=40;
num0=[1];                              % 原系統開迴路轉移函數分子
den0=[1 6 11 6];                       % 原系統開迴路轉移函數分母
sys0=tf(num0,den0);                    % 原系統開迴路轉移函數
sysc0=feedback(sys0,1);                % 單位回授系統閉迴路轉移函數
[y0,t]=step(sysc0,t1);                 % 原系統單位步階響應
plot(t,y0)
num1=conv([1],[42.4548 27]);           % 原系統加入 PI 控制器後之分子
den1=conv([1.5724 0],[1 6 11 6]);      % 原系統加入 PI 控制器後之分母
sys1=tf(num1,den1);                    % 原系統加入 PI 控制器轉移函數
sysc1=feedback(sys1,1);                % 加入 PI 控制器之單位回授系統閉
                                         迴路轉移函數
[y1,t]=step(sysc1,t1);                 % 加入 PI 控制器之單位步階響應
hold on
plot(t,y1,'.-')
num2=conv([1],[8.0755 34.1028 36]);    % 原系統加入 PID 控制器之分子
den2=conv([0.9473 0],[1 6 11 6]);      % 原系統加入 PID 控制器之分母
sys2=tf(num2,den2);                    % 原系統加入 PID 控制器
sysc2=feedback(sys2,1);                % 加入 PID 控制器閉迴路轉移函數
[y2,t]=step(sysc2,t1);                 % 加入 PID 控制器之單位步階響應
hold on
plot(t,y2,'.');grid
```

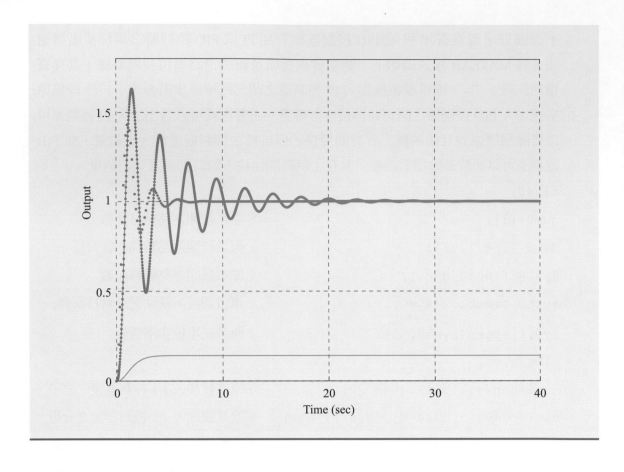

● 9-2-2　標準二階系統主極點調整法

其實 PID 控制器的增益調整除了 Ziegler-Nichols 調整法則之外，還有許多其他的方法。但是若受控系統為二階或三階系統，則可以利用時域規格來做時域設計法。我們可以在時域設計規格中，先以暫態響應的 M_0、t_s（或 t_r）及穩態響應的 $e(\infty)$為主要規格，再將暫態規格經由標準二階系統的公式求出阻尼比 ξ 與自然頻率 ω_n，並得到主極點位置 $s_d = -\xi\omega_n \pm \omega_n\sqrt{1-\xi^2}$。若設計規格僅要求暫態性能指標，則可選擇 PD 控制器。若設計規格僅要求穩態性能指標，則可選擇 PI 控制器。若設計規格兼顧暫態與穩態性能指標，則可選擇 PID 控制器，以下用例子來說明。

例題 9-5

PID 控制系統如圖所示，若 $a = 0.3$，試計算 K 與 b 值使閉迴路系統具有一對共軛負數根為 $\lambda = -1 \pm \sqrt{2}\,j$，並且求第三個極點的位置。

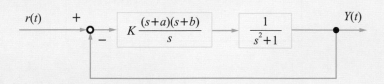

解　若 $a = 0.3$，則閉迴路特性方式為

$$\Delta(s) = s^3 + Ks^2 + (0.3K + bK + 1)s + 0.3Kb = 0$$

閉迴路系統有一對共軛負根為 $\lambda = -1 \pm \sqrt{2}\,j$，因此希望的閉迴路特性方程式為

$$\Delta(s) = (s + p)(s + 1 + j\sqrt{2})(s + 1 - j\sqrt{2})$$

$$= (s + p)[(s + 1)^2 + 2]$$

$$= (s + p)(s^2 + 2s + 3)$$

$$= s^3 + (p + 2)s^2 + (2p + 3)s + 3p$$

$$= 0$$

由 $s^3 + Ks^2 + (0.3K + bK + 1)s + 0.3Kb = s^3 + (p + 2)s^2 + (2p + 3)s + 3p$，比較係數後可得 $p + 2 = K$、$2p + 3 = 0.3k + bK + 1$、$3p = 0.3Kb$。

解聯立方程組可得 $K = 2.1687$、$b = 0.7779$、$p = 0.1687$。所以第三個極點為 $s = -0.1687$。

例題 9-6

PI 控制系統如圖所示，試決定控制器參數 K_P、K_I，以使系統滿足步階響應之穩態誤差爲零，且主要極點之阻尼 $\zeta = 0.707$，自然頻率 ω_n 爲 1 rad/sec。

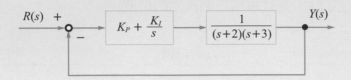

解 PI 控制系統之開迴路轉移函數爲 $(K_P + \dfrac{K_I}{s}) \cdot \dfrac{1}{(s+2)(s+3)} = \dfrac{(K_P s + K_I)}{s(s+2)(s+3)}$

只要積分增益 K_I 不爲 0，則爲型式 I 的系統，對步階輸入時，穩態誤差恆爲 0。
又阻尼比，自然頻率 $\omega_n = 1\,\text{rad/sec}$，故主要極點應爲

$$s_1, s_2 = -\zeta\omega_n \pm j\omega_n\sqrt{1-\zeta^2} = -0.707 \pm j0.707$$

假設另一非主要極點爲 $-P$，則三階系統之希望特性方程式應爲

$$(s + 0.707 + j0.707)(s + 0.707 - j0.707)(s + P)$$

$$= s^3 + (1.414 + P)s^2 + (1 + 1.414P)s + P$$

$$= 0$$

$$s^3 + 5s^2 + (6 + K_P)s + K_I = 0$$

比較係數可得

$$\begin{cases} 5 = 1.414 + P \\ 6 + K_P = 1 + 1.414P \\ K_I = P \end{cases}$$

$$\therefore K_I = 3.586 \,、\, K_P = 0.0706$$

9-3 相位領先與落後補償器

相對於前面所介紹的 PD、PI 與 PID 控制器，另一類的補償器稱為相位補償器。一般而言，相位補償器包含相位領先與相位落後補償器。相位領先補償器 (phase lead compensator) 類似於 PD 控制器 (Proportional-Derivative Controller)，可以改善暫態響應的特性，而相位落後補償器 (phase lag compensator) 則類似於 PI 控制器 (Proportional-Integral Controller)，可以改善穩態響應的特性。至於相位落後領先補償器則類以於 PID 控制器 (Proportional-Integral-Derivative Controller)，是結合相位領先與相位落後的補償器。

🔹 9-3-1 相位領先補償器

一般一階補償器的型式如下：

$$G_c(s) = K\frac{(s+z)}{(s+p)} = \frac{Kz}{p}\frac{(\frac{s}{z}+1)}{(\frac{s}{p}+1)} \tag{9-15}$$

其在頻率為 0 時之直流增益 (DC gain) 為 $\dfrac{Kz}{p}$，當 $|z| < |p|$ 時類似為 PD 控制器，稱其為相位領先補償器；而當 $|p| < |z|$ 時則類似為 PI 控制器，稱其為相位落後補償器，其中相位領先補償器其極零點分布如圖 9-9 所示。

▲ 圖 9-9 相位領先補償器之極零點分布

若是以頻域響應分析來看，令 $\dfrac{Kz}{p} = 1$，相位領先補償器的頻域轉移函數為 $G_c(s)$ 可以改寫為 $G_c(s) = \dfrac{1+\tau s}{1+a\tau s}$，則 $G_c(j\omega) = \dfrac{1+j\omega\tau}{1+j\omega a\tau}$，（$0 < a < 1$），其中 $\tau = \dfrac{1}{z}$，$a\tau = \dfrac{1}{p}$。其波德圖如圖 9-10 所示。

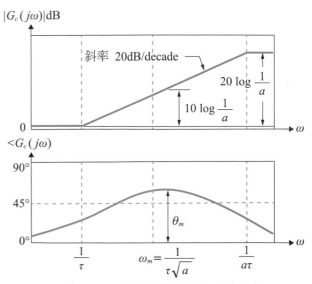

▲ 圖 9-10 相位落後補償器之波德圖

由上圖可以發現，假設最大領先相位發生處及最大的領先相位分別 ω_m 及 θ_m，則 $G_c(j\omega)$ 的相位為 $\theta = \tan^{-1}\omega\tau - \tan^{-1}a\omega\tau$，兩邊取 tan 值可得

$$\tan\theta = \frac{\omega\tau(1-a)}{1+a\omega^2\tau^2} \tag{9-16}$$

發生最大相位必滿足 $\dfrac{d\theta}{d\omega} = 0$，可得 $a\omega^2\tau^2 = 1$，所以

$$\omega = \omega_m = \frac{1}{\tau\sqrt{a}} \tag{9-17}$$

當頻率 $\omega = \omega_m$ 時，$\tan\theta = \dfrac{1-a}{2\sqrt{a}}$，或 $\sin\theta_m = \dfrac{1-a}{1+a}$。因此最大相位可滿足

$$a = \frac{1-\sin\theta_m}{1+\sin\theta_m} \tag{9-18}$$

而當頻率 $\omega = \omega_m$，此時補償器的大小為

$$|G_c(j\omega_m)| = \left|\frac{1+j\omega_m\tau}{1+j\omega_m a\tau}\right| = 10\log\frac{1}{a}\text{dB} \tag{9-19}$$

當頻率 $\omega \to \infty$ 時，也就是波德圖的高頻部分，由圖 9-10 可知其為 $20\log\dfrac{1}{a}$。a 的選擇與系統受到的雜訊有很大關係。從頻域響應而言，相位領先補償器好比是高通濾波器 (high pass filter)，會將高頻雜訊放大。由於高頻部分的補償器大小值為 $20\log\dfrac{1}{a}$dB，a 值愈小，此值愈大，對雜訊的抑制效果愈差，一般常用的選擇是 $a = 0.1$。

9-3-2 相位落後補償器

同理，相位落後補償器為 $G_c(j\omega) = \dfrac{1+\tau s}{1+b\tau s} = \dfrac{1+j\omega\tau}{1+j\omega b\tau}(b>1)$，其波德圖之大小與相位如圖 9-11 所示。參考前面相位領先補償器推導，若是最大落後相位的頻率為 ω_m，最大落後相位為 θ_m，則最大落後相位發生處為 $\omega_m = \dfrac{1}{\tau\sqrt{b}}$；最大落後相位 θ_m 滿足 $b = \dfrac{1-\sin\theta_m}{1+\sin\theta_m}$；最大落後相位發生處所對應的增益為 $|G_c(j\omega_m)|_{\text{dB}} = 10\log\dfrac{1}{b}$。

相位落後補償器是一個低通濾波器 (low-pass filter)，對雜訊有抑制作用。此外，b 的選擇不能太大，其不利於閉迴路的穩定度設計，一般常選擇 $b = 10$。

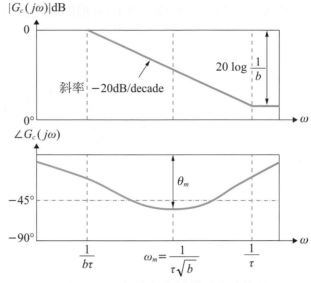

▲ 圖 9-11　相位領先補償器的波德圖

9-3-3　相位落後領先補償器

結合前面兩種特性之補償器則稱為相位落後領先補償器，其轉移函數為

$$G_c(s) = K(\frac{s+z_1}{s+p_1})(\frac{s+z_2}{s+p_2}) \tag{9-20}$$

其中，$\dfrac{z_2}{p_2} < 1$，$K > 0$，

$p_2 > z_2 > z_1 > p_1 > 0$

其極零點分布如圖 9-12 所示。

亦可以改寫為

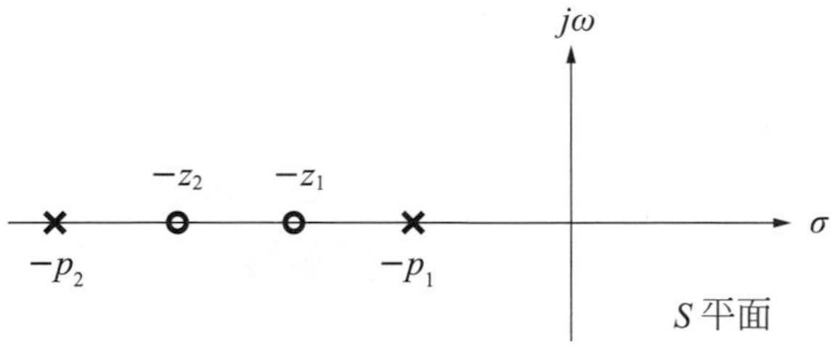

▲ 圖 9-12　相位落後領先補償器的極零點位置圖

$$G_c(s) = K^*(\frac{1+\tau_1 s}{1+b\tau_1 s})(\frac{1+\tau_2 s}{1+a\tau_2 s}) \tag{9-21}$$

其中 $K^* > 0$，$a < 1$，$b > 1$，$\tau_1 > \tau_2 > 0$。

在 $K^* = 1$ 時其波德圖之大小與相位圖如圖 9-13 所示。

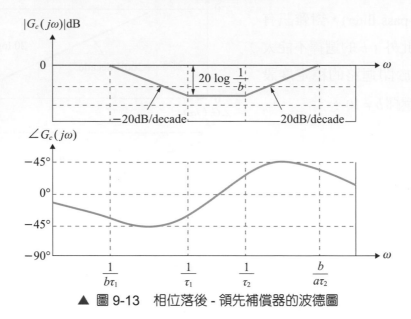

▲ 圖 9-13　相位落後 - 領先補償器的波德圖

例題 9-7

某一補償器 (compensator) 之轉移函數為

$$G_c(s) = \frac{1.5s + 0.3}{s + 0.06}$$

請計算此補償器之直流增益值(dc gain)。並求此補償器之高頻增益值(high-frequency gain)。最後請判斷此補償器為相位領先 (phase-lead) 還是相位落後 (phase-lag)？為什麼？

解　(1)該補償器直流增益值 $= \lim_{s \to 0} G_c(s) = \dfrac{0.3}{0.06} = 5 = 13.95\text{dB}$。

(2)該補償器高頻增益值 $= \lim_{s \to \infty} G_c(s) = 1.5 = 3.522\text{dB}$。

(3)由於高頻增益值小於直流增益值。又

$$G_c(s) = \frac{1.5s + 0.3}{s + 0.06} = \frac{0.3}{0.06} \frac{1 + \dfrac{1.5}{0.3}s}{1 + \dfrac{s}{0.06}} = 5\frac{1 + 5s}{1 + 16.67s} \quad ,$$

因為 $16.67 > 5$，所以為相位落後補償器。

9-4　相位領先與落後補償器之時域補償

如圖 9-9 所示，相位領先補償器具有一個靠近虛數軸的零點，所以根據根軌跡理論，相位領先補償器的極零點位置會造成原系統根軌跡往左邊拉，所以適合補償暫態響應不良，但穩態響應尚可的系統。相位領先的時域補償器在設計時，首先會根據規格的要求，找到主極點須落於 $s_d = -\xi\omega_n \pm j\omega_n\sqrt{1-\xi^2}$ 的位置，然後先串接比例控制器 K，先調整 K 值使得根軌跡盡量能通過主極點的位置。若原系統的根軌跡相位關係 $\angle KG_p(s_d) \neq -180°$（其中 $G_p(s)$ 為系統的開路轉移函數），表示原系統的根軌跡不可能通過 s_d，因此找不到一實數 K 值滿足主極點的要求，所以需要額外設計其他補償。

🔵 9-4-1　相位領先時域補償

令新的補償器為 $G_c(s) = K\dfrac{s+z}{s+p}$ ，其中 $\dfrac{z}{p} < 1$ 且 $z, p > 0$，所以為相位領先補償器，該補償器的作用是希望能改變根軌跡使它通過 s_d，並維持 s_d 在補償後的系統主極點。由根軌跡理論可知

$$\angle[G_c(s_d)G_p(s_d)] = \angle G_c(s_d) + \angle G_p(s_d) = -180° \tag{9-22}$$

在主極點上，若補償器多加 $\theta_1 - \theta_2 = \phi$ 角，則可使根軌跡通過 s_d，如圖 9-14 所示。

從圖 9-14 可看出，補償 ϕ 度的相位領先補償器，其極零點的位置並不唯一。一般決定該補償器極零點的方法可藉由經驗法則，大部分都將補償器的零點（$s = -z$）放在所希望的主極點 s_d 正下方。再由欲補償之角度 ϕ 可以決定極點 $s = -p$ 的位置，一旦補償器極零點決定

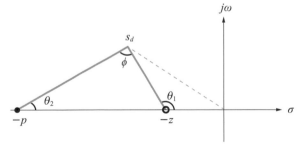

▲ 圖 9-14　相位領先補償器的角度貢獻

之後，可由根軌跡的大小關係 $\left|\dfrac{s_d+z}{s_d+p}G_p(s_d)\right| = \dfrac{1}{K}$ 來決定補償後的系統在主極點上的增益 K 值。由於現今模擬軟體 MATLAB 非常發達，所以上面這些的設計法則都可以

利用 MATLAB 來達成並進行調整，以下來用一個例子來說明時域相位領先補償器的設計。

例題 9-8

對一單位回授系統，其受控系統轉移函數為 $G_p(s) = \dfrac{100}{s(s+15)}$，且串聯控制器為

$G_c(s) = K\dfrac{s+z}{s+p}$，試決定 $G_c(s)$ 中的參數，使閉迴路具有自然頻率 $\omega_n = 20$ 與阻尼係數 $\xi = 0.707$。

解　若希望閉迴路具有阻尼比為 $\xi = 0.707$，自然頻率為 $\omega_n = 20$，則閉迴路主極點位置應為 $s_d = -\xi\omega_n \pm \omega_n\sqrt{1-\xi^2} \approx -14.14 \pm j14.14$。根據根軌跡的觀念，補償前系統在主極點的相位大小為

$$\angle G(s)\big|_{s=-14.14+j14.14} = \angle \frac{200}{(-14.14+j14.14)(0.86+j14.14)}$$

$$\approx -221.52° \neq -180°$$

所以主極點不在根軌跡上。令 $G_c(s)$ 為一相位領先補償器，亦即補償器為

$G_c(s) = K\dfrac{s+z}{s+p}$ ，$\dfrac{z}{p} < 1$。則補償器在主極點上必須貢獻的相位為

$$\phi = \angle G_c(s_d) = -180° - (-221.52°) = 41.52°$$

令補償器零點在主極點正下方，則 $-z = -14.14$，利用 $\phi = 41.52°$ 及補償器極零點在 s 平面上的幾何關係，可求得補償器極點位置。

$$\tan(90° - 41.52°) = \frac{14.14}{p - 14.14} \Rightarrow p = 26.66$$

串聯補償後系統開路轉移函數為

$$G_c(s)G_p(s) = K\frac{100(s+14.14)}{s(s+26.66)(s+15)}$$

根據根軌跡的大小關係，若根軌跡要落在主極點的位置上，則

$$\left| \frac{100(s+14.14)}{s(s+26.66)(s+15)} \right|_{s=-14.14+j14.14} = \frac{1}{K} \Rightarrow K = 3.7$$

本例子之 MATLAB 模擬程式如下，在模擬圖形中實線為補償前根軌跡，虛點線為補償後根軌跡。

```
num = 100;                        %%開迴路轉移函數分子
den = [1 15 0];                   %%開迴路轉移函數分母
rlocus(num,den)                   %%未補償前根軌跡圖繪製指令
num = [370 5232];                 %%加入補償器之開迴路轉移函數分子
den = [1 41.66 399.9 0];          %%加入補償器之開迴路轉移函數分母
hold on
rlocus(num,den,'.')               %%補償後根軌跡圖繪製指令
```

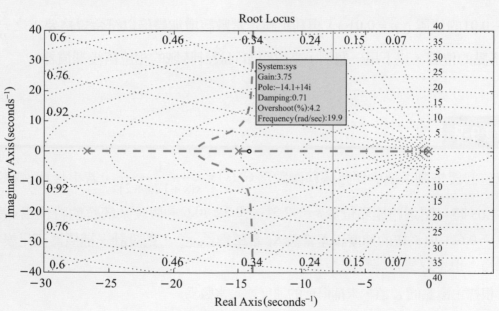

9-4-2 相位落後時域補償

接著介紹相位落後補償器設計,相位落後補償器在時域的補償問題上,通常用於原系統暫態特性不錯,但穩態特性較差的狀況。因此,相位落後補償器的加入,基本上不希望改變未補償前系統的根軌跡太多,藉以保持良好的暫態特性,但透過相位落後補償器極零點的位置設計,增加系統的誤差常數。相位落後補償器的設計上,首先劃出未補償前系統的根軌跡,並根據暫態響應規格求出主極點在根軌跡上的位置,再利用根軌跡大小關係求出主極點上的系統增益 K。接著估算在此 K 值下系統的誤差常數,而後決定誤差常數該增加幾倍以符合規格要求,藉此決定落後補償器 $G_c(s) = \dfrac{s+z}{s+p}$ 的 $\dfrac{z}{p}$ 值 ($\dfrac{z}{p} > 1$)。因為 K 值已經固定於主極點上,故相位落後補償器的加入必須不太影響原設計好的主極點位置。基本上,落後補償器的極零點位置儘量靠近虛軸,藉以維持原根軌跡及主極點位置。一般設計的原則,落後補償器的極點置於 -0.01 的位置 ($p = 0.01$),再利用誤差常數該增加幾倍以符合規格要求之 $\dfrac{z}{p}$ 值來決定零點的位置,以下用一個例子來說明如何設計時域的相位落後補償器。

例題 9-9

某單位回授控制系統的開路轉移函數為 $G_p(s) = \dfrac{1}{s(s+1)(s+2)}$,若串接比例控制器 $K = 1.05$ 時,閉迴路極點位於 $s = -2.3$ 、 $-0.3 \pm j0.6$。假設系統暫態特性為 $\xi = 0.5$ 、 $\omega_n = 0.6$,但系統的速度誤差常數 K_V 希望為 $6\,\text{sec}^{-1}$,則設計一補償器滿足誤差常數規格,但不改變暫態特性。

解 根據主極點的 K 值,未補償前的速度誤差常數為

$$K_V = \lim_{s \to 0} sKG_p(s) = \lim_{s \to 0} s \times \frac{1.05}{s(s+1)(s+2)} = 0.525 \text{,設計相位落後補償器為}$$

$G_c(s) = \dfrac{s+z}{s+p}$,其中 $\dfrac{z}{p}$ 值滿足

$$K_V = \lim_{s \to 0} s \times \frac{s+z}{s+p} \times \frac{1.05}{s(s+1)(s+2)} = 6$$

所以 $\dfrac{z}{p} = 11.4286$ 。

相位落後補償器的極零點選擇儘量靠近原點，以不過於影響原根軌跡為原則。根據經驗設計方法令 $p = 0.01$，因此得 $z = 0.1143$，所以相位落後補償器 (包括 K 值) 為 $G_c(s) = 1.05 \dfrac{s + 0.1143}{s + 0.01}$。補償前及補償後的根軌跡圖之 MATLAB 程式與圖形如下所示。圖中實線為補償前根軌跡，虛線為補償後根軌跡。由圖中看出，由於相位落後補償器極零點的位置，會使原根軌跡稍拉向右方，故主極點的位置稍有移動，暫態性能稍有影響，但影響很小。

```
num = 1;                              %% 開迴路轉移函數分子
den = [1 3 2 0];                      %% 開迴路轉移函數分母
rlocus(num,den,'b')                   %% 未補償前根軌跡圖繪製指令
num = conv([1],[1.05 0.1143]);        %% 加入補償器之轉移函數分子
den = conv([1 3 2 0],[1 0.01]);       %% 加入補償器之轉移函數分母
hold on
rlocus(num,den,'r:');grid             %% 補償後根軌跡圖繪製指令
```

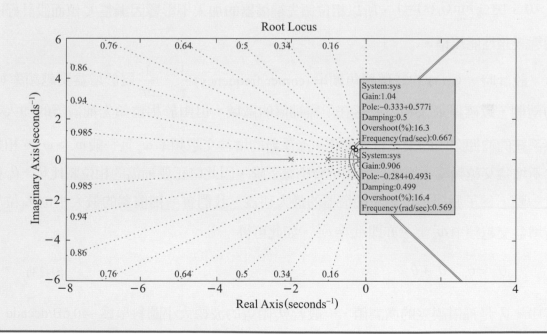

9-5 相位領先與落後補償器之頻域補償

前面介紹相位領先與落後補償器之時域補償，接著將介紹頻域補償。相位領先補償基本上是提供原系統 $G_p(s)$ 足夠的相位邊限，其設計上跟時域的方式相同，會先串接比例控制器 K，並根據給定的誤差常數性能規格決定比例增益 K 值。根據此增益值，求出系統的增益交越頻率 ω_g 及系統的相位邊限 θ_o。若系統所需的相位邊限 P.M 爲 θ_d（此乃給定的規格之一），且 $\theta_d > \theta_o$，這表示系統的相位邊限不夠，因此需要額外的補償。

9-5-1 相位領先頻域補償

K 值決定後的開路系統稱爲未補償前系統 (uncompensated system)，以 $G_o(s) = KG_p(s)$ 表示。因爲相位邊限不夠，因此可用相位頻先補償器來提供相位，補償不足的相位 $\theta_d - \theta_o$。令相位領先補償器的轉移函數爲 $G_c(s) = \dfrac{1+\tau s}{1+a\tau s}$，$0 < a < 1$，$\tau > 0$，因爲 $\lim_{s \to 0} G_c(s) = 1$，所以相位領先補償器的加入不影響因調整 K 值而設計好的穩態誤差性能規格。

設計時，$G_c(s)$ 的二個轉角頻率 (corner frequency) $\dfrac{1}{\tau}$、$\dfrac{1}{a\tau}$ 置於增益交越頻率 ω_g 的兩側，以確保最大相位能落在所需補償的區域。但由於相位領先補償器的加入，原系統的波德圖中的大小會有變化，產生新的增益交越頻率 ω_g^* 且一般 $\omega_g^* > \omega_g$。相對於新增益交越頻率，原系統的相位會稍微下降，因此真正要補償的相位將比 $\theta_d - \theta_0$ 稍大一點。爲了發揮相位領先補償器的最大利益，我們會令補償器的最大相位 θ_m 位於新增益交越頻率 ω_g^* 上，亦即 $\omega_m = \omega_g^*$。如此可得

$$\theta_m = \theta_d - \theta_o + \theta_\varepsilon \tag{9-23}$$

其中，θ_ε 是補償誤差的微調值，一般若 ω_g 附近的波德大小圖斜率爲 –40 dB/decade，取 $\varepsilon = 5°$，若 ω_g 附近的波德大小圖斜率爲 –60 dB/decade，則取 $\theta_\varepsilon = 15°$。

若 θ_m 確定，根據相位領先補償器公式

$$a = \frac{1 - \sin\theta_m}{1 + \sin\theta_m} \tag{9-24}$$

即可求得補償器的參數值 a 值。

根據前面圖 9-10 可知在頻率 $\omega_m = \omega_g^*$ 處，$G_c(s)$ 提供 $10\log\dfrac{1}{a}$ dB 的大小增益，因此 ω_m 可由未補償前系統大小值為 $10\log a$ dB 處的頻率求得，亦即利用 $20\log|G_o(j\omega_m)| = 10\log a$ 求得 ω_m 值。有了 a 與 ω_m，因為 $\omega_m = \dfrac{1}{\tau}\sqrt{\dfrac{1}{a}}$，所以可求出 $G_c(s)$ 的參數 τ 值，即 $\tau = \dfrac{1}{\omega_m\sqrt{a}}$。由於 θ_ε 是個預估值，因此補償器 $G_c(s)$ 設計好之後，應使用補償後系統檢查其相位邊限是否真的滿足規格要求。否則，必須微調 θ_ε 並重新設計 $G_c(s)$，直到滿足規格要求為止，最後補償器如下所示。

$$KG_c(s) = K\frac{1+\tau s}{1+a\tau s} \tag{9-25}$$

例題 9-10

對一具有開路轉移函數為 $G_p(s) = \dfrac{5}{s(s+2)}$ 之單位回授系統，請設計一個相位領先補償器，使得閉迴路系統的速度誤差常數為 $K_V = 30$，相位邊限為 $45°$。

解 首先根據誤差常數 K_V 的規格，設計一比例控制器 K 使得 $KG_p(s)$ 以滿足 $K_V = 30$ 的要求，所以

$$\lim_{s\to 0} sKG_p(s) = \lim_{s\to 0}\frac{5Ks}{s(s+2)} = 30 \Rightarrow K = 12$$

經由計算得到此時的相位邊限 $\theta_o = 15°$。由於遠小於規格要求的 $\theta_d = 45°$，所以系統需要補償。接著假設未補償系統為 $G_o(s) = KG_p(s) = \dfrac{5K}{s(s+2)}$。為了提高相位邊限，設計相位領先補償器的轉移函數為 $G_c(s) = \dfrac{1+\tau s}{1+a\tau s}$，$a < 1$，$\tau > 0$。此時系統方塊圖如下圖表示。

$$R(s) \xrightarrow{+} \bigcirc \xrightarrow{} \boxed{\frac{1+\tau s}{1+a\tau s}} \longrightarrow \boxed{12} \longrightarrow \boxed{\frac{5}{s(s+2)}} \xrightarrow{} Y(s)$$

令補償器的最大相位 θ_m 位於補償後的新增益交越頻率 ω_g^* 上，則 $\theta_m = \theta_d - \theta_0 + \theta_\varepsilon = 45° - 15° + 5° = 35°$。其中 θ_d 是希望的相位邊限，θ_0 是未補償前系統的相位邊限，θ_ε 是補償誤差的微調值。根據設定的 θ_m 值，可得：$a = \dfrac{1 - \sin\theta_m}{1 + \sin\theta_m} = 0.271$。則補償器在最大相位發生處 ω_m 的增益為 $10\log\dfrac{1}{a} = 5.6703\,\text{dB}$。我們接著計算 $G_o(s)$ 大小為 $10\log a = -5.6703\text{dB}$ 時的頻率，則此頻率為 ω_m，其計算式如下

$$20\log\left|G_o(j\omega_m)\right| = -5.6703\,\text{dB} \Rightarrow \omega_m = 11\,\text{rad/sec}$$

最後由 a、ω_m 求 τ：$\tau = \dfrac{1}{\omega_m\sqrt{a}} = 0.1746$。

所以相位補償器為 $KG_c(s) = 12\dfrac{1 + 0.1746s}{1 + 0.271 \times 0.1746s} = \dfrac{12 + 2.0952s}{1 + 0.0473s}$

其相關 MATLAB 程式碼與補償波德圖如下所示，由圖中可以得到補償後確實可以達到相位邊限為 45°，下圖呈現沒有加相位領先補償器與有加相位領先補償器之閉迴路單位步階響應圖，其 MATLAB 程式碼如下。圖中實線為原系統閉迴路單位步階響應；".-"線為原系統加入相位領先補償器之閉迴路單位步階響應；由響應圖可以看出加入有加相位領先補償器可以使系統上升時間變快，但是最大超越量影響不大。

```
num0=[5];                          %% 原系統開迴路轉移函數分子
den0=[1 2 0];                      %% 原系統開迴路轉移函數分母
sys0=tf(num0,den0);                %% 原系統開迴路轉移函數
bode(sys0);                        %% 原系統波德圖
num1=conv(num0,[2.0952 12]);       %% 加入相位領先補償器之分子
den1=conv(den0,[0.0473 1]);        %% 加入相位領先補償器之分母
sys1=tf(num1,den1)                 %% 加入相位領先補償器系統
hold on
bode(sys1,'r.-');grid              %% 加入相位領先補償器之波德圖
[Gm0,Pm0,Wcp0,Wcg0]=margin(sys1)   %% 系統波德圖增益邊限與相位邊限
t1=6;
```

```
sysc0=feedback(sys0,1);              %原開迴路系統閉迴路轉移函數
[y0,t]=step(sysc0,t1);               %原開迴路系統單位步階響應
figure
plot(t,y0)
sysc1=feedback(sys1,1);              %加入相位領先補償器之閉迴路轉移函數
[y1,t]=step(sysc1,t1);               %加入相位領先補償器之步階響應
hold on
plot(t,y1,'.-');grid
```

其補償前後的單位步階閉迴路響應如下圖中所示。

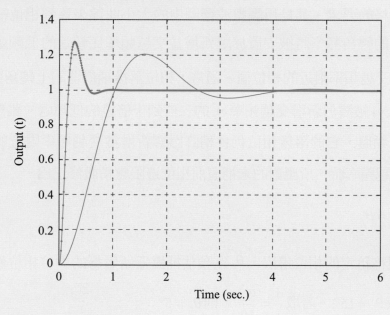

9-5-2　相位落後頻域補償

　　前面介紹相位領先補償之設計法則,接著介紹相位落後補償之頻域設計方法。相位落後補償基本上是使原系統在高頻部分的大小衰減,降低增益交越頻率以獲得較大的相位邊限。跟相位領先補償的設計原則一樣,我們先串接比例控制器 K 到 $G_p(s)$,並根據給定的誤差常數性能規格決定比例增益 K 值。根據此增益值,求出系統的

增益交越頻率 ω_g 及系統的相位邊限 θ_o。若系統所需的相位邊限為 θ_d，且 $\theta_d > \theta_o$，這表示系統的相位邊限不夠，因此需要額外的補償。

令 K 值決定後的開路系統稱為未補償前系統 (uncompensated system)，以 $G_o(s) = KG_p(s)$ 表示。現在設計相位落後補償器的轉移函數為 $G_c(s) = \dfrac{1+\tau s}{1+b\tau s}$ ，$b > 1$ ，$\tau > 0$，因為 $\lim\limits_{s \to 0} G_c(s) = 1$，所以相位落後補償器的加入不影響因調整 K 值而設計好的誤差常數。

相位落後補償器無法直接增加相位，設計的原理是使用未補償前系統在高頻部分的大小衰減，降低增益交越頻率，使預定的新增益交越頻率 ω_g^* 處能有足夠的相位邊限，滿足規格的要求，其是用調整波德圖中的大小曲線來達到相位補償的目的。因此，補償器的轉角頻率將被安置於離新增益交越頻率比較遠的低頻處，儘可能不要影響新增益交越頻率附近的相位值。通常，相位落後補償器的上轉角頻率 $\dfrac{1}{\tau}$ (upper corner frequency) 被置於新增交越頻率 ω_g^* 的二倍到十倍遠的低頻處。雖然相位落後補償器被置於低頻處，它的落後相位仍會稍許影響新增益交越頻率附近的相位，所以選擇新增益交越頻率時，所應對的未補償前相位邊限應稍微修正為

$$\theta_d + \theta_\varepsilon = \theta_f$$

其中，θ_d 為規格給定的相位邊限，θ_ε 為預估補償器所影響的調整相位值。一般若取 $\dfrac{1}{\tau} = \dfrac{\omega_g^*}{2}$ ，則取 $\theta_\varepsilon = 15°$。若取 $\dfrac{1}{\tau} = \dfrac{\omega_g^*}{10}$ ，則 $\theta_\varepsilon = 5°$。

利用未補償前系統 $G_o(s)$，推算 $\angle G_o(j\omega_g^*) = -180° + \theta_f$。由此求得新增益交越頻率 ω_g^*。在新增益交越頻率 ω_g^* 處，$G_c(s)$ 增益為 $20\log \dfrac{1}{b} \text{dB}$，計算未補償前系統在 ω_g^* 的增益值 $20\log|G_o(j\omega_g^*)|$，則 b 可由下求得

$$20\log|G_o(j\omega_g^*)| = 20\log b \tag{9-26}$$

由於 θ_ε 是個大概值，因此設計好之後，應使用補償後系統檢查其相位邊限是否眞的滿足規格要求，否則就要重新調整 θ_ε 並重新設計，直到滿足若規格滿足。最後相位落後補償器爲

$$KG_c(s) = K\frac{1+\tau s}{1+\beta\tau s} \tag{9-27}$$

例題 9-11

對一個開路轉移函數爲 $G_p(s) = \dfrac{5}{s(s+2)}$ 之單位回授控制系統，請設計一個相位落後補償器，使得閉迴路系統的速度誤差常數爲 $K_V = 30$，相位邊限爲 $45°$。

解　首先根據誤差常數 K_V 的規格，首先設計一比例控制器 K 使得 $KG(s)$ 以滿足 $K_V = 30$ 的要求，所以

$$K_V = \lim_{s\to 0} sKG(s) = \lim_{s\to 0}\frac{5Ks}{s(s+2)} = 30 \Rightarrow K = 12$$

此時的相位邊限 $\theta_0 = 17°$。由於遠小於規格要求的 $\theta_d = 45°$，所以系統需要補償。

接著令 $G_o(s) = KG_p(s) = \dfrac{60}{s(s+2)}$ 爲未補償前系統。爲了提高相位邊限，設計相位落後補償器的轉移函數爲 $G_c(s) = \dfrac{1+\tau s}{1+b\tau s}$，$b > 1$，$\tau > 0$。此時系統方塊圖如下所示：

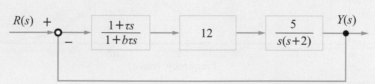

若我們選擇相位落後補償器的上轉角頻率 $\dfrac{1}{\tau}$ 爲新增益交越頻率 ω_g^* 的十倍遠，即

$\dfrac{1}{\tau} = \dfrac{\omega_g^*}{10}$，則新增益交越頻率所應對的未補償前相位邊限應爲

$$\theta_f = \theta_d + \theta_\varepsilon = 45° + 5° = 50°$$

由未補償前系統 $G_o(s)$ 計算相位等於 $-180° + 50° = -130°$ 的頻率，則此頻率即為 ω_g^*。則 $\angle G_o(j\omega_g^*) = -130° \Rightarrow \omega_g^* \cong 1.67$ rad/sec，由 $\dfrac{1}{\tau} = \dfrac{1.67}{10}$，$\tau = 5.988$。

在新增益交越頻率 $\omega_g^* = 1.67$ 處，補償器增益為 $20\log\dfrac{1}{b}$ dB，所以未補償前系統 $G_0(s)$ 在 ω_g^* 的增益值應為 $20\log b$，

$$20\log|G_0(j1.67)| = 20\log b \Rightarrow b = 13.8038$$

經過上述的相位落後補償後，其相位邊限大約為 $45°$，滿足規格要求。所以

$$KG_c(s) = 12\frac{1+5.988s}{1+82.6572s} = \frac{12+71.856s}{1+82.8572s}$$

下圖中為沒有加相位落後補償器 (實線) 與有加相位落後補償器 (點線) 之波德圖如下圖所示，由圖中可以看出補償前後相位影響非常小。其 MATLAB 程式與前面例子很類似，讀者可以自行試著寫寫看。

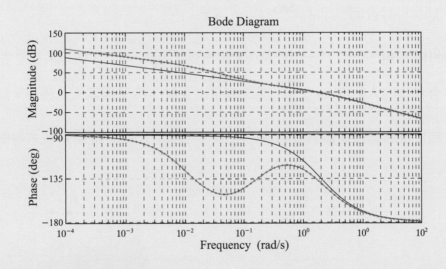

下圖為未補償 (實線) 與相位領先補償 (".'' 線)、相位落後補償 (".-'' 線) 前後的閉迴路系統、例題 9-10 相位領先補償後的閉迴路系統與例題 9-11 相位落後補償後的閉迴路系統，三者之間單位步階響應的比較結果。可以發現，對一個相同的受控系統與性能指標規格，相位領先補償後頻寬增加，所以上升時間縮短，但相位落後補償後頻寬減少，所以上升時間增加。然而兩者補償後的相位邊限相同，因此最大超越量幾乎是一樣的。

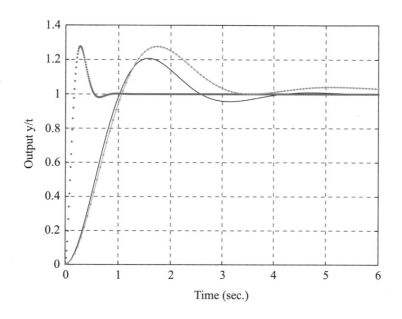

　相位領先及相位落後補償器各有優缺點，相位落後—領先補償器就是結合以上兩者的設計技巧。在頻帶寬度不要過多或過少改變時，這種補償器的設計是很好的選擇。補償時通常先設計相位落後部份，再設計相位領先部分，讀者可以利用前面所介紹的觀念自行練習。

現代控制學與狀態空間設計

在前面章節已經完整介紹古典控制學中的根軌跡法和頻率響應法，而接下來將介紹現代控制學與狀態空間設計，透過用狀態變數描述微分方程式，並進行分析與設計。在狀態空間的設計中，將介紹如何設計一個動態補償器（控制器）直接作用於系統的狀態變數上，其與前面介紹的古典控制學一樣，現代控制學之狀態空間回授的目標是找到一個補償器（控制器）$G_c(s)$ 以滿足設計要求，如圖 10-1 所示，因為狀態空間法在描述系統與計算補償器時與古典控制學有所不同，所以可能一開始看上去像是在解決一個完全不同的問題，甚至像是在解工程數學問題。但由於現代控制學之狀態空間法可以充分結合電腦軟體進行複雜計算，所以目前控制工程師對其研究和使用非常普遍，也是很多進階系統控制理論的基礎，是非常重要的一個章節。

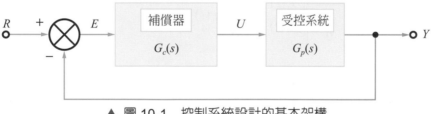

▲ 圖 10-1　控制系統設計的基本架構

狀態空間 (state space) 的概念來自於描述微分方程式的狀態變數 (state variable) 法。在狀態變數法中，會利用一組關於系統狀態向量的一階微分方程式來描述一個動態系統，方程組的解則可以想像成狀態向量在空間中的一條軌跡。狀態空間控制設計 (state space control design) 是指透過直接分析系統的狀態變數描述來設計動態補償器的方法，可以在很多工程的領域看到描述動態系統的常微分方程式 (ODE)，其皆能夠透過適當的轉化為狀態變數的形式。本章中會用到的大量的線性代數與常微分方程式的理論，若讀者有不熟悉之處可以參閱工程數學內容。

10-1　狀態空間中的系統描述

　　任何確定性的動態系統都可以用一階常微分方程組來表示。這常被稱爲狀態變數表示法。例如圖 10-2 中的 RLC 電路，其中 $e_i(t)$ 爲輸入電壓，而 $e_c(t)$ 爲電容器兩端電壓，我們定義其爲輸出電壓。

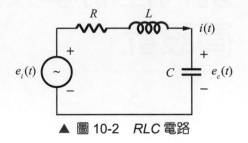

▲ 圖 10-2　RLC 電路

　　若令狀態變數 $x_1(t) = i(t)$ 且 $x_2(t) = \int_0^t i(\tau) d\tau = q(t)$，則

$$Ri(t) + L\frac{di(t)}{dt} + \frac{1}{C}\int_0^t i(\tau)d\tau = e_i(t) \text{，可得}$$

$$\dot{x}_1(t) = -\frac{R}{L}x_1(t) - \frac{1}{LC}x_2(t) + \frac{1}{L}e_i(t) \tag{10-1a}$$

$$\dot{x}_2(t) = x_1(t) \tag{10-1b}$$

可將上式化爲矩陣形式，可得下列狀態變數表示式如下：

$$\begin{bmatrix} \dot{x}_1(t) \\ \dot{x}_2(t) \end{bmatrix} = \begin{bmatrix} -\dfrac{R}{L} & -\dfrac{1}{LC} \\ 1 & 0 \end{bmatrix} \begin{bmatrix} x_1(t) \\ x_2(t) \end{bmatrix} + \begin{bmatrix} \dfrac{1}{L} \\ 0 \end{bmatrix} e_i(t) \tag{10-2a}$$

$$y(t) = i(t) = \begin{bmatrix} 1 & 0 \end{bmatrix} \begin{bmatrix} x_1(t) \\ x_2(t) \end{bmatrix} \tag{10-2b}$$

　　上述即爲一種動態系統的狀態空間表示式。但是，若狀態的選擇不同，例如令另一組狀態 $\bar{x}_1(t) = i(t)$，$\bar{x}_2(t) = e_c(t)$，則

$$\dot{\bar{x}}_1(t) = -\frac{R}{L}\bar{x}_1(t) - \frac{1}{L}\bar{x}_2(t) + \frac{1}{L}e_i(t) \tag{10-3a}$$

$$\dot{\bar{x}}_2(t) = \frac{1}{C}\bar{x}_1(t) \tag{10-3b}$$

$$\Rightarrow \begin{bmatrix} \dot{\overline{x}}_1(t) \\ \dot{\overline{x}}_2(t) \end{bmatrix} = \begin{bmatrix} -\dfrac{R}{L} & -\dfrac{1}{L} \\ \dfrac{1}{C} & 0 \end{bmatrix} \begin{bmatrix} \overline{x}_1(t) \\ \overline{x}_2(t) \end{bmatrix} + \begin{bmatrix} \dfrac{1}{L} \\ 0 \end{bmatrix} e_i(t) \tag{10-4a}$$

$$y(t) = i(t) = \begin{bmatrix} 1 & 0 \end{bmatrix} \begin{bmatrix} \overline{x}_1(t) \\ \overline{x}_2(t) \end{bmatrix} \tag{10-4b}$$

可得另外一種的狀態空間表示式。這些相似的方程式，可以用狀態變數形式 (state-variable form) 表示為以下矩陣向量方程式

$$\dot{X} = AX + Bu \tag{10-5}$$

其中輸入為 u，而輸出為

$$y = CX + Du \tag{10-6}$$

行向量 $X = \begin{bmatrix} x_1 & x_2 \dots \end{bmatrix}^T$ 則稱為系統的狀態 (states of the system)，且對於 n 階常微分系統，它包含 n 個元素。對於常見的機電系統，狀態向量元素通常由物理系統的電壓、電流或是位移、速度組成，就像式 (10-1) 和式 (10-3) 的例子所顯示的情況一樣。以 n 個狀態變數為例，矩陣 A 是一個 $n \times n$ 維的系統矩陣 (system matrix)，B 是一個 $n \times 1$ 維的輸入矩陣 (input matrix)，C 是一個 $1 \times n$ 維的列矩陣，表示輸出矩陣 (output matrix)，還有 D 是一個輸入對輸出的直接傳動項 (direct transmission term)。以式 (10-2) 為例，其中

$$X = \begin{bmatrix} x_1(t) \\ x_2(t) \end{bmatrix} , \quad A = \begin{bmatrix} -\dfrac{R}{L} & -\dfrac{1}{LC} \\ 1 & 0 \end{bmatrix} , \quad B = \begin{bmatrix} \dfrac{1}{L} \\ 0 \end{bmatrix} , \quad C = \begin{bmatrix} 1 & 0 \end{bmatrix} , \quad D = 0$$

由上述簡單例子可知，一個物理系統經由適當的狀態定義，可得到一組動態方程式。然而描述這個系統的動態方程式卻不是唯一的。事實上，有無窮多種動態方程式可描述同一個系統。但是同一個系統的不同組動態方程式中，存在著一特定的關係。

如方程式 (10-1) 與 (10-3) 可知，不同狀態 $X(t) = \begin{bmatrix} x_1(t) \\ x_2(t) \end{bmatrix}$、$\overline{X}(t) = \begin{bmatrix} \overline{x_1}(t) \\ \overline{x_2}(t) \end{bmatrix}$ 之間存在一個非奇異矩陣 P，使得 $X(t) = P\overline{X}(t)$。這種把一組狀態轉換成另一組狀態的過程，稱之為非奇異轉換 (nonsingular transformation) 或相似轉換 (similarity transformation)。

　　本章中將考慮如何利用狀態變數形式進行控制系統的設計。而對於非線性關係的系統，本章節之線性形式不能直接使用，必須將方程組按第 2 章所介紹的方法線性化，才可以符合本章線性形式。另外，有關線性系統微分方程式的狀態變數法的數值解法已在 MATLAB 等電腦輔助控制系統設計軟體中經常被使用，本章會適時利用 MATLAB 軟體輔助說明。以下舉一些例子說明如何將系統化成狀態變數形式。

例題 10-1

近年來低軌人造衛星非常熱門，是未來無線通訊的重要設備。低軌人造衛星 (如右圖所示) 通常需要進行姿態控制以使得天線、感測器及太陽能板保持正確的方位。右圖為單軸衛星姿態控制，圖中 N_D 為該衛星所受到之干擾，假設其值非常小可以忽略，且衛星之慣性矩為 I，其控制力來自噴射流對質心產生之力矩 $u_C l$，其中 u_C 為控制力，若 $\dfrac{l}{I} = 1$，請寫出該單軸衛星控制系統的狀態變數形式。

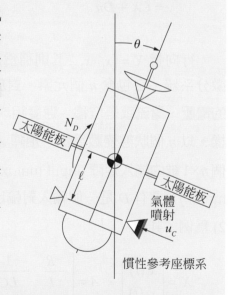

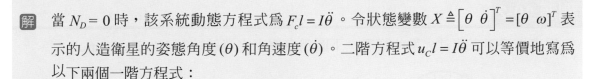

解　當 $N_D = 0$ 時，該系統動態方程式為 $F_c l = I\ddot{\theta}$。令狀態變數 $X \triangleq \begin{bmatrix} \theta & \dot{\theta} \end{bmatrix}^T = \begin{bmatrix} \theta & \omega \end{bmatrix}^T$ 表示的人造衛星的姿態角度 (θ) 和角速度 $(\dot{\theta})$。二階方程式 $u_c l = I\ddot{\theta}$ 可以等價地寫為以下兩個一階方程式：

$$\dot{\theta} = \omega$$

$$\dot{\omega} = \frac{l}{I} u_C = u_C$$

以矩陣形式可表示為

$$\begin{bmatrix} \dot{\theta} \\ \dot{\omega} \end{bmatrix} = \begin{bmatrix} 0 & 1 \\ 0 & 0 \end{bmatrix} \begin{bmatrix} \theta \\ \omega \end{bmatrix} + \begin{bmatrix} 0 \\ 1 \end{bmatrix} u_C$$

系統的輸出是人造衛星的姿態，$y = \theta$，其關係式可表示為

$$y = \begin{bmatrix} 1 & 0 \end{bmatrix} \begin{bmatrix} \theta \\ \omega \end{bmatrix}$$

所以，狀態變數形式下的矩陣為

$$A = \begin{bmatrix} 0 & 1 \\ 0 & 0 \end{bmatrix}, \ B = \begin{bmatrix} 0 \\ 1 \end{bmatrix}, \ C = \begin{bmatrix} 1 & 0 \end{bmatrix}, \ D = 0$$

且輸入為 $u \triangleq u_C$。

若我們令狀態變數 $X = \begin{bmatrix} \theta \\ \omega \end{bmatrix}$，則

$$\dot{X} = AX + Bu$$

$$y = CX + Du$$

為系統的狀態變數表示式。

　　在這個簡單的例子中，用狀態變數形式表示微分方程式，比起利用二階微分方程式來說更加麻煩。儘管如此，對大多數系統來說，狀態變數法可以透過電腦軟體 MATLAB 輕易求解，其具有非常大的運算優勢。下面以一個較為複雜的例子說明如何使用 MATLAB 求解線性常微分方程式。

例題 10-2

自駕車是近年來非常火熱的議題，下圖為自駕車之巡航控制 (Cruise Control) 圖。

(1) 將上圖中的運動方程式改寫為狀態變數的形式，其中輸出為自駕車的位移 x。

(2) 當輸入在 $t = 0$ 時控制力 u(一般是油門產生的引擎力) 由 $u = 0$ 瞬間跳到 $u = 800$ 牛頓時，利用 MATLAB 計算汽車速度的步階響應，假設自駕車質量 m 為 2000kg 且摩擦係數 $b = 20 \ \text{N} \cdot \text{s} / \text{m}$。

解 (1)首先，我們把描述系統的微分方程式列出，根據牛頓第二運動定律，其為二階方程式 $u - b\dot{x} = m\ddot{x}$。在此，我們把汽車的位移和速度定義為狀態變數 x_1 和 x_2，即 $X = \begin{bmatrix} x & \dot{x} \end{bmatrix}^T = \begin{bmatrix} x_1 & x_2 \end{bmatrix}^T$。二階方程式可以重新寫為以下兩個一階方程式的組合：

$$\dot{x}_1 = x_2$$

$$\dot{x}_2 = -\frac{b}{m}x_2 + \frac{1}{m}u$$

將這些方程式用矩陣表示為

$$\begin{bmatrix} \dot{x}_1 \\ \dot{x}_2 \end{bmatrix} = \begin{bmatrix} 0 & 1 \\ 0 & -\dfrac{b}{m} \end{bmatrix} \begin{bmatrix} x_1 \\ x_2 \end{bmatrix} + \begin{bmatrix} 0 \\ \dfrac{1}{m} \end{bmatrix} u$$

若系統的輸出是汽車的位移，可用矩陣形式表示為

$$y = \begin{bmatrix} 1 & 0 \end{bmatrix} \begin{bmatrix} x_1 \\ x_2 \end{bmatrix}$$

或者

$$y = CX$$

因此，這個系統的狀態變數形式的矩陣可定義為

$$A = \begin{bmatrix} 0 & 1 \\ 0 & -\dfrac{b}{m} \end{bmatrix}, \ B = \begin{bmatrix} 0 \\ \dfrac{1}{m} \end{bmatrix}, \ C = \begin{bmatrix} 1 & 0 \end{bmatrix}, \ D = 0$$

(2) 在時間響應方面，動態方程式已在前面小題中給出，現假設輸出是 $\dot{x} = v = x_2$。於是輸出矩陣改為

$$C = [0 \ 1]$$

所需係數為 $\dfrac{b}{m} = 0.01$ 和 $\dfrac{1}{m} = 0.0005$。那麼，描述系統的矩陣為

$$A = \begin{bmatrix} 0 & 1 \\ 0 & -0.01 \end{bmatrix}, \ B = \begin{bmatrix} 0 \\ 0.0005 \end{bmatrix}, \ C = [0 \ 1], \ D = 0$$

MATLAB 中的 ss 函數可計算線性系統的狀態空間轉移函數。因為系統是線性的，在這種情況下，將 u 的大小乘以步階輸入可以得到系統的在不同輸入大小之步階響應。其 MATLAB 程式如下：

輸入程式	輸出結果
| ```
A=[0  1;0  -0.01];
B=[0;0.0005];
C=[0  1];
D=0;
sys=ss(A,800*B,C,D);
step(sys);
``` | 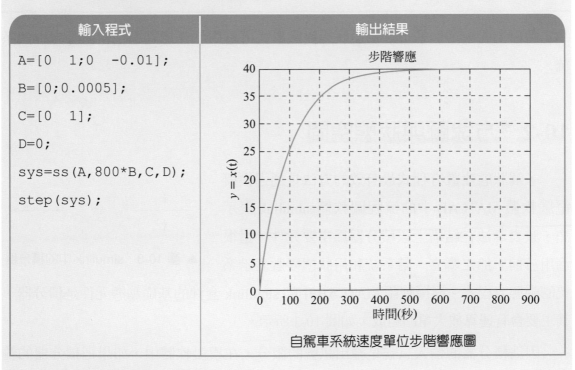<br>自駕車系統速度單位步階響應圖 |
```

例題 10-3

根據圖 2-7 的等效電路，在不考慮負載 $(M_c(t) = 0)$ 的狀況下確定直流馬達的狀態空間方程式。

解　回顧第 2 章的電樞控制直流馬達 (Armature-controlled DC motor) 圖 2-7，若 $\omega_m(t) = \dot{\theta}_m$，則其方程式可以改寫為

$$J_m\ddot{\theta}_m + B_m\dot{\theta}_m = C_m i_a$$

$$L_a\frac{di_a}{dt} + R_a i_a = u_a - C_e\dot{\theta}_m$$

定義此三階系統的狀態向量是 $X \triangleq [\theta_m \ \dot{\theta}_m \ i_a]^T$，可求出其狀態矩陣為

$$A = \begin{bmatrix} 0 & 1 & 0 \\ 0 & -B_m/J_m & C_m/J_m \\ 0 & -C_e/L_a & -R_a/L_a \end{bmatrix}, \ B = \begin{bmatrix} 0 \\ 0 \\ 1/L_a \end{bmatrix}, \ C = [1 \ 0 \ 0], \ D = 0$$

其中輸入 $u \triangleq u_a$，輸出 $y \triangleq \theta_m$。

由以上的一些例子可以知道狀態變數形式可應用於任意階線性常微分方程式系統。

10-2　方塊圖與狀態空間

了解狀態變數方程式最有效的方法是通過模擬電腦軟體 MATLAB 中的流程圖軟體 simulink 表示法，該表示法在結構上以積分器為主要元件，這很適用於前一節之聯立一階系統和用狀態變數表示系統的動態方程式。模擬軟體 MATLAB 中的 simulink 套件的基礎動態元件是積分器，

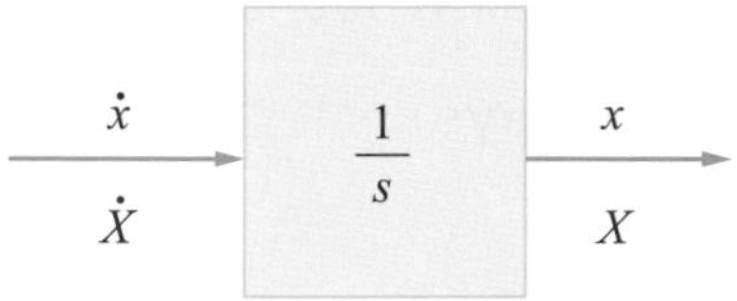

▲ 圖 10-3　simulink 中的積分器

其主要含有運算放大電路組成，如圖 10-3 所示。

因為積分器的輸入訊號是輸出訊號的微分，在模擬軟體中，如果把積分器的輸出定為系統的狀態，我們將可以得到狀態變數形式的方程式。以下以一個例子來說明如何將透過方塊圖將動態微分方程式的系統改成狀態變數形式。

例題 10-4

請用狀態變數形式描述如下圖所示的三階系統的轉移函數，其微分方程式為

$$\dddot{y} + 9\ddot{y} + 26\dot{y} + 24y = 5u \text{ ，其中 } \dot{y} = \frac{dy}{dt}$$

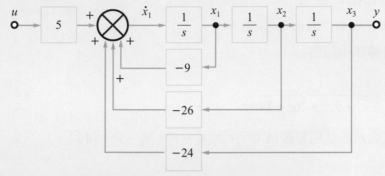

解　化簡該常微分方程式的最高階微分項，得到

$$\dddot{y} = -9\ddot{y} - 26\dot{y} - 24y + 5u$$

現在設已經有最高階微分項，且低階微分項可以由下圖 (a) 所示的積分器得到。最後，應用常微分方程式完成對下圖 (b) 所示系統的描述。為了得到狀態描述，簡單地將狀態變數定義為各積分器的輸出，即 $x_1 = \ddot{y}$、$x_2 = \dot{y}$、$x_3 = y$，得到

$$\dot{x}_1 = -9x_1 - 26x_2 - 24x_3 + 5u$$

$$\dot{x}_2 = x_1$$

$$\dot{x}_3 = x_2$$

(a) 中間方塊圖

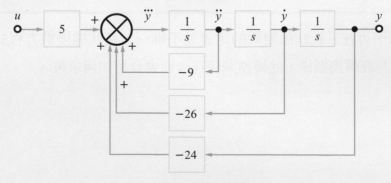

(b) 最後方塊圖

可以得到狀態變數描述的各個矩陣如下：

$$A = \begin{bmatrix} -9 & -26 & -24 \\ 1 & 0 & 0 \\ 0 & 1 & 0 \end{bmatrix} , \ B = \begin{bmatrix} 5 \\ 0 \\ 0 \end{bmatrix} , \ C = [0 \ 0 \ 1] , \ D = 0$$

透過 MATLAB 的程式

```
[num,den]=ss2tf(A,B,C,D);
```

可以得到轉移函數為

$$\frac{Y_{(s)}}{U_{(s)}} = \frac{5}{s^3 + 9s^2 + 26s + 24}$$

也可以重令新的狀態變數為 $x_1 = y$，$x_2 = \dot{y}$，$x_3 = \ddot{y}$，得到

$$\dot{x}_1 = x_2$$

$$\dot{x}_2 = x_3$$

$$\dot{x}_3 = -9x_1 - 26x_2 - 24x_3 + 5u$$

狀態變數的各個矩陣如下：

$$A = \begin{bmatrix} 0 & 1 & 0 \\ 0 & 0 & 1 \\ -9 & -26 & -24 \end{bmatrix} , \ B = \begin{bmatrix} 0 \\ 0 \\ 5 \end{bmatrix} , \ C = [1 \ 0 \ 0] , \ D = 0$$

透過 MATLAB 的程式

```
[num,den]=ss2tf(A,B,C,D);
```

可以得到轉移函數仍然為

$$\frac{Y_{(s)}}{U_{(s)}} = \frac{5}{s^3 + 9s^2 + 26s + 24}$$

由上面例子可在系統狀態變數的定義並不唯一，其狀態變數方程式也不唯一，但是彼此之間存在轉換關係，此轉換關係在後面會介紹如何求解。

10-3　轉移函數的分解

在前面的章節中，有介紹如何選擇狀態及利用狀態建構微分方程式的方塊圖過程，並驗證不同的選擇狀態，雖然狀態變數矩陣不同，但是轉移函數卻是相同。在本節中，將介紹轉移函數的常見不同分解，而透過採用適當的分解可以讓我們更容易解決控制系統回授控制增益設計的問題。

從簡單轉移函數如下開始，

$$G(s) = \frac{b(s)}{a(s)} = \frac{s+3}{s^2 + 9s + 20} = \frac{2}{s+5} + \frac{-1}{s+4} \tag{10-7}$$

分子多項式 $b(s)$ 的根是轉移函數的零點，而分母多項式 $a(s)$ 的根是轉移函數的極點。注意在上式 (10-7) 中使用兩種形式表示轉移函數，一種是多項式分式的形式，另一種是部分分式展開式之和的形式。

10-3-1　控制典型式分解

首先介紹第一種分解 - 控制典型式分解 (control canonical form)，其分解如圖 10-4 所示。

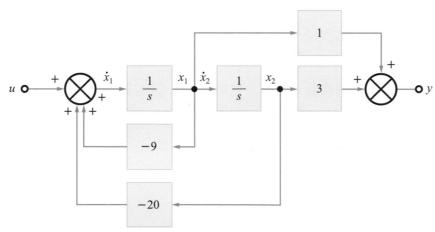

▲ 圖 10-4　控制典型式表示方程式 (10-7) 的圖

　　一旦畫出這種形式的方塊圖，就能通過直接觀察而確定系統的狀態描述矩陣。能夠這樣做的原因在於，當積分器的輸出是狀態變數時，它的輸入就是這個變數的微分。例如在上圖中，第一個狀態變數的方程式

$$\dot{x}_1 = -9x_1 - 20x_2 + u$$

同理，還可得到

$$\dot{x}_2 = x_1$$

$$y = x_1 + 3x_2$$

這三個方程式可以被改寫為矩陣的形式

$$\dot{X} = A_c X + B_c u$$

$$y = C_c x$$

其中

$$A_c = \begin{bmatrix} -9 & -20 \\ 1 & 0 \end{bmatrix}, \ B_c = \begin{bmatrix} 1 \\ 0 \end{bmatrix} \tag{10-8a}$$

$$C_c = \begin{bmatrix} 1 & 3 \end{bmatrix}, \ D_c = 0 \tag{10-8b}$$

且其中的下標 c 代表控制典型式分解。也可以將 x_1 與 x_2 對調，可得

$$\dot{x}_1 = x_2 \ , \ \dot{x}_2 = -9x_2 - 20x_1 + u$$

$$y = x_2 + 3x_1$$

則 $\overline{A_c} = \begin{bmatrix} 0 & 1 \\ -20 & -9 \end{bmatrix}$ ，$\overline{B_c} = \begin{bmatrix} 0 \\ 1 \end{bmatrix}$ ，$\overline{C_c} = \begin{bmatrix} 3 & 1 \end{bmatrix}$ ，$\overline{D_c} = 0$

這種形式可稱為可控制典型式 (controllable canonical form)。

這種矩陣形式可以發現其分子多項式 $b(s)$ 中的係數 1 和 3 出現在矩陣 C_c 中；並且分母多項式 $a(s)$ 的係數 (除了首項係數爲 1 外) 9 和 20 (變號後) 出現在矩陣 A_c 的首列，而在 $\overline{A_c}$ 與 $\overline{C_c}$ 中的係數排列剛好與 A_c 與 C_c 對調。有了這一結論，就可以推廣到高階系統，只要此系統的轉移函數是用分子和分母多項式的分式形式表示，如果 $b(s) = b_1 s^{n-1} + b_2 s^{n-2} + \cdots + b_n$，且 $a(s) = s^n + a_1 s^{n-1} + a_2 s^{n-2} + \cdots + a_n$，則得到如下的結果：

$$
A_c = \begin{bmatrix} -a_1 & -a_2 & \cdots & \cdots & -a_n \\ 1 & 0 & \cdots & \cdots & 0 \\ 0 & 1 & 0 & \cdots & 0 \\ \vdots & \vdots & \ddots & 0 & \vdots \\ 0 & 0 & \cdots & 1 & 0 \end{bmatrix}, \quad B_c = \begin{bmatrix} 1 \\ 0 \\ 0 \\ \vdots \\ 0 \end{bmatrix} \tag{10-9a}
$$

$$
C_c = \begin{bmatrix} b_1 & b_2 & \cdots & \cdots & b_n \end{bmatrix}, \quad D_c = 0 \tag{10-9b}
$$

稱爲控制典型式 (control canonical form) 分解。或是

$$
\overline{A_c} = \begin{bmatrix} 0 & 1 & 0 & \cdots & 0 \\ 0 & 0 & 1 & \cdots & 0 \\ \vdots & \vdots & \vdots & \vdots & \vdots \\ 0 & 0 & \cdots & \cdots & 1 \\ -a_n & -a_{n-1} & \cdots & \cdots & -a_1 \end{bmatrix}, \quad \overline{B_c} = \begin{bmatrix} 0 \\ 0 \\ \vdots \\ 0 \\ 1 \end{bmatrix} \tag{10-10a}
$$

$$
\overline{C_c} = \begin{bmatrix} b_n & \cdots & \cdots & b_1 \end{bmatrix}, \quad \overline{D_c} = 0 \tag{10-10b}
$$

稱爲可控制典型式 (controllable canonical form)，其中控制典型式與可控制典型式之狀態變數假設順序顛倒。

🔹 10-3-2　模態典型式分解

前面的分解式並不是表示轉移函數 $G(s)$ 的唯一方法。接著介紹對應於部分分式展開式的分解，$G(s)$ 的另一種方塊圖如圖 10-5 所示。利用前面所介紹的技巧，對於如圖所示的狀態變數，可以從方塊圖中直接得到矩陣為

$$\dot{X} = A_m X + B_m u$$

$$y = C_m X + D_m u$$

其中

$$A_m = \begin{bmatrix} -5 & 0 \\ 0 & -4 \end{bmatrix}, \quad B_m = \begin{bmatrix} 1 \\ 1 \end{bmatrix} \tag{10-11a}$$

$$C_m = \begin{bmatrix} 2 & -1 \end{bmatrix}, \quad D_m = 0 \tag{10-11b}$$

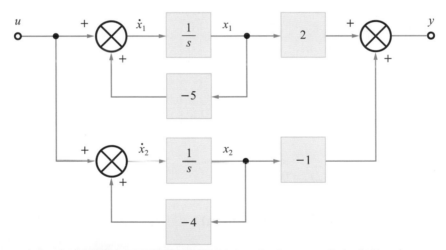

▲ 圖 10-5　用模態標準型表示的式 (10-7) 的方塊圖

上面方程式中，下標 m 表示模態典型式 (modal canonical form)，該名稱主要是因為系統轉移函數有時被稱為系統標準模態 (normal mode)，其實這是一種並聯分解法 (Parallel Decomposition)，其所對應的部分分式是系統的所有解的各個模態。這種形式的矩陣的重要特點是系統的極點（即 −5 和 −4）會成為矩陣的元素且出現在 A_m 的對角線上，而部分分式展開式的分子項（即 2 和 −1）出現在矩陣 C_m 中。以下列例子來說明。

例題 **10-5**

試求 $G(s) = \dfrac{4s^2 + 25s + 38}{s^3 + 9s^2 + 26s + 24}$ 的控制典型式、可控制典型式與模態典型式分解。

解　(1)系統控制典型式分解如下：

$$\dot{X} = A_c X + B_c u$$

$$y = C_c X$$

其中

$$A_c = \begin{bmatrix} -9 & -26 & -24 \\ 1 & 0 & 0 \\ 0 & 1 & 0 \end{bmatrix} , \; B_c = \begin{bmatrix} 1 \\ 0 \\ 0 \end{bmatrix} , \; C_c = \begin{bmatrix} 4 & 25 & 38 \end{bmatrix} , \; D_c = 0$$

(2)系統的可控制典型式分解如下：

$$\dot{X} = \overline{A_c} X + \overline{B_c} u$$

$$y = \overline{C_c} X$$

$$\overline{A_c} = \begin{bmatrix} 0 & 1 & 0 \\ 0 & 0 & 1 \\ -24 & -26 & -9 \end{bmatrix} , \; \overline{B_c} = \begin{bmatrix} 0 \\ 0 \\ 1 \end{bmatrix} , \; \overline{C_c} = \begin{bmatrix} 38 & 25 & 4 \end{bmatrix} , \; \overline{D_c} = 0$$

(3)將 $G(s)$ 因式分解為：

$$G(s) = \frac{4s^2 + 25s + 38}{s^3 + 9s^2 + 26s + 24} = \frac{2}{s+2} + \frac{1}{s+3} + \frac{1}{s+4}$$

則系統模態典型式分解如下：

$$\dot{X} = A_m X + B_m u$$

$$y = C_m X + D_m u$$

其中

$$A_m = \begin{bmatrix} -2 & 0 & 0 \\ 0 & -3 & 0 \\ 0 & 0 & -4 \end{bmatrix} , \; B_m = \begin{bmatrix} 1 \\ 1 \\ 1 \end{bmatrix} , \; C_m = \begin{bmatrix} 2 & 1 & 1 \end{bmatrix} , \; D_m = 0$$

　　另外，用模態典型式表示一個系統可能會因為以下兩個原因而碰到困難：(1) 如果系統極點是複數形式，矩陣的元素將會出現複數形式，(2) 如果部分分式展開式有重根，系統矩陣就不會是對角線矩陣。為了解決第一個問題，我們把部分分式展開式的共軛複數極點用二次項不因式分解表示，這樣所有元素就會都是實數，且該共軛複數所相對應矩陣 A_m 會存在沿著主對角線有 2×2 的子方陣，該子方陣可以用該共軛複數對應該二次項的控制典型式分解。而為了解決第二個問題，我們把相應的狀態也進行耦合配對，這樣極點就出現在對角線上，且該重根相對應矩陣 A_m 會存在沿著主對角線有 2×2 的喬登子方陣 (Jordan sub-square matrix)(參閱線性代數書籍)，該喬登子方陣的對角線元素為重根植。例如出現 λ_0, λ_0 的重根，則其所對應的 2×2 階喬登子方陣為 $\begin{bmatrix} \lambda_0 & 1 \\ 0 & \lambda_0 \end{bmatrix}$ 或 $\begin{bmatrix} \lambda_0 & 0 \\ 1 & \lambda_0 \end{bmatrix}$ 的其中一種，取決於狀態變數如何定義。以一個簡單的例子，就是例題 10-1 中的人造衛星系統，其轉移函數可以化簡為 $G(s) = \dfrac{1}{s^2}$ 。此轉移函數的系統矩陣，用模態典型式表示為

$$A_m = \begin{bmatrix} 0 & 1 \\ 0 & 0 \end{bmatrix} , \quad B_m = \begin{bmatrix} 0 \\ 1 \end{bmatrix} , \quad C_m = \begin{bmatrix} 1 & 0 \end{bmatrix} , \quad D_m = 0$$

該型式為令 $x_1 = \theta$ ， $x_2 = \omega$ ，若改令 $x_1 = \omega$ ， $x_2 = \theta$ ，則

$$A_m = \begin{bmatrix} 0 & 0 \\ 1 & 0 \end{bmatrix} , \quad B_m = \begin{bmatrix} 1 \\ 0 \end{bmatrix} , \quad C_m = \begin{bmatrix} 0 & 1 \end{bmatrix} , \quad D_m = 0$$

我們可以發現 A_m 矩陣為喬登 (Jordan) 子方陣。以下再用一個例題作說明，具有重根與共軛複數根之模態典型式分解。

例題 10-6

考慮下列轉移函數之部分分式展開為

$$G(s) = \frac{1s+3}{s^2(s^2+1s+3)} = \frac{1}{s^2} - \frac{1}{s^2+1s+3}$$

請用模態典型式分解來描述系統狀態矩陣。

解 轉移函數已經表示為部分分式的形式，為了得到狀態空間矩陣表示式，我們透過積分器畫出相對應的方塊圖，由狀態變數法寫出相對應的矩陣。如下圖為兩個部分分式所組成之分解，其中第二個分解是控制典型式分解。$\frac{1}{s^2}$ 為出現重根的形式，而 $\frac{1}{s^2+1s+3}$ 則是出現共軛複數對極點的形式。通過觀察就可寫出系統矩陣。

$$A = \begin{bmatrix} 0 & 0 & 0 & 0 \\ 1 & 0 & 0 & 0 \\ 0 & 0 & -1 & -3 \\ 0 & 0 & 1 & 0 \end{bmatrix}, \quad B = \begin{bmatrix} 1 \\ 0 \\ 1 \\ 0 \end{bmatrix}, \quad C = \begin{bmatrix} 0 & 1 & 0 & -1 \end{bmatrix}, \quad D = 0$$

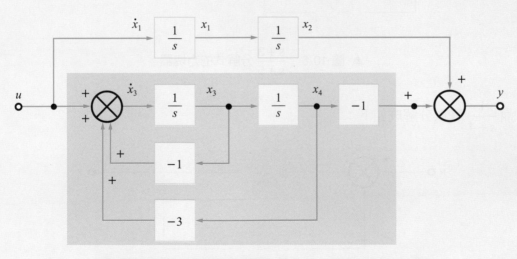

四階系統的模態標準型方塊圖 (陰影部分表示控制與型式)

● 10-3-3 串聯分解式

接著，再討論另一種分解形式，稱為串聯分解型式。再回到方程式 (10-7)，其轉移函數 $G(s)$ 亦可以利用串聯分解，可將 $G(s)$ 改寫為

$$G(s) = \frac{b(s)}{a(s)} = \frac{s+3}{(s+5)(s+4)} = \frac{s+3}{s+5} \cdot \frac{1}{s+4}$$

其中 $\dfrac{s+3}{s+5}$ 可以分解成如下：

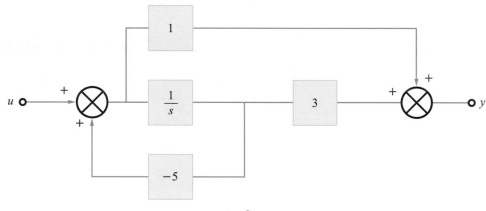

▲ 圖 10-6　$\dfrac{s+3}{s+5}$ 分解式的方塊圖

而 $\dfrac{1}{s+4}$ 可以分解成如下：

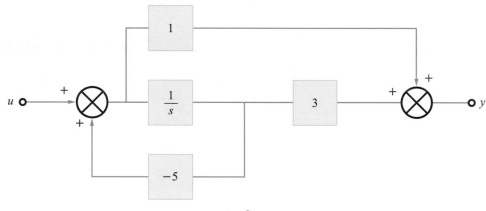

▲ 圖 10-7　$\dfrac{1}{s+4}$ 分解式方塊圖

所以串聯分解如下圖。

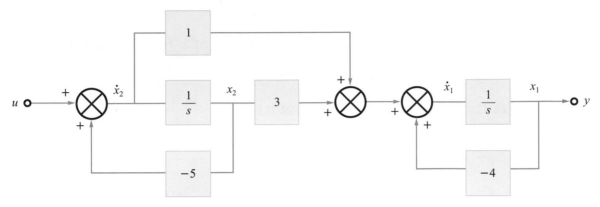

▲ 圖 10-8 $\dfrac{s+3}{s+5}\cdot\dfrac{1}{s+4}$ 的串聯分解圖

定義狀態 x_1、$\dot{x}_1$、x_2、$\dot{x}_2$ 於上圖中可得

$$\dot{x}_1 = -4x_1 + 3x_2 + \dot{x}_2$$

$$\dot{x}_2 = -5x_2 + u$$

$$y = x_1$$

則狀態空間表示式為

$$\begin{bmatrix} \dot{x}_1 \\ \dot{x}_2 \end{bmatrix} = \begin{bmatrix} -4 & (3-5) \\ 0 & -5 \end{bmatrix} \begin{bmatrix} x_1 \\ x_2 \end{bmatrix} + \begin{bmatrix} 1 \\ 1 \end{bmatrix} u \tag{10-12a}$$

$$y = \begin{bmatrix} 1 & 0 \end{bmatrix} \begin{bmatrix} x_1 \\ x_2 \end{bmatrix} \tag{10-12b}$$

可得

$$\dot{X} = AX + Bu$$

$$y = CX + Du$$

$A = \begin{bmatrix} -4 & -2 \\ 0 & -5 \end{bmatrix}$ 為上三角矩陣，$B = \begin{bmatrix} 1 \\ 1 \end{bmatrix}$，$C = \begin{bmatrix} 1 & 0 \end{bmatrix}$，$D = 0$

可以推廣到三階系統轉移函數一般型式如下：

$$G(s) = \frac{b_1 s^2 + b_2 s + b_3}{s^3 + a_1 s^2 + a_2 s + a_3} = K \frac{(s+z_1)(s+z_2)}{(s+p_1)(s+p_2)(s+p_3)} = K \cdot \frac{s+z_1}{s+p_1} \cdot \frac{s+z_2}{s+p_2} \cdot \frac{1}{s+p_3}$$

則其串聯分解矩陣可以寫成

$$A = \begin{bmatrix} -p_3 & z_2-p_2 & z_1-p_1 \\ 0 & -p_2 & z_1-p_1 \\ 0 & 0 & -p_1 \end{bmatrix} , \quad B = \begin{bmatrix} K \\ K \\ K \end{bmatrix} , \quad C = \begin{bmatrix} 1 & 0 & 0 \end{bmatrix} , \quad D = 0 \qquad (10\text{-}13)$$

其中 A 為上三角矩陣 (upper triangular matrix)。

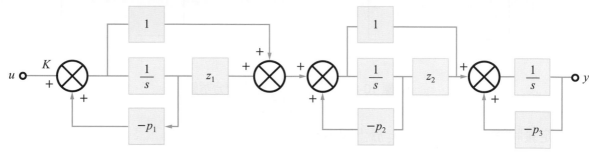

▲ 圖 10-9　一般三階系統轉移函數的串聯分解

以下用例子來說明串聯分解。

例題 10-7

試求 $G(s) = \dfrac{2s^2+18s+40}{s^3+11s^2+11s+6}$ 的串聯分解表示式。

解　$G(s) = \dfrac{2(s+4)(s+5)}{(s+1)(s+2)(s+3)} = 2\dfrac{s+4}{s+1}\cdot\dfrac{s+5}{s+2}\cdot\dfrac{1}{s+3}$，　$p_1 = +1$，$p_2 = +2$，$p_3 = +3$，

$z_1 = +4$，$z_2 = +5$

$$A = \begin{bmatrix} -3 & -3 & -3 \\ 0 & -2 & -3 \\ 0 & 0 & -1 \end{bmatrix} , \quad B = \begin{bmatrix} 2 \\ 2 \\ 2 \end{bmatrix} , \quad C = \begin{bmatrix} 1 & 0 & 0 \end{bmatrix} , \quad D = 0$$

$\dot{X} = AX + Bu$，$y = CX + Du$，則其串聯分解方塊圖如下圖所示。

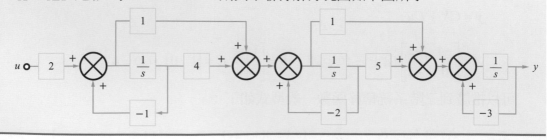

10-3-4　不同分解矩陣表示式的轉換

　　到目前為止，已經知道一些常見系統的分解法，也知道不管是控制典型式還是模態典型式，都可以從轉移函數中得到狀態描述。因為這些矩陣描述的是同一個動態系統，我們可能會問，這兩種形式的矩陣之間有什麼關係，給定其中一個分解型態可以轉到另一個分解型態嗎？現在就來看看如何轉換不同分解型態。考慮由以下狀態方程式描述的系統。

$$\dot{X} = AX + Bu \tag{10-14a}$$

$$y = CX + Du \tag{10-14b}$$

　　從前面的分析可知，這並不是該系統的唯一描述。考慮 X 的一個線性變換，將 X 轉換為一個另外一個狀態 Z。即假設存在一非奇異矩陣 P，使得

$$X = PZ \tag{10-15}$$

將式 (10-15) 代入到式 (10-14a) 中，得到用新的狀態 Z 表示的狀態方程式如下：

$$\dot{X} = P\dot{Z} = APZ + Bu \tag{10-16a}$$

$$\dot{Z} = P^{-1}APZ + P^{-1}Bu \tag{10-16b}$$

$$\dot{Z} = \overline{A}Z + \overline{B}u \tag{10-16c}$$

在上式 (10-16) 中

$$\overline{A} = P^{-1}AP \tag{10-17a}$$

$$\overline{B} = P^{-1}B \tag{10-17b}$$

然後我們把式 (10-15) 代入式 (10-14b) 中，得到以新狀態 Z 表示的輸出方程式：

$$y = CPZ + Du = \overline{C}Z + \overline{D}u \tag{10-18a}$$

$$\overline{C} = CP \text{，} \overline{D} = D \tag{10-18b}$$

所以給定任意的矩陣 A、B、C 和 D 矩陣，我們希望找到轉換矩陣 P 使得 $\overline{A}$、$\overline{B}$、$\overline{C}$ 和 $\overline{D}$ 成為某一些形式的矩陣，如控制典型式。為了得到這樣的 P，先假設 $\overline{A}$、$\overline{B}$、$\overline{C}$ 和 $\overline{D}$ 已經是我們要的形式，進一步假設 P 是一般形式的變換矩陣，然後將對應的項進行匹配，即可求出矩陣 P。這裡就以三階的情況為例，從分析過程即可將其推廣到更高階的情形，其步驟如下：

首先我們把式 (10-17a) 改寫為

$$\overline{A}P^{-1} = P^{-1}A$$

如果 $\overline{A}$ 是控制典型式，我們把 P^{-1} 描述成由列向量 r_1、r_2 和 r_3 組成的矩陣，即

$$\begin{bmatrix} -a_1 & -a_2 & -a_3 \\ 1 & 0 & 0 \\ 0 & 1 & 0 \end{bmatrix} \begin{bmatrix} r_1 \\ r_2 \\ r_3 \end{bmatrix} = \begin{bmatrix} r_1 A \\ r_2 A \\ r_3 A \end{bmatrix} \tag{10-19}$$

將第二列與第三列展開，得到如下的矩陣方程式

$$\begin{aligned} r_1 &= r_2 A \\ r_2 &= r_3 A \end{aligned} \tag{10-20a}$$

則

$$r_1 = r_2 A = r_3 A^2 \tag{10-20b}$$

由式 (10-17b)，假設 $\overline{B}$ 也是控制典型式，則可得關係式

$$P^{-1}B = \overline{B}$$

或

$$\begin{bmatrix} r_1 B \\ r_2 B \\ r_3 B \end{bmatrix} = \begin{bmatrix} 1 \\ 0 \\ 0 \end{bmatrix} \tag{10-21}$$

聯立式 (10-20) 和式 (10-21)，可以得到

$$r_3 B = 0$$

$$r_2 B = r_3 AB = 0$$

$$r_1 B = r_3 A^2 B = 1$$

將這些方程式改寫為矩陣形式如下：

$$r_3 \begin{bmatrix} B & AB & A^2 B \end{bmatrix} = [0\ 0\ 1]$$

定義 $Q_c = \begin{bmatrix} B & AB & A^2 B \end{bmatrix}$，則

$$r_3 = [0\ 0\ 1]Q_c^{-1} \tag{10-22}$$

其中控制性矩陣 (controllability matrix) $Q_c = \begin{bmatrix} B & AB & A^2 B \end{bmatrix}$。得到 r_3 後，現在我們可以回到式 (10-20) 可以得 r_1、r_2，則可以構成 P 的所有列向量。我們將其推廣到 n 維，把 n 維的一般狀態描述轉化為控制典型式步驟如下：

步驟 1：由 A 和 B，求出控制性矩陣 Q_c

$$Q_c = \begin{bmatrix} B & AB\dots & A^{n-1} B \end{bmatrix} \tag{10-23}$$

步驟 2：按下式計算變換矩陣的反矩陣的最後一行 (若 Q_c^{-1} 不存在，則此變換不存在)

$$t_n = [0\ 0\ \dots\ 1]Q_c^{-1} \tag{10-24}$$

步驟 3：按下式形成整個變換矩陣

$$P^{-1} = \begin{bmatrix} t_1 \\ t_2 \\ \vdots \\ t_n \end{bmatrix} = \begin{bmatrix} t_n A^{n-1} \\ t_n A^{n-2} \\ \vdots \\ t_n \end{bmatrix} \tag{10-25}$$

步驟 4：利用式 (10-17a)、式 (10-17b) 和式 (10-18)，從中計算新的狀態矩陣。

由式 (10-22) 可知，當控制性矩陣 Q_c 是非奇異陣時，其 Q_c 反矩陣必存在，相應的 A 和 B 矩陣的狀態系統 $\dot{X} = AX + Bu$ 被稱為可控制的 (controllable)。在下一節中將介紹的狀態回授中系統的可控制性就是由這裡來的，到時候也會介紹一些不可控制性的例子。一般要直接計算式 (10-25) 是有其困難的，所以幾乎不會這樣直接去求解 P 矩陣，除非使用 MATLAB 軟體。我們將上面觀念整理可以得到以下重要的性質：

對於任意給定的系統狀態方程式 $\dot{X} = AX + Bu$，其可以轉換為控制典型式的條件是控制性矩陣 Q_c 是非奇異矩陣。

其中，系統 (A, B) 的控制性矩陣為

$$Q_c = [B \quad AB \quad \dots \quad A^{n-1}B]$$

經過狀態變換後，新的系統狀態矩陣可由式 (10-17a) 和 (10-17b) 求出，且新的控制性矩陣為

$$\overline{Q_c} = \left[\overline{B} \quad \overline{A}\overline{B} \quad \dots \quad \overline{A}^{n-1}\overline{B} \right]$$

$$= [P^{-1}B \quad P^{-1}APP^{-1}B \quad \dots \quad P^{-1}A^{n-1}PP^{-1}B]$$

$$= P^{-1}Q_c$$

由此可見，當 Q_c 是非奇異的，$\overline{Q_c}$ 也會是非奇異的，因此可得以下的性質：

對系統的狀態進行非奇異線性變換並不會改變其可控制性。

例題 10-8

考慮下列回授控制系統

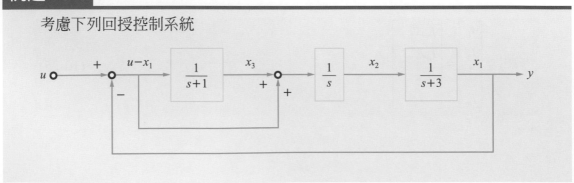

(1) 請寫出系統的狀態方程式。

(2) 且確認系統是否可控制。

解 (1)由方塊圖可知狀態 x_1、x_2、x_3 之關係式為

$$x_1 = \frac{1}{s+3}x_2 \ , \ x_2 = \frac{1}{s}(x_3 + u - x_1) \ , \ x_3 = \frac{1}{s+1}(u - x_1)$$

$$\dot{x}_1 = -3x_1 + x_2$$

$$\dot{x}_2 = -x_1 + x_3 + u$$

$$\dot{x}_3 = -x_1 - x_3 + u$$

$$y = x_1$$

寫成矩陣形式為

$$\Rightarrow \begin{bmatrix} \dot{x}_1 \\ \dot{x}_2 \\ \dot{x}_3 \end{bmatrix} = \begin{bmatrix} -3 & 1 & 0 \\ -1 & 0 & 1 \\ -1 & 0 & -1 \end{bmatrix} \begin{bmatrix} x_1 \\ x_2 \\ x_3 \end{bmatrix} + \begin{bmatrix} 0 \\ 1 \\ 1 \end{bmatrix} u$$

$$y = \begin{bmatrix} 1 & 0 & 0 \end{bmatrix} \begin{bmatrix} x_1 \\ x_2 \\ x_3 \end{bmatrix}$$

(2)系統的控制性矩陣 Q_c 為

$$Q_c \triangleq \begin{bmatrix} B & AB & A^2B \end{bmatrix} = \begin{bmatrix} 0 & 1 & -2 \\ 1 & 1 & -2 \\ 1 & -1 & 0 \end{bmatrix}$$

因為 $\mathrm{rank}Q_c = 3$，所以根據前面性質可知系統為可控制。

接著讓我們再回到式 (10-7) 的轉移函數，這次我們介紹觀察典型式 (observer canonical form) 結構的方塊圖表示轉移函數 (如圖 10-10)。這種典型式的對應矩陣為

$$A_0 = \begin{bmatrix} -9 & 1 \\ -20 & 0 \end{bmatrix} \ , \ B_0 = \begin{bmatrix} 1 \\ 3 \end{bmatrix} \tag{10-26a}$$

$$C_0 = \begin{bmatrix} 1 & 0 \end{bmatrix} \ , \ D_0 = 0 \tag{10-26b}$$

讀者可以自己試著尋找其轉換矩陣 P，可將此轉換成控制典型式。這種典型式的重要特徵就是所有回授都是從輸出回授到狀態變數。

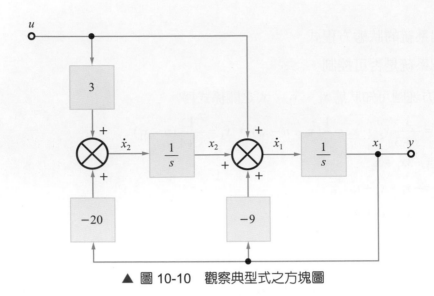

▲ 圖 10-10 觀察典型式之方塊圖

若將狀態 x_1 與 x_2 對調，則觀察典型式可以改寫爲可觀察型式 (observable canonical form)

$$A_0 = \begin{bmatrix} 0 & -20 \\ 1 & -9 \end{bmatrix} \ 、 \ B_0 = \begin{bmatrix} 3 \\ 1 \end{bmatrix} \ 、 \ C_0 = \begin{bmatrix} 0 & 1 \end{bmatrix} \ 、 \ D_0 = 0$$

如果推廣到三階系統轉移函數 $G(s) = \dfrac{b_1 s^2 + b_2 s + b_3}{s^3 + a_1 s^2 + a_2 s + a_3}$ ，則觀察典型之分解爲

$$A_0 = \begin{bmatrix} -a_1 & 1 & 0 \\ -a_2 & 0 & 1 \\ -a_3 & 0 & 0 \end{bmatrix} \ 、 \ B_0 = \begin{bmatrix} b_1 \\ b_2 \\ b_3 \end{bmatrix} \ 、 \ C_0 = \begin{bmatrix} 1 & 0 & 0 \end{bmatrix} \ 、 \ D_0 = 0$$

而可觀察典型式之分解爲

$$A_0 = \begin{bmatrix} 0 & 0 & -a_3 \\ 1 & 0 & -a_2 \\ 0 & 1 & -a_1 \end{bmatrix} \ 、 \ B_0 = \begin{bmatrix} b_3 \\ b_2 \\ b_1 \end{bmatrix} \ 、 \ C_0 = \begin{bmatrix} 0 & 0 & 1 \end{bmatrix} \ 、 \ D_0 = 0$$

現在讓我們再回到方程式 (10-26)，考慮當 –3 處的零點被改變時，系統的控制性將怎麼變化。在此，我們用可變零點 $-z_0$ 代替 B_0 的第二個元素 3，並構成控制性矩陣：

$$Q_c = [B_0 \quad A_0 B_0] = \begin{bmatrix} 1 & -9-z_0 \\ -z_0 & -20 \end{bmatrix} \tag{10-27}$$

由行列式值定義可知 Q_c 的行列式值為

$$\det(Q_c) = -(z_0^2 + 9z_0 + 20)$$

當 $z_0 = -4$ 或 -5 時，該多項式值為零，表示當取這兩個值時 Q_c 為奇異矩陣，將失去可控制性。這意味著什麼呢？從參數 z_0 的角度來說，轉移函數是

$$G(s) = \frac{s - z_0}{(s+4)(s+5)}$$

如果 $z_0 = -4$ 或 -5，將出現極零點對消，該轉移函數從二階系統降到一階系統，例如當 $z_0 = -4$ 時，–4 所對應的狀態從輸入中被斷開，該狀態的控制作用也失去了。在前面已經以式 (10-7) 的轉移函數為例，得到它的兩種分解方式：一種是控制典型式；另一種是模態典型式。對於任意的零點，控制典型式一定是可以控制的，但當零點抵銷掉任一極點時，可觀察典型式將失去可控制性。所以，雖然這兩種形式可以代表同一個轉移函數，但可能無法從一種典型式的狀態變換到另一種典型式的狀態，即無法從觀察典型式轉換到控制典型式。雖然狀態變換不能影響可控制性，但若根據轉移函數選取特殊狀態時則可能會改變可控性，即可控制性是系統狀態的函數，不能由轉移函數來決定。

現在再回到式 (10-11a) 和式 (10-11b) 所做的轉移函數之模態典型式分解，正如前面所提到的，對於發生極點重根的轉移函數，並不能找到標準的模態典型式形式，所以為方便計算，假設系統只有單極點。另外，假設一般形式的狀態方程式如式 (10-14a) 和式 (10-14b) 所示。希望找到由式 (10-15) 定義的變換矩陣 P，使得變換後的式子 (10-17) 和式 (10-18) 是模態典型式形式。以 3×3 矩陣為例，在這種情況下，

假設矩陣 $\overline{A}$ 是對角矩陣 $\begin{bmatrix} \lambda_1 & 0 & 0 \\ 0 & \lambda_2 & 0 \\ 0 & 0 & \lambda_3 \end{bmatrix}$，且 P 由行向量 v_1、v_2、v_3 組成。根據這個假

設，狀態變換式 (10-17a) 為 $P\overline{A} = AP$，令 $P = \begin{bmatrix} v_1 & v_2 & v_3 \end{bmatrix}$，則

$$[v_1 \quad v_2 \quad v_3] \begin{bmatrix} \lambda_1 & 0 & 0 \\ 0 & \lambda_2 & 0 \\ 0 & 0 & \lambda_3 \end{bmatrix} = A[v_1 \quad v_2 \quad v_3] \tag{10-28}$$

式 (10-28) 可以得到

$$\lambda_i v_i = A v_i \ , \quad i = 1, 2, 3 \tag{10-29}$$

在矩陣代數中，式 (10-29) 是非常有名的特徵值系統，它的非零解就是所謂的特徵值 / 特徵向量 (eigenvector/eigenvalue)，其中 v_i 是一個非零的向量，A 是一個方陣，而 λ_i 是一個純量。向量 v_i 稱為 A 的特徵向量，而 λ_i 稱為相對應的特徵值 (eigenvalue)。因為先前看到模態典型式與部分分式展開式的關係，系統的極點分布在狀態矩陣的對角線上，所以可以看出這些 " 特徵值 " 就是系統的極點。把狀態描述矩陣變換為模態典型式的變換矩陣 P 就是矩陣 A 的特徵向量形成。在 MATLAB 中，指令 eig( ) 可以用來計算系統的特徵值與特徵向量。此外，式 (10-29) 是齊性聯立方程式，如果 v_i 是一個特徵向量，對於任意純量 a，則 av_i 也是特徵向量。在大多數情況下，我們會選擇純量參數 a 以使矩陣長度為單位長度，以方便後續計算。而 MATLAB 可以很容易達到此目標。以下舉一個例子來說明。

例題 10-9

求變換矩陣 P 將式 (10-8) 的控制典型式矩陣變換為式 (10-11) 的模態典型式形式。

解　由 $\det(\lambda I - A_c) = 0$，可得

$$\rightarrow \begin{vmatrix} \lambda + 9 & 20 \\ -1 & \lambda \end{vmatrix} = 0$$

$$\lambda^2 + 9\lambda + 20 = 0$$

所以特徵值為 $\lambda = -5$ 、 -4

分別將 $\lambda = -5$ 與 -4 代入特徵值系統

$$A_c v_1 = -5v_1 \rightarrow \begin{bmatrix} -9 & -20 \\ 1 & 0 \end{bmatrix} \begin{bmatrix} v_{11} \\ v_{21} \end{bmatrix} = -5 \begin{bmatrix} v_{11} \\ v_{21} \end{bmatrix}$$

則 $\begin{cases} -9v_{11} - 20v_{21} = -5v_{11} \\ v_{11} = -5v_{21} \end{cases} \rightarrow v_{11} + 5v_{21} = 0$

取 $v_1 = \begin{bmatrix} v_{11} \\ v_{21} \end{bmatrix} = c_1 \begin{bmatrix} 5 \\ -1 \end{bmatrix}$

同理 $\lambda = -4$ 時 $\rightarrow$ 特徵向量 v_2

$$v_2 = \begin{bmatrix} v_{21} \\ v_{22} \end{bmatrix} = c_2 \begin{bmatrix} -4 \\ 1 \end{bmatrix}$$

令 $c_1 = c_2 = 1$ ，則 $v_1 = \begin{bmatrix} 5 \\ -1 \end{bmatrix}$ 、 $v_2 = \begin{bmatrix} -4 \\ 1 \end{bmatrix}$

所以，變換矩陣及其逆矩陣為

$$P = \begin{bmatrix} 5 & -4 \\ -1 & 1 \end{bmatrix}, \quad P^{-1} = \begin{bmatrix} 1 & 4 \\ 1 & 5 \end{bmatrix} \tag{*}$$

由基本矩陣乘法可知，利用式 (*) 所定義的矩陣 P，式 (10-8) 和式 (10-11) 的矩陣有以下關係可得

$$A_m = P^{-1} A_c P \text{ , } B_m = P^{-1} B_c$$

$$C_m = C_c P \text{ , } D_m = D_c$$

這些計算可以由下面 MATLAB 指令得到結果：

```
P=[5 -4;-1  1]; Ac=[-9 -20;1 0]; Bc=[1 0]'; Cc=[1 3]; Dc=0;
Am=inv(P)*Ac*P
Bm=inv(P)*Bc
Cm=Cc *P
Dm=Dc
```

10-4　從狀態方程式求解動態響應

研究狀態變數方程式的結構後，現在緊接著求解狀態變數方程式下的動態響應，並找出狀態變數方程式與我們在前面章節所討論的古典控制學之極點和零點之間的關係。

🔵 10-4-1　狀態方程式之轉移函數

讓我們從式 (10-14a) 和式 (10-14b) 給出的一般狀態方程式開始，並且從頻域上出發。對下式狀態方程式進行拉氏轉換 (Laplace transform)

$$\dot{X} = AX + Bu \tag{10-30}$$

可以得到

$$sX(s) - X(0) = AX(s) + BU(s) \tag{10-31}$$

上式是一個代數方程式，$X(0)$ 表示狀態的初始條件。如果把包含 $X(s)$ 的項移到式 (10-31) 的左邊，可以得到

$$(sI - A)X(s) = BU(s) + X(0)$$

等式兩邊同乘以 $(sI - A)$ 的反矩陣，得

$$X(s) = (sI - A)^{-1}BU(s) + (sI - A)^{-1}X(0) \tag{10-32}$$

系統的輸出為

$$
\begin{aligned}
Y(s) &= CX(s) + DU(s) \\
&= C(sI - A)^{-1}BU(s) + C(sI - A)^{-1}X(0) + DU(s)
\end{aligned} \tag{10-33}
$$

該方程式表示所有初始狀態 $X(0)$ 和外在輸入作用 u 下的輸出響應。令 $X(0) = 0$ 可得系統轉移函數，為

$$G(s) = \frac{Y(s)}{U(s)} = C(sI - A)^{-1}B + D \tag{10-34}$$

以下用例子來說明如何利用上面公式求解轉移函數。

例題 10-10

用式 (10-34) 找出式 (10-8b) 和式 (10-8b) 描述的系統的轉移函數。

解 系統的狀態變數矩陣為

$$A = \begin{bmatrix} -9 & -20 \\ 1 & 0 \end{bmatrix}, \ B = \begin{bmatrix} 1 \\ 0 \end{bmatrix}$$

$$C = \begin{bmatrix} 1 & 3 \end{bmatrix}, \ D = 0$$

根據式 (10-34) 計算轉移函數，先計算 $sI - A = \begin{bmatrix} s+9 & 20 \\ -1 & s \end{bmatrix}$

再計算出 $(sI - A)^{-1} = \dfrac{\begin{bmatrix} s & -20 \\ 1 & s+9 \end{bmatrix}}{s(s+9) + 20}$ 　　　　(*)

然後將上式 (*) 代入式 (10-34) 可得到

$$G(s) = \frac{\begin{bmatrix} 1 & 3 \end{bmatrix}\begin{bmatrix} s & -20 \\ 1 & s+9 \end{bmatrix}\begin{bmatrix} 1 \\ 0 \end{bmatrix}}{s(s+9)+20} = \frac{\begin{bmatrix} 1 & 3 \end{bmatrix}\begin{bmatrix} s \\ 1 \end{bmatrix}}{s(s+9)+20} = \frac{(s+3)}{(s+5)(s+4)}$$

結果也可以用以下的 MATLAB 指令得到：

```
[num,den]=ss2tf(A,B,C,D)
```

得到 num=[0 1 3] 且 den=[1 9 20]，這與直接計算結果是一致的。

例題 10-11

考慮下列回授控制系統，如圖所示。

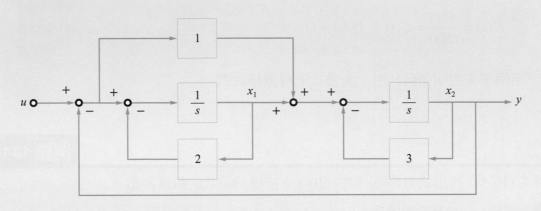

(1) 請寫出系統的狀態方程式，其中 $u(t)$ 是控制輸入，$y(t)$ 是輸出狀態。

(2) 求系統的轉移函數。

(3) 請確認系統是否可控制。

解 (1)根據圖上狀態的定義可得：

$$\begin{cases} x_1 = \dfrac{1}{s}(u - y - 2x_1) \\ x_2 = \dfrac{1}{s}(x_1 + u - y - 3x_2) \\ y = x_2 \end{cases} \xrightarrow{\text{取拉式反轉換}} \begin{cases} \dot{x}_1 = -2x_1 - x_2 + u \\ \dot{x}_2 = x_1 - 4x_2 + u \\ y = x_2 \end{cases}$$

則 $\begin{bmatrix} \dot{x}_1 \\ \dot{x}_2 \end{bmatrix} = \begin{bmatrix} -2 & -1 \\ 1 & -4 \end{bmatrix}\begin{bmatrix} x_1 \\ x_2 \end{bmatrix} + \begin{bmatrix} 1 \\ 1 \end{bmatrix}u \Rightarrow y = \begin{bmatrix} 0 & 1 \end{bmatrix}\begin{bmatrix} x_1 \\ x_2 \end{bmatrix}$

(2)利用公式 (10-34)，可求得轉移函數為 $(D = 0)$，如下式

$$\Rightarrow \frac{Y(s)}{U(s)} = G(s) = \begin{bmatrix} 0 & 1 \end{bmatrix}\begin{bmatrix} s+2 & 1 \\ -1 & s+4 \end{bmatrix}^{-1}\begin{bmatrix} 1 \\ 1 \end{bmatrix} = \frac{s+3}{s^2 + 6s + 9}$$

(3)控制性矩陣

$$\Rightarrow Q_c = \begin{bmatrix} B & AB \end{bmatrix} = \begin{bmatrix} 1 & -3 \\ 1 & -3 \end{bmatrix}，由 \operatorname{rank}(Q_c) = 1，所以系統不可控制。$$

● 10-4-2 轉移函數的極點

因為式 (10-34) 是用一般狀態空間描述矩陣 A、B、C 和 D 來表示轉移函數，所以可以用這些矩陣表示極點和零點。在前面內容看到將狀態矩陣變換為對角線矩陣形式，極點即為特徵值會出現在矩陣 A 的主對角線上。在系統的暫態響應中，正如在前面章節所看到的，轉移函數 $G(s)$ 的極點就是一般頻域響應 s 的值，所以如果 $s = p_i$，則系統在沒有輸入函數的作用下對初始條件的響應為 $K_i e^{p_i t}$。在本書中，p_i 稱為系統的自然模態 (natural mode)。如果我們用狀態空間方程式 (10-14a) 與 (10-14b)，並令輸入函數 u 為零，可得

$$\dot{X} = AX$$

如果假設初始條件如下：

$$X(0) = X_0$$

則整個狀態方程式按照拉氏轉換相同的狀態解可以寫成 $X(t) = e^{p_i t} X_0$。代入上式得到

$$\dot{X}(t) = p_i e^{p_i t} X_0 = AX = Ae^{p_i t} X_0$$

或

$$AX_0 = p_i X_0 \tag{10-35}$$

我們可以將式 (10-35) 改寫為

$$(p_i I - A)X_0 = 0 \tag{10-36}$$

式 (10-35) 和 (10-36) 中矩陣 A 的特徵值 p_i 和特徵向量 X_0 形成與在例題 10-9 中看到的特徵向量 / 特徵值問題一樣。如果只對特徵值感興趣，可以利用以下方式求出特徵值，對於任意非零 X_0，式 (10-36) 有非零解的條件是

$$\det(p_i I - A) = 0 \tag{10-37}$$

這個方程式再次說明轉移函數的極點就是系統矩陣 A 的特徵值。行列式 (10-37) 是特徵值 p_i 的多項式,稱為特性方程式或特徵方程式 (characteristic equation)。再回到例題 10-9 中,可以解特性方程式 (10-37),並求得極點,令 $p_i = s$ 可得以下方程式:

$$\det(sI - A) = 0 \text{,即} \det \begin{bmatrix} s+9 & 20 \\ -1 & s \end{bmatrix} = 0$$

$$\Rightarrow s(s+9) + 20 = (s+5)(s+4) = 0$$

這再一次證實系統的極點就是 A 的特徵值,由穩定理論可知,若存在有 $p_i > 0$ 則系統不穩定,即有正特徵值之矩陣 A 所對應的系統是不穩定的。

💬 10-4-3　轉移函數的零點

我們也可以從狀態變數描述矩陣 A、B、C 來求系統的零點。所謂零點是可以在非零輸入和非零狀態的情況下得到零輸出,所以若輸入是零點模態 z_i 的指數形式,即

$$u(t) = u_0 e^{z_i t} \tag{10-38}$$

則輸出恆等於零,即如下式

$$y(t) \equiv 0 \tag{10-39}$$

根據常微分方程式求解的觀念可知式 (10-38) 和式 (10-39) 的狀態空間方程式描述為 $u = u_0 e^{z_i t}$,$X(t) = X_0 e^{z_i t}$,$y(t) \equiv 0$,所以 $\dot{X} = z_i e^{z_i t} X_0 = A e^{z_i t} X_0 + B u_0 e^{z_i t}$ 或者

$$[z_i I - A \quad -B] \begin{bmatrix} X_0 \\ u_0 \end{bmatrix} = 0 \tag{10-40}$$

且

$$y = CX + Du = C e^{z_i t} X_0 + D u_0 e^{z_i t} \equiv 0 \tag{10-41}$$

聯立式 (10-40) 和式 (10-41)，可以得到

$$\begin{bmatrix} z_i I - A & -B \\ C & D \end{bmatrix} \begin{bmatrix} X_0 \\ u_0 \end{bmatrix} = \begin{bmatrix} 0 \\ 0 \end{bmatrix} \tag{10-42}$$

從上式可知，狀態空間的零點就是滿足式 (10-42) 具有非零解的 z_i 的一個值。即等效於以下行列式的解

$$\det \begin{bmatrix} z_i I - A & -B \\ C & D \end{bmatrix} = 0 \tag{10-43}$$

例題 10-12

計算方程式 (10-8) 所描述的系統的零點。

解　使用式 (10-43) 計算系統的零點 (取 $z_i = s$)，則

$$\det \begin{bmatrix} s+9 & 20 & -1 \\ -1 & s & 0 \\ 1 & 3 & 0 \end{bmatrix} = 0 \text{，由行列式降階可得} -1 \cdot \det \begin{bmatrix} -1 & s \\ 1 & 3 \end{bmatrix} = 0$$

即 $-3 - s = 0$，則 $s = -3$

此處所得的結果與式 (10-7) 的轉移函數的零點一致。該結果也可由以下 MATLAB 程式得到：

```
sysG=ss(Ac,Bc,Cc,Dc);
z=tzero(sysG)
```

得到 $z = -3.0$。

式 (10-37) 的特性方程式和式 (10-43) 的零點多項式，可以透過狀態空間矩陣結合在一起，以簡潔的形式表示轉移函數為

$$G(s) = \frac{\det \begin{bmatrix} sI - A & -B \\ C & D \end{bmatrix}}{\det(sI - A)}$$

上式中分母 $\det(sI - A) = 0$ 為極點，$\det\begin{bmatrix} sI - A & -B \\ C & D \end{bmatrix} = 0$ 為零點，且我們是取 (10-37) 式中的 p_i 與 (10-43) 式中 z_i 為 s。

10-5　全狀態回授的控制律設計

接著在本章節將介紹狀態空間設計法，此設計法之控制律 (control law) 的用途就是允許我們為閉迴路系統設計一組極點，使其得到我們想要的動態響應，例如符合要求的上升時間、最大超越量和其他暫態響應性能指標。首先將說明如何用全狀態回授引入參考輸入，並確定安排設計的極點可以使系統具有良好的控制響應。接著介紹如果全狀態不可用，如何透過設計估測器 (estimator) (有時稱為觀測器 (observer))，估測整個狀態向量，接著是討論結合控制律與估測器。圖 10-11 表示控制律和估測器之結合方式，也說明結合設計即是前面古典控制學所說的補償 (compensation)，此時控制律的計算是基於估測狀態而不是真實狀態。此外也將說明利用結合控制律和估測器所得到的閉迴路極點的位置，與分別設計控制器和估測器閉迴路極點所得到的結果是一樣的。最後就是引入參考輸入使得受控系統的輸出在上升時間、最大超越量和安定時間可接受的範圍內追蹤外部命令。

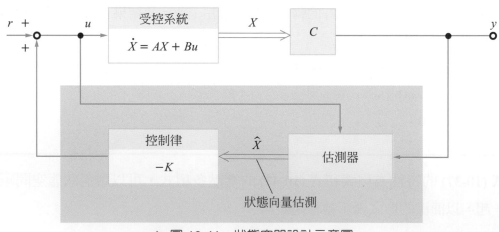

▲ 圖 10-11　狀態空間設計示意圖

10-5-1 極點配置 (pole placement) 求控制律

我們先不考慮估測器，其可簡化如圖 10-12 所示。正如前面所提到的，狀態空間設計法的第一步就是確定控制律，如圖 10-12，取 $u = r - kx$ 也就是參考輸入 $r(t)$ 減去狀態變數的線性組合所組成的回授，由於在常用的控制策略常會希望將系統控制到原點，即 $r(t) = 0$，則 $u = -KX$，即

$$u = -KX = -[k_1 \quad k_2 \ldots \quad k_n] \begin{bmatrix} x_1 \\ x_2 \\ \vdots \\ x_n \end{bmatrix} \tag{10-44}$$

另外，為了實現該回授控制律，我們假設狀態向量的所有狀態均可以量測到，以保證第一步設計能繼續。式 (10-44) 表示系統的狀態向量回授通過一個常數矩陣後形成控制律 u，如圖 10-12 所示。對於一個 n 階系統，將有 n 個回授增益，k_1、……、k_n，且由於系統有 n 個根，就有足夠的自由度，使得可以通過選擇合適的 k_i 值而得到我們期望的根的位置。這種極點配置與根軌跡設計形成鮮明的對比，在根軌跡設計中，只有一個參數且閉迴路極點被嚴格限制需在某個軌跡上，但在狀態回授控制可以有 n 個變數可以調整，其靈活度遠遠大於根軌跡，也是此方法的一大優勢。

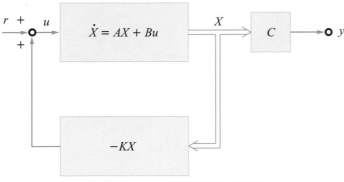

▲ 圖 10-12　狀態回授方塊圖

將式 (10-44) 的回授控制律代入式 (10-14a) 所描述的系統中，得到

$$\dot{X} = AX - BKX \tag{10-45}$$

該閉迴路系統的特性方程式 (特徵方程式) 為

$$\det[sI - (A - BK)] = 0 \tag{10-46}$$

經過計算，得到以 s 為變數且包含 k_1、……、k_n 之 n 次多項式。控制律設計包括確定增益 K 使得式 (10-46) 的根在所想要的位置上，假設期望的根的位置為

$$s = s_1, s_2, \cdots, s_n$$

則對應的滿足的特性方程式為

$$\alpha_c(s) = (s - s_1)(s - s_2)\cdots(s - s_n) = 0 \tag{10-47}$$

因此，通過比較式 (10-46) 和式 (10-47) 的對應係數，可得到所期望的 K 矩陣內的的元素，其使得系統的特性方程式與所期望的特性方程式完全一樣，這樣閉迴路極點被安排在所想要的位置上，稱為極點配置法 (pole placement)。

例題 10-13

假設一個單擺在其頻率為 ω_0 時，其狀態空間方程式為

$$\begin{bmatrix} \dot{x}_1 \\ \dot{x}_2 \end{bmatrix} = \begin{bmatrix} 0 & 1 \\ -\omega_0^2 & 0 \end{bmatrix} \begin{bmatrix} x_1 \\ x_2 \end{bmatrix} + \begin{bmatrix} 0 \\ 1 \end{bmatrix} u$$

請確定控制律使得系統的閉迴路極點位置為 $-3\omega_0$。換言之，即是讓自然頻率變 3 倍，並把阻尼比從 0 增加到 1。

解 由式 (10-47) 得到

$$\alpha_c(s) = (s + 3\omega_0)^2 = s^2 + 6\omega_0 s + 9\omega_0^2 \tag{*}$$

再由式 (10-46) 可知

$$\det[sI - (A - BK)] = \det\left\{\begin{bmatrix} s & 0 \\ 0 & s \end{bmatrix} - \left(\begin{bmatrix} 0 & 1 \\ -\omega_0^2 & 0 \end{bmatrix} - \begin{bmatrix} 0 \\ 1 \end{bmatrix}\begin{bmatrix} k_1 & k_2 \end{bmatrix}\right)\right\} = 0$$

$$\Rightarrow \det\left\{\begin{bmatrix} s & 0 \\ 0 & s \end{bmatrix} - \begin{bmatrix} 0 & 1 \\ -\omega_0^2 - k_1 & -k_2 \end{bmatrix}\right\} = 0$$

展開得

$$s^2 + k_2 s + \omega_0^2 + k_1 = 0 \qquad\qquad (**)$$

比較式 (*) 和式 (**) 相同階數的 s 的係數相等可得

$$k_2 = 6\omega_0 \ , \ \omega_0^2 + k_1 = 9\omega_0^2$$

所以

$$k_1 = 8\omega_0^2 \ , \ k_2 = 6\omega_0$$

即控制律為

$$K = \begin{bmatrix} k_1 & k_2 \end{bmatrix} = \begin{bmatrix} 8\omega_0^2 & 6\omega_0 \end{bmatrix}$$

若給定閉迴路系統初始條件 $x_1(0) = 1.0$ 、 $x_2(0) = 0.0$ 和 $\omega_0 = 1$ 的響應，其脈衝響應如下圖所示。

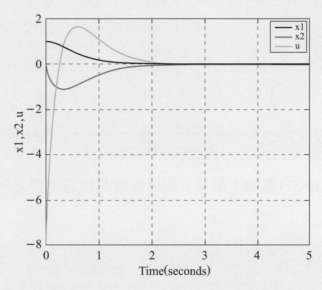

全狀態回授之無阻尼振盪器脈衝響應 $(\omega_0 = 1)$

10-5-2 控制典型式之狀態回授控制

依照上面方式可以推廣到在控制律設計中十分有用的控制典型式之狀態回授控制。考慮以下的三階系統

$$\dddot{y} + a_1\ddot{y} + a_2\dot{y} + a_3 y = b_1\ddot{u} + b_2\dot{u} + b_3 u \tag{10-48}$$

則對應的轉移函數為

$$G(s) = \frac{Y(s)}{U(s)} = \frac{b_1 s^2 + b_2 s + b_3}{s^3 + a_1 s^2 + a_2 s + a_3} = \frac{b(s)}{a(s)} \tag{10-49}$$

假設引入一個輔助變數 (auxiliary variable)(稱為部分狀態) ξ，如圖 10-13(a) 所示之控制典型式方塊圖。則從 U 到 ξ 的轉移函數為

$$\frac{\xi(s)}{U(s)} = \frac{1}{a(s)} \tag{10-50}$$

或

$$\dddot{\xi} + a_1\ddot{\xi} + a_2\dot{\xi} + a_3\xi = u \tag{10-51}$$

如果重新整理式 (10-51) 為如下形式，則可以容易地畫出與之對應的方塊圖如圖 10-13(b) 所示。

$$\dddot{\xi} = -a_1\ddot{\xi} - a_2\dot{\xi} - a_3\xi + u \tag{10-52}$$

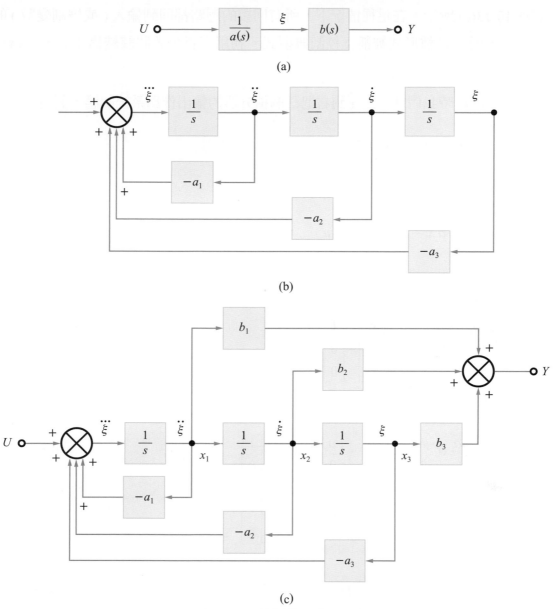

▲ 圖 10-13　控制典型式之推導圖

為了求解輸出，回到圖 10-13(a)，再由

$$Y(s) = b(s)\xi(s)$$

即

$$y = b_1\ddot{\xi} + b_2\dot{\xi} + b_3\xi$$

其如圖 10-13(c) 所示。在這種情況下，所有回授的迴路都回到輸入 (或控制變數) 的施加點處，所以這種形式被稱爲控制典型式。利用梅森公式將該結構化簡，其轉移函數即爲 $G(s)$。

在實際應用時我們通常從左到右把三個積分器的輸出作爲系統狀態，記爲

$$x_1 = \ddot{\xi}_1 \ , \ x_2 = \dot{\xi}_1 \ , \ x_3 = \xi$$

得到

$$\dot{x}_1 = \dddot{\xi} = -a_1 x_1 - a_2 x_2 - a_3 x_3 + u$$

$$\dot{x}_2 = x_1$$

$$\dot{x}_3 = x_2$$

即 $\begin{bmatrix} \dot{x}_1 \\ \dot{x}_2 \\ \dot{x}_3 \end{bmatrix} = \begin{bmatrix} -a_1 & -a_2 & -a_3 \\ 1 & 0 & 0 \\ 0 & 1 & 0 \end{bmatrix} \begin{bmatrix} x_1 \\ x_2 \\ x_3 \end{bmatrix} + \begin{bmatrix} 1 \\ 0 \\ 0 \end{bmatrix} u$

可以寫出描述控制典型式的一般矩陣：

$$A_c = \begin{bmatrix} -a_1 & -a_2 & \cdots & \cdots & -a_n \\ 1 & 0 & \cdots & \cdots & 0 \\ 0 & 1 & 0 & \cdots & 0 \\ \vdots & & \ddots & 1 & 0 \\ 0 & 0 & \cdots & 1 & 0 \end{bmatrix} , \ B_c = \begin{bmatrix} 1 \\ 0 \\ 0 \\ \vdots \\ 0 \end{bmatrix} \tag{10-53a}$$

$$C_c = \begin{bmatrix} b_1 & b_2 & \cdots & \cdots & b_n \end{bmatrix} , \ D_c = 0 \tag{10-53b}$$

其特性方程式爲 $\Delta(s) = s^n + a_1 s^{n-1} + a_2 s^{n-2} \cdots + a_n$，該首項係數爲 1 的多項式，且其係數是矩陣 A_c 的第一列元素。如果計算閉迴路系統矩陣 $A_c - B_c K_c$，可以得到

$$A_c - B_c K_c = \begin{bmatrix} -a_1 - k_1 & -a_2 - k_2 & \cdots & \cdots & -a_n - k_n \\ 1 & 0 & \cdots & \cdots & 0 \\ 0 & 1 & 0 & \cdots & 0 \\ \vdots & & \ddots & & \vdots \\ 0 & 0 & \cdots & 1 & 0 \end{bmatrix} \tag{10-54}$$

比較式 (10-53a) 和式 (10-54) 且根據控制典型式之特性方程式的寫法，可知閉迴路特性方程式為

$$s^n + (a_1 + k_1)s^{n-1} + (a_2 + k_2)s^{n-2} + \cdots + (a_n + k_n) = 0 \tag{10-55}$$

所以，如果想要的極點的特性方程式如下：

$$\alpha_c(s) = s^n + \alpha_1 s^{n-1} + \alpha_2 s^{n-2} + \cdots + \alpha_n = 0 \tag{10-56}$$

則回授增益可以由上式 (10-55) 和式 (10-56) 的比較係數而得到，

$$k_1 = -a_1 + \alpha_1 \text{ , } k_2 = -a_2 + \alpha_2 \text{ , } \cdots\cdots \text{ , } k_n = -a_n + \alpha_n \tag{10-57}$$

　　至此，我們已有控制設計過程的基礎。即給一個由任意 (A, B) 描述的 n 階系統，並給定一個首項係數為 1 的 n 階特徵多項式 $\alpha_c(s)$，則設計步驟為：(1) 取狀態變換式 $X = PZ$，將 (A, B) 變換為控制典型式 (A_c, B_c)，(2) 利用式 (10-57) 可以解出控制增益，並給出控制律 $u = -K_c Z$。(3) 因為這樣求出的增益是相對於控制典型式的控制律，還必須將增益換為相對原來的狀態，得到 $K = K_c P^{-1}$。

　　這種變換法也可以由阿克曼公式 (Ackermann formula) 來計算，其詳細證明有興趣的讀者可以自行研究。其做法為：將矩陣變換為 (A_c, B_c) 後求解增益，可由下面公式求解

$$K = [0 \ \cdots \ 0 \ 1] A_{CL}^{-1} \alpha_c(A) \tag{10-58}$$

其中，

$$A_{CL} = [B \ \ AB \ \ A^2 B \ \ \cdots \ \ A^{n-1}B] \tag{10-59}$$

式中 $A_{CL} = Q_c$ 是我們在前面介紹的控制性矩陣，n 代表系統的階數和狀態變數的個數，且 $\alpha_c(A)$ 是一個由下式定義的矩陣多項式：

$$\alpha_c(A) = A^n + \alpha_1 A^{n-1} + \alpha_2 A^{n-2} + \cdots + \alpha_n I \tag{10-60}$$

其中 α_i 是所期望的特性多項式 (10-56) 的係數，注意式 (10-60) 是一個矩陣方程式，以一個例子說明如下。

例題 10-14

(1) 利用 Ackermann 公式求解例題 10-13 中無阻尼振盪器的增益。

(2) 設 $\omega_0 = 1$，用 MATLAB 驗證計算結果。

解 (1)所期望的特性方程式為 $\alpha_c(s) = (s + 3\omega_0)^2$，所以期望的特徵多項式的係數為

$$\alpha_1 = 6\omega_0 \ , \ \alpha_2 = 9\omega_0^2$$

由 $A = \begin{bmatrix} 0 & 1 \\ -\omega_0^2 & 0 \end{bmatrix}$ 將它代入到式 (10-60)，得到

$$\alpha_c(A) = \begin{bmatrix} -\omega_0^2 & 0 \\ 0 & -\omega_0^2 \end{bmatrix} + 6\omega_0 \begin{bmatrix} 0 & 1 \\ -\omega_0^2 & 0 \end{bmatrix} + 9\omega_0^2 \begin{bmatrix} 1 & 0 \\ 0 & 1 \end{bmatrix} = \begin{bmatrix} 8\omega_0^2 & 6\omega_0 \\ -6\omega_0^3 & 8\omega_0^2 \end{bmatrix} \quad (*)$$

控制性矩陣為

$$A_{CL} = \begin{bmatrix} B & AB \end{bmatrix} = \begin{bmatrix} 0 & 1 \\ 1 & 0 \end{bmatrix}$$

由此得到

$$A_{CL}^{-1} = \begin{bmatrix} 0 & 1 \\ 1 & 0 \end{bmatrix} \quad (**)$$

最後，將上式 (**) 和式 (*) 代入式 (10-58)，得到

$$K = \begin{bmatrix} k_1 & k_2 \end{bmatrix} = \begin{bmatrix} 0 & 1 \end{bmatrix} \begin{bmatrix} 0 & 1 \\ 1 & 0 \end{bmatrix} \begin{bmatrix} 8\omega_0^2 & 6\omega_0 \\ -6\omega_0^3 & 8\omega_0^2 \end{bmatrix}$$

故有

$$K = \begin{bmatrix} 8\omega_0^2 & 6\omega_0 \end{bmatrix}$$

這與先前得到的結果是一樣的。

(2)相應的 MATLAB 指令為：

```
wo=1;
A=[0  1;-wo*wo 0];
B=[0;1];
pc=[-3*wo;-3*wo];
K=acker(A,B,pc)
```

得到 $K = [8 \ 6]$，與直接求解結果一致。

例題 10-15

已知一動態方程式如下所示：

$$\dot{X} = \begin{bmatrix} 1 & 2 & 3 \\ 0 & 1 & -1 \\ 2 & 0 & 0 \end{bmatrix} X + \begin{bmatrix} 1 \\ 0 \\ 0 \end{bmatrix} u \text{ , } y = \begin{bmatrix} 3 & 1 & 2 \end{bmatrix} X$$

令 $u = \begin{bmatrix} k_1 & k_2 & k_3 \end{bmatrix} \begin{bmatrix} x_1 \\ x_2 \\ x_3 \end{bmatrix}$，試求在配置此系統之極點為 -1、-2、-3 時之 k_1、k_2、k_3

值。

解 閉迴路經過狀態回授設計之後，特性方程式為

$$\det[sI - (A + BK)]$$

$$= \det \begin{bmatrix} s - (1 + k_1) & -(2 + k_2) & -(3 + k_3) \\ 0 & s - 1 & 1 \\ -2 & 0 & s \end{bmatrix}$$

$$= s^3 - (2 + k_1)s^2 + (k_1 - 2k_3 - 5)s + 2(5 + k_3 + k_2) \tag{*}$$

因為希望系統經過狀態回授後的特徵值為 -1、-2、-3，因此特性方程式為

$$a_c(s) = (s + 1)(s + 2)(s + 3) = s^3 + 6s^2 + 11s + 6 \tag{**}$$

比較上式 (*) 與 (**) 的係數

$$-(2 + k_1) = 6$$

$$k_1 - 2k_3 - 5 = 11$$

$$2(5 + k_3 + k_2) = 6$$

可得 $k_1 = -8$，$k_2 = 10$，$k_3 = -12$。

10-6 估測器設計

在前面章節中討論狀態回授的控制在所有狀態變數均可量測下的控制律設計。然而在大多數實際系統中,並不是所有的狀態變數都可量測的。測量這些值所需的感測器的成本在現實中可能太高或是不被允許的,又或者在物理上要測量所有的狀態變數是不可能達到的,比如說,在半導體製程反應系統中就不可能測出所有的狀態,例如反應爐的溫度。設狀態的估測為$\hat{X}$,如果可以用估測值代替實際控制律的真實狀態,將可以讓我們比較方便來進行控制律設計,本節將集中在估測器如何設計。

10-6-1 全階估測器 (full state observer)

為了達成狀態估測,可以為動態系統建構一個全階狀態估測模型如下:

$$\dot{\hat{X}} = A\hat{X} + Bu \qquad\qquad (10\text{-}61)$$

其中$\hat{X}$是真實狀態X的估測狀態,A、B 和 $u(t)$是已知的,所以如果我們可以找到正確的初始條件$X(0)$,並令$\hat{X}(0)$與之相等,則估測器是可以滿足要求的,圖 10-14 描繪這個開迴路估測器的架構。但是,正是因為缺乏初始狀態$X(0)$的資訊,所以才要建構估測器。另外,估測的狀態要能夠準確地追蹤真實狀態。所以,如果假設初始條件存在一個很大誤差的估測,則估測狀態將可能產生不斷增加的發散或者誤差趨近於零的速度很慢以致於失去真正估測的作用。另外,在已知系統(A,B)中,微小的誤差將導致估測狀態偏移真實狀態。

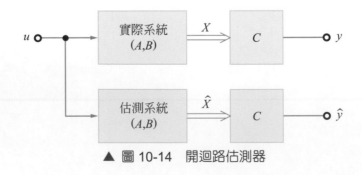

▲ 圖 10-14　開迴路估測器

爲了研究該估測器的動態特性，我們定義狀態估測的誤差爲

$$\tilde{X} \triangleq X - \hat{X}$$

則此誤差系統的動態方程式爲

$$\dot{\tilde{X}} = \dot{X} - \dot{\hat{X}} = A\tilde{X} \ , \ \tilde{X}(0) = X(0) - \hat{X}(0)$$

對於一個穩定系統 (即 A 是穩定的，即其特徵值實部均爲負)，該誤差收斂到零，但我們無法改變估測狀態收斂到眞實狀態的速度。因此我們引入回授控制的觀念。將測量實際輸出與估測輸出之間的誤差訊號回授到輸入端，並用該誤差訊號持續不斷地調整模型。如圖 10-15 所示，此閉迴路的方程式爲

$$\dot{\hat{X}} = A\hat{X} + Bu + L(y - C\hat{X}) \tag{10-62}$$

其中 L 是比例增益，其定義爲

$$L = [l_1, l_2, \ldots, l_n]^T$$

用以滿足誤差特性。誤差的動態方程式可通過用眞實狀態 [式 (10-30) $\dot{X} = AX + Bu$] 減去估計狀態 [式 (10-62)] 得到，即誤差方程式爲

$$\dot{X} - \dot{\hat{X}} = A(X - \hat{X}) - L(CX - C\hat{X})$$

$$\dot{\tilde{X}} = (A - LC)\tilde{X} \tag{10-63}$$

則誤差的特徵方程式爲

$$\det[sI - (A - LC)] = 0 \tag{10-64}$$

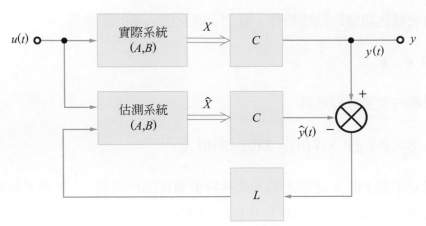

▲ 圖 10-15 閉迴路估測器

如果選擇 L 使得 $A - LC$ 穩定且足夠快速的特徵值,則 $\tilde{X}$ 將衰減到零並保持為零,且與已知的輸入函數 $u(t)$ 和狀態 $X(t)$ 無關,與初始條件 $\tilde{X}(0)$ 也無關。這就意味著不管 $\hat{X}(0)$ 是什麼值,$\hat{X}(t)$ 都將收斂到 $X(t)$;另外,L 的選擇跟控制律設計中 K 的選擇有相同的方式。如果將估測器誤差極點的想要位置為

$$s_i = \beta_1, \beta_2, \cdots, \beta_n$$

則想要的估測器狀態方程式為

$$\alpha_e(s) \triangleq (s - \beta_1)(s - \beta_2)\cdots(s - \beta_n) \tag{10-65}$$

通過比較式 (10-64) 和式 (10-65) 的係數可以解出 L,以下用一個例子說明如下。

例題 10-16

請為例題 10-13 中單擺系統設計一個估測器。計算估測器的增益矩陣使得所有的估測器誤差極點為 $-15\omega_0$ (收斂速度是例題 10-13 中選擇的控制極點的 5 倍)。設 $\omega_0 = 1$,利用 MATLAB 驗證結果。

解 系統運動方程式為

$$\dot{X} = \begin{bmatrix} 0 & 1 \\ -\omega_0^2 & 0 \end{bmatrix} X + \begin{bmatrix} 0 \\ 1 \end{bmatrix} u$$

現在要求把估測誤差極點配置在 $-10\omega_0$。對應的特性方程式為

$$\alpha_e(s) = (s + 15\omega_0)^2 = s^2 + 30\omega_0 s + 225\omega_0^2 \qquad (*)$$

由式 (10-64)，我們得到

$$\det[sI - (A - LC)] = s^2 + l_1 s + l_2 + \omega_0^2 \qquad (**)$$

比較上式 $(*)$ 和式 $(**)$ 的係數，可以得到

$$L = \begin{bmatrix} l_1 \\ l_2 \end{bmatrix} = \begin{bmatrix} 30\omega_0 \\ 224\omega_0^2 \end{bmatrix} \qquad (***)$$

對於 $\omega_0 = 1$，也可用 MATLAB 求得結果，用以下 MATLAB 程式：

```
wo=1;
A=[0 1;-wo*wo 0];
C=[1 0];
pe=[-15*wo;-15*wo];
Lt=acker(A',C',pe);
L=Lt'
```

可以得到 $L = [30\ \ 224]^T$，與先前直接用計算的結果式 $(***)$ 一致。

通過加入真實狀態回授到裝置中並描繪估測誤差曲線，可了解估測器的性能。若將式 (10-45) 含有狀態回授的裝置和式 (10-62) 含有輸出回授的估測器聯立，得到以下整個系統的方程式：

$$\begin{bmatrix} \dot{X} \\ \dot{\hat{X}} \end{bmatrix} = \begin{bmatrix} A - BK & 0 \\ LC - BK & A - LC \end{bmatrix} \begin{bmatrix} X \\ \hat{X} \end{bmatrix} \qquad (10\text{-}66a)$$

$$y = [C \ \ 0] \begin{bmatrix} X \\ \hat{X} \end{bmatrix} \qquad (10\text{-}66b)$$

$$\tilde{y} = [C \ \ -C] \begin{bmatrix} X \\ \hat{X} \end{bmatrix} \qquad (10\text{-}66c)$$

整個系統的結構方塊圖如圖 10-16 所示。回到例題 10-13 與例題 10-16 中，當 $\omega_0 = 1$，且初始條件為 $X_0 = [2.0 \ -1.0]^T$ 和 $\hat{X}_0 = [0 \ 0]^T$ 時，閉迴路系統的響應如圖 10-17 所示，其中 K 由例題 10-13 得到，而 L 由例題 10-16 中式 (***) 得到。

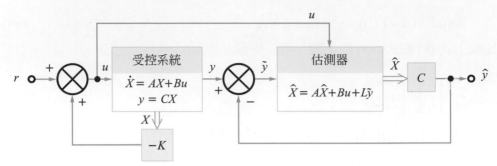

▲ 圖 10-16　具有估測器之狀態回授控制架構

由圖 10-17 中可以發現透過該設計，例題 10-16 之系統，即使 $\hat{X}$ 的初始條件的值有很大的誤差，經過很短的時間可以發現估測的狀態會收斂到真實狀態。從收斂圖也可以發現在我們的設計中，估測誤差衰減的速度比狀態本身衰減的速度快約五倍，跟我們設計特徵值之衰減速度一致。

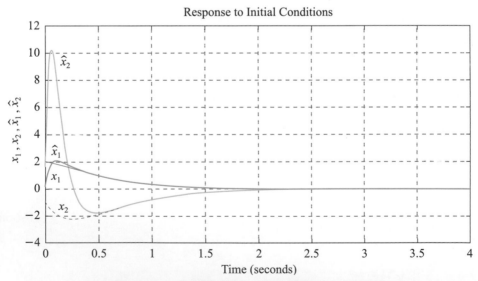

▲ 圖 10-17　振盪器的初始條件響應之 x 和 $\hat{x}$ 曲線

10-6-2　觀察典型式

　　在狀態回授控制律設計時，可以透過控制典型式讓控制參數設計變得比較容易，在估測器設計時也存在標準式使得估測器增益的設計方程式比較簡單且容易。在章節 9-4 中介紹觀察典型式形式如下：

$$\dot{X}_o = A_o X_o + B_o u \tag{10-67a}$$

$$y = C_o X_o \tag{10-67b}$$

其中，

$$A_o = \begin{bmatrix} -a_1 & 1 & 0 & 0 & 0 & 0 \\ -a_2 & 0 & 1 & 0 & \cdots & \vdots \\ \vdots & \vdots & & \ddots & & 1 \\ -a_n & 0 & 0 & 0 & & 0 \end{bmatrix}, \ B_o = \begin{bmatrix} b_1 \\ b_2 \\ \vdots \\ b_n \end{bmatrix}, \ C_o = [1 \ 0 \ 0 \ \cdots \ 0] \tag{10-67c}$$

　　三階情況的方塊圖如圖 10-18 所示。在觀察典型式中，所有的回授都源於輸出或估測訊號。就像控制典型式一樣，觀察典型式是一種很直接的形式，因為矩陣中有意義的元素的值是直接從相應的轉移函數 $G(s)$ 的分子和分母多項式的係數得到的。矩陣 A_o 稱為特性方程式的左伴隨矩陣 (left companion matrix)，因為方程式的係數出現在矩陣的左邊。

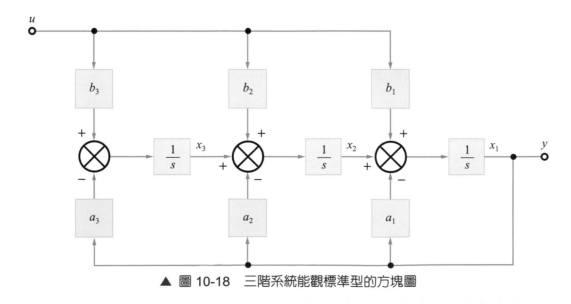

▲ 圖 10-18　三階系統能觀標準型的方塊圖

觀察典型式的一個優點是可通過直接觀察得到估測器增益。先以三階系統爲例，三階系統的估測器誤差閉迴路矩陣是

$$A_o - L_o C_o = \begin{bmatrix} -a_1 - l_1 & 1 & 0 \\ -a_2 - l_2 & 0 & 1 \\ -a_3 - l_3 & 0 & 0 \end{bmatrix}$$

相應的特性方程式 $\det[sI - (A_o - L_o C_o)] = 0$ 爲下式

$$s^3 + (a_1 + l_1)s^2 + (a_2 + l_2)s + (a_3 + l_3) = 0 \qquad (10\text{-}68)$$

通過比較式 (10-68) 和式 (10-65)，$a_e(s)$ 的係數可以得到估測器增益。類似狀態回授控制律設計的步驟，可以找到一種變換，使得系統有這種結構特性，稱爲觀察性 (observability)，就能將給定的系統轉換爲觀察典型式標準型。粗略地說，觀察性是指可以僅通過監控感測器的輸出就能推出系所有狀態之訊息的能力。當某些狀態或子系統在物理上與輸出斷開而不再出現時，就產生不可觀察性。可由如下的觀察性矩陣 (observability matrix) 判斷系統的觀察性。

$$Q_o = \begin{bmatrix} C \\ CA \\ \vdots \\ CA^{n-1} \end{bmatrix} \qquad (10\text{-}69)$$

若上述公式 (10-69) 中 Q_o 滿秩，即表示各列不相關爲線性獨立。對於所研究的單輸出系統，Q_o 是方陣，所以可以說 Q_o 爲非奇異或者說其行列式值不爲零。一般而言，在觀察性矩陣是非奇異下，可以找到變換使系統轉換成爲觀察典型式。這與先前將系統矩陣轉換爲控制典型式的結論是相似的。

如同控制律設計的情況一樣，可以找到化爲觀察典型式的變換矩陣，然後通過與式 (10-68) 進行計算求出增益，再反變換回去，從而完成設計。計算 L 的另一種方法是在估測器形式中應用 Ackermann 公式，即

$$L = \alpha_e(A) Q_o^{-1} \begin{bmatrix} 0 \\ 0 \\ \vdots \\ 1 \end{bmatrix} \qquad (10\text{-}70)$$

其中 Q_o 就是式 (10-69) 的觀察性矩陣。

考慮下列控制系統，

$$\dot{X} = AX + Bu \text{，} y = CX$$

其中，$A = \begin{bmatrix} 0 & 20 \\ 1 & 0 \end{bmatrix}$，$B = \begin{bmatrix} 0 \\ 1 \end{bmatrix}$，$C = \begin{bmatrix} 0 & 1 \end{bmatrix}$。請設計一估測器，使得估測器誤差極點為 $-1 \pm j2$，並寫出估測器動態方程式。

解 (1)先檢查觀察性矩陣 $Q_o = \begin{bmatrix} 0 & 1 \\ 1 & 0 \end{bmatrix}$，$\text{rank}(Q_o) = 2$，所以可設計估測器。

(2)接著令估測器增益 $L = \begin{bmatrix} l_1 \\ l_2 \end{bmatrix}$，求希望的估測器誤差極點方程式：

$$\alpha_e(s) = s^2 + 2s + 5 \triangleq s^2 + \beta_1 s + \beta_2 = 0$$

(3)最後求解估測器增益 L：令

$$\det(sI - A + LC) = \det \begin{bmatrix} s & -20 + l_1 \\ -1 & s + l_2 \end{bmatrix} = s^2 + l_2 s + l_1 - 20 = s^2 + 2s + 5$$

所以 $L = \begin{bmatrix} l_1 \\ l_2 \end{bmatrix} = \begin{bmatrix} 25 \\ 2 \end{bmatrix}$。估測器動態方程式可描述如下：

$$\dot{\hat{X}} = \begin{bmatrix} 0 & 20 \\ 1 & 0 \end{bmatrix} \hat{X} + \begin{bmatrix} 0 \\ 1 \end{bmatrix} u + \begin{bmatrix} 25 \\ 2 \end{bmatrix} (y - \hat{y})$$

此外，我們亦可以直接透過 Ackermann 公式求解如下：

估測器增益 L 為

$$L = \alpha_e(A) \begin{bmatrix} C \\ CA \end{bmatrix}^{-1} \begin{bmatrix} 0 \\ 1 \end{bmatrix} = \left(\begin{bmatrix} 0 & 20 \\ 1 & 0 \end{bmatrix}^2 + 2 \begin{bmatrix} 0 & 20 \\ 1 & 0 \end{bmatrix} + 5 \begin{bmatrix} 1 & 0 \\ 0 & 1 \end{bmatrix} \right) \cdot \begin{bmatrix} 0 & 1 \\ 1 & 0 \end{bmatrix}^{-1} \begin{bmatrix} 0 \\ 1 \end{bmatrix}$$

$$= \begin{bmatrix} 25 & 40 \\ 2 & 25 \end{bmatrix} \begin{bmatrix} 0 & 1 \\ 1 & 0 \end{bmatrix} \begin{bmatrix} 0 \\ 1 \end{bmatrix} = \begin{bmatrix} 25 \\ 2 \end{bmatrix} \text{，其結果一致，}$$

所以估測器動態方程式同樣為

$$\dot{\hat{X}} = \begin{bmatrix} 0 & 20 \\ 1 & 0 \end{bmatrix} \hat{X} + \begin{bmatrix} 0 \\ 1 \end{bmatrix} u + \begin{bmatrix} 25 \\ 2 \end{bmatrix} (y - \hat{y})$$

10-6-3 對偶性

從前面的這些討論中發現狀態估測和狀態回授控制問題有很大的相似之處。實際上，這兩個問題在數學上是有關係的。這種性質稱為對偶性 (duality)。表 10-1 給出估測和控制問題之間的對偶關係。例如，如果利用表 10-1 所提供的替換，Ackermann 的控制公式 (式 (10-58)) 就成了估測器公式 (10-70)。這可以用矩陣代數直接得到證明，留給有興趣的讀者自行證明。控制問題就是選擇列矩陣 K 以滿足系統矩陣 $A-BK$ 的極點配置為我們所要求，而估測器問題就是選擇行矩陣 L 以滿足 $A-LC$ 的極點配置也滿足我們的要求。但是 $(A-LC)$，的極點與 $(A-LC)^T = A^T - C^T L^T$ 的極點相等，並且在這種形式中，對 L 進行設計的代數方程式與對 K 進行設計的代數方程式是一樣的。所以，如果我們對控制問題使用以下形式的 Ackermann 公式和極點配置算法。

K=acker(A, B, p$_c$)　　　　　　　　　　%Ackermann 公式

K=place(A, B, p$_c$)　　　　　　　　　　% 極點配置法公式

則我們對估測器問題可用以下形式：

Lt=acker(A', C', p$_e$),

Lt=place(A', C', p$_e$),

Lt=Lt',

其中 p_c 是我們想要之系統極點位置向量，而 p_e 是含有想要之估測器誤差極點位置的向量，且 $A' = A^T$，$C' = C^T$。

▼ 表 10-1　對偶性

控制	估測
A	A^T
B	B^T
C	C^T

10-6-4　狀態回授與估測器合成

　　由前面重點可知估測器能估測原來無法量測到的狀態變數，因此估測器的狀態便可用來設計狀態回授。結合狀態回授與估測器的系統方塊圖如圖 10-19 所示。

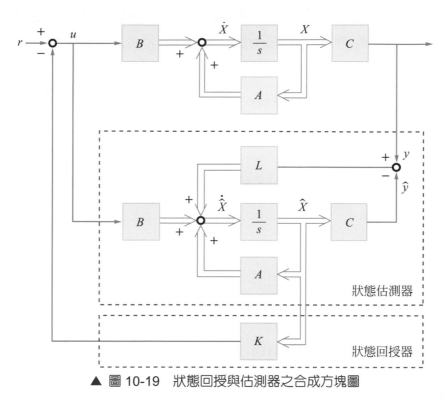

▲ 圖 10-19　狀態回授與估測器之合成方塊圖

　　狀態回授與估測器之合成設計，主要根據分離原理 (Separation principle)，假設開迴路系統為完全狀態可控制及可觀察。當控制系統引用狀態估測器 (state observer)來達成狀態回授 (state feedback) 之閉迴路設計時，若開迴路系統的參數矩陣 A, B, C 完全已知時，則狀態估測器與狀態回授器可以分離設計。此理論稱為分離原理。

　　參考圖 10-19 之方塊圖，整個系統的動態方程式 (令 $r = 0$) 可如下所示：

$$\dot{X} = AX + Bu = AX + B(-K\hat{X}) = AX - BK\hat{X} \tag{10-71}$$

$$\dot{\hat{X}} = A\hat{X} + Bu + L(y - C\hat{X}) \tag{10-72}$$

其中，式 (10-71) 代表開路系統與狀態回授結合之方式，式 (10-72) 則代表估測器方程式。整體閉迴路系統設計可分成下列兩個部分：

第一部份是估測器的設計：

定義估測器狀態與系統實際狀態的誤差為 $\tilde{X} = X - \hat{X}$，則

$$\dot{\tilde{X}} = \dot{X} - \dot{\hat{X}} = (A - LC)\tilde{X}$$

由此可見估測器誤差的收斂由 $A - LC$ 的特徵值所決定，依此可決定 L，且與 K 值無關。這也說明了狀態估測器的設計與狀態回授設計無關。

第二部份是狀態回授控制器的設計：

整合式 (10-71) 與式 (10-72) 可以表示為

$$\dot{X} = AX - BK\hat{X} = (A - BK)X + BK\tilde{X}$$

$$\dot{\tilde{X}} = (A - LC)\tilde{X}$$

亦即，將估測器狀態方程式表示成估測器的誤差狀態方程式，則此時整個系統的狀態可合成寫為 $\begin{bmatrix} X \\ \tilde{X} \end{bmatrix}$，而

$$\begin{bmatrix} \dot{X} \\ \dot{\tilde{X}} \end{bmatrix} = \begin{bmatrix} A - BK & BK \\ 0 & A - LC \end{bmatrix} \begin{bmatrix} X \\ \tilde{X} \end{bmatrix} \tag{10-73}$$

此時整個閉迴路系統 (包含狀態回授與估測器) 的特性方程式為

$$\det(sI - A + BK)\det(sI - A + LC) = 0 \tag{10-74}$$

因為已知估測器的極點由 $\det(sI - A + LC)$ 所決定，由式 (10-74) 可見，閉迴路的極點將由 $\det(sI - A + BK)$ 所決定。兩者可分別由 K 與 L 分離設計，彼此並不影響。因此可以統整出狀態回授與估測器之合成的設計步驟如下：

步驟 1：先檢查估測系統的控制性與觀察性。

步驟 2：設計估測器和狀態回授控制器：

  估測器：$\dot{\hat{X}} = A\hat{X} + Bu + L(y - C\hat{X})$

  狀態回授控制器：$u = -K\hat{X}$

步驟 3：根據性能指標規格，決定閉迴路特性方程式：

$$\alpha_c(s) \triangleq s^n + \alpha_1 s^{n-1} + \cdots + d_n = 0$$

步驟 4：根據估測器收斂要求規格，決定估測器誤差極點特性方程式：

$$\alpha_e(s) \triangleq s^n + \beta_1 s^{n-1} + \cdots + \beta_n = 0$$

步驟 5：由分離原理，分別設計狀態回授增益 K 與估測器增益 L：

$$\alpha_c(s) = \det(sI - A + BK)，解得狀態回授增益 K$$

$$\alpha_e(s) = \det(sI - A + LC)，解得估測器增益 L$$

完成上面設計後，接著可以看看狀態回授與估測器合成的轉移函數，如圖 10-20 所示。

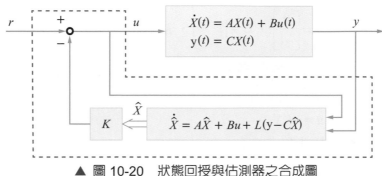

▲ 圖 10-20　狀態回授與估測器之合成圖

圖 10-20 虛線中的部分，即為估測器與狀態回授的合成系統，可將其視為傳統結構的輸出回授控制器。若令 $r = 0$，此控制器的轉移函數 $G_c(s)$ 可下推導：(參考圖 10-19 之方塊圖)

$$\dot{\hat{X}} = A\hat{X} + Bu + L(y - C\hat{X}) = A\hat{X} + B(-K\hat{X}) + Ly - LC\hat{X}$$
$$= (A - LC - BK)\hat{X} + Ly \tag{10-75}$$

$$u = -K\hat{X} \tag{10-76}$$

把 y 當成輸入，u 當成輸出，則

$$G_c(s) = \frac{U(s)}{Y(s)} = -K(sI - A + LC + BK)^{-1}L \tag{10-77}$$

即 $G_c(s)$ 為整個狀態回授與估測器合成後的轉移函數。

例題 10-18

考慮下列動態方程式

$$\dot{X}(t) = \begin{bmatrix} 0 & 1 \\ 1 & 0 \end{bmatrix} X(t) + \begin{bmatrix} 0 \\ -1 \end{bmatrix} u(t) \text{，} y(t) = \begin{bmatrix} 1 & 0 \end{bmatrix} X(t)$$

假設欲設計一基於估測器之回授控制律$u(t) = -K\hat{X}(t)$ 來穩定此系統，其中$\hat{x}$為估測之狀態，請決定 K 矩陣使系統的極點移到$-1 \pm j$，且估測器的極點在$-1 \pm 2j$。

解 令

$$A = \begin{bmatrix} 0 & 1 \\ 1 & 0 \end{bmatrix} \text{，} B = \begin{bmatrix} 0 \\ -1 \end{bmatrix} \text{，} C = \begin{bmatrix} 1 & 0 \end{bmatrix} \text{，} K = \begin{bmatrix} k_1 & k_2 \end{bmatrix} \text{，} L = \begin{bmatrix} l_1 \\ l_2 \end{bmatrix}$$

設計估測器和狀態回授控制器為：

估測器：$\dot{\hat{X}} = A\hat{X} + Bu + L(y - C\hat{X})$

狀態回授控制器：$u = -K\hat{X}$

則其設計可分為以下步驟完成：

(1)根據規格，希望的閉迴路特性方程式為

$$\alpha_c(s) = (s + 1 + j)(s + 1 - j) = s^2 + 2s + 2$$

(2)根據規格，希望的估測器誤差極點方程式為

$$\alpha_e(s) = (s + 1 + 2j)(s + 1 - 2j) = s^2 + 2s + 5$$

(3)根據分離原理，當控制系統引用狀態估測器來達成狀態回授之閉迴路設計時，狀態估測器與狀態回授增益可分離設計。因此，

(a) 狀態回授增益 K 的設計：

$$\det(sI - A + BK) = s^2 - k_2 s - (1 + k_1) = s^2 + 2s + 2$$

所以$k_1 = -3$、$k_2 = -2$

(b) 狀態估測器增益 L 的設計：

$$\det(sI - A + LC) = s^2 + \ell_1 s + (\ell_2 - 1) = s^2 + 2s + 5$$

所以$\ell_1 = 2$、$\ell_2 = 6$

附錄

CHAPTER

A

索 引

參考文獻

1. Norman S. Nise, "Control Systems Engineering", 8th Edition, WILEY, 2019.

2. Gene F. Franklin, J. Davis Powell, Abbas F. Emami-Naeini," Feedback Control of Dynamic Systems", 8th Edition, Pearson, 2019.

3. Katsuhiko Ogata, "Modern Control Engineering", 5/E, Pearson, 2010.

4. Golnaraghi & Kuo, "Automatic Control Systems", 9/e, WILEY, 2009.

5. 台灣智慧自動化與機器人協會 TAIROA "自動化工程師題庫 Level 2", 2014。

6. 張碩, 詹森 "自動控制系統", 第十版, 大碩教育, 2019

7. 張振添 "自動控制", 第四版, 新文京出版社, 2019。

8. 陳朝光、陳介力、楊錫凱 "自動控制概論", 第二版, 高立出版社, 2021

9. 胡壽松 "自動控制原理", 第七版, 科學出版社, 2019

10. 姚賀騰 "工程數學", 第二版, 全華圖書, 2019。

國家圖書館出版品預行編目資料

自動控制 / 姚賀騰編著. -- 初版. -- 新北市 :
　　全華圖書股份有限公司, 2022.06
　　　面 ;　　公分
　　ISBN 978-626-328-213-1(平裝)

　　1.CST: 自動控制

448.9　　　　　　　　　　　　111007901

自動控制

作者 / 姚賀騰

發行人 / 陳本源

執行編輯 / 李孟霞

封面設計 / 楊昭琅

出版者 / 全華圖書股份有限公司

郵政帳號 / 0100836-1 號

印刷者 / 宏懋打字印刷股份有限公司

圖書編號 / 06488

初版二刷 / 2023 年 05 月

定價 / 新台幣 600 元

ISBN / 978-626-328-213-1

全華圖書 / www.chwa.com.tw

全華網路書店 Open Tech / www.opentech.com.tw

若您對本書有任何問題，歡迎來信指導 book@chwa.com.tw

臺北總公司(北區營業處)
地址：23671 新北市土城區忠義路 21 號
電話：(02) 2262-5666
傳真：(02) 6637-3695、6637-3696

南區營業處
地址：80769 高雄市三民區應安街 12 號
電話：(07) 381-1377
傳真：(07) 862-5562

中區營業處
地址：40256 臺中市南區樹義一巷 26 號
電話：(04) 2261-8485
傳真：(04) 3600-9806(高中職)
　　　(04) 3601-8600(大專)

歡迎加入 全華會員

● **會員獨享**

會員購書折扣、紅利積點、生日禮金、不定期優惠活動⋯等。

● **如何加入會員**

填妥讀者回函卡直接傳真 (02) 2262-0900 或寄回，將由專人協助登入會員資料，待收到 E-MAIL 通知後即可成為會員。

如何購書 全華書籍

1. 網路購書

全華網路書店「http://www.opentech.com.tw」，加入會員購書更便利，並享有紅利積點回饋等各式優惠。

2. 全華門市、全省書局

歡迎至全華門市（新北市土城區忠義路21號）或全省各大書局、連鎖書店選購。

3. 來電訂購

(1) 訂購專線：(02) 2262-5666 轉 321~324

(2) 傳真專線：(02) 6637-3696

(3) 郵局劃撥（帳號：0100836-1　戶名：全華圖書股份有限公司）

※ 購書未滿一千元者，酌收運費 70 元。

OpenTech.com.tw 全華網路書店

全華網路書店 www.opentech.com.tw
E-mail: service@chwa.com.tw

※ 本會員制如有變更則以最新修訂制度為準，造成不便請見諒。

讀者回函卡

2011.03 修訂

填寫日期： ／ ／

姓名： 生日：西元 年 月 日 性別：□男 □女

電話：（ ） 傳真：（ ） 手機：

e-mail： （必填）

註：數字零，請用 ⦰ 表示，數字 1 與英文 L 請另註明並書寫端正，謝謝。

通訊處：□□□□□

學歷：□博士 □碩士 □大學 □專科 □高中・職

職業：□工程師 □教師 □學生 □軍・公 □其他

學校／公司： 科系／部門：

· 需求書類：

□ A. 電子 □ B. 電機 □ C. 計算機工程 □ D. 資訊 □ E. 機械 □ F. 汽車 □ I. 工管 □ J. 土木

□ K. 化工 □ L. 設計 □ M. 商管 □ N. 日文 □ O. 美容 □ P. 休閒 □ Q. 餐飲 □ B. 其他

· 本次購買圖書為： 書號：

· 您對本書的評價：

封面設計：□非常滿意 □滿意 □尚可 □需改善，請說明
內容表達：□非常滿意 □滿意 □尚可 □需改善，請說明
版面編排：□非常滿意 □滿意 □尚可 □需改善，請說明
印刷品質：□非常滿意 □滿意 □尚可 □需改善，請說明
書籍定價：□非常滿意 □滿意 □尚可 □需改善，請說明
整體評價：請說明

· 您在何處購買本書？

□書局 □網路書店 □書展 □團購 □其他

· 您購買本書的原因？（可複選）

□個人需要 □幫公司採購 □親友推薦 □老師指定之課本 □其他

· 您希望全華以何種方式提供出版訊息及特惠活動？

□電子報 □ DM □廣告（媒體名稱 ）

· 您是否上過全華網路書店？（www.opentech.com.tw）

□是 □否 您的建議

· 您希望全華出版那方面書籍？

· 您希望全華加強那些服務？

～感謝您提供寶貴意見，全華將秉持服務的熱忱，出版更多好書，以饗讀者。

全華網路書店 http://www.opentech.com.tw

客服信箱 service@chwa.com.tw

親愛的讀者：

感謝您對全華圖書的支持與愛護，雖然我們很慎重的處理每一本書，但恐仍有疏漏之處，若您發現本書有任何錯誤，請填寫於勘誤表內寄回，我們將於再版時修正，您的批評與指教是我們進步的原動力，謝謝！

全華圖書 敬上

勘 誤 表

書 號		書 名		作 者
頁 數	行 數	錯誤或不當之詞句		建議修改之詞句

我有話要說：（其它之批評與建議，如封面、編排、內容、印刷品質等・・・）

習題演練

Chapter 1
自動控制導論

自動控制

得分欄

班級：＿＿＿＿＿＿

學號：＿＿＿＿＿＿

姓名：＿＿＿＿＿＿

一、選擇題

（　）1. 回授為控制理論中一個非常重要的觀念，依此觀念可將控制系統分成哪兩大類？　(A) 連續系統與離散系統　(B) 線性系統與非線性系統　(C) 開迴路系統與閉迴路系統　(D) 穩定系統與不穩定系統。

（　）2. 控制系統中，回授輸出訊號一般都是藉由何種元件來進行？　(A) 參考輸入　(B) 致動器　(C) 比較器　(D) 測量器。

（　）3. 相較於閉迴路系統，下列何者不是開迴路系統的優點？　(A) 結構簡單　(B) 價格便宜　(C) 降低干擾　(D) 易於保養。

（　）4. 相較於開迴路系統，下列何者不是閉迴路系統的優點？　(A) 精準度可提高　(B) 不必考慮穩定性問題　(C) 可以降低參數變化的靈敏度　(D) 可以改進系統的暫態響應。

（　）5. 下列何者為非線性控制系統？

(A) $\ddot{y}(t) + \dot{y}(t) + y(t) = 1$　(B) $\ddot{y}(t) + \dot{y}(t) + y(t) = \sin(t)$

(C) $\ddot{y}(t) + y(t)\dot{y}(t) = 1$　(D) $\ddot{y}(t) + 5\dot{y}(t) + y(t) = e^{-t}$。

（　）6. 下列何者不是控制系統對性能規格的要求？　(A) 價格性　(B) 穩定性　(C) 快速性　(D) 準確性。

（　）7. 控制系統設計的首要條件為何？　(A) 價格性　(B) 穩定性　(C) 快速性　(D) 準確性。

（　）8. 下列何種現象可以用來模擬步階函數？　(A) 一個鐵球放在桌面上，其接觸的地方所受的壓力　(B) 一個電源開關突然啟用　(C) 一架飛機在飛行過程突然遭受亂流干擾　(D) 飛彈瞄準固定速度的敵軍戰鬥機。

（　）9. 同上題，何種現象可以用來模擬脈衝函數？　(A) 一個鐵球放在桌面上，其接觸的地方所受的壓力　(B) 一個電源開關突然啟用　(C) 一架飛機在飛行過程突然遭受的亂流干擾　(D) 飛彈瞄準固定速度的敵軍戰鬥機。

( ) 10. 同上題，何種現象可以用來模擬斜坡函數？ (A) 一個鐵球放在桌面上，其接觸的地方所受的壓力 (B) 一個電源開關突然啓用 (C) 一架飛機在飛行過程突然遭受亂流干擾 (D) 飛彈瞄準固定速度的敵軍戰鬥機。

二、計算問答題

1. 下圖爲一般家用烤麵包機的架構圖，請說明其是屬於開迴路控制或閉迴路控制？

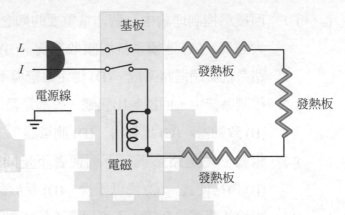

2. 對於一個開迴路的機器手臂系統如下圖所示，其不具回授功能，由使用者輸入手臂旋轉之角度命令後，透過電子控制單元驅動馬達，可以得到機器手臂之旋轉角度，請畫出此開迴路系統之方塊圖。

3. 電鍋煮飯是經由手動按下開關啓動雙金屬片開關後通入電流，經由電熱絲產生熱能後進行煮飯，由於米質關係或是鍋內加水量之多寡等因素造成每次煮飯的熟度不一，其爲一個開迴路系統。請畫出此開迴路系統之方塊圖。

4. 下圖為工具機車床之簡易加工刀具進給圖，請說明該系統之工作原理。

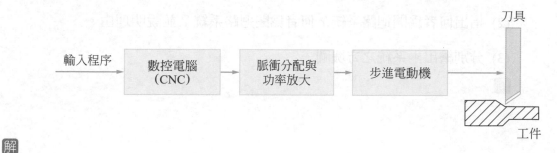

解

5. 某位同學想要展示其精確倒水的技巧如右圖
所示，設定杯內水要八分滿用手拿水壺倒水，
眼睛觀看杯內水之高度調整倒水量，請利用
此情境畫出其方塊圖。

解

6. 大聯盟投手會以捕手手套位置為希望落點進行投球，然而往往會因為空氣中濕度
或風速的干擾而有實際落點偏差，甚至導致暴投，請將此投手投球之概念以方塊
圖形式呈現。

解

7. 兩種水位控制系統分別如圖 P1-1 及圖 P1-2 所示，請回答下列問題：

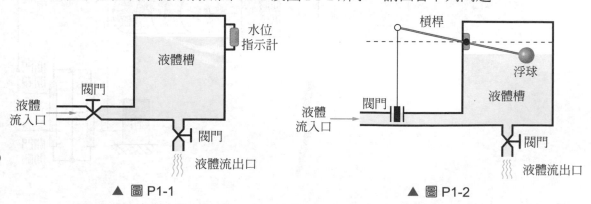

▲ 圖 P1-1　　　　　　　　　　　　　　▲ 圖 P1-2

(1) 分別說明兩種系統之工作原理。

(2) 指出何者爲開迴路系統？何者爲閉迴路系統？並說明理由。

(3) 分別繪出兩系統之方塊圖。

解

8. 同第 2 題中的機器手臂，若是在手臂旋轉處加入角度計進行回授，如下圖所示會形成閉迴路系統，請畫出此閉迴路系統之方塊圖。

解

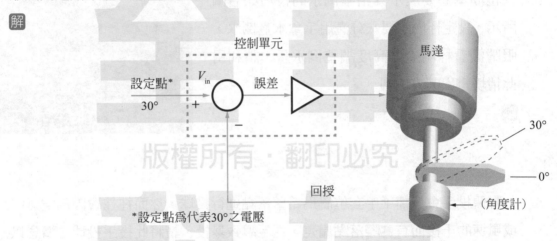

9. 下圖爲工具機自動門開關控制系統示意圖，請說明其工作原理並畫出其方塊圖。

解

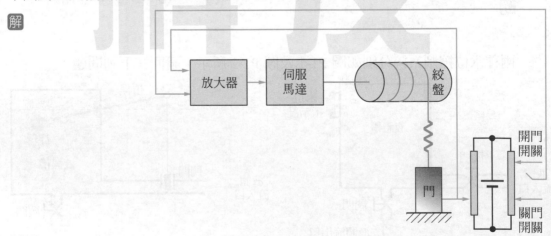

10. 下圖為水溫控制系統示意圖，冷水由通入的蒸氣在熱交換器中進行加熱，可以得到一定溫度的熱水，冷水流量變化由流量計量測。請說明保持熱水為固定溫度之工作原理，並畫出其方塊圖。

解

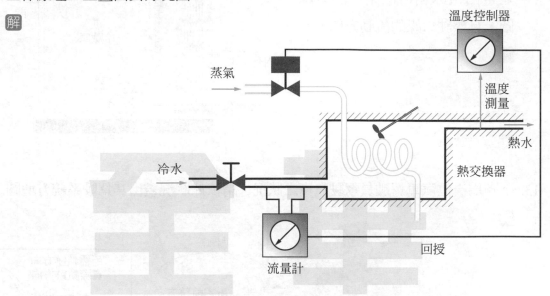

11. 現實中有許多家庭均使用自動控制溫度的冷氣機。右圖顯示一部冷氣機的內部結構，不停循環的冷媒會吸收室內的熱量，再從蒸發器不斷傳送到冷凝器，然後由風扇吹送到室外。冷氣機通常會附設溫度調校器，讓使用者

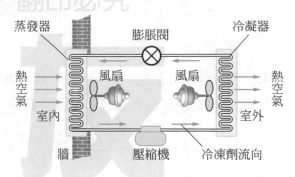

用來調校冷凍的程度。當冷空氣的溫度低於指定的溫度時，冷氣機的控制器便會停止壓縮機的運作令冷媒暫停運行。裝設在蒸發器附近的溫度感應器會不停地測量冷空氣的溫度，然後將結果送到控制器。請根據此原理畫出其系統方塊圖。

解

12. 右圖顯示一個家居電冰箱的結
構，請簡單描述它的工作原理，
並畫出電冰箱冷凍系統的方塊
圖，且標註冷媒的流動方向。

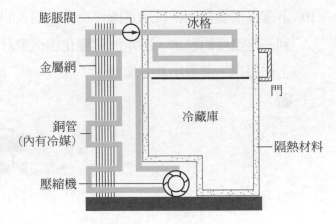

13. 下圖為一位汽車駕駛員駕駛汽車之狀況，請依此狀況畫出其駕駛系統方塊圖。

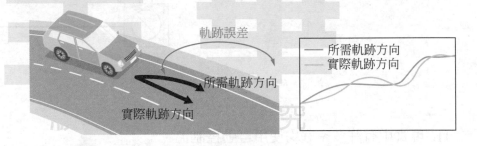

14. 下列方程式描述各種不同的系統，其中 $c(t)$ 是系統輸出，$r(t)$ 是控制輸入，請判
斷哪些系統是線性常係數系統或時變系統？哪些是非線性系統？

(1) $c(t) = 5 + r^2(t) + t\dfrac{d^2 r(t)}{dt^2}$

(2) $\dfrac{d^3 c(t)}{dt^3} + 3\dfrac{d^2 c(t)}{dt^2} + 6\dfrac{dc(t)}{dt} + 8c(t) = r(t)$

(3) $t\dfrac{dc(t)}{dt} + c(t) = r(t) + 3\dfrac{dr(t)}{dt}$

(4) $c(t) = r(t)\cos\omega t + 5$

(5) $c(t) = 3r(t) + 6\dfrac{dr(t)}{dt} + 5\displaystyle\int_{-\infty}^{t} r(\tau)d\tau$

(6) $c(t) = r^2(t)$

(7) $c(t) = \begin{cases} 0, & t < 6 \\ r(t), & t \geq 6 \end{cases}$

自動控制

習題演練

Chapter 2
古典控制學的數學建模

得分欄

班級：_____

學號：_____

姓名：_____

一、選擇題

( ) 1. 請問函數 $f(t) = 3te^{-2t}$ 之拉氏轉換為何？

(A) $\dfrac{3}{s+2}$　(B) $\dfrac{1}{(s+2)^2}$　(C) $\dfrac{1}{s+2}$　(D) $\dfrac{3}{(s+2)^2}$。

( ) 2. 令 $f(t) = (ct+d)^2$，則其拉氏轉換為何？

(A) $\dfrac{d}{s-c}$　(B) $\dfrac{2c^2}{s^2} + \dfrac{2cd}{s} + d^2$　(C) $\dfrac{2c^2}{s^3} + \dfrac{2cd}{s^2} + \dfrac{d^2}{s}$　(D) $\dfrac{c^3}{s^3} + \dfrac{2cd}{s^2} + \dfrac{d}{s}$。

( ) 3. 令 $f(t) = e^{ct}\cos dt$，則其拉氏轉換為何？

(A) $\dfrac{s}{(s-c)^2 + d^2}$　(B) $\dfrac{s-c}{(s-c)^2 + d^2}$　(C) $\dfrac{d}{(s-c)(s^2 + d^2)}$　(D) $\dfrac{c}{(s-c)^2 + d^2}$。

( ) 4. 令 $F(s) = \dfrac{e^{-2s}}{s^2}$，試問其拉氏反轉換為何？

(A) $(t-2)u(t-2)$　(B) $tu(t-2)$　(C) $t^2 u(t-2)$　(D) $(t-2)u(t)$。

( ) 5. 試求 $F(s) = \dfrac{1}{s(s+2)}$ 的拉氏反轉換為何？

(A) $(\dfrac{1}{3} - \dfrac{1}{2}e^{-2t})u_s(t)$　(B) $(\dfrac{1}{6} + \dfrac{1}{2}e^{-2t})u_s(t)$　(C) $(\dfrac{1}{2} - \dfrac{1}{2}e^{-2t})u_s(t)$

(D) $(\dfrac{1}{3} + \dfrac{1}{2}e^{-2t})u_s(t)$。

( ) 6. 令 $F(s) = \dfrac{1}{s(s-3)^2}$，試求其拉氏反轉換為何？

(A) $\dfrac{1}{9} - \dfrac{1}{9}e^{3t} + \dfrac{1}{2}te^{-3t}$　(B) $\dfrac{1}{9} - \dfrac{1}{9}e^{3t} + \dfrac{1}{3}te^{3t}$　(C) $\dfrac{1}{9} - \dfrac{1}{9}e^{3t} + \dfrac{1}{4}te^{-3t}$

(D) $\dfrac{1}{9} - \dfrac{1}{9}e^{3t} + \dfrac{1}{2}te^{3t}$。

( ) 7. 若系統 ODE 為 $y''(t) + 4y'(t) + 3y(t) = 0$，初始條件 $y(0) = 2$、$y'(0) = 0$，則此微分方程式的解 $y(t)$ 為何？

(A) $2e^{-t} - 1e^{3t}$　(B) $3e^{-t} - 1e^{-3t}$　(C) $3e^{-t} - 2e^{3t}$　(D) $2e^{-t} - 3e^{-3t}$。

(　　) 8. 若某控制輸出的拉氏轉換為 $Y(s) = \dfrac{(s+1)}{s(s+2)}$ ，試求其初值 y_i 及終值 y_f 為何？

(A) $y_i = 1$ 、 $y_f = \dfrac{1}{2}$　(B) $y_i = \dfrac{1}{2}$ 、 $y_f = 1$　(C) $y_i = 1$ 、 $y_f = 2$

(D) $y_i = 1$ 、 $y_f = 1$ 。

(　　) 9. 某電路的微分方程式為 $y''(t) + 3y'(t) + 2y(t) = 0$ ，則其輸出訊號的一階微分 (變化率) $y'(t)$ 是由哪些訊號合成的？

(A) $k_1 e^t + k_2 e^{3t}$　(B) $k_1 e^{-t} + k_2 e^{2t}$　(C) $k_1 e^{-t} - k_2 e^{3t}$　(D) $k_1 e^{-t} - k_2 e^{-2t}$ 。

(　　) 10. 某系統之輸入為 $u(t)$ ，輸出為 $y(t)$ ，其輸入輸出的微分方程式為 $y''(t) + 3y'(t) + 2y(t) = 6u(t)$ ， 且 初 始 條 件 $y(0) = y'(0) = 0$ ， 若 $u(t)$ 為單位步階函數，則其輸出響應為何？　(A) $2e^{-2t} - 3e^{-1t}$ ，$t \geq 0$

(B) $3e^{-2t} - 6e^{-1t} + 3$ ，$t \geq 0$　(C) $-3e^{-2t} + 3e^{-1t}$ ，$t \geq 0$　(D) 1 ，$t \geq 0$ 。

(　　) 11. 假設系統為 G ，輸入訊號為 $u(t)$ ，且系統滿足 $G[au_1(t) + bu_2(t)]$ $= aG[u_1(t)] + bG[u_2(t)]$ ，則此系統為　(A) 鬆弛系統　(B) 線性系統　(C) 非時變系統　(D) 因果系統。

(　　) 12. 關於轉移函數 (transfer function) 之性質，下列何者敘述<u>不正確</u>？

(A) 轉移函數可用於線性時變系統　(B) 求轉移函數時需要令初始值為零

(C) 轉移函數計算法為輸出訊號拉氏轉換與輸入訊號拉氏轉換的比值

(D) 轉移函數與輸入訊號無關。

(　　) 13. 若某系統的單位步階 (unit step) 響應為 $y(t) = \dfrac{1}{6} - \dfrac{1}{2}e^{-2t} + \dfrac{1}{3}e^{-3t}$ ，則系統轉移函數為何？　(A) $G(s) = \dfrac{1}{(s+2)(s+3)}$　(B) $G(s) = \dfrac{1}{(s+2)(s+4)}$

(C) $G(s) = \dfrac{s+1}{(s+2)(s+3)}$　(D) $G(s) = \dfrac{s+1}{(s+2)(s+4)}$ 。

(　　) 14. 求解系統「轉移函數」(Transfer function) 時，必需同時具有哪些特性？

(A) 線性、時變、因果系統　(B) 線性、非時變、非鬆弛　(C) 非線性、非時變、初值令為零　(D) 線性、非時變、初值令為零。

(　　) 15. 下列有關「線性系統」的敘述何者是正確的？　(A) 會因輸出 / 輸入點取得不同而有所改變　(B) 兩不同輸入間會具有結合性　(C) 不同輸入具有交換性　(D) 必須滿足重疊原理。

二、計算問答題

1. 試求下列函數的拉氏轉換。　(1) $f(t) = 3(1 - \sin t)$ ；(2) $f(t) = te^{at}$ ；

   (3) $f(t) = \cos(3t - \dfrac{\pi}{4})$ 。

2. 試求下列函數的拉氏反轉換。　(1) $F(s) = \dfrac{s-1}{(s+2)(s+5)}$ ；(2) $F(s) = \dfrac{s-6}{s^2(s+3)}$ ；

   (3) $F(s) = \dfrac{2s^2 - 5s + 1}{s(s^2 + 1)}$ 。

3. 請利用拉氏轉換求下列系統的解 $x(t)$，其中初始條件均為 0　(1) $2\dot{x}(t) + x(t) = t$ ；

   (2) $\ddot{x}(t) + \dot{x}(t) + x(t) = \delta(t)$ ；(3) $\ddot{x}(t) + 2\dot{x}(t) + x(t) = 1(t)$ 。

4. 假設彈簧之輸入外力 F 與輸出變形量 y 之關係如下，其為非線性函數。若該彈

   簧在 F_0、y_0 之平衡點附近進行微小變形運動，請推導在平衡點之線性化方程式。

   $F = 12.65y^{1.1}$

5. 假設系統的轉移函數為 $\dfrac{C(s)}{R(s)} = \dfrac{2}{s^2 + 3s + 2}$ ，且初始條件為 $c(0) = -1$ 、 $\left.\dfrac{dc(t)}{dt}\right|_{t=0} = 0$

   ，試求其單位步階輸入響應與脈衝輸入響應。

6. 針對下列齊性微分方程式，請指出系統之模態。 (1) $y'' - 5y' + 6y = 0$；
(2) $y'' + 10y' + 25y = 0$；(3) $y'' + y' + y = 0$。
解

7. 轉移函數 $F(s) = \dfrac{s^2 + 6s + 5}{s(s^2 + 2s + 2)}$ (1) 利用初值定理及終值定理求 $f(0)$ 及 $f(\infty)$。
(2) 利用拉氏反轉換求出 $f(t)$，並驗證 (1) 之結果。
解

8. 試求下列轉移函數之極點與零點，並繪出極點零點在 s 平面上之分布圖。

(1) $G(s) = \dfrac{2(s+1)^2}{s^2(s+2)^3(s+5)}$ (2) $G(s) = \dfrac{K(2s+3)}{s(s^2 + 2s + 2)}$ ，K 為常數

(3) $G(s) = \dfrac{(s^2 - 2s + 2)}{s(s^2 + 3s + 2)(s^2 - 4)}$ (4) $G(s) = \dfrac{e^{-2s}}{s(s+1)(s+2)}$

解

9. 設一質量 - 彈簧 - 阻尼系統如右圖所示，假設
系統輸入外力為 $f(t)$，系統的輸出為質量 m_1
物體之位移 $y_1(t)$，質量 m_2 之位移 $y_2(t)$，試求
系統輸入與輸出的微分方程式及轉移函數，
其中系統一開始是處於平衡狀態。
解

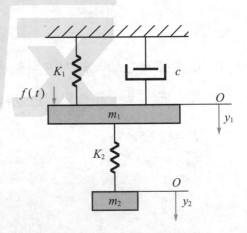

10. 旋轉系統如右圖所示，其中 K 為彈簧
常數，B 為黏滯阻尼係數，而 J 為旋
轉慣性矩。試求：

(1) 運動方程式；(2) 轉移函數。

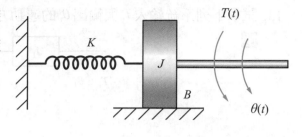

11. 試推導如下圖機械系統之運動方程式。

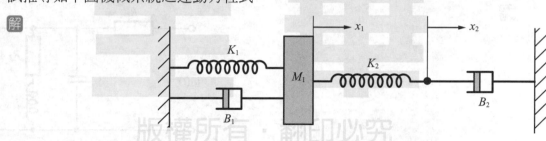

12. 簡單機械手臂系統模式如右圖所示，其中 J_m 為馬達慣量；
B_m 為馬達黏滯摩擦係數；$T(t)$ 為馬達輸出扭矩；θ_1 為齒
輪 1 之轉角；N_1 為齒輪 1 之齒數；J_1 為齒輪 1 之總慣量；
N_2 為齒輪 2 之齒數；J_2 為齒輪 2 之總慣量；$\theta(t)$ 為機械
臂之旋轉角；J_a 為機械臂之慣量。試推導此系統的運動

方程式，並求轉移函數 $\dfrac{\Theta(s)}{T(s)}$。

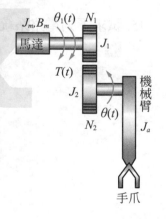

13. 試求下列系統輸入 T_1 與輸出 θ_1 的運動方程式。

解

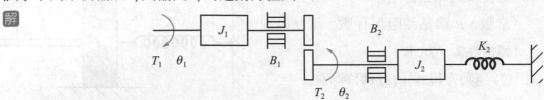

14. 試求解下列電路之轉移函數，其中輸入為 $u_1(t)$，輸出為 $u_2(t)$。

解

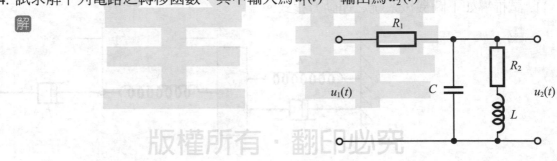

15. 試求下列電路系統輸入 e_i 與輸出 e_0 之間的轉移函數

解

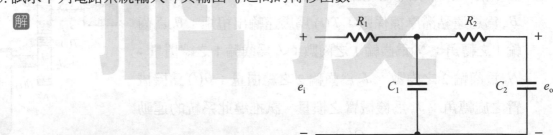

16. 有一電路如右所示，依此電路回答以下
    問題： (1) 若 V_1 為輸入，V_2 為輸出，
    試求其轉移函數 (2) 若 $R_1 = 9$、$R_2 = 1$ 和
    $C = \dfrac{1}{9}$，試求其轉移函數。
    解

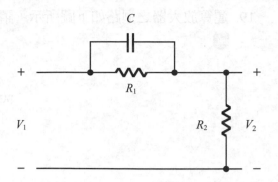

17. 試求圖示電路之轉移函數 $V_0(s)/V_i(s)$。
    解

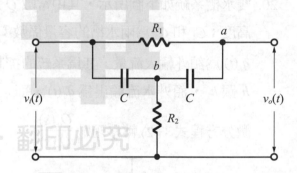

18. 運算放大器之迴路如下圖所示，請求出其轉移函數 $V_O(s)/V_i(s)$。
    解

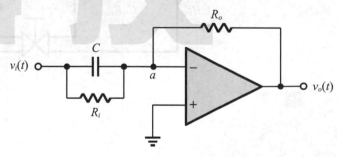

19. 運算放大器之迴路如下圖所示，請求出其轉移函數 $V_O(s)/V_i(s)$。

解

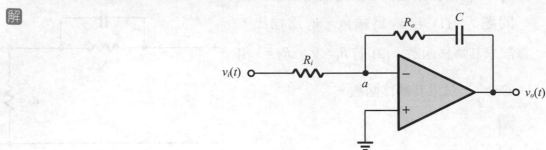

20. 雙水槽系統如下圖所示，其中常數 Q 為穩態流量；H_1 和 H_2 為兩水槽的穩態水面高度；C_1 和 C_2 為兩水槽的容量係數；R_1 和 R_2 為兩水槽的流出端負載閥門阻力。

$q_i(t)$ 為額外輸入流量，其為系統的控制輸入，所導致之槽內水位高度變化分別為 h_1 跟 h_2，額外水流輸出為 $q_0(t)$，而 $q(t)$ 為槽 1 流入槽 2 之額外水量。 (1) 系統

微分方程式；(2) 轉移函數 $\dfrac{Q_0(s)}{Q_i(s)}$。

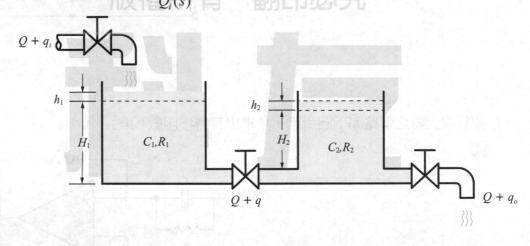

解

習題演練

自動控制

得分欄

班級：_____
學號：_____
姓名：_____

Chapter 3
古典控制學的系統描述

一、選擇題

( ) 1. 若有一個系統方塊圖如右所示，試問下列選項中何者與該方塊圖等效？

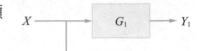

(A)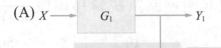

(B)

(C)

(D)

( ) 2. 下列系統方塊圖之轉移函數為何？

(A) $\dfrac{1}{s+5}$　(B) $\dfrac{1}{s+6}$　(C) $\dfrac{1}{s+7}$　(D) $\dfrac{1}{s}$。

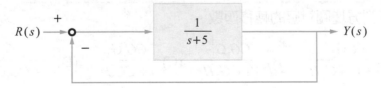

( ) 3. 下列系統方塊圖之轉移函數為何？

(A) $\dfrac{1}{s^2+s}$ (B) $\dfrac{1}{s^2+1}$ (C) $\dfrac{1}{s^2+s+1}$ (D) $\dfrac{1}{s+1}$ 。

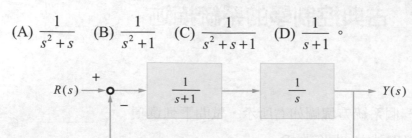

( ) 4. 有一系統之方塊圖如下，試問其閉迴路系統轉移函數 $\dfrac{Y(s)}{R(s)}$ 為何？

(A) $\dfrac{50}{s^2+55s+50}$ (B) $\dfrac{10}{s^2+55s+10}$ (C) $\dfrac{10}{s^2+55s+55}$ (D) $\dfrac{50}{s^2+50s+10}$ 。

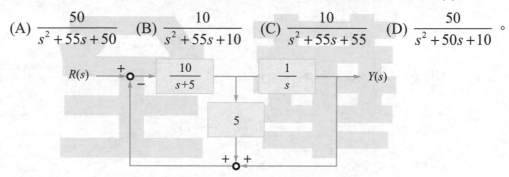

( ) 5. 有一系統方塊圖如下，求其轉移函數 $\dfrac{Y(s)}{R(s)}$ 。 (A) $\dfrac{G_1G_2}{1+G_2H_1-G_1G_2}$

(B) $\dfrac{G_1}{1+G_2H_1-G_1G_2}$ (C) $\dfrac{G_1G_2}{1+G_2H_1+G_1G_2}$ (D) $\dfrac{G_2}{1+G_2H_1+G_1G_2}$ 。

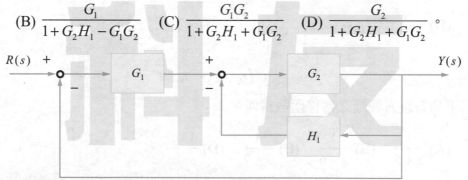

( ) 6. 求下列方塊圖對應的轉移函數。

(A) $\dfrac{CG_2}{1+CG_1G_2H}$ (B) $\dfrac{CG_1G_2}{1+CG_2H}$ (C) $\dfrac{CG_1G_2}{1+CG_1H}$ (D) $\dfrac{CG_1}{1+CG_1G_2H}$ 。

( ) 7. 求下列訊號流程圖之轉移函數 $\dfrac{Y(s)}{R(s)}$。 (A) $\dfrac{G_1 G_2}{1 + G_1 H_2 + G_1 G_2 H_1}$

(B) $\dfrac{G_1 G_2}{1 + G_2 H_2 + G_1 G_2 H_1}$　(C) $\dfrac{G_1 G_2}{1 + G_1 H_2 + G_2 H_1}$　(D) $\dfrac{G_1 G_2}{1 + G_2 H_2 + G_1 H_1}$ 。

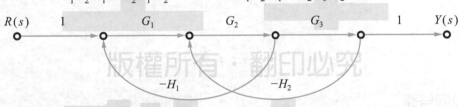

( ) 8. 試求下列訊號流程圖之轉移函數 $\dfrac{Y(s)}{R(s)}$。

(A) $\dfrac{G_1 G_2 G_3}{1 + G_1 G_2 H_1 + G_1 G_3 H_2}$　(B) $\dfrac{G_1 G_2 G_3}{1 + G_2 G_3 H_1 + G_1 G_3 H_2}$

(C) $\dfrac{G_1 G_2 G_3}{1 + G_1 G_2 H_1 + G_2 G_1 H_2}$　(D) $\dfrac{G_1 G_2 G_3}{1 + G_1 G_2 H_1 + G_2 G_3 H_2}$ 。

( ) 9. 試求下列方塊圖轉移函數。

(A) $\dfrac{G_1 G_2}{1 + G_1 H_1 + G_2 H_2 - G_1 G_2 H_1 H_2 + G_1 G_2 H_3}$

(B) $\dfrac{G_1 G_2}{1 + G_1 H_1 - G_2 H_2 + G_1 G_2 H_1 H_2 + G_1 G_2 H_3}$

(C) $\dfrac{G_1 G_2}{1 + G_1 H_1 - G_2 H_2 - G_1 G_2 H_1 H_2 + G_1 G_2 H_3}$

(D) $\dfrac{G_1 G_2}{1 + G_1 H_1 + G_2 H_2 + G_1 G_2 H_1 H_2 + G_1 G_2 H_3}$ 。

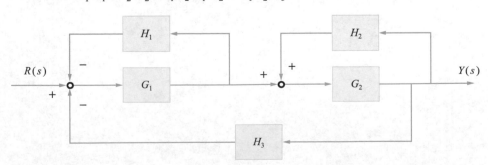

( ) 10. 試求下列方塊圖的轉移函數 $\dfrac{Y}{R}$。

(A) $\dfrac{G_1}{1+G_1H_1+G_2H_2+G_3H_3+G_1G_3H_1H_3}$

(B) $\dfrac{G_1G_2}{1+G_1H_1+G_2H_2+G_3H_3+G_1G_3H_1H_3}$

(C) $\dfrac{G_1G_2G_3}{1+G_1H_1+G_2H_2+G_3H_3-G_1G_3H_1H_3}$

(D) $\dfrac{G_1G_2G_3}{1+G_1H_1+G_2H_2+G_3H_3+G_1G_3H_1H_3}$。

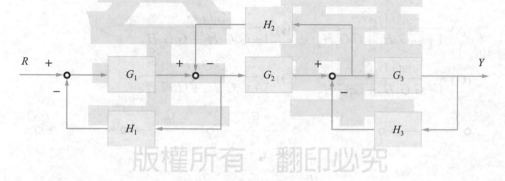

二、計算問答題

1. 利用方塊圖化簡法求出下圖系統之轉移函數。

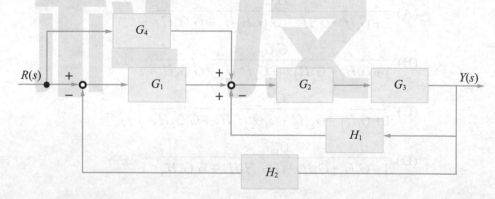

2. 有一系統之方塊圖如下所示，則此系統的轉移函數為何？

解

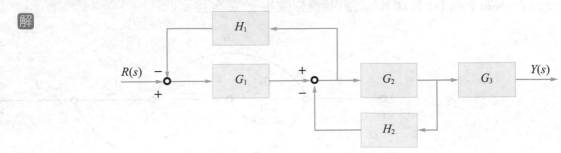

3. 請針對下圖所示系統方塊圖繪製出訊號流程圖，並求其轉移函數 $T(s) = \dfrac{C(s)}{R(s)}$ 。

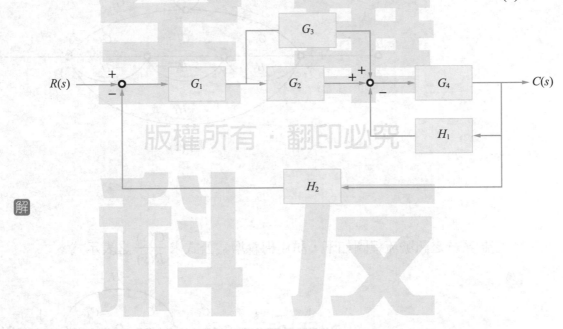

解

4. 試繪出下列代數方程組之訊號流程圖，並利用梅森增益公式求出 $\dfrac{y_5}{y_1}$ 的增益。

$y_2 = 5y_1 + 2y_3$ 、 $y_3 = y_2 + 3y_4$ 、 $y_4 = y_2 + y_3 + 2y_4$ 、 $y_5 = 3y_2 + 7y_4$

解

5. 試求如下圖 (a) 及圖 (b) 之訊號流程圖中 $\dfrac{Y_5}{Y_1}$ 之增益。

解

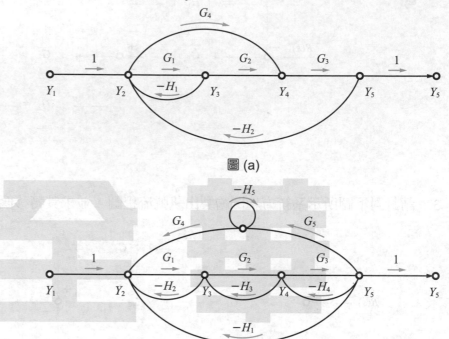

圖 (a)

圖 (b)

6. 一控制系統之訊號流程圖如下，試用梅森增益公式求 $\dfrac{C(s)}{R(s)}$ 之表示式。

解

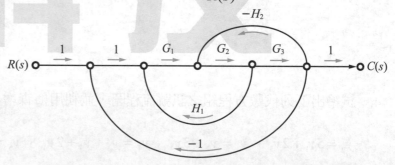

7. 請用梅森增益公式分別求解下列訊號流程圖中 $\dfrac{y_5}{y_1}$ 、 $\dfrac{y_2}{y_1}$ 和 $\dfrac{y_5}{y_2}$ 等各增益關係表示式。

解

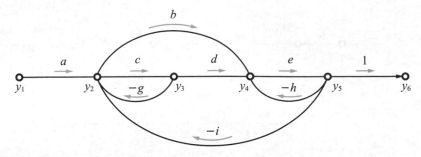

8. 試繪出如下圖 (a) 及圖 (b) 中方塊圖所對應之訊號流程圖，並利用梅森增益公式求出系統轉移函數。

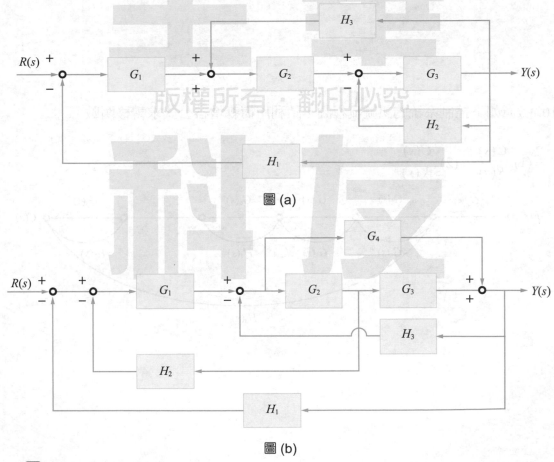

圖 (a)

圖 (b)

解

9. 如圖所示的控制系統方塊圖，其整個系統的轉移函數為何？

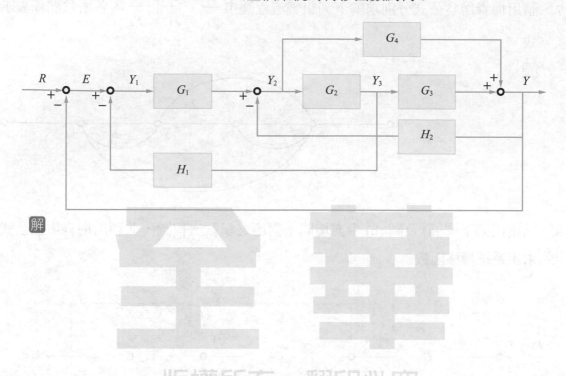

解

10. 考慮如下控制系統的訊號流程圖，請利用梅森增益公式求轉移函數

$(1)\ \dfrac{C(s)}{R(s)}$ $(2)\ \dfrac{C(s)}{X(s)}$ 。

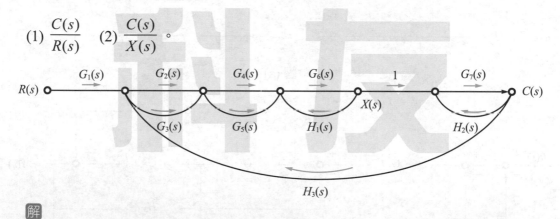

解

得分欄

班級：_____

學號：_____

姓名：_____

一、選擇題

(　　) 1. 某控制系統之單位步階響應為 $y(t) = 1 - e^{-t}$，$t \geq 0$，請問此系統之時間常數 (time constant) 為何？　(A) 0.5　(B) 1　(C) 1.5　(D) 2 秒。

(　　) 2. 某單位負回授系統，其開迴路轉移函數為 $G(s) = \dfrac{2}{s(s+1)}$，則其阻尼自然頻率 ω_d 為何？　(A) $\dfrac{\sqrt{7}}{4}$　(B) $\dfrac{\sqrt{7}}{3}$　(C) $\dfrac{\sqrt{7}}{2}$　(D) $\sqrt{7}$。

(　　) 3. 對於一個穩定的控制系統時間響應，則當時間趨近於無窮大時，其會衰減至零的部分稱為何種響應？　(A) 穩態響應 (steady-state response)　(B) 暫態響應 (transient response)　(C) 頻率響應 (frequency response)　(D) 強制響應 (forced response)。

(　　) 4. 有兩個二階系統之轉移函數分別為 $G_1(s) = \dfrac{1}{s^2 + s + 1}$ 和 $G_2(s) = \dfrac{4}{s^2 + s + 4}$，則在時域響應上兩系統會有何種性質相同？

(A) 最大超越量 (maximum overshoot)　(B) 尖峰時間 (peak time)　(C) 安定時間 (settling time)　(D) 延遲時間 (delay time)。

(　　) 5. 對於有兩個相同實數極點的穩定系統，則此系統應為何？

(A) 無阻尼　(B) 欠阻尼　(C) 臨界阻尼　(D) 過阻尼　系統。

(　　) 6. 有一系統之轉移函數為 $T(s) = \dfrac{1}{(s^2 + 2s + 5)}$ 則此系統之單位步階響應為何？

(A) $\dfrac{1}{5}(1 + e^{-t}\cos 2t - \dfrac{1}{2}e^{-t}\sin 2t)$　(B) $\dfrac{1}{5}(1 - e^{-t}\cos 2t - \dfrac{1}{2}e^{-t}\sin 2t)$

(C) $\dfrac{1}{5}(1 - e^{-t}\cos\sqrt{2}t + \dfrac{1}{2}e^{-t}\sin 2t)$　(D) $\dfrac{1}{5}(1 + e^{-t}\cos\sqrt{2}t + \dfrac{1}{2}e^{-t}\sin 2t)$。

(　　) 7. 有一標準二階系統之轉移函數 $T(s) = \dfrac{100}{(s^2 + 5s + 100)}$，則其阻尼比 ζ 為何？

(A) 1　(B) 0.25　(C) 0.5　(D) 10。

( ) 8. 對於低阻尼比 (underdamped) 的標準二階系統，其單位步階響應圖形為何？

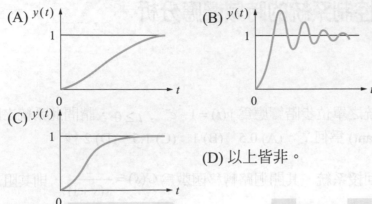

(D) 以上皆非。

( ) 9. 對於低阻尼比 (underdamped) 之標準二階系統，其單位步階響應圖形之最大超越量與自然頻率 ω_n 有何關係？　(A) 成反比　(B) 成正比　(C) 先成反比，再成正比　(D) 無關。

( ) 10. 承上題，其單位步階響應圖形之最大超越量與系統阻尼比 ζ 有何關係？
(A) 成正比　(B) 成反比　(C) 先成反比，再成正比　(D) 無關。

( ) 11. 一個二階系統 $G(s) = \dfrac{1000}{(s^2 + 12s + 1000)}$，則該系統為何？
(A) 過阻尼系統　(B) 無阻尼系統　(C) 欠阻尼系統　(D) 臨界阻尼系統。

( ) 12. 某系統的轉移函數為 $G(s) = \dfrac{100}{(s^2 + 12s + 100)}$，則其阻尼比之值為
(A) 1.2　(B) 0.6　(C) 0.12　(D) 0.06。

( ) 13. 某標準二階系統，其單位步階響應圖形如下所示，求其阻尼比 ζ 為多少？
(A) 0.158　(B) 0.258　(C) 0.268　(D) 0.358

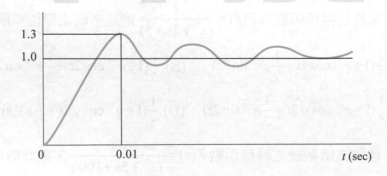

(   ) 14. 某單位負回授系統，其開迴路轉移函數 $G(s) = \dfrac{2}{s(s+2)}$，若此二階系統受到單位步階函數輸入，則其響應的最大超越量爲何？

(A) 0.0432   (B) 0.432   (C) 0.5   (D) 0.55。

(   ) 15. 某個二階系統之轉移函數 $G(s) = \dfrac{25}{s^2 + 4s + 25}$，試問其峰值時間 ($t_p = \dfrac{\pi}{\omega_n \sqrt{1 - \xi^2}}$) 爲何？   (A) 0.486   (B) 0.586   (C) 0.686   (D) 0.786   sec。

二、計算問答題

1. 針對一個三階系統轉移函數爲 $G(s) = \dfrac{30}{(s+10)(s^2 + 2s + 2)}$，若以二階系統近似，則其近似之二階系統轉移函數爲何？

解

2. 若一個線性非時變系統其輸出響應爲 $y(t) = 0.2 + e^{-t}\sin(1t) - 2e^{-t}\cos(1t) + 3\sin(2t)$，則哪些項是暫態響應？

解

3. 假設某一系統其單位步階 (unit step) 響應爲 $y(t) = 1 + Ae^{-2t} - Be^{-5t}$，$t \geq 0$，則此系統之阻尼比 (damping ratio) 爲多少？

解

4. 某一個馬達系統的單位步階 (unit step) 響應爲 $c(t) = 1 + 0.1e^{-4t} - 0.3e^{-9t}$，則系統的無阻尼自然頻率 (undamped natural frequency) 爲多少？

解

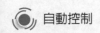

5. 某一個單位負回授控制系統的開迴路轉移函數 $G(s) = \dfrac{K}{s(s+10)}$ ，則當閉迴路的阻尼比 = 0.5 時對應的 K 值為何？

解

6. 某溫度量測儀為一階系統，其轉移函數為 $G(s) = \dfrac{1}{(Ts+1)}$ ，若將溫度量測儀放入待測物體內，在經過 1 分鐘時響應呈現真實溫度的 98%，求溫度量測系統的時間常數。

解

7. 右圖為一個二階系統的方塊圖，請針對此系統計算下列各小題：

$R(s)$ +
−
$\dfrac{5}{s^2+2s}$
$Y(s)$

(a) 求閉迴路系統轉移函數 $Y(s)/R(s)$ 。

(b) 求特性方程式的根。

(c) 求系統之阻尼比 ξ 以及無阻尼自然頻率 ω_n 。

(d) 求上升時間 t_r 。

(e) 求峰值時間 t_P 。

(f) 求最大超越量百分比 M_0 % 。

(g) 求安定時間 t_s (2% 容許誤差帶) 。

解

8. 有一標準二階系統如下圖所示，若其阻尼比 $\xi = 0.707$，無阻尼自然頻率 $\omega_n = 4$ rad/sec，試求在單位步階輸入下的上升時間 t_r、峰值時間 t_p、最大超越量 M_0、安定時間 t_s (2% 容許誤差)，並概略繪出單位步階響應對時間之關係圖。

解

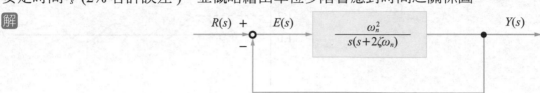

9. 馬達控制系統之方塊圖如下所示，試決定增益 a 與速度回授增益 b 之值，以滿足最大超越量百分比為 15%，以及上升時間為 1.2 秒之性能要求。

解

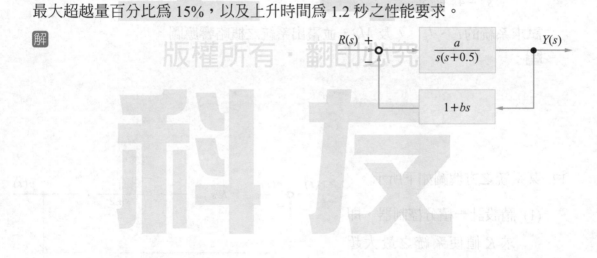

10. 若某一個伺服馬達可用標準二階系統來描述，且輸入為單位步階函數時，其系統之輸出如下圖所示，請求出此系統之閉迴路轉移函數。

解

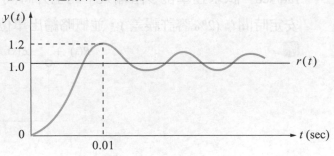

11. 某標準二階系統之轉移函數為

$$G(s) = \frac{25}{s^2 + 4s + 25}$$

試求系統的 t_r、t_p、t_s 及 M_0，並畫出系統之概略響應圖。

解

12. 某系統之方塊圖如下所示。

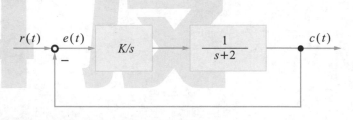

(1) 請設計一積分控制器，即求 K 值使系統之最大超越量 = 0.0432。

(2) 試求此時之 t_r、t_p、t_s（ ±2% 容許誤差 ）

解

13. 在複數平面上，試畫出滿足下列規格之標準二階系統極點分布位置。(1) 上升時間 2ms ($t_r \approx \dfrac{1.8}{\omega_n}$)；(2) 安定時間 20ms (±2% 容許誤差)；(3) 最大超越量小於 5%。

解

14. 某二階系統其轉移函數為 $G(s) = \dfrac{1}{(s+2)(s+100)}$，則此系統可以近似為一階的轉移函數型式為何？理由為何？

解

15. 針對下列高階系統之閉迴路轉移函數

(a) $T_1(s) = \dfrac{40}{(s+8)(s^2+2s+5)}$

(b) $T_2(s) = \dfrac{40}{(s^2+6s+40)(s^2+s+1)}$

請求其近似降階為二階閉迴路系統之轉移函數，並寫出降階後系統之相對阻尼比 ζ 及相對無阻尼自然頻率 ω_n。

解

習題演練

Chapter 5
控制系統的穩定性與
穩態誤差分析

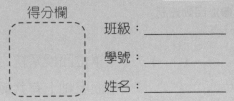
自動控制

得分欄

班級：_____

學號：_____

姓名：_____

一、選擇題

( ) 1. 下列轉移函數所對應的系統中，何者為不穩定 (unstable) 系統？

(A) $\dfrac{1}{s^2+2s+2}$ (B) $\dfrac{1}{(s+1)(s+3)^4}$ (C) $\dfrac{1}{s^2-s+2}$ (D) $\dfrac{1}{s^2+3s+2}$ 。

( ) 2. 有一個閉迴路系統特性方程式為 $s^3+3Ks^2+(K+5)s+18=0$，請問使此系統穩定之 K 值範圍為多少？

(A) $K<-6$ (B) $K>1$ (C) $0<K<6$ (D) $-6<K<1$ 。

( ) 3. 有一個閉迴路系統特性方程式為 $s^5+4s^4+16s^3+39s^2+63s+27=0$，則此系統下列何者？

(A) 不穩定系統   (B) 漸進穩定系統   (C) 臨界穩定系統   (D) 無法判斷。

( ) 4. 如有一系統之特性方程式為 $s^4+s^3-3s^2-s+4=0$，則有幾個根在 s 右半平面 (不包括虛數軸)？   (A) 1 個   (B) 2 個   (C) 3 個   (D) 4 個。

( ) 5. 某閉迴路控制系統的特性方程式 (characteristic equation) 為 $s^3+2Ks^2+(K+3)s+20=0$，則可使系統穩定的 K 值為何？

(A) $K=0$ (B) $K=1$ (C) $K=3$ (D) $K=-1$ 。

( ) 6. 在下圖的閉迴路控制系統中 $G(s)=\dfrac{K}{(s+1)(s+2)}$、$H(s)=\dfrac{2}{s+3}$，且 $K>0$，則此時系統穩定的條件為 K 值大於零而小於多少？

(A) 無窮大   (B) 10   (C) 20   (D) 30 。

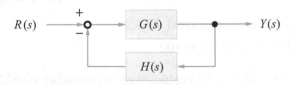

( ) 7. 某單位回授系統之閉迴路控制架構如下圖所示，求使系統產生振盪 (即在 s 平面虛軸上有共軛極點) 之臨界增益 K 值為何？

(A) 1　(B) 6　(C) 12　(C) 18。

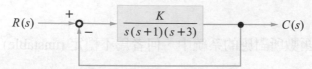

( ) 8. 請利用羅斯表判斷特性方程式 $s^5 + 6s^4 + 12s^3 + 12s^2 + 6s + 12 = 0$ 有幾個正實部根？　(A) 2　(B) 1　(C) 0　(D) 4。

( ) 9. 對於具有特性方程式 $\Delta(s) = s^5 + 4s^4 + 8s^3 + 8s^2 + 7s + 4 = 0$ 之系統，下列敘述何者正確？　(A) 四個左半面根，一個右半面根　(B) 五個左半面根　(C) 三個左半面根，二個純虛根　(D) 二個左半面根，二個純虛根，一個右半面根。

( ) 10. 求下列回授控制系統的閉迴路轉移函數 $T(s) = \dfrac{C(s)}{R(s)}$ 對 K 的靈敏度 $S_{T:K} = ?$

(A) $\dfrac{s+2}{s+2+2K}$　(B) $\dfrac{2K}{s+2+2K}$　(C) $\dfrac{2K}{s+2}$　(D) 1。

$R(s)$ + → ⊗ → $\dfrac{K}{(s+2)}$ → 2 → $C(s)$
－

( ) 11. 有一單位負回授控制系統，其開迴路轉移函數 $G(s) = \dfrac{k}{s(s+5)}$ ，若考慮在單位斜坡函數輸入下，其穩態誤差值不能大於 0.5，則其 k 值應大於多少？

(A) 5　(B) 8　(C) 10　(D) 12。

( ) 12. 某單位回授系統之開迴路轉移函數為 $G(s) = \dfrac{10}{(1+0.1s)(1+2s)}$ ，試求位置誤差常數 (position error constant) K_p 為何？

(A) 0　(B) 10　(C) 50　(D) 100。

( ) 13. 承上題，求速度誤差常數 (velocity error constant) K_v 為何？

(A) 0　(B) 10　(C) 50　(D) 100。

( ) 14. 已知單位回授系統之開迴路轉移函數為 $G(s) = \dfrac{20}{(1+0.1s)(1+2s)}$，當輸入

$r(t) = 1 + 2t + 3t^2$，試求穩態誤差 (steady state error) e_{ss} 為何？

(A) 0　(B) 5　(C) 10　(D) ∞。

( ) 15. 如圖所示 $G(s) = \dfrac{s+2}{s^2+4s+5}$、$H(s) = 1.5$，且輸入訊號為單位步階函數 (unit step function)，則其穩態誤差 (steady state error) 為何？

(A) 0.5　(B) 0.75　(C) 0.8　(D) 1。

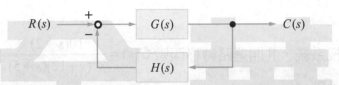

二、計算問答題

1. 有一架直升機的開迴路轉移函數為 $G(s) = \dfrac{K(s+2)}{s(s-1)(s^2+4s+20)}$，其有一單位負回授訊號，求使系統為穩定狀態的 K 值範圍？

解

2. 某閉迴路系統的轉移函數為 $\dfrac{1}{s^3+s^2+s+4+K}$，則此系統為穩定系統之條件為何？

解

3. 某單位回授 (unit-feedback) 控制系統的開迴路轉移函數 $G(s) = \dfrac{K}{s(s+1)(s+2)}$，則此系統為穩定系統之條件為何？

解

4. 某受控系統 $G_p(s)$ 與 PI 控制器 $(K_p + \dfrac{K_I}{s})$ 之回授控制系統如下圖所示，其中 $K_I = 10$，此時若輸入訊號為斜坡函數 $r(t) = t$，試求穩態誤差為何？

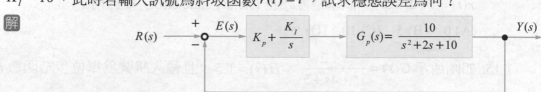

5. 某單位負回授系統，其開迴路轉移函數 $G(s) = \dfrac{10(s+2)}{s^2(s+12)(s+5)}$ 且輸入為 $\dfrac{1}{2}t^2$，求穩態誤差為何？

6. 某單位回授系統之開迴路轉移函數為 $G(s) = \dfrac{15(s+4)}{s(s+1)(s+2)}$，試求速度誤差常數 K_v 為何？

7. 某單位負回授系統如下圖所示，求此系統穩定時增益 K 值的範圍為何？

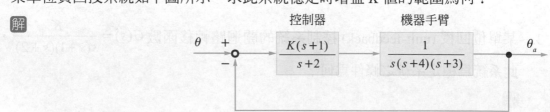

8. 某閉迴路系統之輸出 - 輸入轉移函數為 $\dfrac{Y(s)}{U(s)} = \dfrac{s^2+2}{s^5+s^4+6s^3+4s^2+10s+20}$ ，則此
   系統在 s 平面右半部之極點 (pole) 數目有幾個？

   解

9. 某單位負回授系統的開迴路轉移函數為 $G(s) = \dfrac{3}{(s+K)(s-1)}$ ，其中參數值 K 需在
   什麼範圍內才能滿足系統穩定的要求？

   解

10. 某閉迴路系統的特性方程式為 $s^3 + 2Ks^2 + (K+5)s + 4 = 0$ ，則使系統穩定的 K 值
    範圍為何？

    解

11. 下圖所示之單位回授控制系統，其開迴路轉移函數 $G_p(s)$ 分別為

    (a) $G_p(s) = \dfrac{20}{(s+1)(s^2+4s+2)}$

    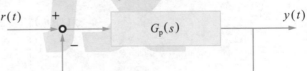

    (b) $G_p(s) = \dfrac{K}{s(s+1)(s^2+4s+10)}$

    (c) $G_p(s) = \dfrac{K(s+1)(s+3)}{s^2(s^2+2s+10)}$

    試描述每個系統的形式 (Type) 並求每一系統之誤差常數 K_P 、 K_v 及 K_a 。

    解

12. 某控制系統如下圖所示，請回答下列問題：

(a) 系統之型式 (type) 為何？

(b) 求誤差常數 K_p、K_v 及 K_a。

(c) 求單位步階、單位斜坡、單位拋物線函數輸入時之穩態誤差。

解

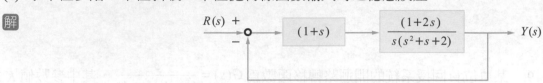

13. 如下圖所示之 mcK 振動系統，該系統在靜止時受到 100 牛頓的外力 $f(t)$ 作用，系統步階輸入外力 $f(t)$ 後的時間響應如下圖所示，且穩態誤差為零，試決定系統參數 m、c 及 K 之值。

解

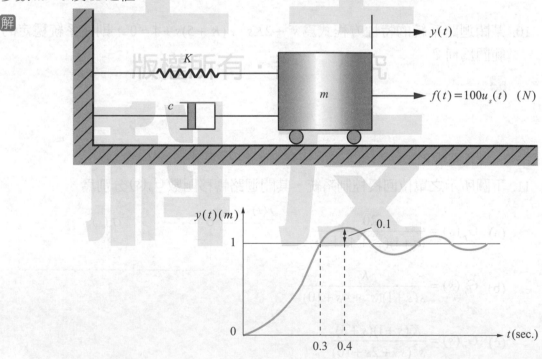

14. 下圖為非單位回授控制系統之方塊圖，其中 $G(s) = \dfrac{10(s+0.1)}{s(s+1)(s+6)}$ ，$H(s) = 3 + \dfrac{1}{s}$

(a) 試求該系統對於單位步階輸入之穩態誤差。

(b) 試求該系統對於單位斜坡輸入之穩態誤差。

解

15. 對於同時具有單位步階輸入與單位步階外擾之系統方塊圖如下所示，試求系統的穩態誤差。

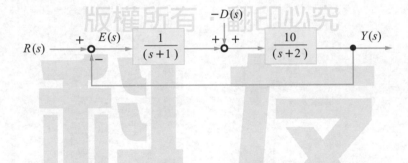

解

得分欄

班級：_____

學號：_____

姓名：_____

一、選擇題

( ) 1. 某系統的特性方程式為 $s(s+4)(s^2+2s+2)+K(s+2)=0$，則根軌跡漸近線

與實軸的交點為　(A) $-\dfrac{4}{3}$　(B) $-\dfrac{3}{4}$　(C) $-\dfrac{3}{5}$　(D) -2。

( ) 2. 承上題，下列何者非其漸近線與實軸的交角？

(A) $60°$　(B) $90°$　(C) $180°$　(D) $300°$。

( ) 3. 系統方塊圖如下，試求其閉迴路根軌跡的任一個起始點。

(A) -2　(B) -1　(C) 1　(D) 2。

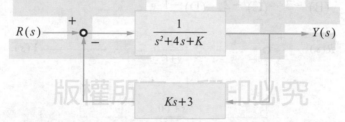

( ) 4. 下圖之系統中，求閉迴路根軌跡的分支數目有多少？

(A) 2　(B) 3　(C) 4　(D) 以上皆非。

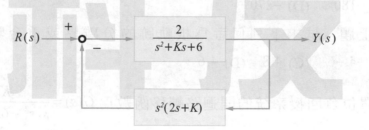

( ) 5. 某系統轉移函數之特性方程式為 $s^2+s+2+K(s+3)=0$，求其根軌跡的分離

點或重合點為何？　(A) -0.586　(B) -5.828　(C) -1　(D) 以上皆非。

( ) 6. 考慮閉迴路控制系統的開迴路轉移函數為 $G(s)H(s) = \dfrac{K}{(s^2 + 2s + 2)(s+3)}$，

$K > 0$，則下列敘述何者錯誤？

(A) 開迴路轉移函數的極點為 $s = -1 \pm j$, -3

(B) 在實軸上的根軌跡介於 $s = -3$ 與 $s = -\infty$ 之間

(C) 根軌跡總共有三個分支

(D) 漸近線與實軸交點 (漸近線中點) $= -1$，漸近線角度為 $45°$、$180°$、$315°$

( ) 7. 某系統閉迴路轉移函數特性方程式為 $s(s+3)(s^2 + 2s + 2) + K(s+2) = 0$，試求下列何者不是其根軌跡的起始點？　(A)0　(B) -1　(C) -3　(D) $-1 \pm j$。

( ) 8. 承上題，其根軌跡的終止點為　(A) 0　(B) -3　(C) $-1 \pm j1$　(D) -2。

( ) 9. 某閉迴路控制系統如下圖所示，則其根軌跡之漸近線與實軸的交點為何？

(A) -4　(B) -3　(C) -2　(D) -1。

( ) 10. 承上題，下列何者為其根軌跡漸近線與實軸的夾角？　(A) $-45°$　(B) $-60°$　(C) $-180°$　(D) $-270°$。

( ) 11. 承上題，試求下列何者為根軌跡的分離點或重合點？　(A) $-4, -8$　(B) $-4, -6$　(C) $4, 8$　(D) $4, 6$。

( ) 12. 某單位負回授系統的開迴路轉移函數為 $G(s) = \dfrac{K}{s(s^2 + 6s + 13)}$，則根軌跡在 $s = -3 + j2$ 的離開角大概為幾度？　(A) $-30°$　(B) $-37°$　(C) $-56°$　(D) $-60°$。

( ) 13. 有一控制系統如下圖所示，當根軌跡穿越虛數軸時，其與虛數軸之交點為何？　(A) $\pm j$　(B) $\pm\sqrt{2}j$　(C) $\pm\sqrt{3}j$　(D) $\pm\sqrt{5}j$。

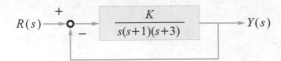

( ) 14. 單位回授系統的開迴路轉移函數為 $G(s) = \dfrac{k}{s(s+2)(s+4)}$，在其根軌跡圖中

與虛軸的交點位於 $+j\omega$，其中 $\omega = ?$　　(A) 1　　(B) $\sqrt{3}$　　(C) 2　　(D) $\sqrt{8}$。

( ) 15. 當 $s = -2 + j$ 時，試求複數函數 $GH(s) = \dfrac{5(s+1)}{s(s+2)(s+4)}$ 的角度

$\angle GH(-2+j) = ?$　　(A) 0°　　(B) −90°　　(C) −135°　　(D) −150°。

二、計算問答題

1. 試概略繪出下列各種開迴路轉移函數極點與零點組態之根軌跡圖，其中增益參數 $K > 0$。

解

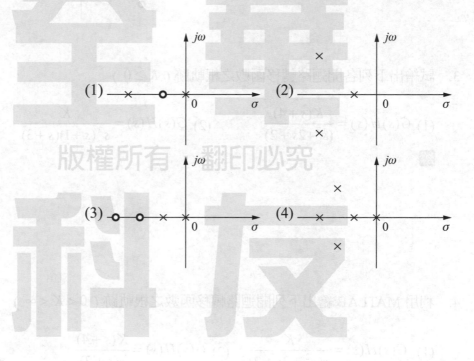

2. 已知系統開迴路之零、極點分佈如下圖所示，請概略繪出相應的閉迴路系統根軌跡圖。

解

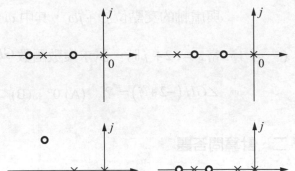

3. 試繪出下列各開迴路轉移函數之根軌跡（ $K \geq 0$ ）

(1) $G(s)H(s) = \dfrac{K(s+4)}{(s^2+2s+2)}$ (2) $G(s)H(s) = \dfrac{K}{s^2(s+1)(s+3)}$

解

4. 利用 MATLAB 繪出下列開迴路轉移函數之根軌跡（ $0 < K < \infty$ ）

(1) $G(s)H(s) = \dfrac{K}{s(s^2+2s+2)}$ (2) $G(s)H(s) = \dfrac{K(s+4)}{s(s+2)}$

(3) $G(s)H(s) = \dfrac{K(s+6)}{s(s+2)(s+4)}$

解

5. 利用 MATLAB 繪出下列特性方程的根軌跡：

(1) $s^3 + 2s^2 + 3s + Ks + 2K = 0$

(2) $s^3 + 2s^2 + (K+2)s + 10K = 0$

解

6. 某單位回授控制系統如下圖所示，試繪製其根軌跡圖，並決定使系統保持穩定性之 K 值範圍。

解

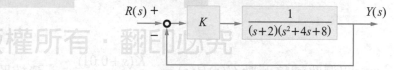

7. 某一回授系統如下所示，利用 MATLAB 繪製其根軌跡（$0 < K < \infty$），並求閉迴路阻尼比 $\zeta = 0.5$ 之共軛複數極點所對應的 K 值。

解

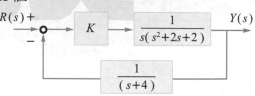

8. 考慮一閉迴路系統，其開迴路轉移函數為：$KG(s)H(s) = \dfrac{K(s+4)(s^2+48)}{s(s^2+16)}$

(1) 試繪製其閉迴路極點於實軸之根軌跡 (Root Locus)。

(2) 決定根軌跡之離開角 (Departure Angle) 與到達角 (Arrival Angle)，其中 $K > 0$。

(3) 試繪製 $K > 0$ 的根軌跡。

(4) 由羅斯表 (Routh Table) 決定 K 形成該閉迴路 BIBO 穩定之條件。

解

9. 開迴路轉移函數 $G(s)H(s) = \dfrac{K(s+0.01)}{s^2(s+2)(s+10)}$，請按照根軌跡繪圖原則大略畫出 $K > 0$ 之根軌跡。亦利用 MATLAB 畫出其根軌跡。

解

10. 對於具有速度增益回授之馬達控制系統如下，請按照根軌跡繪圖原則大略畫出
    $K > 0$ 之根軌跡。利用 MATLAB 討論 K 為何時其阻尼比為 0.7。

解

11. 給定一個閉迴路控制系統如右圖。

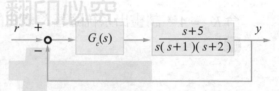

(1) 當補償器為常數 $G_c = K$，請畫出此控制
    系統之根軌跡及其漸近線，並標明與虛
    軸的交點及其對應之 K 值。

(2) 當補償器設為 $G_c(s) = K\dfrac{s+2}{s+p}$，試求 p 值讓點 $A = -1 + j4$ 位於根軌跡上，其中
    $K > 0$。

解

12. 考慮伺服馬達之速度控制是採用 PI 控制器之架構如下圖所示，試以 K_p 為變數繪製根軌跡圖，其中 $J = 0.1$、$B = 0.4$、$K_t = 0.5$ 及 $\tau_i = 0.1$。

解

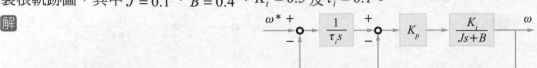

13. 考慮一馬達速度控制方塊圖如下所示，其中 $J = 1$，$K_t = 0.5$，$G_c(s) = K_p + \dfrac{K_i}{s}$。

令 $K_p = 4$，請畫出系統隨著 K_i 變化的根軌跡圖。

解

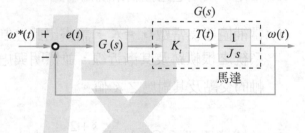

習題
演練

得分欄

班級：＿＿＿＿＿

學號：＿＿＿＿＿

姓名：＿＿＿＿＿

Chapter 7
線性系統的頻域響應分析

一、選擇題

( ) 1. 某系統之轉移函數為 $G(s)=\dfrac{1}{s+2}$，若輸入為 $8\sin 2t$，則穩態時輸出應為多

少？ (A) $2\sqrt{2}\sin(2t+\dfrac{\pi}{4})$ (B) $2\sqrt{2}\cos(2t+\dfrac{\pi}{4})$ (C) $2\sqrt{2}\sin(2t-\dfrac{\pi}{4})$

(D) $2\sqrt{2}\cos(2t-\dfrac{\pi}{4})$ 。

( ) 2. 有一控制系統之迴路轉移函數為 $G(s)H(s)=\dfrac{s}{5s^2+6s+1}$，則下列何者為其

轉角頻率？ (A)1, 5 (B) 1, 0.2 (C) 1, 6 (D) 5, 6。

( ) 3. 有一極小相位系統的波德大小

圖近似如下所示，設轉移函數

$G(s)=\dfrac{a}{s+b}$，則 $a=$ ？

(A)100 (B)200

(C)300 (D)500。

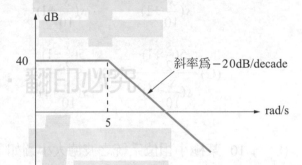

( ) 4. 承上題，則 $b=$ ？ (A) 5 (B) 3 (C) 2 (D) 1。

( ) 5. 開迴路轉移函數 $G(s)=\dfrac{k}{s^2+8s+50}$ 之波德圖 (Bode diagram) 如下所示，請

問 k 值大約是多少？ (A) 500 (B) 1000 (C) 2000 (D) 4000。

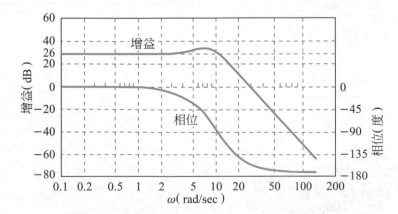

( ) 6. 轉移函數 $G(s) = \dfrac{1}{s^2}$ 之增益大小的波德圖 (Bode diagram) 斜率為多少 dB/decade？　(A) 20　(B) −20　(C) −40　(D) −60。

( ) 7. 某系統之轉移函數為 $G(s) = \dfrac{2(s-1)}{s(s+2)(s^2+s+3)}$，當 $\omega = 1\,\text{rad/sec}$ 時，試求 $|G(j\omega)|$ 之值為何？　(A) $\dfrac{\sqrt{2}}{5}$　(B) $\dfrac{2\sqrt{2}}{5}$　(C) $\dfrac{3\sqrt{2}}{5}$　(D) $\dfrac{4\sqrt{2}}{5}$。

( ) 8. 有一控制系統的轉移函數為 $\dfrac{Y(s)}{R(s)} = \dfrac{1}{s+2}$，則當 $r(t) = 10\sin(10t)$ 時，$y(t)$ 的大小值 (Magnitude) 為多少？　(A) 1　(B) 0.5　(C) 0.05　(D) 5。

( ) 9. 某極小相位控制系統之波德大小圖如下，求其轉移函數？

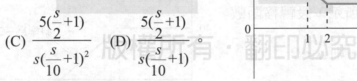

(A) $\dfrac{10(\frac{s}{2}+1)}{s(\frac{s}{10}+1)}$　(B) $\dfrac{10(\frac{s}{2}+1)}{s(\frac{s}{10}+1)^2}$

(C) $\dfrac{5(\frac{s}{2}+1)}{s(\frac{s}{10}+1)^2}$　(D) $\dfrac{5(\frac{s}{2}+1)}{s(\frac{s}{10}+1)}$。

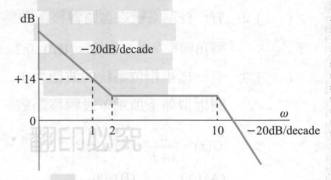

( ) 10. 某極小相位系統之波德大小圖如下，求其轉移函數？

(A) $\dfrac{1000(\frac{s}{50}+1)}{(\frac{s}{5}+1)(\frac{s}{200}+1)}$

(B) $\dfrac{1000(\frac{s}{50}+1)}{(\frac{s}{5}+1)(\frac{s}{200}+1)^2}$

(C) $\dfrac{100(\frac{s}{50}+1)}{(\frac{s}{5}+1)(\frac{s}{200}+1)^2}$

(D) $\dfrac{100(\frac{s}{50}+1)}{(\frac{s}{5}+1)(\frac{s}{200}+1)}$。

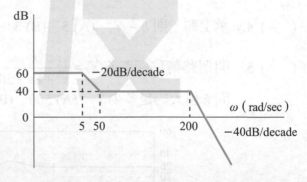

二、計算問答題

1. 已知 $\dfrac{V_o(s)}{V_i(s)}$ 的波德圖如下，請求解以下小題：

   (1) 若 $v_i(t) = 5\sin(20t)$ V，則 v_o 振幅大約_____V。

   (2) 續上題，$\omega =$ _____時，輸出電壓的相角落後輸入電壓 45 度。

   (3) 由圖可知直流增益 = _____dB。

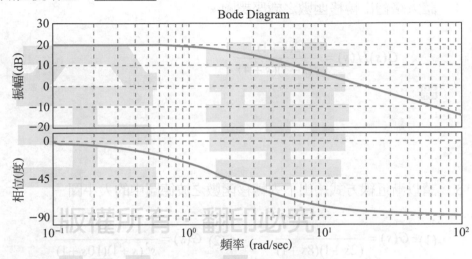

2. 控制系統轉移函數為 $G(s) = \dfrac{10}{s^2 + 2s + 1}$，試計算當輸入為 $u(t) = 10\sin 2\pi t$，$t \geq 0$ 下，該系統之穩態輸出響應 $y(t) = ?$

3. 設控制系統方塊圖如右所示，在輸入訊號

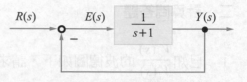

$r(t) = 2\sin(t+30°) - 3\cos(2t-45°)$ 作用下，

求系統的穩態輸出響應 $y(t)$。

解

4. 請大略繪出轉移函數之極座標圖。

$$G(s)H(s) = \frac{2(s+1)}{s(s-1)(s+4)}$$

解

5. 請以漸近線方式繪出下列轉移函數之波德圖中的大小圖

(1) $G(s) = \dfrac{2}{(2s+1)(8s+1)}$ (2) $G(s) = \dfrac{20}{s^2(s+1)(10s+1)}$

(3) $G(s) = \dfrac{8(\dfrac{s}{0.1}+1)}{s(s^2+s+1)(\dfrac{s}{2}+1)}$ (4) $G(s) = \dfrac{10(\dfrac{s^2}{400}+\dfrac{s}{10}+1)}{s(s+1)(\dfrac{s}{0.1}+1)}$

解

6. 控制系統之開迴路轉移函數為 $G(s)H(s) = \dfrac{10}{s(s+2)(s+5)}$

(1) 試利用漸近線繪出 $G(s)H(s)$ 之波德圖。

(2) 利用 MATLAB 繪製波德圖。

解

7. 有一系統之波德大小圖與相位圖如下所示,試利用漸近近似法則求出此系統之轉
移函數 $G(s)$。

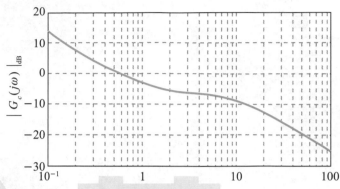

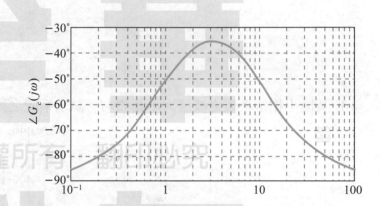

8. 下列兩圖為極小相位系統之波德大小圖,試求系統之轉移函數。

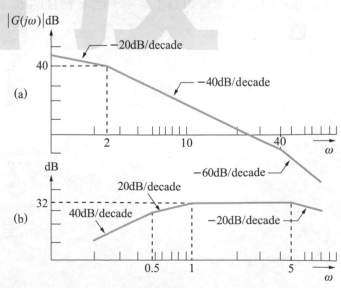

9. 如右兩圖為極小相位系統之波德大小圖，若系統的阻尼比為 0.4，試求系統之轉移函數。

解

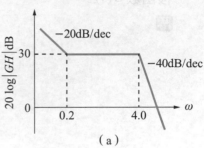

（a）

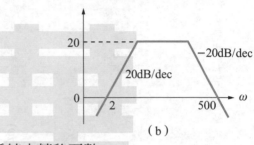

（b）

10. 某極小相位系統之波德大小圖如右，試求系統之轉移函數。

解

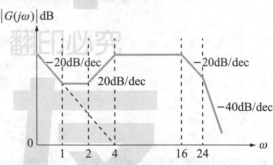

11. 某系統之波德圖如右，試求系統之轉移函數

解

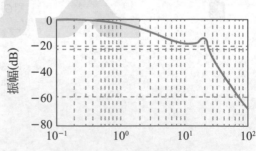

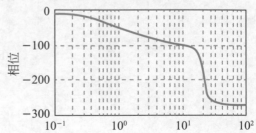

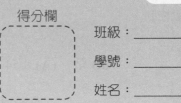
習題演練

Chapter 8
頻域響應的穩定性分析

得分欄

班級：_____

學號：_____

姓名：_____

一、選擇題

(   ) 1. 系統轉移函數 $T(s)$ 之頻率響應圖如右所示，則其共振頻率為多少？

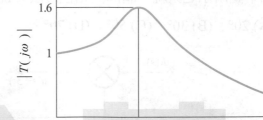

     (A) 1   (B) 1.6

     (C) 5   (D) 0.5。

(   ) 2. 已知一單位回授 (unit-feedback) 控制系統的開迴路轉移函數之奈氏圖形 (Nyquist path) 將 $(-1+0j)$ 包圍在內，且繞順時針一圈，若該開迴路轉移函數在右半 (複數) 平面之極點數為 1，則閉迴路轉移函數在右半平面之極點數為多少？   (A) 1 個   (B) 2 個   (C) 3 個   (D) 4 個。

(   ) 3. 已知四個極小相位系統的開迴路轉移函數之奈氏圖在 ω 由 $0 \to \infty$ 時如右所示，則何者具有最佳的相對穩定度？

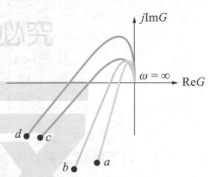

     (A) a (B) b (C) c (D) d。

(   ) 4. 如果系統開迴路轉移函數為 $GH = \dfrac{K}{(s+2)(s+3)(s+4)}$，下圖為不同 K 值之極座標圖，依照奈氏準則 (Nyquist criterion) 判斷穩定性，則下列敘述何者正確？

     (A) $K = k_1$ 時為穩定

     (B) $K = k_2$ 時為不穩定

     (C) $K = k_3$ 時為臨界穩定

     (D) $K = k_4$ 時為穩定。

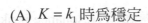

(   ) 5. 某單位回授系統如下所示，求 $K = 2$ 時之增益邊限 (Gain Margin) 為多少

dB ？ (A) 8.54 (B) 9.54 (C) 10.54 (D) 11.54。

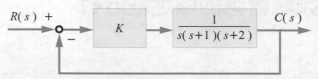

( ) 6. 如下圖所示之系統，請問其相位邊限 (Phase Margin) 約爲多少？
(A) 20° (B) 30° (C) 50° (D) 70°。

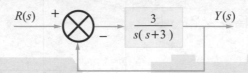

( ) 7. 轉移函數 $G(s)$ 的波德圖 (Bode diagram) 如下所示，請問其相位邊限 (Phase Margin) 約爲多少？ (A) 20° (B) 30° (C) 45° (D) 60°。

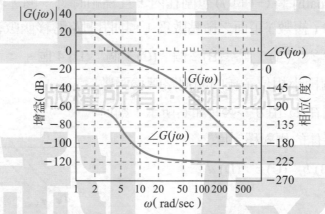

( ) 8. 如下所示之系統方塊圖，試求系統之共振頻率 (resonant frequency) 爲何？
(A) 1 (B) $\sqrt{2}$ (C) $\sqrt{3}$ (D) $2\sqrt{2}$ rad/sec。

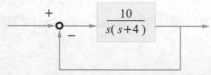

( ) 9. 承上題所示之系統方塊圖，試求系統之共振峰值 (resonance peak) 約爲多少？ (A) 1.0206 (B) 1.68 (C) 2.0206 (D) 2.45。

( ) 10. 當系統的 B.W. 增加時，下列敘述何者正確？ (A) 共振峰值降低 (B) 系統阻尼比變大 (C) 系統響應速度增快 (D) 上升時間增加。

( ) 11. 某系統轉移函數的波德圖如下，其相位邊限 (P.M.) 爲何？

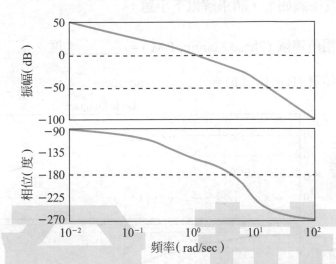

(A) 30°　(B) −30°　(C) 15°　(D) −15°。

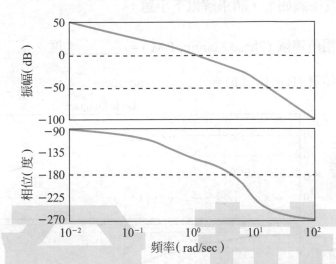

(　　) 12. 有一單位負回授系統，其開迴路轉移函數為 $G(s) = \dfrac{1}{s(s+1)(s+2)}$，則此系統的增益邊限 (Gain Margin) 為多少？　(A) 1.556 dB　(B) 15.563 dB　(C) 155.63 dB　(D) 1556.3 dB。

(　　) 13. 一個單位負回授系統，其開迴路轉移函數為 $G(s) = \dfrac{25}{s+5}$，則此閉迴路系統的頻寬大概為多少？　(A) 19　(B) 29　(C) 39　(D) 49　rad/sec。

二、計算問答題

1. 控制系統之閉迴路轉移函數 $T(s) = \dfrac{16}{s^2 + 4s + 16}$，試求

(1) 共振頻率 ω_r

(2) 共振峰值 M_r

(3) 頻帶寬度 B.W.。

解

2. 已知 $\dfrac{V_o(s)}{V_i(s)}$ 的波德圖如下，請求解以下小題：

(1) 由圖可知相位邊限 (Phase Margin, P.M.) = ＿＿＿＿＿＿度。

(2) 由圖可知頻寬 (Bandwidth) = ＿＿＿＿＿＿rad/sec。

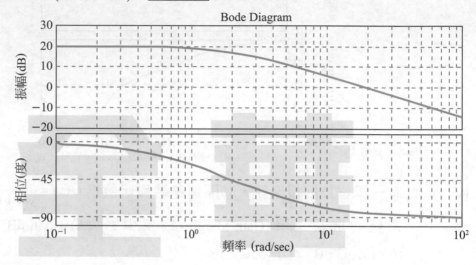

3. 試求出下列開迴路轉移函數之奈氏圖，並由奈氏穩定準則判斷閉迴路系統之穩定性。

(1) $G(s)H(s) = \dfrac{4}{(s+1)^3}$

(2) $G(s)H(s) = \dfrac{12(s+1)}{s(s-1)(s+4)}$

(3) $G(s)H(s) = \dfrac{15(s+2)}{s^3 + 3s^2 + 10}$

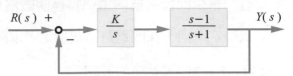

4. 某單位負回授系統如下圖所示,請用奈氏穩定準則判斷系統的穩定性。

解

$$R(s) \xrightarrow{+} \bigcirc \xrightarrow{-} \boxed{\dfrac{K}{s}} \longrightarrow \boxed{\dfrac{s-1}{s+1}} \longrightarrow Y(s)$$

5. 針對下列開迴路轉移函數 (參數 $K, T, T_i > 0$; $i = 1, 2, \cdots, 6$),其極座標圖如下所示,
   請利用奈氏穩定準則決定閉迴路系統之穩定性。

(1) $G(s) = \dfrac{K}{(T_1 s + 1)(T_2 s + 1)(T_3 s + 1)}$

(2) $G(s) = \dfrac{K}{s(T_1 s + 1)(T_2 s + 1)}$

(3) $G(s) = \dfrac{K}{s^2(Ts + 1)}$

(4) $G(s) = \dfrac{K(T_1 s + 1)}{s^2(T_2 s + 1)}$

(5) $G(s) = \dfrac{K(T_1 s + 1)(T_2 s + 1)}{s^3}$

(6) $G(s) = \dfrac{K(T_5 s + 1)(T_6 s + 1)}{s(T_1 s + 1)(T_2 s + 1)(T_3 s + 1)(T_4 s + 1)}$

解

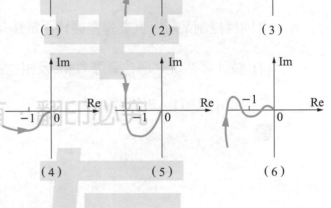

（1）　　　　　　（2）　　　　　　（3）

（4）　　　　　　（5）　　　　　　（6）

6. 有一單位回授系統開迴路轉移函數為 $G(s) = \dfrac{K}{s(Ts+1)(s+1)}$ ；$K, T > 0$。試根據奈氏穩定準則，在閉迴路系統穩定下求解各小題

(1) $T = 2$ 時，K 值的範圍。

(2) $K = 10$ 時，T 值的範圍。

(3) K、T 值的範圍。

解

7. 某回授控制系統，其開迴路轉移函數為 $G(s)H(s) = \dfrac{1}{s(1+0.2s)(1+0.1s)}$

(1) 請計算系統之增益邊際 G.M. 及相位邊際 P.M.，並說明系統穩定性。

(2) 使用 MATLAB 驗證結果。

解

8. 控制系統之開迴路轉移函數為 $G(s)H(s) = \dfrac{20}{s(s+2)(s+5)}$

利用 MATLAB 求出系統的 G.M. 與 P.M. 並判斷系統的穩定性

解

9. 一單位回授控制系統如下圖，試回答下列問題：

(1) 決定使系統具有 45° 相位邊際之適當 K 值。

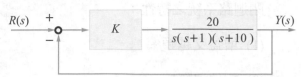

$R(s)$ + — K $\dfrac{20}{s(s+1)(s+10)}$ $Y(s)$

(2) 決定使系統具有 25 dB 增益邊際之適當 K 值。

(3) 試以 MATLAB 驗證上面兩小題結果。

解

10. 下圖為某單位回授控制系統之開迴路轉移函數對應的尼可士圖，試求出該系統閉迴路之特性：

(1) 增益交越頻率

(2) 相位邊際

(3) 相位交越頻率

(4) 增益邊際

(5) 共振頻率

(6) 共振峰值

(7) 頻帶寬度

解

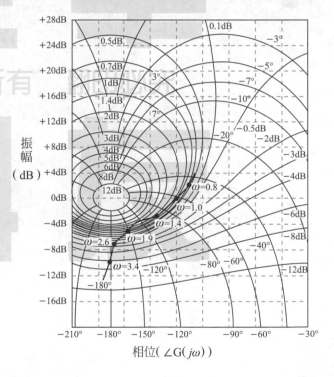

11. 某單位回授控制系統之開迴路轉移函數所對應之尼可士圖如下所示，試求出下列
閉迴路系統之特性：

(1) 增益交越頻率

(2) 相位邊際

(3) 相位交越頻率

(4) 增益邊際

(5) 共振頻率

(6) 共振峰值

(7) 頻帶寬度

解

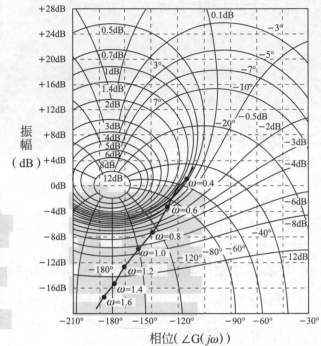

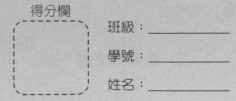

習題演練

Chapter 9
控制系統的補償設計

得分欄

班級：＿＿＿＿＿＿

學號：＿＿＿＿＿＿

姓名：＿＿＿＿＿＿

一、選擇題

( ) 1. 下列何者為相位領先補償器？ (A) $G_c(s) = \dfrac{1+s}{1+2s}$ (B) $G_c(s) = \dfrac{1+3s}{1+2s}$

(C) $G_c(s) = \dfrac{1+4s}{1+5s}$ (D) $G_c(s) = \dfrac{1+s}{1+5s}$。

( ) 2. 下列何者為相位落後補償器？ (A) $G_c(s) = 10$ (B) $G_c(s) = 0.1$

(C) $G_c(s) = \dfrac{1+s}{1+2s}$ (D) $G_c(s) = \dfrac{1+3s}{1+2s}$。

( ) 3. 可以清除穩態誤差之控制器為下列何者？ (A) P 控制器 (B) PD 控制器
(C) PI 控制器 (D) 以上皆非。

( ) 4. 若有一系統之臨界穩定增益為 10，在臨界穩定之振盪頻率為 2 rad/sec，若
利用 Ziegler Nichols 調整法則設計 P 控制器時，其參數 K_p 為何？
(A) 10 (B) 6 (C) 5 (D)4.5。

( ) 5. 同上題，若利用 Ziegler Nichols 調整法設計 PI 控制器時，其參數 K_p 為何？
(A) 10 (B) 6 (C) 5 (D)4.5。

( ) 6. 同上題，其 PI 控制器參數 T_i 為何？ (A) 2.61 (B) 1.57 (C) 2 (D)3.14。

( ) 7. 同第 4 題，若利用 Ziegler Nichols 調整法設計 PID 控制器時，其參數 $K_p =$?
(A) 10 (B) 6 (C) 5 (D) 4.5。

( ) 8. 同上題，參數 $T_i =$? (A) 2.61 (B) 1.57 (C) 2 (D) 3.14。

( ) 9. 同上題，參數 $\tau =$? (A) 0.1927 (B) 0.2927 (C) 0.3927 (D) 0.4927。

( ) 10. 可以抑制最大超越量之控制器為下列何者？ (A) P 控制器 (B) PD 控制器
(C) PI 控制器 (D) 以上皆非。

二、計算問答題

1. 如右圖所示控制系統，其中

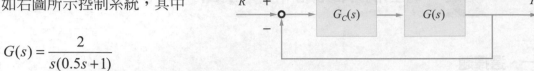

$$G(s) = \frac{2}{s(0.5s+1)}$$

試設計補償器 $G_c(s)$ 具有下列形式

$$G_c(s) = K\frac{s+z}{s+p}$$

使得系統之穩態誤差小於 0.3，且主要極點為 $-3 \pm j3$。

 解

2. 某控制系統架構如右圖所示，令控制器為 PID 控制器，形式為

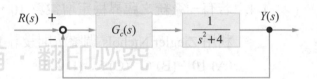

$$G_c(s) = K_P + \frac{K_I}{s} + K_D s$$

試決定參數 K_P、K_I 及 K_D 之值使系統滿足下列性能需求：

(a) 對單位步階輸入的穩態誤差值等於零。

(b) 對單位斜坡輸入的穩態誤差值必須小於 5%。

(c) 閉迴路系統之相對阻尼比為 0.707，而相對應的自然頻率為 2 rad/sec。

解

3. 某具有 PID 控制之系統如下圖所示，試應用 Ziegler-Nichols 法則決定 PID 控制器之增益 K_P、T_i 及 τ 值。並利用 MATLAB 繪出控制系統之波德圖，求出相位邊限 P.M.。

解

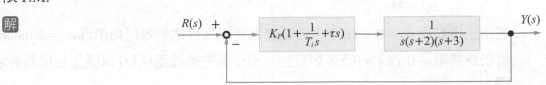

$R(s)$ $+$ $\;$ $K_P(1+\dfrac{1}{T_i s}+\tau s)$ $\;$ $\dfrac{1}{s(s+2)(s+3)}$ $\;$ $Y(s)$

4. 某控制系統之開迴路轉移函數為 $G(s)=\dfrac{1}{s(s+2)}$

試設計一相位領先補償器 $G_c(s)$ 使補償後系統滿足下列性能需求：

(a) 對單位斜坡輸入之穩態誤差小於 2%。

(b) 相位邊際 P.M. 至少 45°。

(c) 增益邊際 G.M. 至少有 10dB。

解

5. 某控制系統未補償前之開迴路轉移函數為 $G(s)=\dfrac{5}{s(s+5)}$

試設計一相位領先補償器使補償後系統滿足下列性能需求：

(a) 速度誤差常數 $K_V = 10\,\mathrm{sec}^{-1}$。

(b) 相位邊際 P.M. 至少有 45°。

解

6. 同上題，請設計相位落後補償器，使其滿足相同的規格要求。

解

7. 某單位負回授系統如右所示：

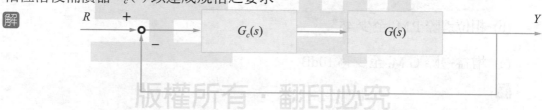

其中 $G_P = \dfrac{16}{s(s+4)}$ ，當 $G_c(s) = 1$ 時閉

迴路主極點為 $s = -2 \pm j2\sqrt{3}$ ，若現在希望提高自然無阻尼頻率為 $\omega_n = 8$ rad/sec，
但仍維持阻尼比為 $\xi = 0.5$ ，請設計一相位領先補償器 $G_c(s)$ 以滿足性能的要求。

解

8. 某單位負回授系統如下圖所示，其開迴路轉移函數 $G(s) = \dfrac{1}{(s+2)^2}$ ，若希望閉迴
路系統的暫態性能規格滿足 $\xi = 0.707$ ，穩態性能規格滿足 $K_p = 10$ ，試設計一個
相位落後補償器 $G_c(s)$ 以達成規格之要求。

解

9. 如下所示之控制系統，若要求性能規格為斜坡 (ramp) 函數輸入時穩態誤差為
$|e(\infty)| \le 0.2$ ，且相位邊限 (phase margin) 至少 45°，請問 K, c, d 值需多少？

解

10. 考慮單位負回授控制系統，其開迴路轉移函數為 $G_p(s) = \dfrac{1}{s(s+1)(0.5s+1)}$ 。試設
計一個相位落後補償器 $G_c(s)$ ，使得閉迴路系統的速度誤差常數為 $K_V = 4$ ，相位
邊限至少為 45°。並利用 MATLAB 確定您設計的補償器有滿足所要求的規格。

解

自動控制

得分欄

班級：_____

學號：_____

姓名：_____

習題
演練

Chapter 10
現代控制學與狀態空間設計

一、選擇題

(　　) 1. 某系統動態方程式為 $\dot{X} = \begin{bmatrix} -6 & -4 \\ -4 & -6 \end{bmatrix} X(t)$，試求系統的特徵值為何？

(A) -3 與 -9　(B) -2 與 -10　(C) -4 與 -8　(D) -6 與 -6。

(　　) 2. 某系統動態方程式為 $\dot{X} = \begin{bmatrix} 2 & 1 & 7 \\ 0 & 3 & 9 \\ 0 & 0 & 5 \end{bmatrix} X(t)$，試求系統的特徵值為何？

(A) 2 與 1 與 7　(B) -2 與 -3 與 -5　(C) 2 與 3 與 5　(D) -2 與 3 與 5。

(　　) 3. 考慮一個線性系統，$\begin{bmatrix} \dot{x}_1 \\ \dot{x}_2 \end{bmatrix} = \begin{bmatrix} -3 & 1 \\ -2 & 2 \end{bmatrix} \begin{bmatrix} x_1 \\ x_2 \end{bmatrix} + \begin{bmatrix} 0 \\ 1 \end{bmatrix} u$，則此系統之特性方程式為

何？　(A) $3s^2 + 2s + 1 = 0$　(B) $s^2 + 3s + 1 = 0$　(C) $s^2 + s - 4 = 0$

(D) $3s^2 + 2s - 5 = 0$。

(　　) 4　系統之狀態方程式為 $\dot{X} = AX + Bu$，$y = CX$　$A = \begin{bmatrix} -1 & 0 & 0 \\ 0 & -2 & 0 \\ 0 & 0 & -3 \end{bmatrix}$，$B = \begin{bmatrix} 1 \\ 1 \\ 1 \end{bmatrix}$，

$C = \begin{bmatrix} 1 & 2 & -1 \end{bmatrix}$，則此系統之轉移函數為何？

(A) $G(s) = \dfrac{1}{s^3 + 6s^2 + 11s + 6}$　　(B) $G(s) = \dfrac{2s^2 + 12s + 11}{s^3 + 6s^2 + 11s + 6}$

(C) $G(s) = \dfrac{3s^2 + 12s + 11}{s^3 + 6s^2 + 11s + 6}$　　(D) $G(s) = \dfrac{4s^2 + 11s + 12}{s^3 + 6s^2 + 11s + 6}$。

(　　) 5. 某系統之狀態方程式為：$\dot{X} = AX + Bu$。下列之 A 矩陣中，何者可使系統具

有零輸入漸進穩定性 (zero-input asymptotic stability)？

(A) $A = \begin{bmatrix} 0 & 0 & 0 \\ 0 & -2 & 0 \\ 0 & 0 & -3 \end{bmatrix}$　(B) $A = \begin{bmatrix} -3 & 0 & 0 \\ 0 & 2 & 0 \\ 0 & 0 & -4 \end{bmatrix}$　(C) $A = \begin{bmatrix} -2 & 1 & 1 \\ 0 & -3 & 1 \\ 0 & 0 & -4 \end{bmatrix}$

(D) $A = \begin{bmatrix} -3 & 2 & 3 \\ 0 & 1 & 2 \\ 0 & 0 & 5 \end{bmatrix}$。

( ) 6. 某系統之狀態方程式為 $\dot{x}(t) = \begin{bmatrix} -4 & -3 \\ 1 & 0 \end{bmatrix} x(t) + \begin{bmatrix} 1 \\ 0 \end{bmatrix} u(t)$，$y(t) = \begin{bmatrix} 1 & 0 \end{bmatrix} x(t)$，則此系統之特性方程式為何？ (A) $s^2 - 4s - 3 = 0$ (B) $s^2 - 4s + 3 = 0$ (C) $s^2 + 4s - 3 = 0$ (D) $s^2 + 4s + 3 = 0$。

( ) 7. 某一系統之狀態方程式為 $\dot{x}(t) = \begin{bmatrix} -3 & -2 \\ 1 & 0 \end{bmatrix} x(t) + \begin{bmatrix} 1 \\ 0 \end{bmatrix} u(t)$，$y(t) = \begin{bmatrix} 1 & 0 \end{bmatrix} x(t)$，若回授控制器 $u(t) = -\begin{bmatrix} k_1 & k_2 \end{bmatrix} x(t)$，請設計 $\begin{bmatrix} k_1 & k_2 \end{bmatrix}$ 使閉迴路系統之極點於 -3 與 -4，則 $\begin{bmatrix} k_1 & k_2 \end{bmatrix} = ?$

(A) $\begin{bmatrix} 8 & 6 \end{bmatrix}$ (B) $\begin{bmatrix} 4 & 10 \end{bmatrix}$ (C) $\begin{bmatrix} 10 & 4 \end{bmatrix}$ (D) $\begin{bmatrix} 6 & 8 \end{bmatrix}$。

( ) 8. 設系統狀態方程式為 $\dot{X}(t) = \begin{bmatrix} -4 & -8 \\ 1 & 0 \end{bmatrix} X(t) + \begin{bmatrix} 1 \\ 0 \end{bmatrix} u(t)$，$y(t) = \begin{bmatrix} 8 & 0 \end{bmatrix} X(t)$，其中 $u(t)$ 為輸入，$y(t)$ 為輸出，$X(t) = \begin{bmatrix} x_1(t) \\ x_2(t) \end{bmatrix}$ 為狀態向量，則此系統為

(A) 不穩定 (B) 穩定 (C) 臨界穩定 (D) 以上皆非。

( ) 9. 請考慮線性非時變系統 $\begin{cases} \dot{X} = AX + Bu \\ y = CX \end{cases}$，其中 $A = \begin{bmatrix} 3 & 2 \\ 0 & 1 \end{bmatrix}$，$B = \begin{bmatrix} 1 \\ 0 \end{bmatrix}$，$C = \begin{bmatrix} 0 & 1 \end{bmatrix}$，試判別下列何者正確？

(A) 可控制且可觀測 (B) 可控制且不可觀測 (C) 不可控制且可觀測 (D) 不可控制且不可觀測。

( ) 10. 請考慮一個系統狀態方程為 $\begin{bmatrix} \dot{x}_1 \\ \dot{x}_2 \end{bmatrix} = \begin{bmatrix} 0 & 1 \\ -2 & -3 \end{bmatrix} \begin{bmatrix} x_1 \\ x_2 \end{bmatrix} + \begin{bmatrix} 0 \\ 1 \end{bmatrix} u$，$y = \begin{bmatrix} 1 & 0 \end{bmatrix} \begin{bmatrix} x_1 \\ x_2 \end{bmatrix}$，則此系統具有下列哪一項性質？ (A) 不可控制，不可觀測 (B) 可控制，不可觀測 (C) 不可控制，可觀測 (D) 可控制，可觀測。

二、計算問答題

1. 設系統為 $\dot{X} = AX + Bu$，其中 $A = \begin{bmatrix} -2 & 0 & 0 \\ 0 & K & 0 \\ 0 & 0 & -3-K \end{bmatrix}$，$B = \begin{bmatrix} 1 \\ 0 \\ 0 \end{bmatrix}$，則 _____ $< K < 0$

時，可使系統具有零輸入漸進穩定性 (zero-input asymptotic stable)。

解

2. 求下列系統轉移函數 $\dfrac{Y(s)}{U(s)}$？_____

$$\dot{X}(t) = \begin{bmatrix} 1 & 2 \\ -4 & -5 \end{bmatrix} X(t) + \begin{bmatrix} 0 \\ 3 \end{bmatrix} u(t)$$

$$y(t) = \begin{bmatrix} 1 & 0 \end{bmatrix} X(t) + 4u(t)$$

解

3. 若系統之狀態方程式為 $\dot{X} = \begin{bmatrix} -3 & -2 & -1 \\ 1 & 0 & 0 \\ 0 & 1 & 0 \end{bmatrix} X + \begin{bmatrix} 1 \\ 0 \\ 0 \end{bmatrix} u$，$y(t) = \begin{bmatrix} 2 & 3 & 1 \end{bmatrix} X$

求其轉移函數？_____。

解

4. 單輸入單輸出系統描述如下：

$$\dot{x}(t) = \begin{bmatrix} \dot{x}_1(t) \\ \dot{x}_2(t) \end{bmatrix} = \begin{bmatrix} 0 & 1 \\ 4-k & -3-k \end{bmatrix} \begin{bmatrix} x_1(t) \\ x_2(t) \end{bmatrix} + \begin{bmatrix} 0 \\ 1 \end{bmatrix} \begin{bmatrix} u_1(t) \\ u_2(t) \end{bmatrix}$$

$$y(t) = \begin{bmatrix} 1 & -1 \end{bmatrix} \begin{bmatrix} x_1(t) \\ x_2(t) \end{bmatrix}$$

當 $k >$ _____ 系統穩定。

解

5. 線性非時變系統之微分方程式如下所示，分別寫出矩陣形式之動態方程式

(a) $\dfrac{d^3y(t)}{dt^3} + 3\dfrac{d^2y(t)}{dt^2} + 4\dfrac{dy(t)}{dt} + 2y(t) = 2u(t)$

(b) $\dfrac{d^5y(t)}{dt^5} + 5\dfrac{d^3y(t)}{dt^3} + 2\dfrac{dy(t)}{dt} = 5u(t)$

解

6. 線性非時變系統之動態方程式為 $\begin{cases} \dot{x} = Ax + Bu \\ y = Cx \end{cases}$，其中 A, B 及 C 矩陣分別如下所示，試決定系統之可控制性及可觀測性。

$A = \begin{bmatrix} 1 & 0 & -1 \\ 0 & 2 & 1 \\ 1 & -2 & 0 \end{bmatrix}, B = \begin{bmatrix} 2 \\ 0 \\ -1 \end{bmatrix}, C = \begin{bmatrix} 1 & 0 & 0 \end{bmatrix}$。

解

7. 線性非時變系統之動態方程式為

$\begin{bmatrix} \dot{x}_1 \\ \dot{x}_2 \\ \dot{x}_3 \end{bmatrix} = \begin{bmatrix} -3 & -2 & -1 \\ 1 & 0 & 0 \\ 0 & 1 & 0 \end{bmatrix} \begin{bmatrix} x_1 \\ x_2 \\ x_3 \end{bmatrix} + \begin{bmatrix} 1 \\ 0 \\ 0 \end{bmatrix} u(t)$，$y = \begin{bmatrix} 0 & 1 & 4 \end{bmatrix} \begin{bmatrix} x_1 \\ x_2 \\ x_3 \end{bmatrix}$

試求系統之轉移函數 $G(s)$。

解

8. 線性非時變系統之轉移函數

$G(s) = \dfrac{s^2 + 3s + 5}{s^4 + 2s^3 + 3s^2 + s + 2}$

試求 (a) 可控制典型式　(b) 控制典型式　(c) 觀察典型式。

解

9. 考慮系統狀態方程式如下

$$\dot{X} = AX + Bu \ , \ y = CX$$

其中 $A = \begin{bmatrix} -2 & -3 \\ 1 & 0 \end{bmatrix}$, $B = \begin{bmatrix} 1 \\ 0 \end{bmatrix}$, $C = \begin{bmatrix} 0 & 2 \end{bmatrix}$,

設計回授控制器 $u = -KX$,使得閉迴路極點在 $-3, -6$,求 K 值？

10. 系統狀態方程式 $\dot{X} = AX + Bu$, $y = CX$

其中 $A = \begin{bmatrix} -3 & -2 & 0 \\ 1 & 0 & 0 \\ 0 & 1 & 0 \end{bmatrix}$, $B = \begin{bmatrix} 1 \\ 0 \\ 0 \end{bmatrix}$, $C = \begin{bmatrix} 0 & 0 & 1 \end{bmatrix}$,

設一控制律 $u = -KX$,使得閉迴路極點均為 -1 ,求 K 值？

11. 已知一系統動態方程式如下

$$\dot{X} = \begin{bmatrix} 1 & 2 & 3 \\ 0 & 1 & -1 \\ 2 & 0 & 0 \end{bmatrix} X + \begin{bmatrix} 1 \\ 0 \\ 0 \end{bmatrix} u$$

$y = \begin{bmatrix} 3 & 1 & 2 \end{bmatrix} X$　(1) 利用 $X = PZ$ 將原系統轉成控制典型式　(2) 承上小題利用 $u = -\bar{K}Z$ 將系統的閉迴路特徵值安置在 $-1, -2, -3$,求其 K 矩陣　(3) 將控制律帶回到原系統 $u = -KX$,求 K ？

12. 系統的狀態方程式如下：

$$\dot{X} = \begin{bmatrix} 0 & 1 \\ -1 & 0 \end{bmatrix} X + \begin{bmatrix} 0 \\ 1 \end{bmatrix} u$$

$$y = \begin{bmatrix} 1 & 0 \end{bmatrix} X$$

請求一增益矩陣 $L = \begin{bmatrix} l_1 \\ l_2 \end{bmatrix}$，使得觀察器的誤差動態極點為 -2 與 -3。

解

13. 系統狀態方程式 $\dot{X} = AX + Bu$，$y = CX$，其中 $A = \begin{bmatrix} 5 & 1 \\ 15 & 0 \end{bmatrix}$，$B = \begin{bmatrix} 1 \\ 0 \end{bmatrix}$，

$C = \begin{bmatrix} 1 & 0 \end{bmatrix}$，設計一觀察器使得狀態估測誤差極點為 $-2 \pm 3j$，求觀察器的增益矩陣 L 與動態方程式。

解

14. 考慮一系統動態方程式如下：

$$\dot{X} = \begin{bmatrix} 0 & 1 \\ 1 & 0 \end{bmatrix} X + \begin{bmatrix} 0 \\ -1 \end{bmatrix} u，\quad y = \begin{bmatrix} 1 & 0 \end{bmatrix} X$$

令 $u = -KX$，求矩陣 $K = \begin{bmatrix} k_1 & k_2 \end{bmatrix}$ 使系統閉迴路的極點為 $-1 \pm j$，並求觀察器增益

$L = \begin{bmatrix} l_1 \\ l_2 \end{bmatrix}$ 使觀察器誤差極點為 $-2 \pm j$。

解